全国高等院校计算机基础教育“十三五”规划教材

大学计算机基础

（第三版）

陈明晰　李　杰　谢蓉蓉　侯　锐◎编

中国铁道出版社有限公司
CHINA RAILWAY PUBLISHING HOUSE CO., LTD.

内 容 简 介

本书是以教育部高等学校大学计算机课程教学指导委员会发布的《大学计算机基础课程教学基本要求》为指导，结合目前非计算机专业计算机基础教学的实际情况和教学实践要求而组织编写的。全书共7章，主要包括计算机基础知识、操作系统（Windows 10）、文字处理软件Word 2016、电子表格软件Excel 2016、演示文稿制作软件PowerPoint 2016、计算机网络基础及上机操作实践等内容。

本书结构合理，内容精炼，注重实践，各章安排了适量的习题，在第二版基础上升级了软件平台版本，更新了16个上机练习，以加强实践教学。

本书适合作为高等院校非计算机专业“大学计算机基础”课程的教材，也可作为计算机爱好者的自学用书。

图书在版编目（CIP）数据

大学计算机基础/陈明晰等编.—3版.—北京:中国铁道出版社有限公司，2020.8（2021.7重印）
全国高等院校计算机基础教育“十三五”规划教材
ISBN 978-7-113-27215-9

Ⅰ.①大… Ⅱ.①陈… Ⅲ.①电子计算机-高等学校-教材 Ⅳ.①TP3

中国版本图书馆CIP数据核字(2020)第165125号

书　　名：大学计算机基础
作　　者：陈明晰　李　杰　谢蓉蓉　侯　锐

策　　划：唐　旭　　**编辑部电话：**（010）51873202
责任编辑：刘丽丽
封面设计：白　雪
封面制作：刘　颖
责任校对：张玉华
责任印制：樊启鹏

出版发行：中国铁道出版社有限公司（100054，北京市西城区右安门西街8号）
网　　址：http://www.tdpress.com/51eds/
印　　刷：国铁印务有限公司
版　　次：2010年8月第1版　2020年8月第3版　2021年7月第2次印刷
开　　本：787 mm×1 092 mm　1/16　**印张：**19　**字数：**436千
书　　号：ISBN 978-7-113-27215-9
定　　价：49.80元

前言

“大学计算机基础”课程是高等院校非计算机专业学生学习的第一门计算机课程，也是高等院校重要的基础课程之一。本书根据教育部高等学校大学计算机基础课程教学指导委员会发布的《大学计算机基础课程教学基本要求》而编写。“大学计算机基础”课程定位为非计算机专业大学生第一门计算机公共基础课，即“1+X”课程设置方案中的一门必修课。通过本课程的教学，可以使学生比较系统地了解计算机基础知识，掌握操作系统、网络和常用软件的功能与使用，提高学生的计算机应用水平，为学习其他后续课程奠定必要的基础。

本书共7章，包括计算机基础知识、操作系统（Windows 10）、文字处理软件Word 2016、电子表格软件Excel 2016、演示文稿制作软件PowerPoint 2016、计算机网络基础及上机操作实践。第7章包含16个配套上机练习，主要是为了方便教学及学生更好地掌握和运用所学内容。本书在编写过程中参考了一些同类教材，结合了编者多年从事计算机基础教学和研究的经验，突出了计算机基础知识的系统性、操作系统的基础性、办公自动化软件的实践性和网络应用的广泛性，内容精练，结构合理，比较适合目前普通高校大学新生计算机知识水平的基本情况。

本次修订，主要是对Windows操作系统、文字处理软件Word、电子表格软件Excel、演示文稿制作软件PowerPoint进行了版本升级，即将Windows升级为Windows 10，将Word、Excel、PowerPoint升级为Word 2016、Excel 2016、PowerPoint 2016。为了顺应计算机技术发展的潮流，也介绍了一些计算机新技术。

本书由陈明晰、李杰、谢蓉蓉、侯锐编写。全书由陈明晰统稿，编写分工为：陈明晰编写第1章，李杰编写第2章，侯锐编写第3、4、5章，谢蓉蓉编写第6章，第7章为编者共同编写。

在本书的编写过程中参阅了大量的参考文献，在此对这些作者表示衷心的感谢。由于编者水平有限，加之时间仓促，书中疏漏之处在所难免，恳请读者批评指正。

编　者

2020年7月

目录

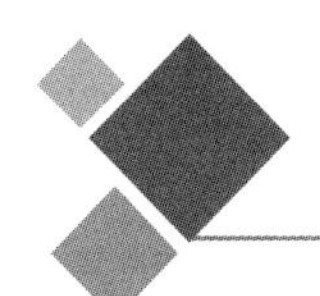

第1章　计算机基础知识

计算机科学与技术是近几十年以来发展最快、影响最为深远的新兴学科之一，也是新技术革命的一支主力，是推动社会向现代化迈进的活跃因素。尤其是微型计算机的出现和网络的发展，使得计算机及其应用渗透到社会的各个领域，特别是智能手机（计算）的发展，使我们走进了全信息化社会。当下，计算机已成为人们生活中的必备品，掌握和使用计算机已成为人们必不可少的技能。

本章主要介绍计算机的基础知识，为进一步熟练使用计算机打下必要的基础。通过本章的学习应掌握以下几方面内容：

① 计算机的发展简史、特点及其应用。

② 数制的基本概念及各数制之间的转换。

③ 计算机中数据、字符和汉字的编码。

④ 计算机系统的概念、计算机的组成部件及功能。

⑤ 指令、程序的概念，计算机程序的执行过程。

1.1　计算机概述

1.1.1　计算机的发展简史

第一台电子数字计算机是1946年面世的ENIAC（埃尼阿克），它主要用于计算弹道，如图1-1所示。ENIAC是电子数字积分计算机的缩写（Electronic Numerical Integrator And Computer），由美国宾夕法尼亚大学莫尔电工学院制造。它体积庞大，占地面积约170 m^2，使用了18 000多个电子管，1500个继电器，质量约30 t，功率为150 kW，每秒能进行5 000次加法运算。尽管与现代计算机相比，它的体积大、速度慢、功耗大、存储容量小、成本很高，但它的出现标志着科学技术的发展进入了电子计算机时代。

图1-1　ENIAC

正像人类发展划分为石器时代、铁器时代一样，对计算机的发展通常按计算机元器件的更新换代来划分。从第一台计算机诞生到现在，电子计算机的发展大致可分为四代，并在向第五代或称为新一代发展。

1. 第一代计算机

第一代计算机是电子管计算机（1946—1958年）。在第一台计算机ENIAC研制成功后，又相继出现了一批用于科学计算的电子管计算机。例如EDVAC、EDSAC、UNIVAC等。

ENIAC由美国政府和宾夕法尼亚大学合作研制。在20世纪40年代中期，冯·诺依曼（1903—1957）参加了宾夕法尼亚大学的ENIAC研究小组，在ENIAC研制过程中，他提出了一种改进方案，设计出了电子离散变量自动计算机EDVAC（Electronic Discrete Variable Automatic Computer），如图1-2所示。其主要改进有两点：一是为了充分发挥电子元器件的高速性能而采用了二进制，而ENIAC采用的是十进制。二是将程序和数据以相同的格式一起存储在存储器中，这使得计算机可以自动执行程序，而ENIAC内部还不能存储程序。EDVAC的关键部分是中央处理器，它使计算机所有功能通过单一的资源统一起来。它虽然设计较早，但直到1952年才投入运行。

图1-2　冯·诺依曼和EDVAC

EDSAC是在ENIAC之后由英国剑桥大学设计制造的。它是电子延迟存储计算器（Electronic Delay Storage Automatic Calculator）的缩写。EDSAC也是存储程序计算机，它的设计虽然比EDSAC晚些，但它于1949年投入使用，因此可以看成是第一台存储程序计算机。

UNIVAC是通用自动计算机（Universal Automatic Computer），它的设计师正是ENIAC的主要研制者莫奇利（J. W. Mauchly）和埃克特（J. P. Eckert）。在完成ENIAC的研制后，他们离开了宾夕法尼亚大学，建立了埃克特—莫奇利计算机公司。1951年第一台UNIVAC产品交付美国人口统计局使用，标志着计算机从实验室走向社会，正式成为商品并交付客户使用，其从单纯的军事领域进入公众数据处理领域，这意味着人类已进入计算机时代。

第一代计算机的特点是操作指令是为特定任务而编制的，每种机器都有其各自不同的机器语言，功能受到限制，速度也比较慢。另一个明显特征是使用真空电子管和磁鼓存储数据。

2. 第二代计算机

第二代计算机是晶体管计算机（1958—1964年）。1948年，晶体管的发明大大促进了计算机的发展。晶体管代替了体积庞大的电子管，使电子设备的体积不断减小。1956年，晶体管在计算机中使用，晶体管和磁芯存储器推动了第二代计算机的产生。第二代计算机与第一代计算机相比体积小、速度快、功耗低、性能更稳定。首先使用晶体管技术的是早期的超级计算机，主要用于原子科学的大量数据处理，但这些机器价格昂贵，生产数量极少，如图1-3所示。

图1-3　第二代计算机

1960年，第二代计算机被成功地应用在商业领域、大学和政府部门。第二代计算机除了使用晶体管代替电子管外，还出现了现代计算机的一些部件，如打印机、磁带、磁盘、内存等，也有了操作系统雏形——系统管理程序。

计算机中存储的程序使得计算机有很好的适应性，可以更有效地服务于商业。在这一时期出现了更高级的 COBOL（Common Business-Oriented Language）和 FORTRAN（Formula Translator）等语言，以单词、语句和数学公式代替了二进制机器码，使计算机编程更加容易。

3. 第三代计算机

第三代计算机是集成电路计算机（1964—1971 年）。虽然晶体管的使用比起电子管是一个明显的进步，但晶体管还是要产生大量的热量，这会损害计算机内部的敏感器件。1958 年科学家发明了集成电路（Integrated Circuit，IC），将三种电子元件结合到一片小的硅片上，使更多的元件集成到单一的半导体芯片上。于是，计算机变得体积更小，功耗更低，速度更快。这一时期的发展还包括使用了完善的操作系统，使得计算机在中心程序的控制协调下可以同时运行许多不同的程序。1964 年，美国 IBM 公司成功研制出第一个采用集成电路的通用电子计算机系列——IBM 360 系统，如图 1-4 所示。

图 1-4　IBM 360 系统

4. 第四代计算机

第四代计算机是大规模集成电路计算机（1971 年至今）。集成电路出现后，其主要发展方向是扩大规模。大规模集成电路（Large Scale Integrated Circuit，LSI）可以在一个芯片上容纳几百个元件。IBM 公司 1977 年推出的 IBM 3030 系统大型机就是典型的代表，如图 1-5 所示。到了 20 世纪 80 年代，超大规模集成电路（VLSI）在芯片上容纳了几十万个元件，后来的 ULSI 将数字扩充到百万级。可以在硬币大小的芯片上容纳如此数量的元件使得计算机的体积和价格不断下降，而功能和可靠性不断增强。

图 1-5　IBM 3030 系统

基于“半导体”的发展，到了 1971 年，美国 Intel 公司开发出了世界上第一个微处理器 Intel 4004。处理器内包含了 2 300 个“晶体管”，可以一秒内执行 60 000 条指令，体积也缩小很多。随着“半导体”及“晶体管”的发展，开拓了计算机史上的新一页。

到了 20 世纪 70 年代中期，计算机制造商开始将计算机带给普通用户，这时的小型机装有一些软件，包括供非专业人员使用的程序以及字处理和电子表格程序。这一领域的先锋有 Commodore、Radio Shack 和 Apple Computers 等。

1981 年，IBM 推出个人计算机（Personal Computer，PC）用于家庭、办公室和学校。20 世纪 80 年代，由于个人计算机的竞争使得价格不断下跌，计算机的拥有量不断增加，计算机继续缩小体积，从桌上到膝上到掌上。与 IBM PC 竞争的 Apple Macintosh 系列于 1984 年推出，Macintosh 提供了友好的图形界面，用户可以用鼠标方便地进行操作。

计算机经过几十年的发展，已经成为一门复杂的工程技术学科，它的应用从国防、科学计算，到家庭办公、教育娱乐，无所不在。它的分类从超级计算机、大型计算机、小型计算机，到微型计算机、嵌入式计算机，五花八门。

从 ENIAC 揭开计算机时代的序幕，到 UNIVAC 成为迎来计算机时代的宠儿，不难看出这里发生了两个根本性的变化：一是计算机已从实验室大步走向社会，正式成为商品交付客户使用；二是计算机已从单纯的军事用途进入公众的数据处理领域，真正引起了社会的强烈反响。

从 20 世纪 70 年代开始，是计算机发展的最新阶段。到 1976 年，由大规模集成电路和超大规模集成电路制成的“克雷一号”，使计算机进入了第四代。超大规模集成电路的发明，使电子计算机不断向着小型化、微型化、低功耗、智能化、系统化的方向发展。

20 世纪 90 年代，计算机向“智能”方向发展，逐渐与人脑相似，可以进行思维、学习、记忆、网络通信等工作。

进入 21 世纪，计算机更是笔记本化、微型化和专业化，每秒运算速度超过 100 万次，甚至更高。它不但操作简易、价格便宜，而且可以代替人们的部分脑力劳动，甚至在某些方面扩展了一些人的智能。于是，微型电子计算机就被形象地称作“电脑”了。

现在人们正在研究第五代计算机，尽管对第五代计算机没有一个明确统一的说法，但普遍认为，第五代计算机应该是具有高智能的，它不仅具有存储和记忆功能，而且应该具有学习和掌握知识的机制，并能模拟人的感觉、行为和思维等。

基于集成电路的计算机短期内还不会退出历史舞台，但它的性能（主要是频率和存储量）提高将越来越难，所以科学家正在尝试一些新的计算机，这些计算机是：超导计算机、纳米计算机、光计算机、DNA 计算机、量子计算机等。在未来社会中，计算机、网络、通信技术将会三位一体，不只是将人从重复、枯燥的信息处理中解脱出来，而是突出智能方面的发展，改变人们的工作、生活和学习方式，拓展人类社会的生存和发展空间。

1.1.2 Intel 微处理器的发展历程

1. Intel 4004

Intel 4004 是 Intel 公司于 1971 年推出的世界上第一颗微处理器，它属于 4 位微处理器，采用 16 针封装，集成 2 300 个晶体管，工作频率 108 kHz，每秒运算 6 万次。

2. Intel 8008

Intel 8008 是 Intel 公司于 1972 年推出的第一款 8 位微处理器，采用 18 针封装，集成 3 500 个晶体管，工作频率 200 kHz。

3. Intel 8080

Intel 8080 是 Intel 公司于 1974 年推出的，采用 6 μm 工艺制造，40 针封装，内存空间 16 KB，集成 6 000 个晶体管，工作频率 2 MHz。

4. Intel 8086/8088

Intel 8086 是 Intel 公司于 1978 年推出的一款 16 位微处理器，它的数据总线和寄存器宽度都是 16 位，集成了 29 000 个晶体管，工作频率 4.77 MHz。稍后推出的 8088 采用内部寄存器 16 位、外部数据总线 8 位的设计，是为了占有计算机市场而研发的。

5. Intel 80186/80188

Intel 80186/80188 是 Intel 公司于 1980 年推出的，内部结构与 8086/8088 相似。从 80186 开始，芯片外形采用方形。

6. Intel 80286/80386/80486

Intel 80286/80386/80486 是 Intel 公司分别于 1982 年、1985 年、1989 年推出的三款 CPU。80286 是第一款基于 X86 体系的 16 位 CPU。80386 内部寄存器、外部数据与内存总线宽度为 32 位，并可外接 64~128 KB 的 Cache。80486 与前面的 CPU 指令系统兼容，芯片内部包含 8 KB 的 Cache 和浮点运算单元 FPU。

7. Intel Pentium

Intel Pentium（奔腾）微处理器是 Intel 公司于 1993 年推出的 CPU，采取了新的命名方式。采用了超标量结构，增大了 Cache 容量，内置了采用流水线技术的浮点运算器。Pentium 微处理器在保持传统的 CISC 设计技术和兼容 80X86 系列 CPU 的前提下,采用了很多 RISC 技术，使得 CPU 性能产生了巨大飞跃。

8. Intel Pentium Pro

Pentium Pro（高能奔腾）是 Intel 公司于 1996 年推出的，它具有两项新的技术，一是片内封装了与 CPU 同频运行的二级缓存；二是支持动态预测执行，可以打乱原有指令顺序，按照优化顺序执行多条指令。这两项改进使 CPU 性能又有了质的飞跃，但由于不适应当时的 16 位操作系统，加上价格昂贵，因此没有流行起来。

9. Intel Pentium MMX

Pentium MMX 是 Intel 公司于 1997 年推出的 Pentium CPU 的改进型，主要是增加了 57 条 MMX（多媒体扩展）指令，增强了 CPU 处理影音及通信的多媒体应用能力。

10. Intel Pentium Ⅱ

Pentium Ⅱ是 Intel 公司于 1997 年推出的 Pentium Pro 的改进型。Pentium Ⅱ内部缓存是 Pentium Pro 的两倍，二级缓存为 256 KB，工作频率是 CPU 的一半。

11. Intel Pentium Ⅲ

Pentium Ⅲ是 Intel 公司于 1999 年推出的 CPU,它主要增加了 70 条新指令的 SEE 指令集。SEE 是因特网数据流单指令多数据流扩展的缩写。Pentium Ⅲ经历了三个阶段的发展，它的最高主频超过了 1 GHz。

12. Intel Pentium 4

Pentium 4 是 Intel 公司于 2000 年推出的微处理器，先期推出的主频在 1.5 GHz 左右，后来推出的主频都在 2 GHz 以上。Pentium 4 微处理器采用了新的 NetBurst 微架构,含有 4200 万个晶体管。2002 年 11 月 14 日，Intel 在英特尔奔腾 4 处理器 3.06 GHz 上推出其创新超线程（HT）技术。超线程技术支持全新级别的高性能台式机，同时快速运行多个计算应用，或为采用多线程的单独软件程序提供更多性能。超线程技术可将计算机性能提升 25%。

13. Intel Core

2006 年 1 月，Intel 公司发布了全新 Core（酷睿）双核处理器，于 2006 年 7 月发布了更新的 Core Duo 双核处理器，于 2010 年发布了沿用至今的 Core i3、i5、i7 的低、中、高系列处理器，现在市场也出现了 i9 系列。从酷睿处理器开始 CPU 采用了新的 Core 架构，也从此进入 64 位微处理器时代，CPU 内部核心达到八核，比如 Core i7 5960X，属于酷睿第五代。现在市面台式机有酷睿 i7 9700k，八核八线程的第九代酷睿处理器。也出现了高端的 Intel 酷睿 i9 10980XE 十八核三十六线程的第十代酷睿。

美国的 Intel 公司是计算机 CPU 行业的领军企业之一，Intel 公司的 CPU 经过几代的发展，可以说代表了计算机 CPU 技术的发展历程。当然，AMD 公司的 64 位 CPU 也已经迎头赶上了。

1.1.3 计算机的分类

计算机的分类方式有很多种，按照体积规模、处理速度和成本来分类，可分为超级计算机、大型计算机、小型计算机、微型计算机和嵌入式计算机。

1. 超级计算机

超级计算机又称巨型计算机，它采用大规模并行处理的体系结构，由数以千万颗的CPU组成，具有极强的运算处理能力，运算速度达到每秒数千万亿次以上，体积极为庞大，价格极为昂贵。超级计算机主要为需要大量科学计算的科学应用服务，如航空航天、石油勘探、天气预报等。

2010年11月，中国国防科学技术大学研制的天河一号曾以4.7千万亿次/s的峰值速度，首次将五星红旗插上超级计算领域的世界之巅。2013年11月18日，国际TOP 500组织公布了最新全球超级计算机500强排行榜榜单，中国国防科学技术大学研制的"天河二号"以比第二名的美国 "泰坦"快近一倍的速度再度登上榜首。2016年6月20日，在法兰克福世界超算大会上，由国家并行计算机工程技术研究中心研制的"中国神威•太湖之光"超级计算机比第二名的"天河二号"快出近两倍，运行速度超过10亿亿次/s，是全球最快的超级计算机。

2. 大型计算机

大型计算机是指运算速度快、存储量大、通信联网功能完善、可靠性高、安全性好，且有丰富软件的计算机。一般用于政府或企业的数据集中存储、管理和处理，主要承担服务器功能，在信息系统中起着核心作用。

3. 小型计算机

小型计算机是一种供部门使用的计算机。相对于大型计算机而言，小型计算机的软件、硬件系统规模比较小，没有大型计算机那么高的性能，但价格低、可靠性高，便于维护和使用。小型计算机开始于20世纪60年代，由DEC公司于1965年推出了第一台小型计算机PDP-8。

4. 微型计算机

微型计算机又称个人计算机（Personal Computer，PC），是由大规模集成电路组成的、体积较小的电子计算机。微型计算机的特点是价格便宜、使用方便、软件丰富，适合办公和家庭使用。微型计算机的种类很多，主要有工作站、台式机、笔记本式计算机和掌上电脑（PDA）等。

5. 嵌入式计算机

嵌入式计算机把运算器、控制器、存储器和输入/输出接口电路等集成在同一块芯片上，它内嵌在其他设备中，执行特定任务，比如在电视机、洗衣机、汽车和手机中，由于用户并不直接与它进行接触，所以人们甚至感觉不到它们的存在。嵌入式计算机促进了各种各样消费电子产品的更新换代，也被用于工业和军事领域，实际上嵌入式计算机是计算机市场增长最快的部分。

1.1.4 计算机的特点

计算机技术是信息化社会的基础、信息技术的核心，这都是由计算机处理信息的特点决定的。相对以往其他计算工具，计算机具有以下显著特点。

1. **速度快**

计算机的运算速度可以用每秒执行基本运算操作的次数来衡量，现代计算机每秒的运算次数从几十万次直到百万亿次，甚至具有更快的速度，使其可以完成过去人工无法完成的计算工作。如短期天气预报，过去要计算一两个星期，人工计算需要更长的时间，而用电子计算机则只需几分钟甚至更短的时间即可完成。

2. **精度高**

一般计算机有几位到几十位的有效数字，这样就能精确地进行计算和表示数值的计算结果了。这对大量数值的计算（如天文航天数据）和精度要求很高的数据（如光学计算）是非常重要的，也是其他运算工具无法比拟的。

3. **存储容量大**

存储容量的大小标志着计算机记忆功能的强弱。计算机可以把原始数据、中间结果、运算指令等存储起来，以备随时调用。存储器也可以存储大量的用户信息，而且可以快速、准确地存取这些信息。

4. **具有逻辑判断的能力**

计算机可以对各种类型的数据进行判断和比较，根据判断结果决定下一步做什么和不做什么，也可以进行逻辑判断和定理证明，正是这一特点，使得计算机的用途非常广泛。

5. **自动化程度高**

任何复杂的脑力工作只要能分解为计算机可执行的基本操作步骤，用计算机能识别的形式表示并存入计算机中，计算机就能完全自动化地按这些步骤去执行，完成复杂的任务。这也是计算机和其他计算工具的本质区别。

6. **可与通信网络互连**

可通过通信线路与通信网络互连，构成跨地区、跨国界乃至全球的计算机通信网，实现各种资源共享。

1.1.5 计算机的主要应用领域

计算机的应用领域已渗透到社会的各行各业，正在改变着传统的工作、学习和生活方式，推动着社会的发展。计算机的主要应用领域如下：

1. **科学计算**（或数值计算）

科学计算是指利用计算机来完成科学研究和工程技术中提出的数学问题的计算。在现代科学技术工作中，科学计算问题是大量的和复杂的。利用计算机的高速计算、大存储容量和连续运算力的特点，可以实现人工无法解决的各种科学计算问题。

例如，建筑设计中为了确定构件尺寸，通过弹性力学导出一系列复杂方程，长期以来由于计算技术跟不上而一直无法求解。计算机不但能求解这类方程，还引起了弹性理论上的一次突破，即出现了有限单元法。

2. **数据处理**（或信息处理）

数据处理是指对各种数据进行收集、存储、整理、分类、统计、加工、利用、传播等一系列活动的统称。据统计，80%以上的计算机主要用于数据处理，这类工作量大、涉及领域多，从而决定了计算机应用的主导方向。

数据处理从简单到复杂已经历了三个发展阶段，分别如下：

① 电子数据处理（Electronic Data Processing，EDP）：是以文件系统为手段，实现一个部门内的单项管理。

② 管理信息系统（Management Information System，MIS）：是以数据库技术为工具，实现一个部门的全面管理，以提高工作效率。

③ 决策支持系统（Decision Support System，DSS）：是以数据库、模型库和方法库为基础，帮助管理决策者提高决策水平，改善运营策略的正确性与有效性。

数据处理已被广泛地应用于社会的各个领域，电子数据的来源也从固定的局部数据发展为物联网、云平台和通过数据挖掘而来的大数据，数据库类型也从结构化数据库扩展到非结构化数据库，数据处理方法大量使用人工智能算法。这些新技术的应用必将进一步推动数据处理应用的发展，进而推动社会信息化的巨大变革。

3. 计算机辅助技术

计算机辅助技术是指利用计算机自动或半自动地完成一些相关的工作，包括 CAD、CAM 和 CAI 等。

（1）计算机辅助设计

计算机辅助设计（Computer Aided Design，CAD）是利用计算机系统辅助设计人员进行工程或产品设计，以实现最佳设计效果的一种技术。它已广泛地应用于飞机、汽车、机械、电子、建筑和轻工等领域。例如，在电子计算机的设计过程中，利用 CAD 技术进行体系结构模拟、逻辑模拟、插件划分、自动布线等工作，从而大大提高了设计工作的自动化程度。又如，在建筑设计过程中，可以利用 CAD 技术进行力学计算、结构计算、绘制建筑图纸等，这样不但提高了设计速度，而且可以大大提高设计质量。

（2）计算机辅助制造

计算机辅助制造（Computer Aided Manufacturing，CAM）是利用计算机系统进行生产设备的管理、控制和操作的过程。例如，在产品的制造过程中，用计算机控制机器的运行，处理生产过程中所需的数据，控制和处理材料的流动以及对产品进行检测等。使用 CAM 技术可以提高产品质量，降低成本，缩短生产周期，提高生产率和改善劳动条件。

将 CAD 和 CAM 技术集成，加上企业管理信息，实现设计生产自动化，这种技术称为计算机集成制造系统（Computer Integrated Manufacturing System，CIMS）。它的实现将真正地做到无人化工厂（或车间）。

（3）计算机辅助教学

计算机辅助教学（Computer Aided Instruction，CAI）是利用计算机系统使用课件来进行教学。课件可以用特定工具或高级语言来开发制作，它能引导学生循序渐进地学习，使学生轻松自如地从课件中学到所需要的知识。计算机辅助教学主要包括多媒体课堂教学、多媒体网络教学和网络在线课程，也大量使用了计算机模拟教学、模拟训练、模拟实验。特别是随着计算机网络通信技术的发展及移动终端设备的普及，人们可以在任何时间、任何地点通过网络查看视频或与他人交互、进行在线学习。在线课程为很多人提供了学习资源，包括公开课、MOOC 等，其中 MOOC（Massive Open Online Courses）是大型网络在线开放课程，有效地实现了在线教、学、评、测、练、认证等环节。

4. 过程控制

过程控制（或实时控制）是利用计算机及时采集检测数据，按最优值迅速地对控制对象进行自动调节或自动控制。采用计算机进行过程控制，不仅可以大大提高控制的自动化水平，而且可以提高控制的及时性和准确性，从而改善劳动条件、提高产品质量及合格率。因此，计算机过程控制已在机械、冶金、石油、化工、纺织、水电、航天等部门得到广泛的应用。例如，在汽车工业方面，利用计算机控制机床、控制整个装配流水线，不仅可以实现精度要求高、形状复杂的零件加工自动化，而且可以使整个车间或工厂实现自动化。过程控制方式也从专线式控制、总线式控制、网络式控制，发展到现在的5G网络控制。

5. 人工智能

人工智能（Artificial Intelligence，AI，或智能模拟）是计算机模拟人类的智能活动，例如感知、判断、理解、学习、问题求解和图像识别等。现在人工智能的研究已取得不少成果，有些已开始走向实用阶段。例如，能模拟高水平医学专家进行疾病诊疗的专家系统和具有一定思维能力的智能机器人等。

用计算机可以控制生产过程、驾驶飞机和汽车、辅助学习、诊治疾病、进行翻译、处理文件、识别图像、控制机器人等。那时的汽车里将可能没有司机，而都是乘客，人们只要把目的地传给计算机，就可以放心大胆地在车里看书、看报。即使汽车时速高达100 km，车与车相距很近，也不用担心，因为汽车可以自动进行控制。但实际上随着5G时代的到来，这些应用的实时性、可靠性才得以满足，为这些应用提供了时空方面的技术支持。所以5G的推广应用，对信息社会的推动将是非常巨大的。

1.1.6 计算机新技术

近年来，计算机技术发展日新月异，涌现出大量新技术，如具有重要影响力而且发展快速的有大数据、云计算、物联网、人工智能、虚拟现实、3D打印等。

1. 大数据

计算和数据是信息产业不变的主题。在信息和网络技术迅速发展的推动下，人们的感知、计算、仿真、传播等活动产生了大量的数据，数据的产生不受时间、地点的限制。大数据的概念逐渐形成。

大数据（Big Data）是一个比较抽象的概念，维基百科将大数据描述为：大数据是现有数据库管理工具和传统的数据处理应用难以处理的大型的、复杂的数据集。大数据的挑战包括采集、存储、搜索、共享、传输、分析和可视化等。

大数据的大是一个动态的概念，以前10 GB是个天文数字，而现在的应用领域中，TB级，甚至PB、EB级数据集已经很普遍。大家普遍认为大数据具备数量（Volume）、种类（Variety）、速度（Velocity）、真实（Veracity）和价值（Value）五个特征，简称5V，即数据体量巨大、数据类型多、新数据创建与增长速度快、数据源于真实世界也用于现实事件、数据价值巨大而密度低。

大数据的结构可以有多种，包括结构化的数据和非结构化的文本文件、财务数据、多媒体文件和基因定位图数据。按照数据是否有强的结构模式，可将大数据分为结构化数据、半结构化数据、准结构化数据和非结构化数据。

2. 云计算

云计算（Cloud Computing）并不是对一项独立技术的称呼，而是对实现云计算模式所需要的所有技术的总称。“云”是互联网的一种比喻说法。维基百科中对云计算的定义为：云计算是一种基于互联网的计算方式，通过这种方式，共享的软硬件资源和信息可以按需求提供给计算机和其他设备。

云计算技术是硬件技术和网络技术发展到一定阶段而出现的一种新技术，内容很多，包括分布式计算技术、虚拟化技术、网络技术、服务器技术、数据中心技术、云计算平台技术等。广义上讲，云计算技术包括了当前信息技术中的大部分。

已出现的云计算技术种类繁多，分类也有多种角度：按技术路线可分为资源整合型云计算和资源切分型云计算；按服务对象可分为公有云和私有云；按资源封装的层次来分，可分为基础设施即服务（Infrastructure as a Service，IaaS）、平台即服务（Platform as a Service，PaaS）和软件即服务（Software as a Service，SaaS）。

3. 物联网

物联网（Internet of Things，IoT）概念是由国际电信联盟正式提出的，并在全球范围内迅速获得认可。它是将各种信息传感设备与互联网结合起来而形成一个巨大的网络。其含义有两层意思：第一，物联网的基础仍然是互联网，是在互联网基础上延伸和扩展的网络；第二，其用户端延伸和扩展到了任何物品与物品之间，进行信息交换和通信。因此，物联网就是物物相连的互联网，它涉及感知、控制、网络通信、微电子、软件、嵌入式系统等技术领域，涵盖的关键技术很多。其中在物联网应用领域中有以下 3 项关键共性技术。

（1）传感器技术

传感器是摄取信息的关键器件，它是物联网中不可缺少的信息采集手段。传感器技术已渗透到科学和国民经济的各个领域，在工农业生产、科学研究及改善人名生活方面，起着越来越重要的作用。

（2）RFID 技术

RFID 技术也是一种传感器技术，该技术利用射频信号通过空间电磁耦合实现无接触信息传递并通过所传递的信息实现物体识别。由于 RFID 技术具有无须接触、自动化程度高、识别速度快、耐用可靠、适应各种工作环境等优势，在自动识别、物品物流管理等方面有着广阔的应用前景。

（3）嵌入式系统技术

嵌入式系统技术是集计算机软硬件、传感器技术、集成电路技术、电子应用技术于一体的复杂技术。经过几十年的演变，以嵌入式系统为特征的智能终端产品随处可见。如果把物联网比喻为一个人体，那么传感器就相当人的眼睛、鼻子、皮肤等感官；网络就是人的神经系统，用来传递信息；嵌入式系统则是人的大脑，在接受信息后进行分类处理。

物联网的应用涉及国民经济和人类社会生活的方方面面，因此物联网被称为是继计算机和互联网之后的第三次信息技术革命。信息时代的物联网无处不在，由于物联网具有实时性和交互性的特点，因此物联网的应用领域包括智能交通、环境保护、政府工作、公共安全、平安家居、智能消防、工业检测、照明控制、水系监测、敌情侦察与情报搜集等。

计算机新技术还有人工智能、虚拟现实和 3D 打印等，这里不再赘述。

1.2　信息的数字化表示

1.2.1　进位制及其规则

按照进位的原则进行计数的制度称为进位计数制，或位权计数法。进位计数制有两个基本规则。

1. 逢基进一

基是指某种进位制数在每一位上可用的有序代码的个数。例如，十进制的基数为10，每位可用0，1，2，3，4，5，6，7，8，9等10个代码，因此十进制的进位规则为“逢十进一”。

2. 用位权表示数值

同样的代码在不同的位置上所表示的数值是不同的，每一位代码所代表的值不仅与代码本身有关，而且与代码所在的位置有关。确切地说，每一位代码所代表的值等于该代码和一个与其所在位置有关的确定值的乘积，这个固定位置上的确定值称为“位权”。例如，十进制数12.34，其中1代表1×10^1，2代表2×10^0，3代表3×10^{-1}，4代表4×10^{-2}，这里10^1、10^0、10^{-1}、10^{-2}等表示对应位置上的位权。各种进位制下，位权的值等于其基数的若干次幂。设有基数为N，形如$a_{n-1}a_{n-2}\cdots a_1a_0.a_{-1}\cdots a_{-m}$的数（$a_0$和$a_{-1}$之间的“.”是小数点），则其值可用位权表示如下：

$$V=\sum_{i=-m}^{n-1}a_iN^i=a_{n-1}N^{n-1}+a_{n-2}N^{n-2}+\cdots+a_1N^1+a_0N^0+a_{-1}N^{-1}+\cdots+a_{-m}N^{-m}$$

例如，十进制数102.34可表示如下：

$$102.34=1\times10^2+0\times10^1+2\times10^0+3\times10^{-1}+4\times10^{-2}$$

下面分别介绍十进制数、二进制数、八进制数和十六进制数的计数规则。

① 十进制数：基为10，有十个不同的代码0，1，2，…，9，位权为10的若干次幂，进位规则为逢十进一。

② 二进制数：基为2，有两个不同的代码0，1，位权为2的若干次幂，进位规则为逢二进一。

③ 八进制数：基为8，有八个不同的代码0，1，2，…，7，位权为8的若干次幂，进位规则为逢八进一。

④ 十六进制数：基为16，有十六个不同的代码0，1，2，…，9，A，B，C，D，E，F，位权为16的若干次幂，进位规则为逢十六进一。

计算机内数值是以二进制形式存储的。一般人习惯于使用十进制数，这就存在两者的转换问题。再者，二进制数写起来容易出错，可以用等值的八进制数或十六进制数来表示，这里也存在着不同数制下的转换问题。四种不同数制下，等值的数可用表1-1所示。

表1-1　等值的各数制表示

十 进 制	二 进 制	八 进 制	十 六 进 制
0	0	0	0

续表

十进制	二进制	八进制	十六进制
1	1	1	1
2	10	2	2
3	11	3	3
4	100	4	4
5	101	5	5
6	110	6	6
7	111	7	7
8	1000	10	8
9	1001	11	9
10	1010	12	A
11	1011	13	B
12	1100	14	C
13	1101	15	D
14	1110	16	E
15	1111	17	F
16	10000	20	10

除十进制数外，其他数制的数其读法不能含有位权的概念。例如，我们习惯把十进制数 456 读为四百五十六，但是八进制数 456 只能读为四五六，二进制数 101 只能读为幺零幺（或一零一），十六进制数 3DA 只能读为三 DA。

不同进制数在书写时，为了避免混淆，应采用特殊记法。例如：

① 十进制数 45.78 写为$(45.78)_{10}$或 45.78D。

② 二进制数 110.11 写为$(110.11)_2$或 110.11B。

③ 八进制数 127.03 写为$(127.03)_8$或 127.03O。

④ 十六进制数 E9.B 写为$(E9.B)_{16}$或 E9.BH。

1.2.2 不同数制下数值的相互转换

1. 二进制数转换为十进制数

要把一个二进制数转换成十进制数，只需根据前面讲述过的按位权展开相加即可求得。

【例 1.1】把 11010.011B 转换成十进制数。

解：按位权展开相加得

$$
\begin{aligned}
11010.011\text{B} &= 1\times2^4+1\times2^3+1\times2^1+1\times2^{-2}+1\times2^{-3}\\
&=16+8+2+0.25+0.125\\
&=26.375\text{D}
\end{aligned}
$$

注意：上式等号右边的书写和计算须根据十进制的规定进行转换。

2. 十进制数转换为二进制数

转换方法：整数部分“除二取余逆序写”，小数部分“乘二取整顺序写”。

“除二取余”即用 2 去除十进制数的整数部分，得到一个整数商和一个余数，该余数就是相应二进制数整数部分的最低位 B_1；再用 2 去除上一步得到的商，又得到一个整数商和一个余数，该余数就是相应的二进制数整数部分的次低位 B_2；如此反复进行直到商为零停止。最后一次得到的余数就是相应的二进制数整数部分的最高位 B_n。

“乘二取整”即用 2 去乘十进制数的小数部分，得到一个乘积，其整数部分就是相应二进制小数的最高位 B_{-1}；再用 2 去乘上次乘积的小数部分，又得到一个乘积，其整数部分就是相应二进制小数的次高位 B_{-2}；如此反复进行直到乘积的小数部分为零停止。最后一次得到的整数部分便是相应二进制数的最低位 B_{-m}。

【例 1.2】将十进制数 312 转换成二进制数。

解：用除二取余法的转换过程如下

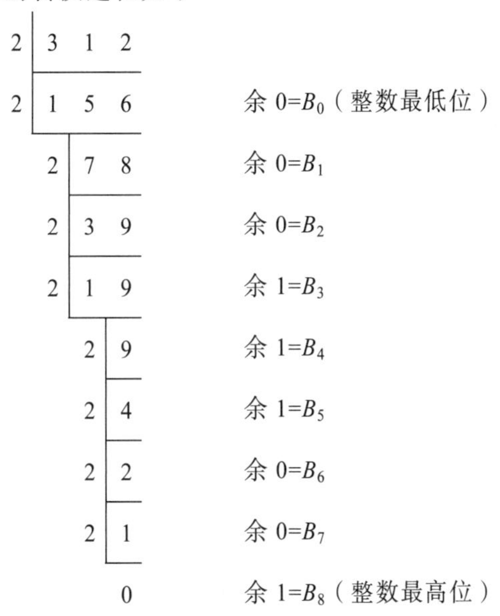

故十进制数 312 转换成二进制数为 100111000。

【例 1.3】将十进制数 0.3125 转换成二进制数。

解：用乘二取整法的转换过程如下

$0.3125\times2=0.625$　　整数为 $0=B_{-1}$（小数最高位）

$0.625\times2=1.250$　　整数为 $1=B_{-2}$

$0.25\times2=0.5$　　整数为 $0=B_{-3}$

$0.5\times2=1.0$　　整数为 $1=B_{-4}$（小数最低位）

故 0.3125 对应的二进制数为 0.0101。

需要说明的是，有的十进制小数不能用二进制数精确表示，也就是说上述乘法过程永远不能达到小数部分为零而结束。这时可根据精度要求取一个定位数的二进制数即可。

【例 1.4】将十进制数 0.2 转换成二进制数。

解：用乘二取整法的转换过程如下

$0.2\times2=0.4$　　$B_{-1}=0$

$0.4\times2=0.8$　　$B_{-2}=0$

$0.8\times2=1.6$　　$B_{-3}=1$

$0.6\times2=1.2$　　$B_{-4}=1$

$0.2\times2=0.4$　　$B_{-5}=0$

运算到这里可以看出，乘法过程进入了循环状态，永远无法结束。这时可根据要求取一定位数即可。如取小数点后 5 位，结果就是 0.00110。

对于既有整数部分又有小数部分的十进制数的转换，可以将两部分的转换分开进行，最后再将结果合并在一起即可。

3. 八进制数与二进制数之间的相互转换

（1）八进制数转换为等值的二进制数

由于八进制数的基等于二进制数基的三次幂，即 $8=2^3$，因此在转换时把一位八进制数转换为等值的三位二进制数即可。小数点位置不动。

【例 1.5】将$(527.63)_8$转换为二进制数。

解：因为上述八进制数的各位对应的二进制数如下

八进制：	5	2	7	.	6	3
二进制：	101	010	111	.	110	011

所以$(527.63)_8=(101010111.110011)_2$。

（2）二进制数转换为等值的八进制数

首先以小数点为界限，分别向左向右将每三位二进制数分为一组，划分时左端不够三位时可以补零也可以不补，而右端不够时必须补零。然后对小数点两边分别用“三位合一位”的方式将二进制数转化为八进制数（即将八进制数转换为二进制数的逆过程）。

【例 1.6】将$(1010110.0011)_2$转化为八进制数。

解：$(1010110.0011)_2=(001\ 010\ 110.001\ 100)_2=(126.14)_8$。

4. 十六进制数与二进制数之间的相互转换

（1）十六进制数转换为等值的二进制数

由于十六进制数的基等于二进制数基的四次幂，即 $16=2^4$，因此在转换时把一位十六进制数转换为等值的四位二进制数即可。小数点位置不动。

【例 1.7】将$(9D3.0E)_{16}$转换为二进制数。

解：因为$(9)_{16}=(1001)_2$, $(D)_{16}=(1101)_2$, $(3)_{16}=(0011)_2$, $(0)_{16}=(0000)_2$, $(E)_{16}=(1110)_2$，所以$(9D3.0E)_{16}=(100111010011.0000111)_2$。

（2）二进制数转换为等值的十六进制数

首先以小数点为界限，分别向左向右每四位二进制数分为一组，划分时左端不够四位时可以补零也可以不补，而右端不够时必须补零。然后对小数点两边分别用“四位合一位”的方式将二进制数转化为十六进制数(即将十六进制数转换为二进制数的逆过程)。

【例 1.8】将$(1011110.101101)_2$转化为十六进制数。

解：$(1011110.101101)_2=(0101\ 1110.1011\ 0100)_2=(5E.B4)_{16}$。

5. 其他转换

十六进制数和八进制数转换为十进制数时，只需用位权表示数后求得十进制结果即可。十进制数转换为十六进制数与十进制数转换为二进制数类似，转换规则为整数部分“除十六取余逆序写”，小数部分“乘十六取整顺序写”。类似地，十进制数转换为八进制数时整数部分“除八取余逆序写”，小数部分“乘八取整顺序写”。但这些转换规则可以不用，因为可以将二进制数作为桥梁。例如，将十进制数转换为十六进制数时，可先将十进制数转换为二进制数，然后再将二进制数转换为十六进制数即可。

1.2.3 二进制数的算术逻辑运算

在计算机中，全部信息都是用二进制数表示的，这是因为二进制数状态简单，只有“0”和“1”两种，易于用电子器件的物理状态来表示，如逻辑电路电压的低和高，开关的断和开，发光二极管的暗和亮等，而且二进制数的运算规则也比较简单。

1. 二进制的加减乘除运算

（1）加法

0+0=0　　0+1=1　　1+0=1　　1+1=0（有进位）

（2）减法

0−0=0　　0−1=1（有借位）　　1−0=1　　1−1=0

（3）乘法

0 × 0=0　　0 × 1=0　　1 × 0=0　　1 × 1=1

（4）除法

0 ÷ 1=0　　1 ÷ 1=1

二进制与十进制的四则运算比较示例如下。

【例 1.9】1001+0101=?

算式如下：

二进制运算　　十进制运算

$$\begin{array}{r} 1001 \\ +0101 \\ \hline 1110 \end{array} \qquad \begin{array}{r} 9 \\ +\ 5 \\ \hline 14 \end{array}$$

【例 1.10】1110−1011=?

算式如下：

二进制运算　　十进制运算

$$\begin{array}{r} 1110 \\ -1011 \\ \hline 0011 \end{array} \qquad \begin{array}{r} 14 \\ -\ 11 \\ \hline 3 \end{array}$$

【例 1.11】1101 × 1001=?

算式如下：

二进制运算　　十进制运算

$$\begin{array}{r} 1101 \\ \times 1001 \\ \hline 1101 \\ 0000 \\ 0000 \\ 1101 \\ \hline 1110101 \end{array} \qquad \begin{array}{r} 13 \\ \times\ 9 \\ \hline 117 \end{array}$$

【例 1.12】110111 ÷ 1011=?

算式如下：

二进制运算　　　　　　　　　　　　　　十进制运算

```
        101
1011)110111
    - 1011
    ------
      1011
    - 1011
    ------
         0
```

```
    5
11)55
  -55
  ---
    0
```

2. 二进制的逻辑运算

① 逻辑非：运算符为“¯”。

$\overline{0}=1$　　　　　　$\overline{1}=0$

② 逻辑与：运算符为“∧”。

0∧0=0　　　　0∧1=0　　　　1∧0=0　　　　1∧1=1

③ 逻辑或：运算符为“∨”。

0∨0=0　　　　0∨1=1　　　　1∨0=1　　　　1∨1=1

【例 1.13】如有两个变量的取值为 X=00001111B，Y=01010101B，试求 $\overline{X}$，$X \wedge Y$ 和 $X \vee Y$。

解：$\overline{X}=\overline{0}\,\overline{0}\,\overline{0}\,\overline{0}\,\overline{1}\,\overline{1}\,\overline{1}\,\overline{1}=11110000$

```
   00001111          00001111
∧  01010101       ∨  01010101
-----------       -----------
   00000101          01011111
```

1.2.4 机器数（数值的编码）

在计算机中，数是用二进制来表示的，把一个数连同其符号在计算机中加以数值化，将这样的数称为机器数或数字编码。一般用最高有效位来表示数的符号，正数用 0 表示，负数用 1 表示。机器数可以用不同的码制来表示，下面分别叙述。

1. 原码、反码和补码

原码、反码和补码是整数的几种不同的机内表示。

① 计算机的字长确定表示二进制数的位数，假设一种计算机的字长为 n 位，它可以表示的真值 $x=\pm x_{n-2}x_{n-3}\cdots x_0$，其中 x_i=0 或 1，若用$[x]_原$表示 x 的原码，则原码定义如下：

$$[x]_原=\begin{cases} x & 0\leqslant x\leqslant 2^{n-1}-1 \\ 2^{n-1}+|x| & -(2^{n-1}-1)\leqslant x\leqslant 0 \end{cases}$$

② 若用$[x]_反$表示真值 x 的反码，则反码定义如下：

$$[x]_反=\begin{cases} x & 0\leqslant x\leqslant 2^{n-1}-1 \\ 2^{n-1}-|x| & -(2^{n-1}-1)\leqslant x\leqslant 0 \end{cases}$$

③ 若用$[x]_补$表示真值 x 的补码，则补码定义如下：

$$[x]_补=\begin{cases} x & 0\leqslant x\leqslant 2^{n-1}-1 \\ 2^{n}-|x| & -(2^{n-1}-1)\leqslant x\leqslant 0 \end{cases}$$

根据以上三个定义，可以得出简便算法如下：

- 当真值 $x=+x_{n-2}x_{n-3}\cdots x_0$ 时，它的原码、反码和补码完全相同，即有：

$$[x]_{原}=[x]_{反}=[x]_{补}=\underbrace{0x_{n-2}x_{n-3}\cdots x_0}_{n\text{位}}$$

- 当真值 $x=-x_{n-2}x_{n-3}\cdots x_0$ 时，它的原码、反码和补码与 x 的关系如下：

$$[x]_{原}=1x_{n-2}x_{n-3}\cdots x_0$$

$$[x]_{反}=1\,\overline{x}_{n-2}\,\overline{x}_{n-3}\cdots\overline{x}_0$$

$$[x]_{补}=1\,\overline{x}_{n-2}\,\overline{x}_{n-3}\cdots\overline{x}_0+1$$

其中，$\overline{x}_i$ 表示 x_i 取反，即 $\overline{x}_i=\begin{cases}1 & 当x_i=0\\0 & 当x_i=1\end{cases}$。

从原码和补码的表示容易看出：

$$[x]_{原}+[x]_{补}=\underbrace{100\cdots0}_{n\text{位}}=2^n$$

【例 1.14】假设某计算机的字长为 8 位，试写出二进制数+100010 和−100010 的原码、反码和补码。

解：两个二进制数的真值记为（注意：数字部分不够 7 位时在符号和数字之间补 0）

$$x=+0100010$$

$$y=-0100010$$

写出真值 x 对应的机器数如下：

$$[x]_{原}=[x]_{反}=[x]_{补}=00100010$$

真值 y 为负，则有：

$$[y]_{原}=10100010$$

$$[y]_{反}=11011101$$

$$[y]_{补}=11011110$$

【例 1.15】已知 $[x]_{补}=11110010$，利用从真值求补码的逆过程，求真值 x 的值。

解：由 $[x]_{补}$ 求出 $[x]_{反}$，则得

$$[x]_{反}=11110010-1=11110001$$

$$[x]_{原}=10001110$$

$[x]_{原}$ 对应的符号位为 1，故其对应的真值为负，且数值位与原码各位相同，即

$$x=-0001110$$

在计算机中参与运算的是机器数，采用原码时真值与机器数之间的转换更加直观简便，而采用补码时转换步骤较烦琐但运算规则简单。

采用补码时，+0 与−0 的表示法是唯一的，但采用原码或反码时，+0 和−0 的机内表示却不同。若采用补码表示数，当字长为 8 位时，规定用 10000000 表示 $(-128)_{10}$ 的补码。

多数机器的整数采用补码表示法。采用补码表示可将减法运算化为加法运算。可以证明，对于任意真值 x 和 y，下面情况下两式成立：

$$[x]_{补}+[y]_{补}=[x+y]_{补}$$

$$[x]_{补}-[y]_{补}=[x-y]_{补}$$

又由于

$$x-y=x+(-y)$$

所以

$$[x]_{补}-[y]_{补}=[x-y]_{补}=[x+(-y)]_{补}=[x]_{补}+[-y]_{补}$$

【例 1.16】设 x=23，y=78，则 $x-y$=−55。假设机器字长为 8 位，若用补码减法运算，则有：

x=+0010111B，$-y$=−1001110B，$[x]_{补}$=00010111，$[-y]_{补}$=10110010

$[x-y]_{补}=[x]_{补}+[-y]_{补}$=11001001，$[x-y]_{反}$=11001000

$[x-y]_{原}$=10110111

即得 $x-y$=−55。

2. 定点数与浮点数

数值表示的另一问题是如何正确标出小数点的位置。在计算机中，表示小数点的方法有两种，一是定点表示法，二是浮点表示法。

（1）定点表示法

所谓定点表示法，是指计算机中的小数点位置是固定不变的。根据小数点位置的固定方法不同，又可分为定点整数及定点小数表示法。前者小数点固定在数的最低位之后，后者小数点固定在数的最高位之前。设计算机的字长为 8 位，则上述两种表示法的格式如下：

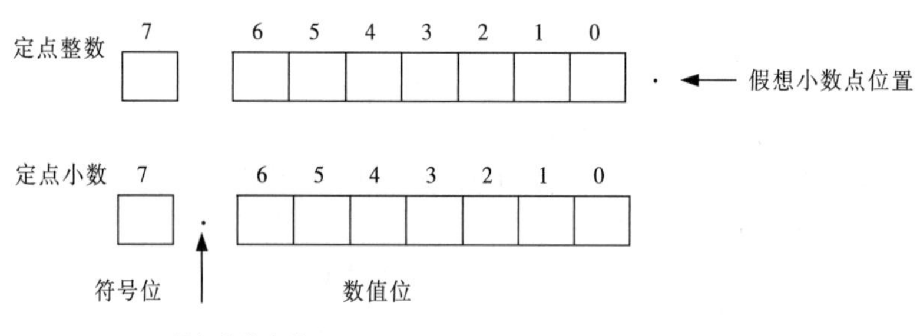

计算机采用定点整数表示时，它只能表示整数，这就需要在解题之前对非整数进行必要的加工，以转换为适于机器的表示形式。加工的方法是：选择适当的比例因子，使全部参加运算的数都变为整数。例如，二进制数+110.1 和−101.11 都是非整数，若将它们都乘以比例因子 2^2，则得：

$$+110.1B\times 2^2=+11010B$$

$$-101.11B\times 2^2=-10111B$$

在 8 位字长的计算机中可分别表示为：

0	0	0	1	1	0	1	0

1	0	0	1	0	1	1	1

当然，在输出结果时必须除以比例因子。

（2）浮点表示法

所谓浮点表示法，是指计算机中的小数点位置不是固定的，或者可以说是浮动的。为了具体说明它的表示方法，我们介绍科学计数法。如数 1011.1001 可表示为：

$$N=1011.1001B=1.0111001B\times 2^{+11B}=1011100.1B\times 2^{-11B}=0.10111001B\times 2^{+100B}$$

在计算机中，一个浮点数由两部分构成：阶码和尾数。阶码是指数，尾数是纯小数。其存储格式如下：

阶符	阶码	数符	尾数

阶码只能是一个带符号的整数，它用来表示尾数中的小数点应当向左或向右移动的位数。尾数表示数值的有效数字，其本身的小数点约定在数符和位数之间，机内采用规范的浮点表示，即尾数 S 的范围满足 $0.1B \leqslant S < 1B$。在浮点表示中，数符和阶符都各占 1 位，阶码的位数决定浮点数的表示范围，尾数部分的位数决定了数的精度。

例如，若机器字长为 16 位，尾数占 9 位，阶码占 7 位，则数 1011.1001B 的浮点表示如下：

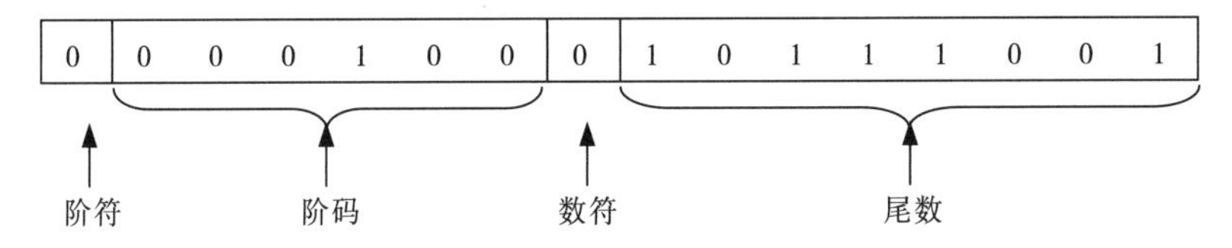

1.2.5 字符与汉字编码

数字计算机有许多不同的编码方案来表示数据。计算机使用的编码方式取决于数据是数值型还是字符型。

数值型数据由数字组成，表示数量，用于算术运算。例如，职工的工资就是一个数值型数据，可进行有关统计运算。数值型数据的机内表示形式在前面已经介绍过了，下面介绍字符型数据的机内表示。

字符型数据由字母、符号、汉字和不用于算术运算的数字组成，人的姓名、身份证号码、籍贯等都是字符型数据，身份证号码之所以被看成是字符型的，是因为它不参加算术运算。

1. 字符编码

计算机无论处理数值信息，还是处理字符信息和其他信息，都须采用二进制编码表示。国际上采用的字符信息表示方式有多种，较为流行的是美国标准信息交换代码（American Standard Code for Information Interchange），即通常所说的 ASCII 码，它是在国际范围内通用的编码。ASCII 码有七位和八位两种版本。国际上通用的是一种七位码，它包含大小写英文字母各 26 个、10 个阿拉伯数字、32 个标点符号和运算符以及 34 个控制符，总共 128 个字符（$2^7=128$）。字符的十进制编码如表 1-2 所示，将十进制编码转换为二进制就得到相应的机内码，即 ASCII 码。

当采用七位 ASCII 码做机内码时，每个字符只占用一个字节（即 8 位）的 7 位，把字节的最高位置设为 0。在信息传送时，一般将高位作为奇偶校验位。

例如，阿拉伯数字 1 的 ASCII 码为 0110001，大写字母 A 的 ASCII 码为 1000001，"*"的 ASCII 码为 0101010，小写字母 w 的 ASCII 编码为 1110111。信息传送时若采用奇校验，即当 1 的个数为奇数个，则在校验位上加一个 1（否则在校验位上加 0）。这时，"*"的编码就成了 10101010，而小写字母 w 的编码则成了 01110111。在机内表示时，常认为最高位为 0。

表 1-2　字符的十进制 ASCII 编码

十进制编码	字符或控制字符	十进制编码	字符或控制字符	十进制编码	字符或控制字符	十进制编码	字符或控制字符	十进制编码	字符或控制字符
0	NUL	26	SUB	52	4	78	N	104	h
1	SOH	27	ESC	53	5	79	O	105	i
2	STX	28	FS	54	6	80	P	106	j
3	ETX	29	GS	55	7	81	Q	107	k
4	EOT	30	RS	56	8	82	R	108	l
5	ENQ	31	US	57	9	83	S	109	m
6	ACK	32	SP	58	:	84	T	110	n
7	DEL	33	!	59	;	85	U	111	o
8	BS	34	"	60	<	86	V	112	p
9	HT	35	#	61	=	87	W	113	q
10	LF	36	$	62	>	88	X	114	r
11	VT	37	%	63	?	89	Y	115	s
12	FF	38	&	64	@	90	Z	116	t
13	CR	39	'	65	A	91	[	117	u
14	SO	40	(	66	B	92	\	118	v
15	SI	41	)	67	C	93	]	119	w
16	DLE	42	*	68	D	94	^	120	x
17	DC1	43	+	69	E	95	_	121	y
18	DC2	44	,	70	F	96	`	122	z
19	DC3	45	-	71	G	97	a	123	{
20	DC4	46	.	72	H	98	b	124	|
21	NAK	47	/	73	I	99	c	125	}
22	SYN	48	0	74	J	100	d	126	~
23	ETB	49	1	75	K	101	e	127	DEL
24	CAN	50	2	76	L	102	f		
25	EM	51	3	77	M	103	g		

表 1-2 中特殊符号的意义如下：

NUL 空白
SOH 标题开始
STX 正文开始
ETX 正文结束
EOT 传输结果
ENQ 询问
ACK 收到通知
BEL 报警
BS 退格
HT 横向列表
LF 换行
VT 垂直列表
FF 换页
CR 回车
SO 移位输出
SI 移位输入
DLE 转义
DC1 设备控制 1
DC2 设备控制 2
DC3 设备控制 3
DC4 设备控制 4
NAK 否定
SYN 空转同步
ETB 信息组传送结束
CAN 作废
EM 纸尽
SUB 取代
ESC 换码
FS 文字分隔符
GS 组分格符
RS 记录分隔符
US 单元分隔符
SP 空格
DEL 删除

2. 汉字的编码

汉字也属于字符型数据。ASCII 码是计算机处理西文时所使用的编码，如果处理汉字信息，还需要汉字编码。

汉字编码分汉字的输入码、机内码和输出码。机内码又称内码，输出码又称外码。

用键盘输入汉字时所使用的汉字编码称为输入码，它与汉字的输入方式有关，常见的有拼音码、五笔字型码、区位码。

汉字的机内码就是一般常说的汉字编码，是计算机内用以存储和区别汉字而使用的代码。如前所述，西文字符的机内码是采用一个字节表示的 ASCII 码，一般只用前 7 位来表示 128 个不同的字符，高位作为奇偶校验或不用。由于汉字数量大，用一个字节无法完全区分它们，故采用两个字节对汉字进行编码。两个字节共有 $2^8 \times 2^8=65\,536$ 种状态。如果两个字节各用 7 位，则可表示 $2^{14}=16\,384$ 个可区别的编码。一般说来这已经够用了。我国公布的汉字字形和编码的国家标准，规定了汉字基本集为 6 763 个，其中一级汉字 3 755 个，二级汉字 3 008 个，另有非汉字的符号 682 个，现在我国汉字信息系统一般都采用这种与 ASCII 码相容的八位码方案，用两个八位码构成一个汉字机内码。另外，汉字字符必须和英文字符能相互区别，以免造成混淆。西文字符的机内码是七位 ASCII 码，最高位为“0”，汉字机内码中两个字节的最高位均为“1”，即将国家标准 GB 2312—1980 中规定的汉字国标码的每个字节分别加十六进制数 80H，作为汉字机内码。以汉字“啊”为例，国标码为 3021H，加上 8080H，得到“啊”的机内码为 B0A1H，它不会与表示数字“0”的 30H 和表示“!”的 21H 相混淆。

汉字输出码是表示汉字字形的二进制数据，又称字形码或字模码。通常用点阵、矢量函数来表示。汉字的机内码用于区别汉字但不能直接用于显示和打印，必须将机内码转换为汉字库中的输出码的地址，根据地址取出该汉字的输出码，输出码数据在显示或打印驱动程序的控制下被送到显示存储器中或送到打印缓冲区，输出设备根据输出码“绘制”出汉字。

以用于显示的 16×16 点阵数据为例，它用 256 位二进制数据描述一个汉字字形，每一位二进制数与屏幕上的一个点对应，白色用“0”表示，黑色用“1”表示，由此可在屏幕上显示汉字，如图 1-6 所示。一个汉字的机内码占 16 位，而输出码占 256 位，打印时为了提高质量，还使用 24×24 和 48×48 等点阵。显然，字模点阵的数据量是很大的。

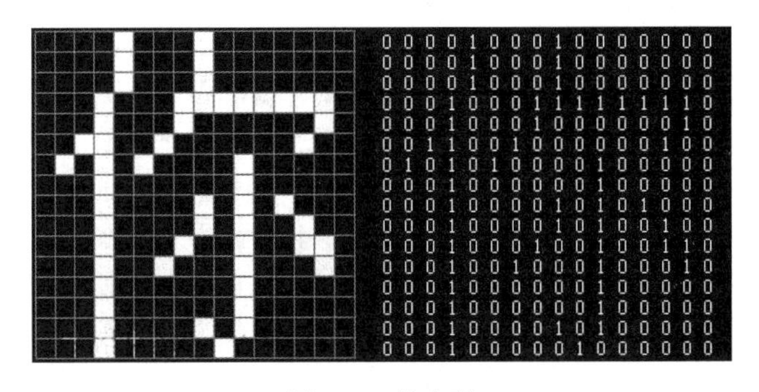

图 1-6　输出码

1.3 计算机系统的组成

1.3.1 概述

系统是指具有特定功能的、相互间具有有机联系的多种要素所构成的整体。计算机系统就是通常所说的计算机，这里加上系统二字，正是为了强调计算机组成要素的多样性和整体性。

计算机系统可分为两个子系统，即硬件系统和软件系统，如图 1-7 所示。下面先简单介绍一些概念。

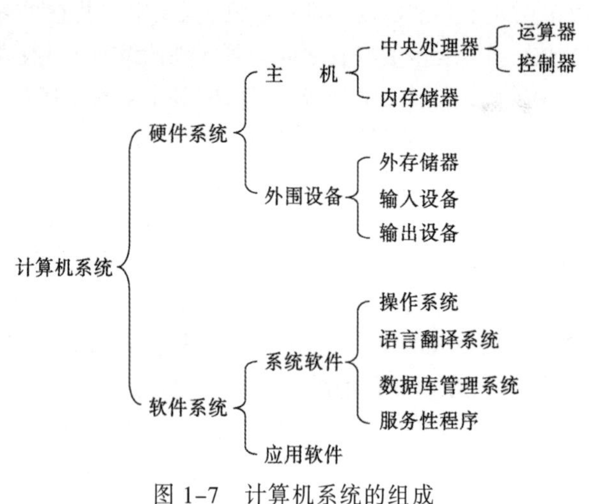

图 1-7　计算机系统的组成

1. 硬件

计算机硬件是组成计算机的物理设备的总称，它们由各种器件和电子线路组成，是计算机完成信息处理工作的物质基础。

2. 指令

计算机的一条指令是使计算机完成某种基本操作的命令。一种计算机能够识别和执行哪些指令，是在设计计算机硬件时规定好了的。一台计算机可有多种多样的指令，如取数指令、加法指令、存数指令、打印输出指令等。一般计算机的指令多达几十条至一百多条（有的达几百条），这些指令的集合称为该计算机的指令系统。不同的计算机其指令系统也不同，常见的指令系统有复杂指令系统（Complex Instruction Set Computers，CISC）和精简指令系统（Reduced Instruction Set Computer，RISC）。复杂指令系统的设计特点是认为计算机系统性能的提高主要依靠增加指令复杂性和功能来获取，按照这种思路机器的指令系统将变得越来越复杂。CISC 的思路是由 IBM 公司提出来的，并以 IBM 360 系统为代表。精简指令系统的设计思想是通过减少指令数目和简化指令功能来降低硬件设计的复杂度，从而提高指令的执行速度。RISC 技术与 CISC 技术相比简化了指令系统，适合超大规模集成电路的实现，提高了机器执行速度和效率，降低了设计成本，简化了编译程序的设计，已经成为现代计算机结构设计中的一种重要思想。

在计算机内指令是用二进制编码来表示的。一条指令一般包括两个部分：操作码和操作数：

操作码	操作数

操作码指明该指令要完成的操作，如加、减、传送、输入等；操作数是指参加运算的数据或者数据所在的单元地址。不同的指令，其长度一般不同，例如有单字节地址和双字节地址。

3. 程序

计算机程序是用户根据解决实际问题的步骤所选用的指令序列。计算机的自动处理过程就是执行已存入存储器的一段程序的过程，而执行程序的过程就是执行一条条指令的过程。有时人们把能够自动转化为指令序列的符号化语句序列称为程序，例如FORTRAN语言程序、C语言程序等，这种程序只有翻译成二进制指令序列后才能由硬件来执行。

4. 软件

计算机软件是在计算机硬件设备上运行的各种程序及其相关资料的总称。

如果将硬件比作舞台，是系统的物质基础，则软件可比作剧目，是系统的灵魂，二者缺一不可。没有软件的计算机就像没有唱片的留声机、没有磁带的录音机、没有光盘的光驱，即硬件和软件相互依存才能构成一个有用的计算机系统。

计算机的发展更能说明硬件和软件的相互关系。一方面硬件的高度发展为软件的发展提供了支持，如果没有硬件的高速运算能力和大容量存储能力，则大型软件就失去了依托，无法发挥作用；另一方面，软件的发展也对硬件提出了更多的要求，促使硬件的更新和发展，且软件在很大程度上决定着计算机应用功能的发挥。

1.3.2 硬件系统的组成

尽管计算机的发展速度十分惊人，当前计算机的基本组成原理仍遵循着冯·诺依曼所提出的计算机基本工作原理。

冯·诺依曼结构的计算机一般都由五大功能部件组成，它们是：运算器、控制器、存储器、输入设备和输出设备，如图1-8所示。它的工作过程为：通过输入设备输入的程序和数据存储在内存储器中，控制器逐条从存储器中取出组成程序的指令，并执行指令，即向其他部件发出各种控制信号完成指令所代表的操作。这种工作原理简称为存储程序原理。图1-8中双线箭头表示数据和指令流，虚线箭头表示控制信号流。

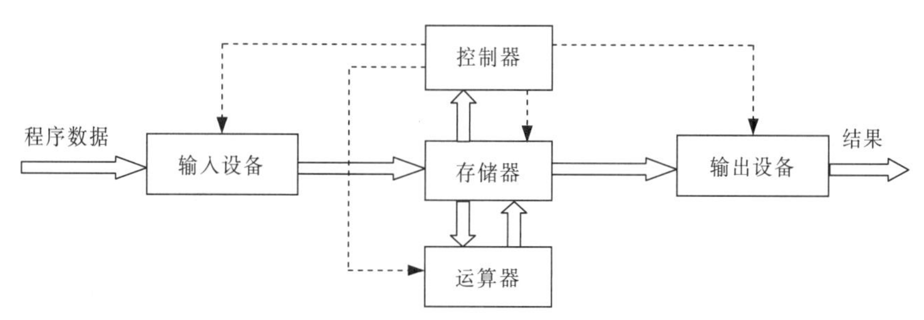

图1-8 计算机硬件的基本组成

微型机通常采用总线结构。总线是计算机各部件间传递信息的通道，即各部件之间通过总线传递信息。总线常称为Bus，又可分为数据总线（Data Bus，DB）、控制总线（Control Bus，CB）和地址总线（Address Bus，AB）。

1. 运算器

运算器是用以对数据进行加工的部件，它可以对数据进行算术运算和逻辑运算。

算术运算包括加、减、乘、除及它们的复合运算，逻辑运算包括一般的逻辑判断和逻辑比较、移位、逻辑或、逻辑与、逻辑非等操作。计算机内部处理任何复杂运算归根结底都是分解成最基本的算术运算和逻辑运算进行处理的。运算器一次能整体处理的 0 和 1（二进制）位串称为一个字，这种位串的位数称为字长。不同的计算机其字长也不同，通常有 8 位、16 位、32 位、64 位等。

运算器通常由算术逻辑部件（Arithmetic Logical Unit，ALU）、若干寄存器和控制数据传送的电路组成。算术逻辑部件的功能是实现算术或逻辑运算，寄存器用来暂存参加运算的数据及其中间结果。

2. 控制器

控制器是统一指挥和控制计算机各个部件协调操作的中心部件。如本节开始所述，计算机的自动处理过程就是执行已存入存储器的一段程序的过程，而执行程序的过程就是执行一条条指令的过程。具体说来，控制器具有以下功能：

① 自动在存储器中取出下一条要执行的指令，暂存于指令寄存器中。第一次取出的是程序的第一条指令。

② 分析指令寄存器中的指令，判别它是一条什么指令。

③ 根据判别的结果，按一定的时序发出执行该指令所需要的一组操作控制信号。由于这些控制信号所完成的操作是计算机最简单的“微小”操作，故称为微操作控制信号。这些信号通过控制线路被送到计算机的运算器、存储器及输入/输出设备等部件。

控制器一般由指令部件、时序部件和微操作控制部件组成。其中指令部件由指令寄存器、程序计数器、地址形成器和指令译码器等组成。

指令计数器用来存放机器将要执行的指令在内存中的地址，实际上是指令地址寄存器，每执行一条指令，通过地址形成器将指令地址加 1，就能获得下一条指令。指令寄存器用来存放从内存中取出的指令，即等待执行的指令。指令译码器用来识别指令要求进行的操作，并“告诉”微操作控制部件。时序部件产生节拍脉冲和节拍电位。微操作控制部件综合时标信号和指令译码器所产生的译码信号，发出执行指令和取指令所需的一系列微操作信号。地址形成器的任务是实现程序计数器的内容自动加 1、转移地址的形成以及根据指令所提供的信息形成操作数的有效地址。

运算器和控制器合称中央处理器（Central Processing Unit，CPU），对于微型计算机来说，它的 CPU 通常是一个芯片，又称微处理器（Micro Processor）。

3. 内存储器

存储器是存放数据和程序的电子器件，用来存放用二进制表示的程序和数据。存储器必须具备两个基本功能：一是数据和指令可以记录到存储器的指定位置上，称为存储器的写或存入；二是在需要时可以从指定位置上取出指令或数据，称为对存储器的读或取出。对存储器的读/写操作又称对存储器的访问。

存储器通常分为内存储器（或称主存储器，或内存）和外存储器（或称辅助存储器，或外存）两种，习惯上把 CPU、内存储器和接口电路合称主机，而外存储器属于外围设备。有四种广泛使用的内存储器：随机存储器、虚拟存储器、CMOS 和只读存储器。

存储器要存入大量二进制信息，因此存储器是由许多基本存储元件（简称存储元）构成的。每一个存储元可存储一位二进制信息即“0”或“1”。构成存储元的器件有很多，只要具有两个稳定的物理状态且在一定条件下其状态可以相互转化，这种元件就有可能构成一个存储元。例如，半导体存储器中每一位存储元可由一位双稳触发器构成。触发器的“导通”或“截止”状态分别记录了“0”或“1”。LSI-MOS 电路中栅漏电容“有”或“无”充电电荷的状态表示“0”或“1”。

位是二进制信息的最基本的单位，存储元可存储一位二进制信息，是存储器的最小单位。但在计算机内对数据的处理不是一位一位进行的，而是一组一组进行的。

与外存储器相比，内存储器容量小、存取速度快、价格高。

对于微型计算机，其内存可分为随机存取存储器（Random Access Memory，RAM）和只读存储器（Read Only Memory，ROM）。

ROM 中存入的内容只能读出不能写入，但断电后 ROM 中的内容仍存在。一般来说，系统主板上装有 ROM-BIOS，它是固化在 ROM 芯片中的系统引导程序，完成对系统的加电自检，引导和设置系统的基本输入/输出接口。还有可擦除可编程的只读存储器，称为 EPROM（Erasable Programmable ROM）。用户可通过编程器将数据或程序写入 EPROM，如需重新写入，可通过紫外线照射 EPROM，将原来的信息删除，然后重新写入。

有关存储器的存储单位有：

① 位（bit）：能存储一个 0 或 1 的单位。

② 字节（B）：每相邻 8 个二进制位为一个字节。为了便于衡量存储器的大小，统一以字节为单位。存储器容量一般用 KB、MB、GB、TB 来表示，它们之间的关系是 1 KB=1 024 B，1 MB=1 024 KB，1 GB=1 024 MB，1 TB=1 024 GB，其中 $1\,024=2^{10}$。

内存储器包括地址锁存器、地址译码器、存储体、高速缓冲存储器和读/写控制电路等基本部件，如图 1-9 所示。

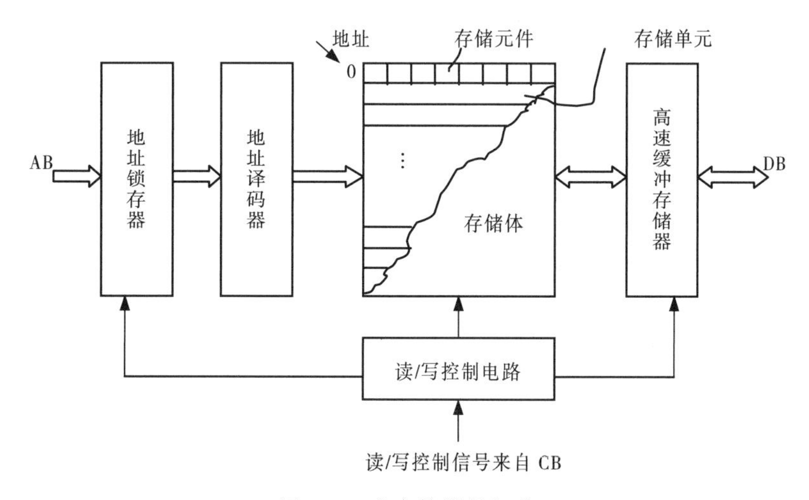

图 1-9　内存储器的组成

4. 高速缓冲存储器

高速缓冲存储器（Cache）用在两个不同工作速度的部件之间，在交换信息过程中起到缓冲作用。高速缓冲存储器的存取速度比内存储器高几倍，与 CPU 接近。由于 CPU

的速度非常快，所以大部分时间都是在等待从 RAM 中传送的数据。高速缓冲存储器使得 CPU 可以迅速请求到数据。在程序运行中，计算机预测 CPU 可能需要哪些数据，并将这些数据预先送到 Cache 中，当需要取指令或数据时，CPU 先检查其是否在 Cache 中，若在，从 Cache 中取出；若不在，再从内存储器中取出；有的 Cache 在 CPU 的内部，有的在外部。微型机通常都有 Cache。

5. 外存储器

外存储器又称辅助存储器，简称外存，作为内存储器的后备，它的特点是存储容量大、成本低、可永久地脱机保存信息。外存储器的存取速度比内存慢，它不直接和 CPU 交换数据，而和内存成批交换数据，通过内存和 CPU 通信。常用的外存储器有硬盘、移动硬盘、U 盘、光盘、磁带等。

6. 输入设备

外存储器和输入/输出设备统称为外围设备，简称外设。外设直接执行主机和外界的交互，种类繁多，可以是机械式、电子式、机械电子式等其他形式。外设处理的对象既可以是数字量，也可以是模拟式的电压电流。各种输入/输出设备输入信息的速度也有很大差别，如键盘输入每个字符的速度为秒级，而用磁盘输入时，则以每秒 25 000 字符的速率传送。CPU 与外设之间的连接和信息交换也比较复杂，计算机系统可以通过硬件和软件的方法对外设进行控制，使它们有效地与主机协同工作，完成输入/输出任务。

输入设备的主要功能是把计算机程序、原始数据、控制命令以及现场采集的数据通过输入装置输入到计算机。常见的输入设备有键盘、鼠标、扫描仪等。

7. 输出设备

常用的输出设备有显示器、打印机、绘图仪等。

除上述输入/输出设备外，还有触摸屏、光笔、数字板、扫描器械等。

1.3.3 软件系统的组成

计算机科学是发展最快的学科之一，计算机是用途最广的机器之一。同一台计算机能排版出专业化的文档，能把汉语译成英语，能生成音乐，能诊断疾病，能调控机械装置，能预订飞机票以及处理其他各种事务。某种意义上来说，软件将计算机从一种类型的机器转变为另一种类型的机器。如从音乐工作室到飞行模拟器，从绘图室到企业管理，从排版室到计算器。

1. 计算机程序与计算机语言

计算机程序就是指示计算机如何去解决问题或是完成任务的一组详细的、逐步执行的步骤。有些计算机程序只处理简单的任务，比如将摄氏温度转换为华氏温度；而那些更长更复杂的程序则处理复杂度较高的工作，比如维护商业上的账目记录。

计算机程序是用计算机能理解的语言编写的，计算机语言又称程序设计语言。程序设计语言一般可分为三类：机器语言、汇编语言和高级语言。机器语言和汇编语言又称为低级语言。

（1）机器语言

机器语言是最初级且依赖于硬件的计算机语言。用机器语言编写程序，程序人员必须熟悉机器指令的二进制符号代码，记忆指令的操作码和地址码。

用机器语言编写的程序称为机器语言程序，它全部（包括数据）都是二进制代码形式，不易被人识别，但可以被计算机直接执行。由于机器语言依赖于机器，所以对于不同型号的计算机，其机器语言是不同的，即在一种类型计算机上编写的机器语言程序，不能在另一种不同的机器上运行。

由于机器语言程序是直接在计算机上执行的，所以效率比较高，能充分发挥计算机的高速性能。在计算机发展的初期，人们都是使用机器语言直接编制程序的。但机器语言不易记忆和理解，且缺乏直观性，所以程序编制难度很大。

（2）汇编语言

用有助于记忆的符号和地址符号来表示指令，便是汇编语言，又称符号语言。通常用与指令功能含义相近的英文词的缩写来代替操作码，如“传送”指令用助记符 MOV（Move 的缩写），“加法”指令用助记符 ADD（Addition 的缩写）表示。这样，每条指令就有明显的标示，从而易于理解和记忆。用汇编语言编写的程序称为汇编语言程序，它有较直观、易理解等优点。但计算机却不能识别和直接运行汇编语言程序，必须由一种翻译程序将汇编语言程序翻译成机器语言程序后才能识别和运行。这种翻译程序称为汇编程序。

用汇编语言编写程序仍然存在工作量大、面向机器、可移植性差、无通用性等缺点。

（3）高级语言

高级语言是一类人工设计的语言，因为它对具体的算法进行描述，所以又称算法语言。它是一类面向问题的程序设计语言，且独立于计算机的硬件，其表达方式接近于被描述的问题，易于人们理解和掌握。用高级语言编写程序，可简化程序编制和调试，其通用性和可移植性好。计算机高级语言虽然很多，据统计已经有几百种，但广泛应用的却仅有十几种，它们有各自的特点和适用范围。例如，BASIC 语言，是一类普及型的会话语言；FORTRAN 语言，多用于科学及工程计算；COBOL 语言，多用于商业事务处理和金融业；Pascal 语言，常用于结构化程序设计；C 语言，常用于系统软件的开发；PROLOG 语言，多用于人工智能等；可视化语言 VB、VC、Delphi 等具有直观的图形界面和工具，且功能较强。随着互联网应用和人工智能的发展，Java 和 Python 程序设计语言被广泛使用。Python 是一种容易入门，并且功能强大的编程语言。同时 Python 还是一种近乎“全能”的编程语言，在当前大数据时代，Python 是一种非常适合处理大数据的编程语言。

在计算机上，高级语言程序不能直接执行，必须将它们翻译成具体机器的机器语言程序才能执行。这种翻译是由编译程序来完成的。

2. 计算机软件的分类

前面已指出计算机的软件是指各种程序及其文档资料的总称。“软件”这个词通常用来描述一个商业产品，该产品可能不止包含一个程序，也可能包含文档资料。软件可以包含数据，但单独的数据不是软件。例如，字处理软件可能包含字典数据，但用户用字处理软件生成的数据不能称为软件。如果用一个软件包写出一个报告，然后将它存储在磁盘上，该报告中只有数据而没有可供计算机执行的指令，那么其不能称为软件。

因为存在许多软件名称，所以将软件进行适当分类是非常必要的。一般将软件分为系统软件和应用软件两大类。系统软件是计算机最基本最核心的软件，其功能是对整个计算机系统（包括软件系统本身）进行管理、监视及服务等。系统软件驻留在磁盘、光盘和 ROM 上，一般由厂商提供。应用软件协助人们完成特定的任务，可以是用户编制的程序，也可能是软件公司为某一类用户所开发的程序包。

对于许多计算机用户而言，系统软件和应用软件之间的区别似乎并不明显。为了弄清这个区别，一般认为，如果需要某个软件的唯一原因是拥有一台计算机，那么该软件就是系统软件。例如，如果用户没有计算机，就不需要操作系统、设备驱动程序或是计算机编程语言。

当没有计算机，也要做某件事情，只是为了使这件事情计算机化而使用某个计算机软件时，就可以认为该软件是应用软件。例如，即使用户没有计算机，也可以写信或写论文，所以用来制作一个文档的软件就可以算是应用软件。

有些软件是难以区分的。例如，用来把一个计算机连接到网络的软件称为通信软件。如果没有计算机，就不会连上网络，但通信软件又能做一些不用计算机时可能做的事情，比如收发邮件、传真等。

3. 系统软件

计算机的系统软件包括操作系统，诊断、调试程序，各种语言处理系统，数据库管理系统等。

（1）操作系统

操作系统（Operating System，OS）是最重要的系统软件，它统一管理计算机系统的硬件（CPU、内存、外设）和软件资源，安排计算机系统的工作流程，提供用户界面，使用户方便、有效地使用计算机。

最早期的计算机采用手工操作方式，用户直接通过控制台运行机器。而对现代计算机来说，操作系统如同飞机控制盘一样协调计算机内部的各项活动。像飞机不能没有控制盘一样，计算机不能没有操作系统。当购买一台计算机时，操作系统往往在硬盘上预先安装好并准备运行。打开计算机后，可以每时每刻感受到操作系统的存在，也能感受到操作系统提供的运行程序和管理数据的多种服务。

（2）诊断、调试程序

诊断（Diagnostor）程序用来检查计算机硬件故障，确定故障的位置以提高计算机的可维护性。

调试（Debugger）程序用来帮助调试汇编语言程序。它可以检查出被调试程序逻辑上的错误，加快程序的调试过程，缩短程序的研制周期。

（3）语言处理系统

语言处理系统主要是对用户使用的各种高级语言进行加工处理，使计算机最终完成用户使用各种语言所描述的任务。主要包括：

① 编辑程序：在它们的支持下，用户可通过键盘在内存中建立、修改相应的程序（即源程序）。

② 汇编程序：是一种翻译程序，把用汇编语言写的源程序“翻译”成机器可直接识别的二进制目标程序（Object Program）。

③ 编译程序（Compiler）：也是一种翻译程序，把用高级语言（如 FORTRAN、COBOL、Pascal、C 语言等）编写的源程序翻译成目标代码程序，然后机器才可运行这一目标代码程序。不同的高级语言对应不同的编译程序。同一种高级语言在不同类型的机器上也对应着不同的编译程序，这正是高级语言通用性强的原因。

④ 解释程序（Interpreter）：有些高级语言的翻译采取解释方式。所谓解释方式是指不生成目标程序，采取一边翻译一边执行的方式，即翻译一句执行一句。例如，用BASIC语言编写的程序上机时要在解释程序的管理下，边解释边运行，从而完成给定的任务。

⑤ 连接程序（Link）：用来将汇编程序或编译程序产生的目标模块，或在其他介质上的目标模块连接成一个在计算机上可执行的程序。

（4）数据库管理系统

数据库可以直观地理解为存放数据的仓库。只不过这个仓库是在计算机的大容量存储器上（如硬盘就是一类常见的计算机大容量存储设备），而且数据必须按一定的格式存放（称为结构化数据），因为它不仅需要存放，还要便于查找。

数据库管理系统（DataBase Management System，DBMS）是专门用于建立和管理数据库的一套软件，介于用户和操作系统之间。利用DBMS提供的专用语言可以方便地建立数据库，对数据库中的数据进行查询和更新。DBMS不仅具有最基本的数据管理功能，还能保证数据的完整性（即正确性和有效性）、安全性，提供多用户的并发控制，当数据库出现故障时对系统进行恢复。数据库管理系统是为适应大批量数据处理和信息管理需要而发展起来的，它属于计算机软件的重要分支。数据库管理系统的特点是克服一般程序和数据的相互依赖性，使数据独立于程序，以减少数据的冗余性，实现数据为更多用户共享。

利用DBMS还可以开发针对不同业务、不同用户的数据库应用程序。

常用的数据库管理软件有FoxPro、Access、Informix、Oracle、Sybase、SQL Server等。

4. 应用软件

尽管系统软件处理计算机内部管理功能，协助计算机使用外围设备，但它并没有把计算机转换成可以写报告、处理数据、学习打字或绘制图形等各种用途的机器，而应用软件能使计算机成为多用途的机器，完成许多不同的工作。

应用软件是用户在自己的业务范围内为解决特定的问题而编制、开发的程序，例如计算程序、信息管理程序、过程控制程序等。这些应用程序要经过模块化、标准化，并安装到软件包中。

微机中常用的应用软件有：

（1）文字处理软件

文字处理软件取代了打字机来制作各种文档，个人用其来写信，学生用其来写报告和论文，作家用其来写小说，记者用其来写新闻故事，科学家用其来写调查报告，商人用其来写备忘录、市场材料。文字处理软件制作的文档容易修改，可重用、共享，打印前可在屏幕上预览，可制作具有专业外表的文档。流行的文字处理软件有Microsoft Word、WPS等。

（2）信息管理软件

信息管理软件用于输入、存储、修改、检索各类信息，因此又称为数据处理软件。例如，人事管理软件、库房管理软件和财务管理软件等。

（3）计算机辅助设计软件

计算机辅助设计软件用于高效地绘制、修改工程图纸，进行常规的设计、计算，辅助工程师寻求较优的设计方案。这类软件流行的有AutoCAD、UV、CATIA等。

（4）实时控制软件

实时控制软件用于随时收集生产装置、飞行器等运行状态信息，并以此为根据按预定的方案实施自动或半自动控制，从而安全、准确地完成任务或事先预定目标。

1.3.4 计算机的性能指标

当想购买一台计算机时，无疑希望能以相对低的价格获得较高的性能。那么，怎样来评价一台计算机的性能？一般来说，计算机的性能与下列技术指标有关。

1. 字长

计算机的字长是指它的 CPU 能够并行处理的二进制代码的位数。字长由 CPU 的寄存器和总线的数据宽度来决定。显然，字长较长的计算机在一个指令周期能够比字长短的计算机处理更多的数据。字长越长，运算精度就越高，数据处理也更灵活。最初的微机使用 8 位处理器，现在都是 64 位处理器。

2. 主频

计算机的 CPU 执行每条指令是通过若干步微操作来完成的，这些操作是按系统时钟周期的节拍来“动作”的。每个计算机内部均有一个不断地按固定频率发出脉冲信号的装置，称为系统时钟或主时钟。主时钟与保存日期和时间的“实时时钟”不同，主时钟的频率就是主频。主频常用 GHz 衡量。一般来说主频越高，计算机的运算速度越快。当前一般微机的主频在 3 GHz 左右。

3. 机器速度

计算机主频在一定程度上反映了机器速度，但计算机执行指令的速度还与计算机的体系结构有关，因此还需要用其他方法来测定计算机的速度。常用的方法是用一些“标准的”典型程序进行测试，这种测试方法不仅能比较全面地反映机器性能，而且便于在不同计算机之间进行比较。机器速度常用平均每秒执行的指令条数来衡量，单位是 MIPS，1 MIPS 表示平均每秒执行 100 万条指令。现在的微机每秒可执行 10 亿次以上操作，即 1 000 MIPS。

4. 内存容量

内存容量越大，计算机所能存储的程序和数据就越多，计算机解题能力就越强。计算机系统软件越来越庞大以及图像信息的处理等，要求内存容量越来越大，甚至没有足够大的主存容量，某些软件就无法运行。一般微机内存容量为 512 MB、1 GB、2 GB、4 GB、8 GB，甚至更大。

5. 外存容量

外存主要有硬盘和光盘。对微机来说，硬盘容量是必须考虑的重要指标。一般微机硬盘容量有 500 GB、1 TB、2 TB、3 TB、4 TB、5 TB、6 TB、8 TB、10 TB，甚至更大。

6. 指令系统

如前所述，指令系统包括指令的格式、指令的种类和数量、指令的寻址方式等。显然，指令的种类和数量越多，指令的寻址方式越灵活，计算机的处理能力就越强。一般计算机的指令为几十条至一百多条。

7. 机器可靠性

计算机的可靠性常用平均无故障时间（Mean Time Between Failures，MTBF）来表示，它是指系统在两次故障间能正常工作的时间的平均值。显然，该时间越长，表明计算机系统的可靠性越高。实际上，引起计算机故障的因素很多，除所采用的元器件外，还与组装工艺、逻辑设计等有关。因此，不同厂家生产的兼容机，即使采用相同的元器件，其可靠性也可能相差很大，这就是人们愿意出高价购买品牌原装机的原因。

8. 软件配置

一般来讲，品牌机能保证配置正版软件。

1.4 微型计算机硬件系统基本配置

1.4.1 概述

一台微机的基本配置一般包括：主机板、CPU、内存储器、软/硬盘驱动器、光盘驱动器、显示器和相应的接口。CPU（即微处理器）的性能参数决定着微机的档次，其他部件的配置则应根据实际的需要，与 CPU 配套选用，同样的微处理器可以配置容量不同的内、外存储器和不同的外围设备，同一型号的微处理器，性能上也分不同级别。过去的奔腾（Pentium）CPU 主频为 66 ~ 166 MHz；奔腾 4 的主频超过 2 GHz；现在常用的酷睿（Core）64 位 CPU 分为 i3、i5、i7、i9 等系列，每个系列的核心数和线程数有所不同；用的其他配置则根据需要选配。现在一般内存储器在 4 GB 以上，硬盘容量 1~4 TB 以上，也可选固态硬盘，速度更快。

微型计算机从结构上看，同样分主机和外围设备两部分。主机组成一个独立的箱体，有卧式和立式两种。机箱里面有一块主机板，主机板上有微处理器芯片、RAM 芯片、ROM 芯片以及某些专用芯片、辅助芯片和若干扩展槽。I/O 扩展槽内可以插入各种外围设备适配卡或接口卡。其结构配置如图 1-10 所示。适配卡或接口卡与外围设备连接的插座安装在主机箱的后面板上。硬盘、软驱和光驱虽然在主机箱内，但它们不属于主机，而属于外设。

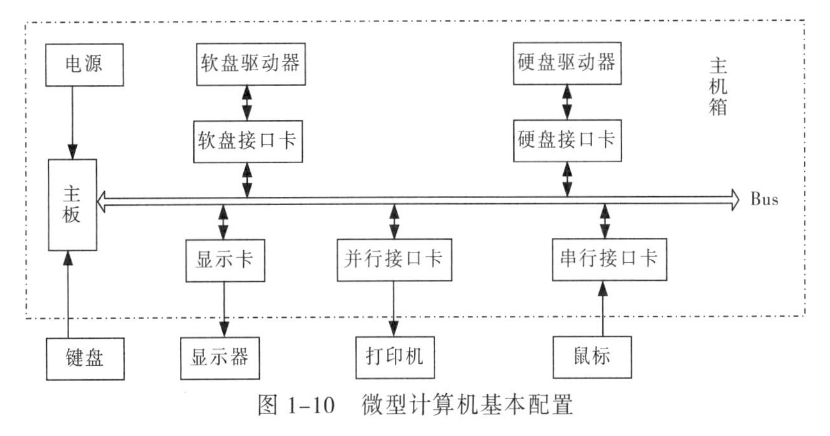

图 1-10 微型计算机基本配置

1.4.2 主板

在计算机系统内部，芯片安装在称为主板的电路板上。有些芯片是焊接在主板上，而另一些芯片则是插在主板上，是可以插拔的。焊接的芯片是永久连接的，而那些可以插拔的芯片则可以进行升级。

在微机中，主板包含了处理器、内存条和处理输入/输出的芯片。蚀刻在主板上的电路就像电线一样，为计算机芯片之间传送数据提供了通道。另外，主板还有一些扩展槽用于连接外围设备，如图 1-11 所示。

图 1-11　主板

1. CPU

CPU 的性能指标主要有时钟频率，目前已超过 4 GHz；内部数据总线，即内部寄存器、算术逻辑运算单元和控制器相互之间传递数据的通道。一次传递的二进制位数越大，CPU 处理数据的能力越强，目前已达到 64 位以上；外部数据总线，即 CPU 与内存及外围设备接口传输数据的通道，目前达到 64 位以上；地址总线，是 CPU 访问内存时传输地址信息的通道，一次可传输的二进制位数越大，CPU 的物理地址空间越大。常用的 CPU 是一个方形芯片，有许多条针状引脚以同心方形排列，如图 1-12 中左图所示；封装方式如图 1-12 右图所示。

2. 内存

微型计算机的内存制作成条状，插在主板的内存插槽中。内存条是一个小型电路板，上面有多个芯片，如图 1-13 所示。

图 1-12　CPU 芯片

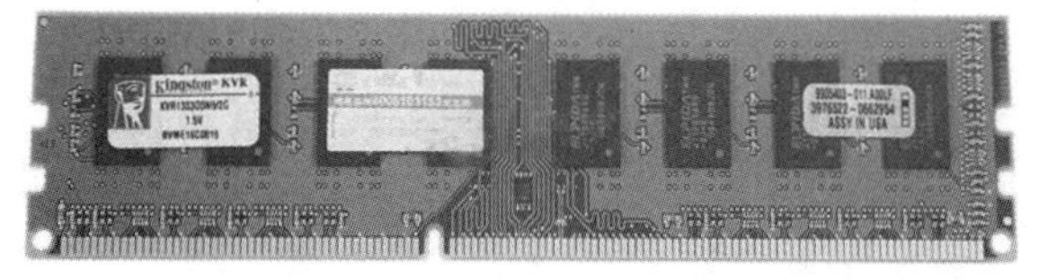

图 1-13　内存条

1.4.3　外存储器

1. 硬盘

硬盘是计算机系统最主要的外存。微机至少配备一个硬盘。硬盘是把磁头、盘片和驱动器密封在一起构成的存储设备，如图 1-14 所示。

一个硬盘由多个盘片构成，每个盘片有两个记录面（最上面和最下面的两个盘片只有一面可存储信息），每个记录面对应一个磁头，所以记录面号就是磁头号。所有的磁头被安装在一个公用的移动臂支架上，支架沿半径方向移动以便带动磁头寻找磁道。所有盘片绕着同一个轴旋转；典型的转速有 5 400 r/min、7 200 r/min，转速越高，磁盘数据传输速率越快，如图 1-15 所示。

① 磁道：每个盘面上由外向里分成许多同心圆，称为磁道，其中最外圈的磁道为 0 号，往里则磁道号逐步增加。每条磁道由若干扇区组成。每条磁道上，各扇区的长度相同，存储的信息数量相同，显然外圈磁道的存储密度低于内圈的磁道。

② 柱面：不同盘面上的同一条磁道构成一个圆柱面，如所有盘面的 0 磁道就构成了 0 柱面。当要求读写的信息超过一条磁道上的信息时，则可选择同一圆柱面的其他磁记录面上的信息。由于不需要更换磁道的时间，因此加快了硬盘的访问速度。

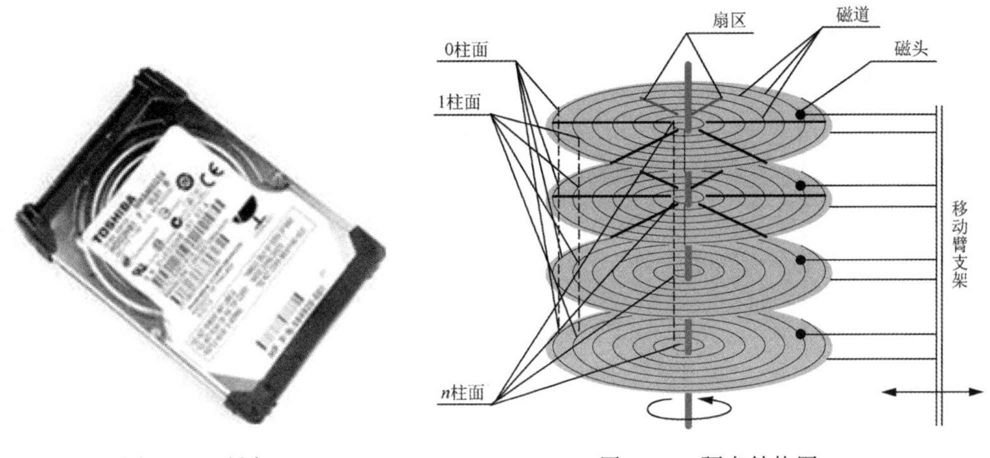

图 1-14　硬盘　　　　图 1-15　硬盘结构图

③ 扇区：通常将一条磁道划分为若干段，每个段称为一个扇区。磁道的半径不等，内道小，外道大，形如扇面，扇区由此得名。每个扇区存放 512 B 的信息。一条磁道划分成多少扇区，每个扇区可存放多少字节，一般由操作系统决定。

硬盘的存储容量应该等于磁头数、柱面数、扇区数以及每个扇区字节数的乘积。一般硬盘的容量为几百 GB，甚至数 TB。

硬盘的接口类型一般有 4 种：一种是 IDE（Integrated Device Electronics，集成设备电路）并行接口；另一种是 SATA（Serial Advanced Technology Attachment，串行高级技术附件规格）串行接口，是硬盘接口的新标准，具备更强的纠错能力和更高的数据传输可靠性；第三种是 SCSI（Small Computer System Interface，小型机系统接口）接口，它主要是为小型机设计，微型机上一般不使用这种接口；第四种是 USB（Universal Serial Bus，通用串行总线）接口，具有这类接口的硬盘称为移动硬盘。

在使用硬盘过程中应注意保持使用环境的清洁；避免震动与冲击；避免频繁开关电源；不要随意拆卸。硬盘主要品牌有希捷、西数数据、三星等。

2. U 盘

U 盘又称优盘，闪存盘，是一种使用 USB 接口的无须物理驱动器的微型高容量移动存储设备。它采用的存储介质为闪存（Flash Memory）。U 盘一般包括闪存、控制芯片和外壳，如图 1-16 所示。通过 USB 接口与计算机连接，即插即用，可带电插拔。它不仅可多次擦写、速度快，而且所写入的数据在断电后不会消失。其优点就是：体积小，重量轻，便于携带、防磁、防震，可长期保存数据。一般的 U 盘容量有 16 GB、32 GB、64 GB、128 GB 等，甚至更大。

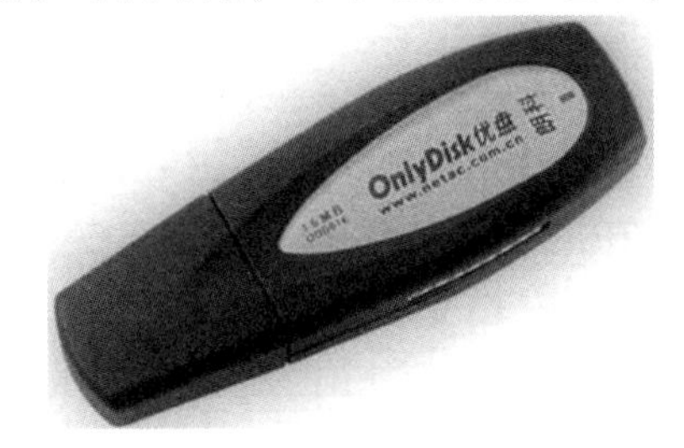

图 1-16　U 盘

另外，应用在手机、数字照相机、掌上电脑、MP3、MP4 等小型数码产品中的存储卡也是利用闪存技术存储电子信息的存储器，称之为闪存卡。根据不同的生产厂商和不同的应用，闪存卡有 Smart Media（SM 卡）、Compact Flash（CF 卡）、Multi Media Card（MMC 卡）、Secure Digital（SD 卡）、Memory Stick（记忆棒）、TF 卡等多种类型，这些闪存卡虽然外观、规格不同，但是技术原理都是相同的。但由于闪存卡本身并不能直接被计算机辨认，读卡器（Card Reader）就成了两者的沟通桥梁。读卡器可使用多种存储卡，如 SM 卡、CF 卡、SD 卡、TF 卡等，作为存储卡的信息存取装置。读卡器使用 USB 接口，支持热插拔。把闪存卡放入读卡器中，再把读卡器插入计算机的 USB 端口，就可以通过计算机访问闪存卡中的信息了。读卡器按照速度来划分有 USB 1.1、USB 2.0 以及 USB 3.0；按用途来划分，有单一读卡器和多合一读卡器。

使用 U 盘应注意的事项：

① U 盘一般有写保护开关，但应该在 U 盘插入计算机接口之前切换，不要在 U 盘工作状态下进行切换。

② U 盘都有工作状态指示灯，如果是一个指示灯，当插入主机接口时，灯亮表示接通电源，当灯闪烁时表示正在读写数据。如果是两个指示灯，一般两种颜色，一个在接通电源时亮，一个在 U 盘进行读写数据时亮。严禁在读写状态灯亮时拔下 U 盘。一定要等读写状态指示灯停止闪烁或灭了之后才能拔下 U 盘。

③ U 盘的存储原理和硬盘有很大出入，不要整理碎片，否则影响使用寿命。

3. 光盘和光盘驱动器

人们听的 CD 是一种光盘，看的 VCD、DVD 也是一种光盘。CD、DVD 光盘的结构是一致的，只不过，它们的厚度和用料有所不同。光盘（见图 1-17）的存储原理为：使用激光在存储介质表面上烧蚀出数据，烧蚀在介质表面上微小的凹凸模式表示了数据。光驱使用激光从光盘上读数据，这时使用的激光强度小于往光盘上烧蚀数据的激光强度。光学介质非常耐用，一般 CD-ROM 的寿命在 500 年以上。它们不受湿度、指印、灰尘和磁场的影响。

图 1-17　光盘

随着计算机技术的发展，光盘作为外存储器已越来越广泛。用于计算机系统的光盘主要有三类：只读型光盘、一次写入型光盘和可擦写型光盘。现在微机中使用最广泛的是只读型光盘。

只读型光盘 CD-ROM（Compact Disc Read Only Memory）的特点是用户只能读出信息不能写入信息。光盘上已有的信息是在制作时由厂家根据用户要求写入的，写好后就永久保留在光盘上，它是靠表面凹凸形式来表示记录的 0、1 信息；光盘和磁盘一样，由很多同心圆组成，CD-ROM 中的信息要通过光盘驱动器才能读取。

CD-ROM 的存储容量约为 650 MB，非常适合存储诸如百科全书、图书目录、文献资料等信息量庞大的内容。

一次写入型光盘 WORM，其中的信息可以由用户写入，写入后可直接读出；但只能写入一次，写入后不能修改。因此，称它为一次写入、多次读出的光盘。

可擦写型光盘（Erasable Optical Disk）是能够重写的光盘，其写入与读出原理因使用的记录介质而异。它有三种主要类型：磁光型、相变型和染料聚合物型。计算机系统常使用的是磁光型（Magneto Optical disk）可擦写光盘，简称为 MO。

由于光盘存储技术的发展，使得大容量信息存储的实现成为可能，从而使计算机为多媒体技术的发展提供了条件。因此，光盘存储器已成为多媒体计算机的基本配置。

光盘驱动器简称光驱。最初的光驱的数据传输速率是 150 KB/s，现在的光驱的数据传输速率一般都是这个传输速率的整数倍，如 48 倍速光驱、50 倍速光驱、52 倍速光驱等，如图 1-18 所示。

1.4.4 输入设备

用户利用计算机处理数据，就必须通过输入设备将数据进行转换并送入计算机中。常用的输入设备有键盘、鼠标、扫描仪等。下面主要介绍键盘和鼠标的功能及工作原理。

1. 键盘

键盘是广泛使用的字符和数字的输入设备，用户可以直接从键盘上输入程序或数据，使人可以和计算机直接进行联系，起着人与计算机进行交流的桥梁作用。

键盘由一组按阵列方式装配在一起的按键开关组成，不同开关键上标有各种字符，每按下一个键就相当于接通了相应的开关电路，随即把该键对应字符的代码通过接口电路送入计算机。

键盘有许多种类，它们总的结构形式和应用方法相似。微机使用的键盘有 84 键、101 键、104 键、107 键等，常用的有 104 键、107 键标准键盘。下面以 IBM-PC 键盘为例，介绍键盘的布局。其他型号的键盘，其主键盘区的布局与之类同，只是字符略有增删，位置略有不同。

键盘一般分为四个区域，如图 1-19 所示。

图 1-18　光驱

图 1-19　键盘功能分布

（1）主键盘区

这是键盘的主要使用区，它的键位排列与标准英文打字机的键位排列是相同的。该键区包括了所有的数字键、英文字母键、常用标准键符、标点符号及几个特殊的控制键。几个特殊控制键的功能如下：

①【Shift】键为换挡键，或称上挡键。在键盘上有些键具有两种功能。如 26 个英文字母键，包含大写、小写两个含义；还有 21 个双符键，在每个双符键面上有上、下两个字符。在一般情况下，单独按下一个双符键时，代表输入该键面上的下面那个字符。例如，若单独按下双符键[8]，则代表输入字符“8”；如果同时按【Shift】键与[8]键，则代表输入字符“*”。对于 26 个英文字母来说，如果单独按下某个字母键仅代表小写字母

键，则同时按换挡键【Shift】与某个字母键就代表大写字母；相反，如果单独按下某个字母键代表大写字母，则同时按换挡键和某字母键就代表小写字母。

② Caps Lock 大/小写字母转换键。如果现在单独按下某个字母键代表小写字母，按一次此键后，键入的字母就变为大写字母；再按一次此键，键入的字母又回到小写字母，即每按一次该键后，英文字母的大/小写状态转换一次。通常，在对计算机加电后，英文字母的初始状态为小写。

③ Tab 制表定位键。每按一次此键光标右移八位。

④ ← 退格键。每按一次此键，将删除当前光标位置的前一个字符，同时光标左移一个位置。

⑤ Enter ↵ 回车键。每当要按此键时，表示输入的信息行或命令结束，将换到下一行的行首输入或命令开始执行。

⑥ 空格键。每按一次此键，将在当前输入的位置上空出一格的位置，光标向右移动一格。

⑦ Ctrl 与 Alt 键。这两个键往往分别与其他键组合使用，用来表示某修正控制或操作，其组合功能由不同的软件系统定义。

⑧ Esc 键。按此键后退出某种操作。

（2）小键盘区

小键盘区又称数字键区（多位于右侧）。这个区中的多数键具有双重功能：一是代表数字，二是代表某种编辑功能。使用 Num Lock 键控制数字和编辑功能的转换。小键盘区为专门进行数据录入的用户提供了很大方便。

（3）功能键区

该区中有12个功能键 F1 ～ F12。这些键的功能由软件系统定义。恰当地使用功能键，可使操作简便，节省键盘的输入时间。

（4）编辑键区

该区中的键主要用于编辑修改。↑ ↓ ← → 四个键分别用来移动光标左、右一格或上、下一行，Page Up 键用来显示上一屏的信息，Page Down 键用来显示下一屏的信息。Home 键常常用来移动光标到行首，End 键常常用来移动光标到行尾。Insert 键用来转换插入与改写状态，Delete 键用来删除光标处的字符。

2. 鼠标

鼠标是取代传统键盘的光标移动键，使光标移动定位更加方便、更加准确地输入装置，它是一般窗口软件和绘图软件的首选输入设备。在所有指点式输入设备中，鼠标以价格低廉、安装容易、使用方便、分辨率高而得到广泛应用，如图1-20所示。

图1-20　鼠标

当前使用的鼠标主要有三种类型：机械鼠标、光电鼠标和无线鼠标。

机械鼠标是最早出现的鼠标，其内部装一直径为 25 cm 的橡胶球，通过球在平面上的滚动把位置移动变换成计算机可以理解的0、1信号，传给计算机来完成光标的同步移动。

机械鼠标的优点是价格便宜，缺点是准确性和精密度较差，传送速率较低，它必须在平滑的平面上滚动，而且滚动球容易附着灰尘。

光电鼠标是在机械鼠标之后出现的，光电鼠标使用光电传感器取代传统的滚球。这类传感器需要与特制的、带有条纹或点状图案的垫板配合使用。鼠标在板上移动，安装在鼠标下的光电装置根据移动过的小方格数来定位坐标点。光学鼠标的优点是结构轻巧、精密度高、传送速率快；缺点是需要特殊的平板，价格贵。

无线鼠标采用无线技术与计算机通信，从而省却了电线的束缚。其通常采用的无线通信方式包括蓝牙、Wi-Fi（IEEE 802.11）、Infrared（IrDA）、ZigBee（IEEE 802.15.4）等多个无线技术标准，对当前主流无线鼠标而言，有 27 MHz、2.4 GHz 两个频段和蓝牙无线鼠标共三类。

1.4.5　输出设备

1. 显示器与显卡

计算机的显示系统包括显卡和显示器。显卡是控制主机发送信号到显示器的接口电路板。计算机显示的清晰与否决定于显示器的质量和显卡的能力。

显示器又称监视器（Monitor），是微机最基本的也是必配的输出设备，用于控制显示屏幕上字符与图形的输出，如图 1-21 和图 1-22 所示。显示器类型很多，分类方法也有多种，下面介绍显示器的分类。

图 1-21　CRT 显示器

图 1-22　液晶显示器

（1）按显示的内容分

① 字符显示器：只能显示 ASCII 码字符。

② 图形显示器：能显示字符与图形。

第一台微机显示器和目前用作大型机终端的许多显示器都是基于字符的，基于字符的显示器将屏幕分成矩形格子，每格可显示一个字符。屏幕可显示的字符集是不可变的，所以不可能显示不同大小和不同风格的字符。

图形显示或称位图显示将屏幕分成小点（称为像素）矩阵，计算机在屏幕上显示的任何字符或图形必须由屏幕矩阵中的像素构造。目前微机一般都配置图形显示器。

（2）按显示的分辨率分

① 低分辨率：1 366 × 768 像素、1 440 × 900 像素。

② 中分辨率：1 920 × 1 080 像素。

③ 高分辨率：2 560 × 1 440 像素、3 840 × 2 160 像素。

屏幕可显示的像素越多，分辨率就越高。分辨率越高，组成的字符和图形的点密度越高，显示的画面就越清晰。所以分辨率越高，其性能越好。

（3）按显示器的大小尺寸分

显示器的大小尺寸用荧光屏对角线长度表示。显示器的尺寸有 19 英寸、22 英寸、24 英寸、27 英寸、32 英寸等规格。尺寸越大，支持的分辨率往往也越高，显示效果也越好。

（4）按显示的颜色分

① 单色显示器：显示的字符或图形只有一种颜色，即黑白显示器。

② 彩色显示器：显示的字符或图形有多种颜色。

显示器与显卡必须匹配。显卡直接插在系统主板的扩展槽上，它的主要功能是将要显示的字符或图形的内码转换成图形点阵输出给显示器。有的主板也将视频接口电路直接安装在主板上。目前，微机上常用的显卡基本上是 PCI-E 接口，如图 1-23 所示。

显卡有色彩数、分辨率、显示内存容量等重要技术指标，显示内存容量在很大程度上决定显示器显示颜色的多少以及显卡支持的最大分辨率。显卡的色彩数有 16 色、256 色、64×2^{10} 色、16×2^{20} 色等多种。目前，显卡的显示内存有 2 GB、4 GB、6 GB、8 GB、11 GB、16 GB 等。

图 1-23　显卡

微机系统中以前多使用阴极射线管显示器，简称 CRT。由于 CRT 显示器体积大、笨重，所以现在 CRT 显示器已被 LED 显示器所代替，LED 显示器的特点是功耗低，重量轻和体积小。

2. 打印机

打印机也是计算机系统最常用的输出设备之一，可将计算机的处理结果打印在纸上。

微机上配备的打印机按打印方式分，常用的有针式打印机、喷墨打印机和激光打印机。

（1）针式打印机

针式打印机又称点阵打印机，其打印头由若干钢针组成，因针数的不同可分为 9 针、24 针等多种规格，在微机上用得最多的是 9 针和 24 针打印机。

针式打印机的打印原理是：打印机的打印头按阵列排列若干钢针，打印的字符是用点阵组成的，在打印时，随着打印头在纸上的平行移动，由电路控制相应的针动作或不动作，动作的针头接触色带击打纸面而形成墨点，不动作的针在相应位置上留下空白，这样移动若干列后就可打印出需要的字符。

常规针式打印机的行宽，通常有 80 列和 136 列两种规格。图 1-24 所示为一台针式打印机。

图 1-24　针式打印机

（2）喷墨打印机

喷墨打印机使用很细的喷嘴把油墨喷射在纸上从而实现字符或图形的输出。高分辨率的彩色打印需要高质量的专用打印纸。

喷墨打印机与点阵打印机相比，具有打印速度快、打印质量好、噪声小的特点。但喷墨打印机的价格高，并且专用打印纸与专用墨水的消耗使喷墨打印机的日常费用也比较高。图 1–25 所示为一台喷墨打印机。

（3）激光打印机

激光打印机是激光技术与复印技术相结合的产物。它采用了电子照相原理，类似复印机，但复印机的光源是用灯光，而激光打印机用的是激光。控制电路根据字符或图形转换来的信号驱动激光器的打开和关闭，对充电的感光鼓进行有选择的曝光，被曝光的部分产生放电现象，而未曝光的部分仍带有电荷，随着感光鼓的圆周运动，感光鼓充电部分通过碳粉盒时，使有字符或图像的部分吸附碳粉，当鼓和纸接触时在纸的反面施以反向静电电荷，将鼓上的碳粉吸附到纸上。最后通过高温高压区定影，使碳粉永久粘附在纸上。激光打印机的结构比点阵打印机要复杂得多。它打印时无噪声、分辨率高，一般为 4~12 点/mm；打印速度远高于点阵打印机，高速激光打印机的打印速度可达 20 000 行/min，低速的为 500~700 行/min；打印的字符或图形质量很高。因此，激光打印机已经得到广泛应用。图 1–26 所示为一台激光打印机。

以上都是二维平面打印机，现在也有用于 3D 打印系统的 3D 打印机。图 1–27 所示是一台 3D 打印机。

图 1–25　喷墨打印机

图 1–26　激光打印机

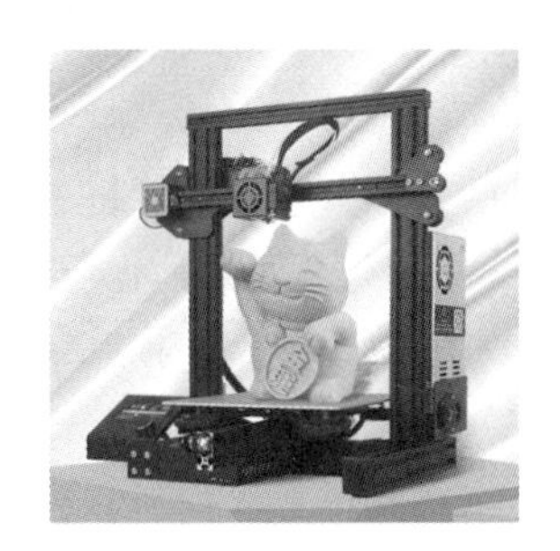

图 1–27　3D 打印机

除上述输入/输出设备外，还有绘图仪、光笔、数字板、扫描器械、条码技术、语言系统等。

1.5　多媒体技术

多媒体技术是 20 世纪 80 年代中后期发展起来的计算机新技术。20 世纪 90 年代初期，多媒体技术已成为国际计算机界的一个热门话题，不少厂商陆续推出具有多媒体功能的系统与产品。多媒体技术的出现与发展，体现了输入/输出设备的发展对计算机技术发展的促进作用。多媒体技术为拓展计算机应用范围、开发应用深度和提高计算机的表现力提供了极好支持。以下简要介绍有关多媒体技术的基本内容。

1.5.1　多媒体基本概念

媒体（Media）有着广泛的解释，而当前在讨论计算机多媒体时经常提到的“媒体”有两种含义：一是指存储信息的媒体，有时称为介质，如磁盘、磁带、光盘和磁卡等；二是指传播信息的媒体，有时也称载体，如数字、字符、图形、图像和声音等。

“多媒体”这个词并不新鲜——它是指多种媒体的集成使用，如幻灯片、录像带、录音带、唱片等。计算机技术的发展使得我们能够把文本、照片图片、语言、歌曲、动画序列和视频一起放到一个简单的计算机应用程序中。现在多媒体（Multimedia）是指多种，即两种以上媒体，如数字、文字、图形、图像、声音等的基于计算机的有机集成。

计算机多媒体技术的发展是一个渐进积累而产生重大变化的过程。20 世纪 50 年代计算机应用于数值计算，它以数字媒体为处理对象；20 世纪 60 年代计算机应用于数据处理，它是计算机与字符处理技术、数值处理技术的结合，以数字和字符媒体为处理对象；随后，计算机与图形学、数学相结合，产生了以处理图形媒体为主的计算机辅助设计技术；计算机与图像处理技术相结合，产生了以图像媒体为主的计算机图像处理技术；计算机与语音处理技术相结合，产生了以处理语音媒体为主的计算机语音处理技术。20 世纪 80 年代发展的多媒体技术，不仅是上述技术的综合集成，而且引进了新的技术、内容和设备，如影视处理技术、CD-ROM、各种专用芯片和功能卡，是一种计算机集成新技术。

1.5.2　多媒体技术基本特征

多媒体技术是一类综合技术，它不是多种媒体的简单组合，而是把多种媒体作为有机的整体，它不仅能将不同的媒体加以存储、管理，还可以建立起不同媒体间的内在联系，如声、像间的同步甚至媒体间的转换。

一般认为，计算机多媒体的特征是：媒体的多样性、集成性、交互性和数字化。

1. 媒体的多样性

多媒体系统必须有两种以上媒体的集成。如只有图形和文字的集成，则称为图文系统，一般不称为多媒体系统。

2. 媒体的集成性

不同媒体之间有一定的内在联系。若将不同的媒体在计算机中进行存储和管理，并实现对单一媒体的查询和显示，而未建立媒体间的联系，即未实现媒体集成，也不称为多媒体系统，只称为图形系统或图像系统。

3. 媒体的交互性

多媒体系统一般将使人与机器通过多媒体信息实现交互，即通过软件系统的支持，实现多种媒体的集成与交互，使系统具有采集、存储、处理、管理、查询、显示等功能。人们可以根据需要与多种媒体进行人机对话。电视机虽然能播放多种媒体，但它不具有交互性，所以不称为多媒体系统。

4. 媒体的数字化

多媒体系统是以计算机和相应的设备为工具，计算机处理的只能是数字化信息，数字化是多媒体系统实现的基本途径。只有在字符、文字、图形、图像、声音和影视信息经过数字化处理后才能被计算机所接收，如将汉字转化为汉字编码，即是文字数字化的过程，其他媒体也必须如此。

综合多媒体的上述特征，可以从下面两方面来描述多媒体计算机技术。

① 以计算机为工具，应用数字化技术，以交互控制方式，把数字、正文、图形、图像和声音集成于一体，将结果综合、实时地表现出来，并通过多媒体实现人机对话。

② 计算机把各种不同的介质，如计算机屏幕、视频光盘、录像机、CD-ROM 、语音及音响合成器等，相互连接而形成一个完整的相互作用的整体。

综上所述，一个完整的多媒体系统是由多媒体硬件和多媒体软件两部分组成的。

1.5.3 多媒体计算机

多媒体计算机系统主要分为多媒体个人计算机和多媒体工作站。

多媒体工作站是一类采用 32 位以上微处理器，并配置大容量存储器和高分辨率、大屏幕显示器的计算机。其硬件、软件系统都能较好地支持多媒体信息处理，许多计算机公司都有此类产品，如 HP、SGI 和 IBM 公司都有自己的工作站及多媒体系统。其功能强，但价格很昂贵。

图 1-28 多媒体个人计算机

多媒体个人计算机（Multimedia Personal Computer，MPC，见图 1-28）是最有发展前景的多媒体系统，主要是因为它既有较强的功能，同时价格又较便宜。多家计算机厂商在 20 世纪 90 年代初制定了 MPC 标准，标准中给出了系统的最低要求和建议配置。诸如：内存储器的存储容量要求、处理器的指标、硬盘容量、CD-ROM 驱动器的指标以及对音频、视频设备的技术指标要求、输入/输出端口的功能要求等。多媒体计算机标准有四个，不过就当前市场上出售的微机来讲，一般都优于 MPC 标准的规定。概括起来，人们用一个简单的公式来表示 MPC 的组成，一台标准的多媒体计算机的硬件基本配置为：PC + 光盘驱动器+声卡+视频卡+标准接口。

上述表示并不十分严密，因为一般人们所说的 PC 已经包含光盘驱动器在内，且不同的系统可能会有差异，但它从总体上反映了多媒体系统的构成和特性。下面主要介绍声卡和视频卡的功能和技术指标。

1. 声卡

声卡又称音频卡，是多媒体个人计算机必备的重要硬件设备，其作用是对原声音的模拟信号数字化，即进行采集、数字化、压缩存储、解压和回放等快速处理，并提供各种音乐设备（收音机、录放机、CD 等）的数字接口，如图 1-29 所示。

图 1-29 声卡

声卡有两个重要的技术指标：一是采样频率，即单位时间的采样次数。一般来说，语音信号的采样频率是语音所必需的频率宽度的两倍以上。人耳可听到的频率为 20 Hz~22 kHz 的声音，所以对声卡来说，其采样频率为最高频率的 22 kHz 的两倍以上，即采样频率应在 44 kHz 以上。较高的采样频率能获得较好的声音还原，当前声卡的采样频率都高于 44.1 kHz。

声卡的另一技术指标是采样值的编码位数。每次采样值使用的二进制编码位数直接影响还原声音的质量。8 位声卡对语言的解释能满足需要，可达到电台中波广播的音质，要播放音乐就不是很好。当前的声卡都在 16 位和 32 位以上。

2. 视频卡

视频卡是计算机用来连接视频设备（如摄像机、录放像机、影碟机、电视机等）的硬件设备，其功能是实现视频模拟信号与数字信号的转换，具有数据采集、压缩、存储和回放的功能。视频卡有多种类型，最常见的是视霸卡。视霸卡主要功能有：在可移动、可改变尺寸的窗口中显示全活动的数字化影像画面；使来自录像机、摄像机和广播电视机的影像信号可以在 PC 上播放、定格、存储和处理，并可输出到其他的显示器上；在影像画面上可以叠加计算机数字与图像；影像的尺寸可达到全屏幕或缩小为图标；影像的色彩饱和度、亮度和对比度均可调节；内含数字化的立体声语音台，每个通道的音量均可用程序控制。

视频信号和音频信号占用存储空间很大，所以必须采取数据压缩措施对媒体实时压缩和解压缩，用以快速处理视频信号和音频信号的压缩与解压缩。目前已有压缩与解压缩的专用芯片组成的电路卡，数据压缩已形成国际标准。当然，所有的多媒体系统除了硬件要求外，还一定要配置相应的支持多媒体系统的软件，最核心的就是多媒体操作系统。针对特定应用需求而设计的软件系统，它是多媒体技术应用的最后体现。

1.5.4 多媒体系统的分类

20 世纪 80 年代后期，随着多媒体技术的发展和应用，出现了多种类型适应于不同用途的系统。它们有不完全相同的功能和应用领域，而且运行环境亦有差别。而当前多媒体个人计算机又成为计算机发展的又一新的里程碑。

大体上可将多媒体系统划分为以下四类：

1. 多媒体创作和开发系统

对多媒体对象具有编辑和播放双重功能的多媒体开发系统（Development System），可用于专业人员制作多媒体软件产品或应用系统。

2. 多媒体演示系统

由个人计算机按用户需要配置适当的多媒体软件和硬件升级的多媒体演示系统（Presentation System）可用于企业或部门对多媒体对象演示的需要。

3. 训练和教育系统

以 VGA 为输出设备，配有光盘，基本上只具有交互播放功能的多媒体系统。它是一种训练和教育（Training/Education）系统，可以通过这种系统获得更为直观和形象的多媒体信息。

4. 多媒体家用系统

还有以家用电视机为输出设备的多媒体家用系统（Home System），可用于学习和娱乐。

上述各类系统中都有其代表性的产品。由于多媒体技术发展迅速，产品更新很快，这里不做介绍。

1.5.5 多媒体计算机技术的应用

多媒体计算机技术不仅渗透到计算机传统应用领域的各个方面，同时还开拓了计算机的新的应用领域。多媒体技术与通信网络的结合更开阔了计算机应用的新天地。计算机多媒体技术的应用体现在以下几个方面：

1. 科技数据和应用系统的多媒体化

科技数据和科技文献的多媒体表示、存储和检索，丰富了过去只能利用数字和文字的单一表示方法，使之能更接近于所描述对象的本来面目，如各种计算机应用系统（如信息系统、办公自动化系统、军事系统信息）的多媒体化等。

2. 教育及电子出版物

利用多媒体计算机的综合处理能力编制的计算机辅助教学课件，能创造出图文并茂、绘声绘色、生动逼真的教学环境，激发学生的学习积极性和主动性。多媒体电子出版物可为读者提供多种媒体表示形式，如图、文、声、像等，供浏览和阅读。

3. 电视商业广告与电子商务

利用多媒体计算机技术可方便地进行节目编排，片头以及商业广告的制作。通过 Internet 可实现网上销售、购物及结算等。

4. 娱乐和虚拟现实

利用多媒体技术制作的节目、游戏软件可使人们与计算机对弈、打扑克等，也可通过其欣赏电影、电视等节目。虚拟现实是多媒体技术应用的重要领域，它利用计算机多媒体和相关设备把人们带入一个虚拟的世界。

多媒体计算机技术还是在不断发展中的技术，其应用领域也将不断扩展。现今，可视电话、视频会议系统等新的应用已为人类提供了更全面的信息服务。

5. 智能手机

智能手机是指像个人计算机一样，具有独立的操作系统、独立的运行空间，可以由用户自行安装软件、游戏、导航等第三方服务商提供的程序，并可以通过移动通信网络来实现无线网络接入的这样一类手机的总称。

智能手机是典型的多媒体机，具有五大特点：

① 具备无线接入互联网的能力，即需要支持 GSM 网络下的 GPRS 或者 CDMA 网络的 CDMA 1X 或 3G（WCDMA、CDMA-2000、TD-CDMA）、4G（HSPA+、FDD-LTE、TDD-LTE）或 5G 网络。

② 具有 PDA 的功能，包括 PIM（个人信息管理）、日程记事、任务安排、多媒体应用、浏览网页等。

③ 具有开放性的操作系统，即拥有独立的 CPU、内存，可以安装更多的应用程序，使智能手机的功能可以得到无限扩展。

④ 人性化，即可以根据个人需要扩展机器功能。

⑤ 功能强大，即扩展性能强，第三方软件支持多。

智能手机的操作系统主要有 Android、iOS、Windows Phone、Blackberry、Symbian 等。

目前，手机 CPU 的架构主要有 ARM 和 Intel X86，主要的手机 CPU 有高通公司的骁龙（Snapdragon）系列、联发科的 MT 系列、华为的海思系列、得州仪器的 OMAP 系列、英伟达的 Tegra 系列、三星的 Exynos 系列、英特尔的 Atom 系列等。这些公司的手机 CPU 各有各的特点，它们在不断的竞争中推动着手机 CPU 向前发展。

现在手机厂商在宣传自己的产品时总是喜欢提及处理器的参数，比如 CPU 采用了多少核心，主频达到了多少，等等。然而，实际上并非如此，手机性能的好坏不仅取决于主频的高低，核心的多少，其 CPU 采用的架构、缓存、带宽，内存的多少，GPU 以及系统的优化等都对手机的性能产生重要的影响。所以，如果手机其他因素配置不够，也很有可能出现 CPU 高频低能的现象。

习　　题

一、选择题

1. 在计算机中采用二进制是因为（　　）。
   A. 二进制的运算能力强　　B. 二进制的运算规律简单
   C. 电子元件只有两种状态　　D. 上述三个原因
2. 下面有关计算机的叙述中，（　　）是正确的。
   A. 计算机的主机包括 CPU、内存储器和硬盘三部分
   B. 计算机必须具有硬盘才能工作
   C. ROM 属于外存储器，RAM 属于内存储器
   D. 将操作系统装入内存后，计算机才能工作
3. 内存储器的基本存储单位是（　　）。
   A. 比特（bit）　　B. 字节（B）　　C. 字（word）　　D. 字符（character）
4. 内存储器中的每个存储单元都被赋予唯一的序号，称为（　　）。
   A. 序号　　B. 下标　　C. 编号　　D. 地址
5. 显示器的（　　）越高，显示器的图像越清晰。
   A. 对比度　　B. 亮度　　C. 灰度级　　D. 分辨率
6. 大写字母 W 的 ASCII 码是二进制数（　　）。
   A. 1001011　　B. 1010111　　C. 0111101　　D. 1101011
7. 下面有关计算机操作系统的叙述中，（　　）是正确的。
   A. 操作系统是计算机的操作规范
   B. 操作系统是使计算机便于操作的硬件
   C. 操作系统是便于操作的计算机系统
   D. 操作系统是管理系统资源的软件
8. 计算机能直接执行的程序设计语言是（　　）。
   A. C 语言　　B. Delphi　　C. 汇编语言　　D. 机器语言
9. 为把 C 语言源程序转换为计算机硬件能够执行的程序，需要使用（　　）。
   A. 编辑程序　　B. 解释程序　　C. 汇编程序　　D. 编译程序
10. 下面各软件系统中，（　　）是数据库管理系统。
    A. WPS　　B. FrontPage　　C. PowerPoint　　D. FoxPro

二、填空题

1. ROM、RAM 的中文意义分别是________和________。
2. CPU、DOS 的中文意义分别是________和________。
3. 1 MB=________KB=________B。
4. 215.098=________B=________H=________O。
5. 设 x= -10111B，则 $[x]_{反}$=________，$[x]_{补}$=________。
6. 真彩色是指用________二进制编码来表示一个像素。
7. 计算机的运算速度用每秒所能执行的________的数目表示，单位是________。
8. 计算机软件可分为________软件和________软件两类。

三、判断题

1. 机箱内的设备是主机，机箱外的设备是外设。（ ）
2. EGA、VGA、SVGA 表示的是 CPU 的类型。（ ）
3. 计算机程序只有装载到内存中才能运行。（ ）
4. 每个汉字的字形码都用两个字节存储。（ ）
5. 微型计算机就是个人计算机。（ ）
6. 操作系统只管理内存储器，而不管理外存储器。（ ）
7. 计算机显示分辨率不但取决于显示器，而且取决于配套的显卡。（ ）
8. 开机时先开显示器后开主机电源，关机时先关主机后关显示器电源。（ ）

四、简答题

1. 第一台计算机的名称是什么？诞生于哪一年？
2. 计算机的发展经历了哪几代？采用的主要器件是什么？
3. 计算机按其体积规模大小分，可以分为哪几类？
4. 计算机有什么特点？
5. 计算机的用途主要有哪些方面？
6. 计算机中的信息为什么采取二进制数表示？
7. 信息单位 bit、B、KB、MB、GB，TB 之间有什么数量关系？
8. 将十进制数 902.348 转换为二进制数、八进制数和十六进制数。
9. 将十六进制数 3ED08.2C 转换成十进制数、八进制数和二进制数。
10. 计算机中如何区分 ASCII 码和汉字的编码？
11. 计算机系统由哪两部分组成？
12. 冯·诺依曼结构的计算机系统由哪几部分组成？
13. 显示器主要有哪些技术指标？
14. 常见的打印机有哪几种？
15. 什么是大数据，它有什么特征？
16. 说出维基百科中对云计算的定义，其所包含的主要技术有哪些？
17. 说明物联网的概念和主要应用领域。

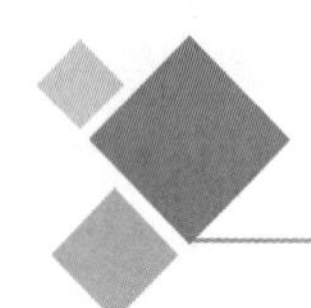

第2章 操作系统

操作系统（Operating System，OS）是计算机软件系统中最基本、最重要的软件，它是控制和管理计算机系统硬件和软件资源的一组程序，是用户和计算机之间的通信界面。用户通过操作系统的使用和设置，使计算机更有效地进行工作。

操作系统是随着计算机系统结构和使用方式的发展而逐步产生的。常用的操作系统有DOS、Windows、UNIX、Linux等，其中Windows系列是微软公司推出的基于图形用户界面的操作系统，是目前世界上应用最广泛的操作系统。Windows 10是微软继Windows XP、Windows 7之后的又一代操作系统，它将熟悉的用户界面、高效、创新特性与Windows基本特性例如出色的安全功能和兼容性集于一身，带来快速上手、简单易用的新鲜体验，并能更好地帮助用户处理重要事项。

通过本章的学习，应掌握以下几方面的内容：

① 了解操作系统的概念。

② 了解操作系统的特性、功能和分类。

③ 了解常见的操作系统。

④ 掌握Windows 10的基本概念和操作。

2.1 操作系统概述

2.1.1 操作系统的概念

计算机系统是十分复杂的系统，要使其协调高效地工作，需要有一套进行自动管理各个子系统和便于用户操作的软件。操作系统就是用来管理计算机系统的软/硬件资源、提高计算机系统资源的使用效率、方便用户使用的程序的集合。

操作系统在计算机系统中的作用相当于“大脑”在人体中的作用。它是对计算机系统进行自动管理的控制中心。操作系统的主要作用有以下两个方面。

1. 方便用户使用计算机

从用户角度来看，计算机系统就是一个工作平台，没有任何软件的硬件系统又称“裸机”，它是整个系统运行的物理基础，为其上的各种软件系统提供运行平台。运行在硬件系统之上的是操作系统，它向下管理整个计算机系统的硬件，向上为用户开发应用程序提供支持。

操作系统之上的是其他系统软件，它是直接为用户开发应用软件提供的工具和平台，包括各种编译系统、数据库开发系统及为应用程序提供开发平台的其他各种工具软件。用户通过键盘或其他方式向计算机发出请求，进入相应的信息处理系统。

2. 管理计算机软/硬件资源

计算机系统中包含各种各样的软/硬件资源，如何为运行的程序合理分配资源，对系统中的资源进行有效管理，保证系统资源合理利用，提高系统资源的使用效率，这些工作都需要操作系统这个计算机软/硬件资源的管理者来完成。

计算机启动后，操作系统会被自动装入内存，用户看到的是已经加载了操作系统的计算机，这一过程称为引导系统。启动完毕后，操作系统中的管理程序部分将保持在内存中，称其为驻留程序。其他部分不常驻内存，通常存放在外存储器上，在需要时再自动地从外存储器调入主存储器中，这些程序称为临时程序。

2.1.2 操作系统的引导

启动计算机就是把操作系统装入内存，这个过程称为引导系统。在计算机电源关闭的情况下，打开电源开关启动计算机称为冷启动；在电源打开的情况下，重新启动计算机称为热启动。以下步骤说明了一台装有 Windows 操作系统的计算机的冷启动过程。

① 计算机加电时，电源给主板及其他系统设备发出电信号。

② 电脉冲使处理器芯片复位，并查找含有 BIOS（BIOS 代表基本输入/输出系统）的 ROM 芯片。BIOS 加电自检，确保硬件连接合理及操作正确。

③ 系统将自检结果与主板上 CMOS 芯片中的参数进行比较。CMOS 是一块存储芯片，其中存储了计算机的配置信息。如果发现问题，计算机会发出“滴滴”的声音，显示器会显示出错信息。

④ 如果加电自检成功，一些系统文件就会被装入内存被执行，接下来这些系统文件会把操作系统的核心部分引导进入内存，然后操作系统就接管了计算机，并把操作系统其他部分装入计算机。

⑤ 操作系统把系统配置信息从注册表装入内存。

当上述步骤完成后，显示器屏幕上就会出现 Windows 的桌面和图标，至此，用户就可以使用计算机做自己的事情了。

2.1.3 操作系统的功能

操作系统是计算机系统软件的核心，它在计算机系统中担负着管理系统资源、控制输入/输出处理和实现用户与计算机系统间通信的重要任务。具体来说，可以从两个角度来理解：资源管理的角度和用户使用的角度（用户接口），如图 2-1 所示。

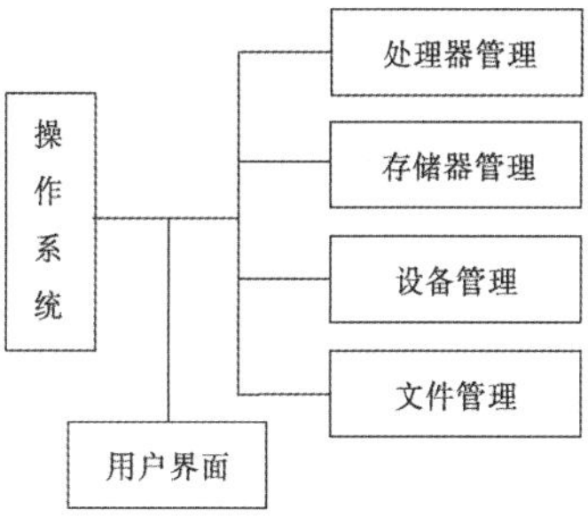

操作系统
处理器管理
存储器管理
设备管理
文件管理
用户界面

图 2-1 操作系统的功能

1. 资源管理的角度

这里所说的“资源”是指计算机需要管理的硬件资源和软件资源。硬件资源包括处理器、输入/输出设备、内部存储器等。软件资源主要是指以文件形式存放在计算机中的信息。

（1）处理器管理

在多任务环境中，处理器的分配、调度都是以进程（Process）为基本单位的，因此处理器管理又称“进程管理”。什么是进程？简单地说，进程就是一个正在执行的程序，它是一个动态的概念。程序是静态的，它是以文件形式存放在外存上的计算机指令和数据的集合。当计算机开始执行程序的时候，先要把程序调入到内存，然后系统就会创建一个进程，当程序执行结束以后，该进程也就消亡了。

进程在它的生命周期中有三个基本状态：就绪状态、运行状态和挂起状态。

① 就绪状态。进程已经获得了除 CPU 外的所有资源，并做好了运行准备，一旦得到了 CPU 资源，就可以立即执行，进入执行状态。

② 执行状态。进程已经获得了 CPU，程序处于运行状态。

③ 挂起状态。进程因等待某个事件而暂停执行的状态就是挂起状态。

程序运行期间，进程不断地从一种状态转换到另外一种状态。如图 2-2 所示，就绪状态的进程分配到 CPU，就转为执行状态；处于执行状态的进程，时间片用完，就转为就绪状态；处于执行状态的进程，因为某个资源被占用，需要等待某个事件，就转为挂起状态；处于挂起状态的进程因为得到了某个资源，就转为就绪状态。

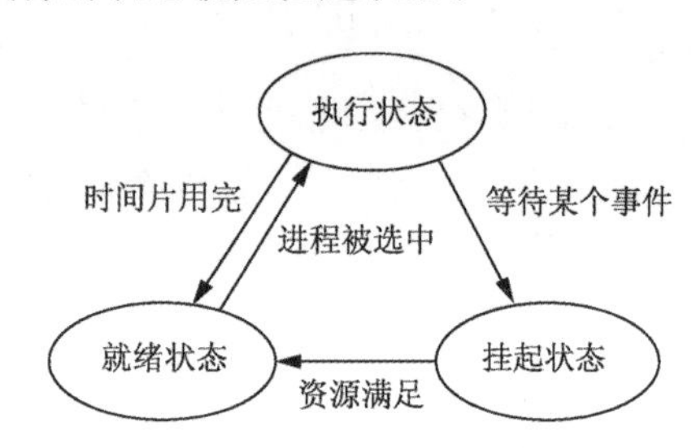

图 2-2　进程的状态及其转换

随着计算机硬件与软件技术的不断发展，为了更好地实现并发处理和资源共享，提高 CPU 的利用率，许多操作系统又把进程再细分成线程（Thread）。当一个进程被细分成多个线程后，进程可以更好地共享系统资源。

中央处理器（CPU）是整个计算机的核心部分，它的工作速度要比其他硬件快得多，因此操作系统要充分利用它的处理能力，使其发挥最大的效能。处理器管理就是要记录处理器的状态和各程序对处理器的要求，并按照某种策略将处理器分配给某一个用户作业（进程），使处理器资源得到最充分的利用。

（2）存储器管理

存储器资源是计算机系统中最重要的资源之一。存储器的容量是有限的，存储器管理的目的就是要合理高效地使用存储空间，为程序的运行提供安全可靠的运行环境，使内存的有限空间能满足各种作业的需求。

存储器管理就是操作系统按照一定的策略为用户作业分配存储空间，记录主存储器的使用情况，并对主存储器中的信息进行保护，在该作业执行结束后将其占用的存储单元释放以便其他程序使用。存储器管理主要包括内存分配、地址映射、内存保护和内存扩充。

（3）设备管理

这里的所说的“设备”是指输入/输出设备。计算机系统中配置有许多外围设备，如键盘、鼠标、硬盘、打印机、扫描仪等。这些外围设备的性能、工作原理和操作方式都不一样，因此要求操作系统能提供良好的设备管理功能。操作系统对设备的管理主要体现在两个方面；一方面，提供用户与外围设备的接口；另一方面，为了提高设备的效率和利用率，操作系统采取了缓冲技术和虚拟设备技术，尽可能使外围设备和处理器并行工作，以解决快速处理器和慢速设备间的矛盾。设备管理主要包括中断处理、缓冲区管理、设备分配、设备驱动、设备独立性等。

（4）文件管理

文件是一组相关信息的集合，是计算机存储信息的基本单位。文件管理就是对系统的软件资源进行管理。文件管理就是管理文件的存储空间，合理地组织和管理文件系统，为文件访问和文件保护等各种文件操作提供有效的方法及手段。操作系统中由文件系统来实现对文件的管理，其功能包括目录管理、文件存储空间的管理、文件操作的一般管理、文件的共享和保护。

① 目录结构。为了更好地管理和使用存储在磁盘上的文件，文件系统通常将所有文件组织成树状结构来管理。在磁盘上创建文件夹（根目录），在文件夹下在创建子文件夹（子目录），如此下去，然后将文件分门别类的存放在不同的文件夹下。这种目录管理结构，好像一棵倒置的树，树根为根目录，每个分支为文件夹（子目录）。

② 文件路径。当一个磁盘目录结构被创建以后，接下来的问题就是如何访问这些文件。用户在磁盘上查找文件所经过的文件夹路径，就称为文件路径。

文件路径分为绝对路径和相对路径。绝对路径：从根目录开始到文件之前，所经过的一系列目录序列，各目录由“\”隔开。相对路径：从当前目录开始到文件之前，所经过的一系列目录序列。

2. 用户接口

从用户使用计算机的角度来看，计算机的界面是否友好，与操作系统的人机交互功能的完善与否密切相关。用户操作计算机的界面称为“用户接口”。它主要靠输入/输出的外围设备（如键盘、鼠标、语音输入设备、显示器等）和相应的软件（主要是驱动相应设备的软件）来完成。通过用户接口，用户只需进行简单的操作（如移动、单击或操作键盘），就能实现复杂的应用处理。用户接口常见有以下两种类型：

（1）命令行（Command）方式

命令行方式是用户在命令界面提示符后，从键盘上输入命令，系统找出这个命令并提供相应的服务，从而实现对计算机的操作或控制，如 MS-DOS。

（2）图形用户界面（Graphical User Interface，GUI）方式

图形用户界面方式是指采用图形方式显示的计算机操作环境用户接口。与命令行界面相比，图形用户界面对于用户来说更为简便易用。它极大地方便了非专业用户的使用，使人们从此不再需要死记硬背大量的命令，取而代之的是通过窗口、菜单、按键等方式来方便地进行操作。

2.1.4 操作系统的主要特性

操作系统的主要特性有以下几个方面：

① 并发性（Concurrency），是指两个或多个活动在同一时间间隔中进行，对用户来说好像在同时使用计算机，这是宏观上的概念。从微观上看，是多个进程交替使用 CPU。实现并发技术的关键之一就是如何对系统内运行的多个程序（进程）进行切换技术

② 共享性（Sharing），是指计算机系统中的资源可以被多个并发执行的程序共同使用，而不是被某个程序独占。可以共享的资源包括 CPU、内存、外存等。程序的并发必然引起资源的共享，合理的资源共享能够为并发执行提供重要保障，因此并发性与共享性是相辅相成的。

③ 异步性（Asynchronism），又称随机性或不确定性。宏观上操作系统控制多道程序同时运行，然而微观上各个程序的运行是异步的。由于运行环境的影响，程序的运行时间、运行顺序以及同一程序的多次运行结果都具有不确定性。

④ 虚拟性（Virtual），就是通过某种技术，将一个客观存在的物理实体转换为若干个逻辑上的对应物，这些逻辑上的对应物是能够被用户感受到的。多个程序在单核 CPU 计算机上运行，让用户感觉好像有多个 CPU 在为自己服务，这就是虚拟技术中的“时分复用技术”。多个程序运行需要占用相应的内存空间，但是内存空间是有限的，这里就用到了虚拟存储器技术。让用户感觉计算机具有的内存空间是远远大于硬件实际具有的内存空间，这就是虚拟技术中的“空分复用技术”。总之采用虚拟技术，可以为用户提供便于使用、方便高效的操作环境。

2.1.5 操作系统分类

操作系统有不同的分类方法，如按照计算机硬件的规模可以分为大型机操作系统、小型机操作系统和微型机操作系统。对不同机型的操作系统要求一般也是不同的。由于大型机硬件性能强大，配备设备多，价格昂贵，因此其操作系统偏重于调度和管理系统资源，注重提高资源的使用效率。而小型机和微机操作系统更加注重于用户界面的友好性。

另一种常用的分类方法是根据使用环境和对作业的处理方式的不同，可把操作系统分为批处理操作系统、分时操作系统、实时操作系统、网络操作系统、分布式操作系统、嵌入式操作系统等。下面简要介绍这几种操作系统的主要特点。

1. 批处理操作系统

批处理操作系统是最早发展起来的，是使计算机管理实现自动化的系统，分为单道批处理操作系统和多道批处理操作系统。用户将要执行的程序和数据，用“作业控制语言”写出说明书，交给操作员。操作员收集多个用户的作业说明书后，连同程序和数据一起送到计算机中。操作系统调度各个作业的运行。运行结束后操作系统的输入/输出管理程序将结果用打印机输出。

批处理操作系统将提高系统处理能力作为主要设计目标。其主要特点是：用户脱机使用计算机，成批处理，提高了 CPU 的利用率；其缺点是没有交互性，即一旦用户提交作业后对程序的执行就没有干预能力，使用户感到不方便。如 VAX/VMS 就是一种多道批处理操作系统。

2. 分时操作系统

所谓“分时”，是指多个用户终端共享使用一台计算机，即把计算机系统的 CPU 时间分割成一个小小的时间段（称为一个时间片 Slice），采用循环轮转方式将这些 CPU 时间片分配给排队队列中等待处理的每个程序。由于时间片分得很短，循环执行得很快，使得每个程序都能得到 CPU 的响应，好像每个用户在独享 CPU 一样。分时系统一般适用于带有多个终端的小型机。

分时操作系统的主要特点是允许多个用户同时运行多个程序；每个程序都是独立操作、互不干涉的。现代通用操作系统都采用了分时处理技术。UNIX 和 Linux 都是典型的分时操作系统。

3. 实时操作系统

在把计算机用于过程控制和处理系统时，通常要求计算机能够对外部事件做出及时的响应，并对其进行处理，这样的系统称为实时系统。在实时系统中，系统的正确性不仅取决于系统计算结果的正确性，还取决于正确结果产生的时间。比如，通过计算机对工业的生产过程、飞行器、导弹的发射过程等的自动控制，计算机应及时将测量系统测得的数据进行加工，输出结果以控制执行器。

实时操作系统一般应用于专门的应用系统。一般的嵌入式操作系统也是实时操作系统。常见的实时操作系统有 WindRiver 公司的 VxWorks。

4. 网络操作系统

网络操作系统是指基于计算机网络的操作系统。它的功能包括网络管理、网络通信、网络安全、资源共享和各种网络应用。网络操作系统的目标是用户可以突破地理条件的限制，方便地使用远程计算机资源，实现网络环境下计算机之间的通信和资源共享。现在一般的桌面操作系统，如 Windows 系列、Linux 等，基本都实现了对网络功能的支持。

5. 分布式操作系统

分布式操作系统有效地解决了地域分布很广的若干计算机系统间的资源共享、并行工作、信息传输和数据保护等问题。用于管理分布式系统资源的操作系统称为分布式操作系统。分布式操作系统具有以下特点：透明性、灵活性、可靠性、高性能和可扩充性。

6. 嵌入式操作系统

嵌入式操作系统是指运行在嵌入式应用环境中，对整个系统及所有操作的各个部件、装置等进行统一协调、处理、指挥和控制的系统软件。嵌入式操作系统仍然是一个操作系统，具有通用型操作系统的功能。著名的嵌入式操作系统有 Windows CE、VxWorks、嵌入式 Linux 以及应用在智能手机和平板电脑上的 Android、iOS 等。

2.1.6 几种常见的操作系统

1. DOS 操作系统

DOS（Disk Operating System）是 1981 年由 Microsoft 公司开发的单用户操作系统，从问世至今经历了七次大的版本升级，得到了不断的改进和完善。DOS 最初是为 IBM-PC 开发的操作系统，对硬件平台要求很低。常用的 DOS 有三种不同品牌，Microsoft 公司的 MS-DOS，IBM 公司的 PC-DOS，以及 Novell 公司的 DR-DOS，这三种 DOS 相互兼容，但仍有一些区别，其中使用最多的是 MS-DOS。DOS 只提供命令行界面，用户不仅要记住各种 DOS 命令，还要遵守命令的书写格式，因此，Microsoft 公司后来开发了全新的基于图形的多任务操作系统——Windows 操作系统。

2. Windows 操作系统

Windows 操作系统是 Microsoft 公司开发的基于图形用户界面的单用户多任务的操作系统。Microsoft 公司于 1990 年推出了 Windows 3.0 版本，后来又陆续推出了 3.1、3.11 版本。这些 Windows 3.x 都是基于 DOS 运行的。1995 年，Microsoft 公司推出了 Windows 95。Windows 95 能够运行基于 DOS 和 Windows 编写的软件，它很快成为微型计算机上主流的操作系统。1998 年，微软推出了 Windows 98 操作系统，它是对 Windows 95 功能的进一步扩充，尤其是将 Internet 技术集成其中。后来，Microsoft 公司还陆续推出了 Windows ME、Windows 2000、Windows NT、Windows XP、Windows Vista、Windows 10、Windows 365 等操作系统。Windows 系列操作系统是基于图形界面的操作系统，它具有直观明了、操作环境一致、文本与图形相结合以及用户自定义功能等特点。

3. UNIX 操作系统

UNIX 操作系统是一个多用户、多任务的分时操作系统，最早是由美国 AT&T 公司贝尔实验室的 Kenneth Lane Thompson 和 Dennis MacAlistair Ritchie 于 1969 年开发成功的。1973 年 UNIX 操作系统被用 C 语言重写，这为 UNIX 的易移植性打下了良好的基础。UNIX 操作系统有以下主要特点：灵活性，多用户、多任务，树状文件结构，文件与设备独立以及强大的网络功能。

4. Linux 操作系统

Linux 操作系统是发展较快的操作系统之一，它是一种公开的、免费的操作系统，几乎支持所有的硬件平台。Linux 最早是由芬兰籍科学家 Linus Torvalds 于 1991 年编写完成的一个操作系统内核，Linux 的内核 1.0 版于 1994 年发布。现在 Linux 已经成为全球最大的一个自由软件。Linux 操作系统有以下主要特点：源代码公开，多用户、多任务，与 UNIX 兼容，支持多种文件系统，强大的网络功能。

5. MAC OS 操作系统

MAC OS 操作系统是美国苹果公司推出的操作系统，运行在 Macintosh 计算机上。MAC OS 操作系统是较早的图形化界面操作系统，它拥有全新的窗口系统、强有力的多媒体开发工具和操作简便的网络结构。Macintosh 计算机有很强的图形图像处理能力，被广泛应用于桌面出版和多媒体应用领域。

6. Android 操作系统

Android 是一种基于 Linux 的自由及开放源代码的操作系统，主要用于移动设备，如智能手机和平板电脑，由 Google 公司领导及开发。Android 操作系统最初由 Andy Rubin 开发，主要支持手机，2005 年 8 月由 Google 收购注资。2007 年 11 月，Google 与 84 家硬件制造商、软件开发商及电信营运商组建开放手机联盟，共同研发改良 Android 系统。随后，Google 以 Apache 开源许可证的授权方式，发布了 Android 的源代码。第一部 Android 智能手机发布于 2008 年 10 月。之后 Android 逐渐扩展到平板电脑及其他领域上，如电视、数码照相机、游戏机等。2011 年第一季度，Android 在全球的市场份额首次跃居全球第一。谷歌用甜点作为它们系统版本的代号的命名方法。甜点命名法开始于 Android 1.5，然后按照 26 个字母顺序：Android 1.5 纸杯蛋糕（Cupcake），Android 1.6 甜甜圈（Donut），Android 2.0/2.1 松饼（Eclair），Android 2.2 冻酸奶（Froyo），Android 2.3 姜饼（Gingerbread），Android 3.0 蜂巢（Honeycomb），Android 4.0 冰激凌三明治（Ice Cream Sandwich），Android 4.1/4.2/4.3 果冻豆（Jelly Bean）等。

7. iOS 操作系统

iOS 操作系统是由美国苹果公司开发的移动操作系统。苹果公司最早于 2007 年 1 月 9 日的 Macworld 大会上公布这个系统，最初是设计给 iPhone 使用的，后来陆续套用到 iPod Touch、iPad 以及 Apple TV 等产品上。iOS 与苹果的 Mac OS 操作系统一样，也是以 Darwin 为基础的，因此同样属于类 UNIX 的商业操作系统。原本这个系统名为 iPhone OS，因为

iPad、iPhone、iPod Touch 都使用 iPhone OS，所以在 2010 WWDC 大会上宣布改名为 iOS。

操作系统种类繁多，但基本目的只有一个：实现在不同环境下为不同应用目的提供不同形式和不同效率的资源管理，以满足不同用户的操作需要。在现代操作系统中，往往是将上述各种类型操作系统的功能融合为一体，提高操作系统的功能和应用范围。例如，在 UNIX 和 Linux 操作系统中，就融合了分时、网络等技术和功能。

2.2 Windows 10 概述

Windows 操作系统是由美国微软公司开发的窗口化操作系统，采用了图形化操作模式，是目前世界上使用最广泛的操作系统，最新的版本是 Windows 10。Windows 10 包含多个版本，有 Windows 10 Home（家庭版）、Windows 10 Professional（专业版）、Windows 10 Enterprise（企业版）、Windows 10 Education（教育版）、Windows 10 Mobile（移动版）、Windows 10 Mobile Enterprise（企业移动版）、Windows 10Pro for Workstations（专业工作站版）和 Windows 10 IoT Core （物联网核心版） 。以下是 Windows 10 的各个版本功能介绍及其区别，可以帮助大家了解和选择 Windows 10。

① Windows 10 Home（家庭版）：面向使用 PC、平板电脑和二合一设备的消费者。它拥有 Windows 10 的主要功能: Cortana 语音助手（选定市场）、Edge 浏览器、面向触控屏设备的 Continuum 平板电脑模式、Windows Hello（脸部识别、虹膜、指纹登录）、串流 Xbox One 游戏的能力、微软开发的通用 Windows 应用（Photos、Maps、Mai、Calendar、Music 和 Video）。

② Windows 10 Professional（专业版）：面向使用 PC、平板电脑和二合一设备的企业用户。除具有 Windows 10 家庭版的功能外，它还使用户能管理设备和应用，保护敏感的企业数据，支持远程和移动办公，使用云计算技术。另外，它还带有 Windows Update for Business，微软承诺该功能可以降低管理成本、控制更新部署，让用户更快地获得安全补丁软件。

③ Windows 10 Enterprise（企业版）：以专业版为基础，增添了大中型企业用来防范针对设备、身份、应用和敏感企业信息的现代安全威胁的先进功能，供微软的批量许可（Volume Licensing）客户使用，用户能选择部署新技术的节奏，其中包括使用 Windows Update for Business 的选项。作为部署选项，Windows 10 企业版将提供长期服务分支（Long Term Servicing Branch）。

④ Windows 10 Education（教育版）：以 Windows 10 企业版为基础，面向学校职员、管理人员、教师和学生。它将通过面向教育机构的批里许可计划提供给客户，学校将能够升级为 Windows 10 家庭版和 Windows 10 专业版设备。

⑤ Windows 10 Mobile（移动版）：面向尺寸较小、配置触控屏的移动设备，例如智能手机和小尺寸平板电脑。Windows 10 移动版集成有与 Windows 10 家庭版相同的通用 Windows 应用和针对触控操作优化的 Office。部分新设备可以使用 Continuum 功能，因此连接外置大尺寸显示屏时，用户可以把智能手机当作 PC 使用。

⑥ Windows 10 Mobile Enterprise（企业移动版）：以 Windows 10 移动版为基础，面

向企业用户。它将提供给批量许可客户使用，增添了企业管理更新，以及及时获得更新和安全补丁软件的方式。

⑦ Windows 10 IoT Core（物联网核心版）：面向小型低价设备，主要针对物联网设备。微软预计功能更强大的设备，例如 ATM 、零售终端、手持终端和工业机器人，将运行 Windows 10 企业版和 Windows 10 移动企业版。

2.2.1 Windows 10 的新特性

1. Windows 10 全新的“开始”菜单

让 Windows 7、Windows 8 用户倍感亲切的“开始”菜单回归，上手零门槛，简单、现代、快速。

2. 语音助手 Cortana 小娜

桌面上最个性化的智能助手 Cortana 小娜全面接手 Windows 10 各个版本的工作。用户可以用语音或文字向她询问或者搜索任何信息和功能，比如天气、新闻和股票等，比原有 Windows 搜索功能强大许多，而且交互性更强，更具人性化。

3. 全新的 Microsoft Edge 浏览器

这是 Windows 10 系统全新的组件之一，它将替代已经服役 20 载的“老将”IE 浏览器。这款浏览器从图标到界面都不会让老用户感到陌生，因为它的“头像”仍然是蓝色的“e”。这款新浏览器采用全新 Edge 渲染引擎，因此更加快速、高效、安全，让用户无忧无虑，轻松上网。

4. Windows Hello 生物识别系统

Windows Hello 是 Windows 10 中全新的安全认证识别技术，它能够在用户登录系统时瞬间准确识别当前用户信息，包括人脸、虹膜以及指纹等方式。该技术的应用可以让广大 Windows10 用户告别密码记忆的痛苦，同时比简单密码更简单、更安全。

5. Continuum 平板模式

该模式默认开启于 Windows 10 移动设备，比如手机和平板电脑等。由于 Windows 10 采用了统一平台战略，因此其应用会自动适应各种设备尺寸。Windows 10 手机版应用采用大屏幕显示也可以直接启用相应的设计，自动适配屏幕，达到矢量扩展效果。

6. DirectX 12

这是广大游戏玩家最期盼的功能了。除了 AMD、NVIDIA 及 Intel 这样的硬件厂商全力支持之外，游戏开发商也坚决拥护 DirectX 12，用户将会体验到新技术带来的激动与畅快。

7. 内置高清视频、音频解码器

Windows 10 对于高清影音播放的支持非常强大，目前已经可以原生支持 MKV、HEVC、FLAC、ALAC 等高清格式。这意味着今后用户可以不借助第三方应用，直接使用 Windows 10 内置的视频应用或者 Windows Media Player 播放主流高清格式媒体文件。

2.2.2 Windows 10 基本操作

1. 安装 Windows 10 的方法

对于个人用户来讲，建议用户选择全新安装，而不是在 Windows XP 或者 Windows 7 系统基础上进行升级。这也是出于升级后一些软硬件的兼容性是否具有保证的考虑，并

且全新安装的速度要比升级安装快，设置更为简单。对于大多数用户，安装前，除了要备份好硬盘尤其是系统盘的数据之外，还要准备一张具备启动计算机功能的 Windows 10 安装光盘，用户可以通过购买的正版光盘直接引导，或者自己刻录一张镜像光盘。用光盘引导计算机按照提示操作，绝大多数用户都能完成这些简单的操作设置。

使用光盘安装是最简单的一种方式，另外还可以通过硬盘安装。如果用户的计算机上之前已经有 Windows XP 或者 Windows 7 系统，通过一些工具直接运行硬盘上的 ISO 文件即可。

2. Windows 10 的启动与关闭

（1）Windows 10 的启动

依次打开计算机外围设备的电源开关和主机电源开关，等待系统自检和引导程序加载完毕后，Windows 10 系统将自动开始进入工作状态。如果系统只有一个用户并且没有设置密码，则直接进入 Windows 10 系统。如果设置了密码，则在“密码”文本框中输入密码后登录到 Windows 10 系统。

（2）Windows 10 的关闭

单击屏幕左下角的“开始”按钮，在弹出的菜单中单击“电源”按钮，即可关闭 Windows 10 系统。

3. Windows 10 桌面介绍

桌面是打开计算机并登录到 Windows 10 之后看到的主屏幕区域，它也是用户与计算机交互的工作窗口。从具体上讲，桌面可以有自己的背景图案、各种图标、任务栏。任务栏位于屏幕的底部，显示正在运行的程序，并可以在它们之间进行切换。任务栏中还包含“开始”按钮、任务按钮等其他显示信息。

启动 Windows 10 以后，直接进入 Windows 10 的桌面，桌面上包括图标和任务栏等部分，如图 2-3 所示。

图 2-3　Windows 10 桌面

（1）桌面背景

桌面背景是指 Windows 桌面的背景图案，又称桌布或壁纸、墙纸。用户可根据自己的爱好更换背景图案。右击桌面空白处，在弹出的快捷菜单中选择“个性化”命令，打开“个性化”窗口，如图 2-4 所示，即可设置新桌面背景。

图 2-4 “个性化”窗口

（2）桌面图标

桌面上的小图片称为图标，由一个形象的图形和说明文字组成。它可以代表一个程序、文件、文件夹或其他项目。双击这些图标即可快速打开文件、文件夹或者应用程序。Windows 10 的桌面上通常有“此电脑”、“回收站”等图标和其他一些程序文件的快捷方式图标。

“此电脑”表示当前计算机中的所有内容。双击该图标可以快速查看硬盘、CD-ROM 驱动器以及映射网络驱动器的内容。

“回收站”中保存着用户从硬盘中删除的文件或文件夹。当用户误删除或再次需要这些文件时，还可以从“回收站”中将其还原。

（3）任务栏

任务栏是位于屏幕底部的水平长条区域。与桌面不同的是，桌面可以被打开的窗口覆盖，而任务栏几乎始终可见。Windows 10 中的任务栏由六个部分组成：“开始”按钮、快速启动区、任务按钮区、语言栏、通知区域和“显示桌面”按钮，如图 2-5 所示。

图 2-5 任务栏

① 快速启动区：常驻任务栏上的应用程序图标，单击其中的按钮可以快速启动相应的应用程序。

② 任务按钮区：显示已打开的程序和文件，并可以在它们之间进行快速切换。单击任务按钮可以快速地在这些程序和文件中进行切换，也可在任务按钮上右击，通过弹出的快捷菜单对程序进行操作控制。

③ 语言栏：用于选择和设置所需的输入法，显示当前的输入法状态。

④ 通知区域：包括时钟、音量、网络以及一些告知特定程序和计算机设置状态的图标。

⑤“开始”按钮：用于打开“开始”菜单。“开始”菜单是计算机程序、文件夹和设置的主菜单，通过该菜单可完成计算机管理的主要操作。至于“开始”的含义，在于它通常是用户要启动或打开某项内容的位置。“开始”菜单的组成如图 2-6 所示。

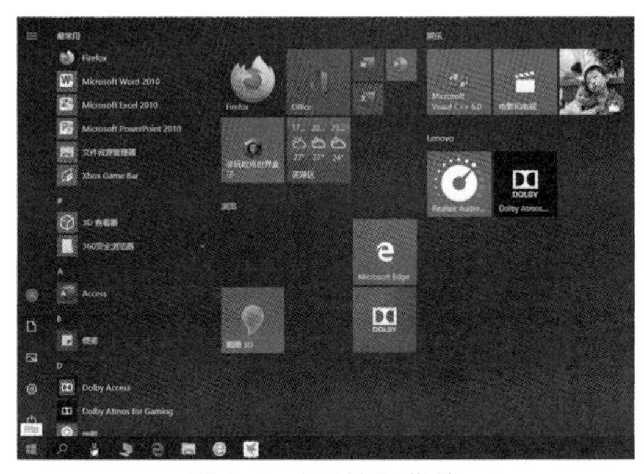

图 2-6 “开始”菜单

若要打开“开始”菜单，可单击屏幕左下角的“开始”按钮，或按键盘上的 Windows 徽标键。

搜索框：位于左下方区域，通过输入搜索项可在计算机上查找程序和文件。

2.2.3 Windows 10 窗口及操作

1. 窗口的概念和组成

窗口是操作 Windows 10 系统的基本对象，是桌面上用于查看应用程序或文件等信息的一个矩形区域。每当打开程序、文件或文件夹时，它都会在屏幕上称为窗口的框或框架中显示。虽然每个窗口的内容各不相同，包括应用程序窗口、文件夹窗口、对话框窗口等，但所有窗口都有一些共通点。一方面，窗口始终显示在桌面上。另一方面，大多数窗口都具有相同的基本部分。下面以“我的电脑”窗口为例介绍窗口的组成，如图 2-7 所示。

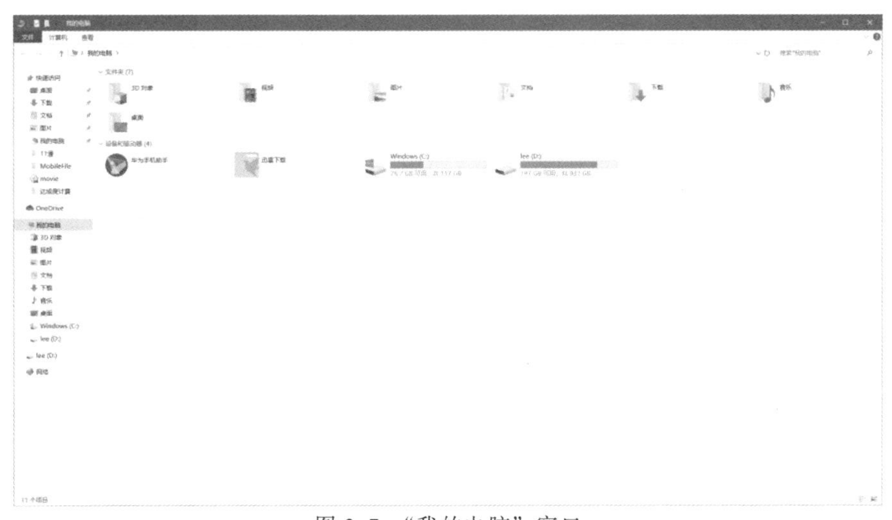

图 2-7 “我的电脑”窗口

窗口的各组成部分及其功能介绍如下：

① 标题栏：显示文档和程序的名称（或者如果正在文件夹中工作，则显示文件夹的名称）。

② 地址栏：用于输入文件的地址。在地址栏中可以看到当前打开窗口在计算机或网络上的位置。在地址栏中输入文件路径后，单击 ▸ 按钮，即可打开相应的文件。用户

也可以通过下拉菜单选择地址，方便地访问本地或者网络的文件夹。

③ 搜索栏：在“搜索”框中输入关键词筛选出基于文件名和文件自身的文本、标记以及其他文件属性,可以在当前文件夹及其所有子文件夹中进行文件或文件夹的查找。搜索的结果将显示在文件列表中。

④ 前进和后退按钮：使用“前进”和“后退”按钮导航到曾经打开的其他文件夹，而无须关闭当前窗口。这些按钮可与地址栏配合使用，例如，使用地址栏更改文件夹后，可以使用“后退”按钮返回到原来的文件夹。

⑤ 菜单栏：包含程序中可单击进行选择的项目。单击每个菜单选项可以打开相应的下拉式菜单，从中可以选择需要的操作命令。

⑥ 工具栏：提供一些工具按钮，可以直接单击这些按钮来完成相应的操作，以加快操作速度。

⑦ 控制按钮：单击“最小化”按钮，可以使应用程序窗口缩小成屏幕下方任务栏上的一个按钮，单击此按钮可以恢复窗口的显示。单击“最大化”按钮，可以使窗口充满整个屏幕。当窗口为最大化窗口时，此按钮便变成“还原”按钮，单击此按钮可以使窗口恢复到原来的状态。单击“关闭”按钮可以关闭应用程序窗口。

⑧ 窗口边框：用于标识窗口的边界。用户可以通过鼠标拖动窗口边框以调节窗口的大小。

⑨ 导航窗格：用于显示所选对象中包含的可展开的文件夹列表，以及收藏夹链接和保存的搜索。通过导航窗格，可以直接导航到所需文件的文件夹。

⑩ 滚动条：可以滚动窗口中的内容以查看当前视图之外的信息。

⑪ 边框和角：可以通过鼠标拖动这些边框和角以更改窗口的大小。

2. 窗口的操作

Windows 10 是一个多任务多窗口的操作系统，可以在桌面上同时打开多个窗口，但同一时刻只能对其中的一个窗口进行操作。

（1）窗口的最大化与还原

单击窗口右上角的“最大化”按钮或双击窗口的标题栏，可使窗口充满整个桌面。单击“还原”按钮或双击窗口的标题栏，可使窗口还原到原来的大小。

（2）关闭窗口

关闭窗口的方法有以下几种：

① 单击窗口右上角的“关闭”按钮。

② 在窗口标题栏上右击，在弹出的快捷菜单中选择“关闭”命令。

③ 按【Alt+F4】组合键。

关闭窗口后，该窗口将从桌面和任务栏中被删除。如果关闭文档，而未保存对其所做的任何更改，则会显示一个提示框，给出选项以保存更改。

（3）隐藏窗口

隐藏窗口称为“最小化”窗口。如果要使窗口临时消失而不将其关闭，则可以将其最小化。若要最小化窗口，单击其“最小化”按钮，窗口会从桌面中消失，只在任务栏上显示为按钮，单击该按钮，即可将窗口还原。

（4）调整窗口大小

将鼠标指向窗口的任意边框或角。当鼠标指针变成双箭头时，拖动边框或角可以缩小或放大窗口。已最大化的窗口无法调整大小，必须先将其还原为先前的大小才可以调整。

（5）移动窗口

将鼠标指向标题栏，按下鼠标左键不放，拖动窗口到目标位置，松开鼠标按钮即可。

（6）多窗口预览和切换

如果打开了多个程序或文档，桌面会快速布满杂乱的窗口。通常不容易跟踪已打开了哪些窗口，因为一些窗口可能部分或完全覆盖了其他窗口。

① 通过窗口可见区域切换窗口。若要轻松地识别窗口，请指向其任务栏按钮。指向任务栏按钮时，将看到一个缩略图大小的窗口预览，无论该窗口的内容是文档、照片，还是正在运行的视频。如果无法通过其标题识别窗口，则该预览特别有用。

② 通过【Alt+Tab】组合键预览切换窗口。通过按【Alt+Tab】组合键可以切换到先前的窗口，或者通过按住【Alt】键并重复按【Tab】键循环切换所有打开的窗口和桌面，释放【Alt】键可以显示所选的窗口。

③ 通过【Win+Tab】组合键预览切换窗口。按住 Windows 徽标键的同时按【Tab】键可打开三维窗口切换。

3. 剪贴板

剪贴板是 Windows 系统为了传递信息而在内存中开辟的临时存储区。可以选择文本或图形，然后使用“剪切”或“复制”命令将所选内容移至剪贴板，在使用“粘贴”命令将该内容插入到其他地方之前，它会一直存储在剪贴板中。大多数 Windows 程序都可以使用剪贴板。剪贴板上的内容可以多次粘贴，既可在同一文件中多处粘贴，也可以在不同目标中，甚至是不同应用程序创建的文档中粘贴。通过它可以实现 Windows 环境下运行的应用程序之间的信息交换。

2.3 基 本 操 作

2.3.1 鼠标

在 Windows 10 操作系统中，鼠标以它简洁、灵活的操作发挥着重大的作用。鼠标因为形状像老鼠而得名，它通常有两种类型，一种是两键式，一种是三键式。两键式鼠标有左、右两个键，三键式鼠标有左、中、右三个键，中键除非在某些特殊程序里才能使用到，一般都用不到。

在桌面上移动鼠标时，屏幕上跟着移动的图标就是鼠标指针。鼠标指针会随着指向目标的不同而呈现不同的形状，最常见的是空心箭头。

鼠标的基本操作有以下五种：

① 指向：不按鼠标按键的情况下，移动鼠标指针到预期的位置。

② 单击：快速按下并松开鼠标左键。

③ 右击：快速按下并松开鼠标右键，这时会出现一个快捷菜单。

④ 双击：快速、连续按下并松开鼠标左键两次，这时可以激活一个应用程序。

⑤ 拖动：将鼠标指针指向某个对象，然后按住鼠标左键拖动，将鼠标指针移到目标位置，最后松开鼠标左键。

2.3.2 键盘

键盘是最基本的一种输入设备，有时使用键盘操作比使用鼠标更方便。这里只介绍几个常用的组合键的功能。

【Ctrl+Esc】：打开“开始”菜单。

【Ctrl+Shift】：切换输入法。

【Ctrl+Space】：切换中英文输入状态。

【Ctrl+.】：切换中英文标点。

【Ctrl+C】：复制选定的对象。

【Ctrl+X】：剪切选定的对象。

【Ctrl+V】：粘贴保存的对象。

【Ctrl+S】：保存当前文档。

【Ctrl+P】：打印当前文档。

【Ctrl+F4】：关闭活动文档。

【Alt+F4】：关闭应用程序。

【Alt+Esc】：切换到前一应用程序。

【Alt+Tab】：提供缩略图切换应用程序。

【Alt+Space】：打开当前窗口的控制菜单。

【A1t+菜单名右侧带下画线的字母】：打开下拉菜单。

【Shift+Space】：切换全角/半角。

【Shift+Del】：不经过回收站而直接彻底地删除选定的对象。

【F1】：启动帮助。

2.3.3 运行程序

1. 应用程序的启动

① 图标表示的应用程序的启动：将鼠标指向要运行的应用程序图标，双击该图标就可运行相应的应用程序。

② 通过“开始”菜单执行应用程序：单击“开始”按钮，选择“所有程序”菜单，再选择要执行的菜单选项，单击选中的菜单项。

③ 运行没有图标化的应用程序：通过桌面左下角的“搜索”按钮，在其中输入“运行”，在搜索结果中选择“运行”，屏幕上会出现“运行”对话框，如图 2-8 所示。

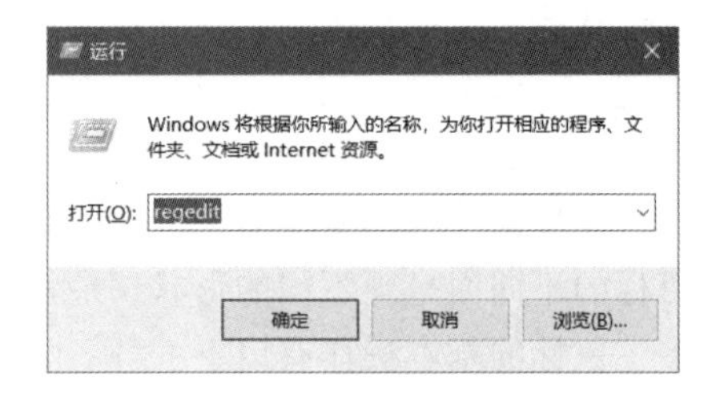

图 2-8 “运行”对话框

在“运行”对话框中输入应用程序的文件名，如 command，单击“确定”按钮，就可以执行控制台窗口程序。

2. 应用程序的关闭

（1）通过控制菜单关闭应用程序

在 Windows 中的每个应用程序都可以通过控制菜单来关闭，操作方法有以下两种：

① 按【Alt+F4】组合键。

② 使用控制菜单中的“关闭”或“退出”命令。

（2）通过窗口的“关闭”按钮关闭应用程序

对于有“关闭”按钮的窗口或对话框，可以直接单击“关闭”按钮将其关闭。

（3）通过任务管理器关闭应用程序

对于一些出现故障的程序（例如长时间没有反应），可以使用任务管理器将其关闭。按【Ctrl+Alt+Del】组合键，在弹出的界面中选择“任务管理器”选项打开“Windows 任务管理器”窗口，在“Windows 任务管理器”窗口的列表框中选择要关闭的任务，单击“结束任务”按钮就可以结束该任务。

3. 任务管理器管理进程

右击任务栏，选择快捷菜单下的“任务管理器”命令，打开图 2-9 所示的 Windows“任务管理器”窗口。用户可以通过该窗口对正在运行的应用程序和进程进行管理。

在 Windows“任务管理器”的列表框中选择一个任务，单击“结束任务”按钮就可以结束该任务；单击“切换至”按钮就可切换到该任务；单击“新任务”按钮，就会弹出“创建新任务”对话框，输入应用程序名就可以创建新任务。

选择“任务管理器”窗口中的“进程”选项卡，就会显示当前运行的所有进程的情况，并可以选择一个进程将其关闭。

选择 Windows“任务管理器”窗口中的“性能”选项卡，就可以显示系统当前的 CPU 和内存等性能情况。

图 2-9 “任务管理器”窗口

2.3.4 控制面板

在使用计算机的过程中，用户往往需要对计算机的软件、硬件进行配置，控制面板就是 Windows 10 操作系统为用户提供的对计算机软、硬件资源进行配置的一项功能。

控制面板为用户提供了所有与计算机有关的系统设置，包括系统和安全、用户账户、网络和 Internet、外观和个性化、硬件和声音、时钟和区域、程序等几大类，每一大类再细分成几个子类，如图 2-10 所示。

图 2-10　Windows 控制面板

打开控制面板的方法有很多，常见的有通过桌面“控制面板”图标打开，或者通过点击“开始”按钮，查找“控制面板”选项打开。启动一个设置的方法是，选择一个相关设置的大类，再选择相应的子类，按照提示选择相应的设置即可。通过控制面板，用户可以方便地进行管理计算机系统、网络设置、设置时间和程序卸载等操作。

2.4　桌面设计

2.4.1　外观和主题设置

在 Windows 10 操作系统中，主题包括桌面背景、窗口边框颜色、声音和鼠标光标等。

1. 设置桌面背景

设置桌面背景的方法是，在桌面空白处右击弹出快捷菜单，选择“个性化”命令，即可打开“个性化”窗口，选择“背景”选项，即可对桌面背景进行设置，如图 2-11 所示。背景有“纯色”“图片”“幻灯片放映”三种模式可以选择。

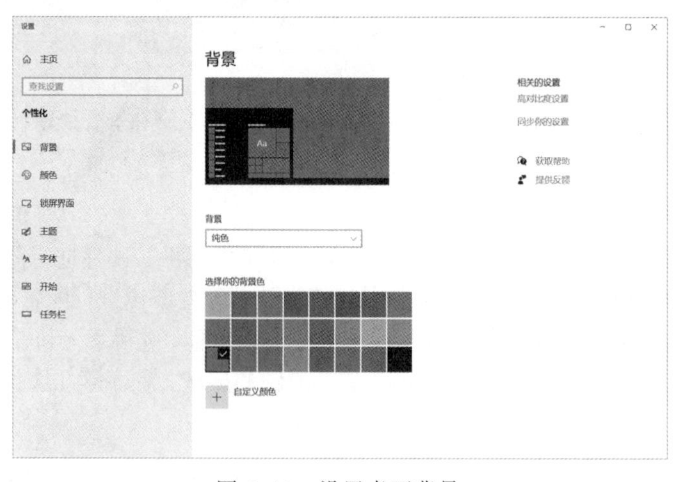

图 2-11　设置桌面背景

2. 设置主题

设置主题的方法是，在桌面空白处右击弹出快捷菜单，选择“个性化”命令，即可打开“个性化”窗口，选择“主题”选项，即可对计算机主题进行设置，如图 2-12 所示。

图 2-12　设置主题

2.4.2 屏幕保护程序

屏幕保护程序有省电的作用，因为有的显示器在屏幕保护作用下屏幕亮度小于工作时的亮度，这样有助于省电，更重要的是屏幕保护程序可以保护显示器，当长时间不使用计算机的时候显示器的屏幕长时间显示不变的画面，会使屏幕发光器件疲劳变色、甚至烧毁，最终使屏幕某个区域偏色或变暗。

打开屏幕保护程序的方法，在桌面左下角的搜索栏里输入“屏幕保护程序”，在弹出的选项里选择“更改屏幕保护程序”即可，如图 2-13 所示。

打开“屏幕保护程序设置”窗口，如图 2-14 所示，选择适当的屏幕保护程序，设置合适的等待时间即可。

图 2-13　搜索“屏幕保护程序”

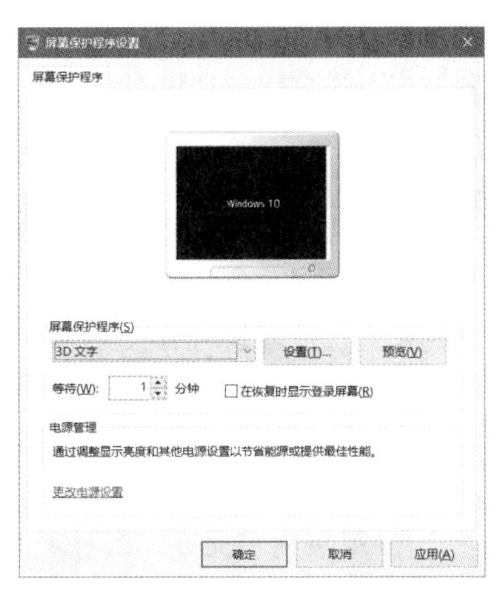

图 2-14　“屏幕保护程序设置”对话框

2.4.3 修改显示设置

显示器分辨率是指单位面积显示像素的数量。液晶显示器的物理分辨率是固定不变的，在液晶显示器里改变不同的分辨率实现起来就复杂得多，必须要通过运算来模拟出显示效果，实际上的分辨率是没有改变的。由于并不是所有的像素同时放大，这就存在着缩放误差。当液晶显示器使用在非标准分辨率时，文本显示效果就会变差，文字的边缘就会被虚化。

设置显示器分辨率方法如下，在桌面空白处右击弹出快捷菜单，选择“显示设置”命令，打开“系统”设置窗口，选择“显示”选项，即可进行“显示分辨率”设置，如图 2-15 所示。

图 2-15　设置显示分辨率

2.4.4 调整桌面操作

1. 排列桌面图标

在 Windows 10 操作系统中，用户可以根据自己的需要对桌面图标进行不同方式的排列。排列方法如下，在桌面空白处右击弹出快捷菜单，选择“排序方式”，然后在后面的级联菜单里选择一种排列方式即可，如图 2-16 所示。

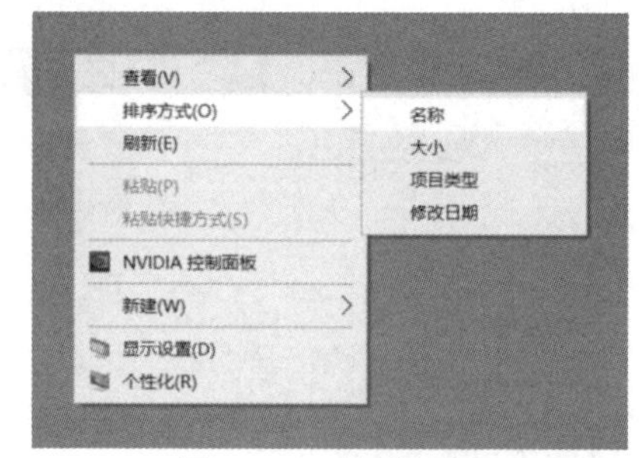

图 2-16　排列图标

2. 添加应用程序快捷方式

快捷方式是 Windows 提供的一种快速启动程序、打开文件或文件夹的方法。它是应用程序的快速链接。快捷方式的一般扩展名为*.lnk。

创建快捷方式的方法主要有两种：

① 在要创建快捷方式的对象上右击弹出快捷菜单，选择“创建快捷方式”。

② 在要创建快捷方式的对象上右击弹出快捷菜单，选择“发送到”，在后面的级联菜单中选择“桌面快捷方式”。

2.5 管理文件

2.5.1 文件和文件夹的基本概念

1. 文件

文件是按一定格式建立在计算机外部存储器上的一组相关信息的集合。在计算机中，文本、表格、图片、动画和歌曲等都属于文件。任何一个文件都必须具有文件名，文件按名存取。文件名由主文件名和扩展名组成，其格式为“主文件名.扩展名”，扩展名用以标识文件的类型（通过文件图标也可以看出文件的类型）。常用的扩展名如表 2-1 所示。

表 2-1 常用扩展名

扩展名	文 件 类 型	扩展名	文 件 类 型
.exe	可执行文件	.docx	Word 文档文件
.com	命令文件	.bmp	位图文件
.txt	文本文件	.drv	设备驱动程序文件
.sys	系统文件	.html	超文本置标语言文件
.bat	批处理文件	.rtf	丰富文本格式文件
.xlsx	Excel 工作簿文件	.rar	WinRAR 压缩文件
.pptx	PowerPoint 演示文稿文件	.wav	声音文件
.ini	系统配置文件	.avi	影像文件
.mpg	MPG 格式影片文件	.wps	WPS 文件
.bak	备份文件	.hlp	帮助文件
.jpg	图像文件	.mp3	声音文件

Windows 10 文件名或文件夹命名中不能使用以下字符：“\” “/” “:” “*” “?” “<” “>” “|”。

2. 文件资源管理器

文件资源管理器是 Windows 10 进行各种文件操作的场所，如图 2-17 所示。

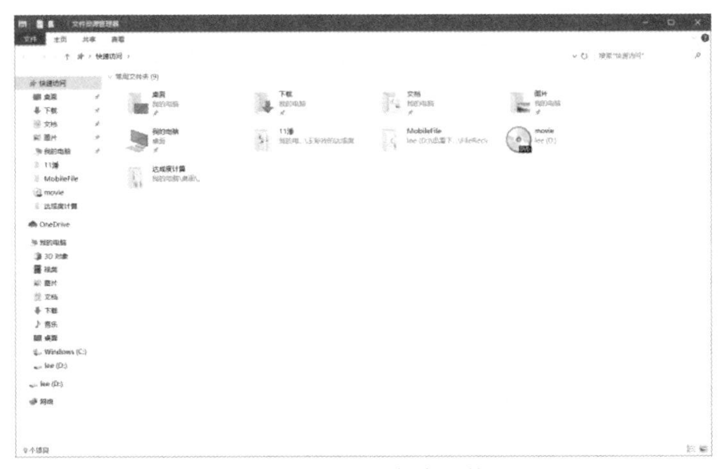

图 2-17 Windows 10 文件资源管理器界面

文件资源管理器主要由以下部分组成：

① 地址栏：当前文件夹图标代表当前文件夹，单击图标右侧的三角箭头弹出的菜单可定位计算机驱动器、控制面板、网络、文件夹。

② 搜索框：提供了一种在当前文件夹内快速搜索文件的方法，只需要输入文件名的全部或一部分，就会筛选文件夹的内容而仅显示匹配的文件。

③ 任务窗格：包含与任务相关的按钮，它的按钮配置依赖于正在查看的文件夹类型。

3. 文件夹

文件夹由文件夹图标和文件夹名称两部分组成。在计算机中，大量的文件分类后保存在不同名称的文件夹中，便于管理和查找。在 Windows 10 中，文件夹图标会根据文件夹中内容的不同而不同。

4. 通配符

Windows 10 系统规定了两个通配符，即问号“?”和星号“*”。当用户查找文件或文件夹时，可以用它们来代替一个或多个字符。通配符“?”代替任意一个字符，通配符“*”代替任意一串字符。例如，A?.docx 表示主文件名第一个字符为 A，第二个为任意字符，扩展名为.docx 的文件，如 A1.docx、AB.docx 等。又如，*.docx 表示扩展名为.docx 的所有文件。

5. 路径

路径是指找到所需文件或文件夹所经过的一条途径。要使用某一个文件或文件夹，应告诉文件或文件夹所在的驱动器（即盘符）、路径和文件名或文件夹名。驱动器由盘符和冒号构成，如 C:表示 C 盘。对于每一个文件，其完整的文件名由四部分组成，其形式为“[D:][Path]filename[.exe]”，其中 D:表示驱动器，Path 表示路径，filename 表示主文件名，.exe 表示扩展文件名，[]表示其内的项目可根据实际需要省略。

2.5.2 文件和文件夹的基本操作

1. 选择文件或文件夹

对文件或文件夹进行任何操作前，必须先选择需要操作的文件或文件夹。方法如下：

① 选择单个文件或文件夹：只需要单击某个文件或文件夹图标即可，被选择后的文件或文件夹呈浅蓝色状态。

② 选择多个连续的文件或文件夹：首先单击所要选择的第一个文件或文件夹，然后按住【Shift】键不放，再单击最后一个文件或文件夹。或在窗口空白处按住鼠标左键不放并拖动，这时会拖出一个浅蓝色的矩形框，可通过该矩形框选需要选择的文件或文件夹。

③ 选择不连续的多个文件或文件夹：单击所要选择的第一个文件或文件夹，然后按住【Ctrl】键不放，再分别单击要选择的其他文件或文件夹。

④ 选择所有文件或文件夹：直接按【Ctrl+A】组合键。

2. 重命名文件或文件夹

操作方法有以下几种：

① 右击选择的文件或文件夹，在弹出的菜单中选择“重命名”命令。

② 单击两次文件或文件夹的名称。

③ 按【F2】键。

使用以上操作后，文件名的文字处于选中状态，同时出现闪烁的光标，输入新名称后，按【Enter】键即可完成重命名操作。

注意：文件的扩展名不要随便修改，修改文件扩展名可能会导致该文件不可使用。如果确定需要修改文件扩展名，则首先选择资源管理器“工具”菜单中的“文件夹选项”命令，再选择“查看”选项卡，在“高级设置”选项区域取消选中“隐藏已知文件类型的扩展名”复选框。然后再进行重命名。

3. 移动或复制文件或文件夹

移动或复制文件或文件夹有两种方法，一种是用命令的方法，另一种是用鼠标直接拖动的方法。

（1）用命令方式移动或复制文件或文件夹

① 选择需要移动或复制的文件或文件夹。

② 将选定的文件或文件夹剪切（移动时）或复制（复制时）到剪贴板，可按下面几种方法操作：

- 在选定文件或文件夹图标上右击，在弹出的快捷菜单中选择“剪切”或“复制”命令。
- 使用快捷键，按【Ctrl+X】（移动时）或【Ctrl+C】（复制时）组合键。

③ 选择目标文件夹，执行粘贴操作。

（2）用拖动鼠标的方法移动或复制文件或文件夹

选择要移动或复制的文件或文件夹，将鼠标指针指向所选择的文件或文件夹，按住鼠标左键将选定的文件或文件夹拖动到目标文件夹中。

4. 新建文件夹

在新建文件夹之前，应先确定它的位置，即路径。新建文件夹的操作方法如下，在空白处右击弹出快捷菜单，选择“新建”→“文件夹”命令。

5. 删除文件或文件夹

删除文件或文件夹一般是将文件或文件夹放入回收站，也可以直接删除。放入回收站的文件或文件夹根据需要还可以恢复。删除文件或文件夹的方法有以下几种：

① 右击所选文件或文件夹，在弹出的快捷菜单中选择“删除”命令。

② 按【Delete】键。

③ 直接将选定的文件或文件夹拖到回收站。

如果按住【Shift】键的同时按【Delete】键删除，文件或文件夹将从计算机中直接删除，而不存放到回收站。这样删除后的文件或文件夹，就不能恢复了。

6. 发送文件或文件夹

在 Windows 10 中还可以通过“发送到”功能，直接把文件或文件夹发送到“移动盘”“邮件收件人”“桌面快捷方式”等，其操作方法如下：

右击要发送的文件或文件夹，在弹出的快捷菜单中选择“发送到”命令，在级联菜单中选择相应的命令。

7. 设置文件或文件夹属性

在要设置属性的文件或文件夹上右击，在弹出的快捷菜单中选择“属性”命令，弹出“属性”对话框，在“常规”选项卡的“属性”选项区域就可设置其属性，主要包括“只读”和“隐藏”属性，如图 2-18 所示。

只读：该文件或文件夹只能打开并阅读其内容，但不能修改其内容。

隐藏：设置隐藏属性后的文件或文件夹将被隐藏起来，打开其所在窗口不会被看见，但可通过其他设置显示隐藏的文件或文件夹。

8. 搜索文件或文件夹

在 Windows 10 每个文件夹中，右上角都会出现搜索框。在搜索框中输入查找对象时，Windows 10 会根据输入的内容进行筛选。一般情况下只需输入文件名的一部分即可快速找到要查找的内容。

如果用户知道要查找的文件存储在某个文件夹时，可通过 Windows 10 资源管理器提供的搜索功能，先选定这个文件夹，然后输入文件名的一部分快速查找指定文件，以提高工作效率。

图 2-18　文件的属性对话框

2.5.3　磁盘清理

在 Windows 10 系统下进行磁盘清理的方法如下：

① 打开“我的电脑”窗口，右击想要清理的磁盘，在弹出的快捷菜单中选择“属性”命令，在打开的属性对话框中可以看到“常规”选项卡中有一个“磁盘清理”按钮，如图 2-19 所示。

② 单击“磁盘清理”按钮，在打开的属性对话框中会为用户列出此盘下的文件类型，如图 2-20 所示，选中用户要删除的文件，单击“确定”按钮或“清理系统文件”按钮，系统就会自动为用户清理磁盘。

图 2-19　磁盘属性对话框

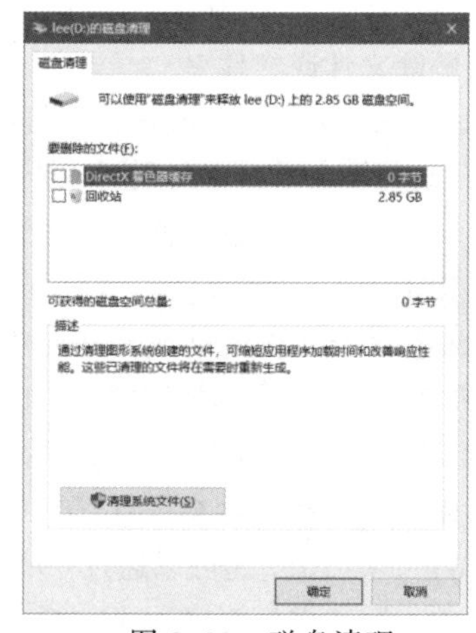

图 2-20　磁盘清理

习　　题

一、选择题

1. 在资源管理器中，选择多个不连续的文件时，应首先按（　　）键。

A.【Shift】　　B.【Ctrl】　　C.【Alt】　　D.【Ctrl+Shift】

2. 在资源管理器中，选择多个连续的文件时，应首先按（　　）键。

A.【Shift】　B.【Ctrl】　C.【Alt】　D.【Ctrl+Shift】

3. Windows 10 的桌面是指（　　）。

A. 全部窗口　B. 部分窗口　C. 活动窗口　D. 整个屏幕

4. 在 Windows 10 中，打开文档就能启动相应的应用程序，这是因为（　　）。

A. 文档和应用程序进行了关联　B. 文档即应用程序

C. 应用程序无法单独启动　D. 文档即 Office 文件

5. 要终止一个应用程序的运行，正确的操作是（　　）。

A. 单击控制菜单框后选择“最小化”命令

B. 双击“最小化”按钮

C. 双击窗口边沿

D. 单击“关闭”按钮

6. 复制当前窗口的图像，可以使用（　　）组合键。

A.【Ctrl+PrintScreen】　B.【Alt+PrintScreen】

C.【Ctrl+F1】　D.【PrintScreen】

7. Windows 10 的“剪贴板”是（　　）。

A. 硬盘上的一个区域　B. 软盘上的一个区域

C. 高速缓存中的一块区域　D. 内存中的一块区域

8. Windows 10 中“剪贴板”的作用是（　　）。

A. 作为“资源管理器”管理的工作区　B. 作为并行程序的信息存储区

C. 在使用 DOS 时分配的临时区域　D. 临时存放应用程序剪切或复制的信息

9. 当选定文件夹后，不能删除该文件夹的操作是（　　）。

A. 选择“文件”→“删除”命令

B. 按【Delete】键

C. 单击该文件夹

D. 右击该文件夹，在弹出的快捷菜单中选择“删除”命令

10. 在 Windows 10 系统中，选择汉字输入法后，可以使用（　　）键实现中文和英文字母键的切换。

A.【Ctrl+Space】　B.【Shift】　C.【Ctrl+Shift】　D.【Ctrl+Caps Lock】

二、填空题

1. 操作系统的功能，从资源管理的角度看，分为________、________、________、________。

2. 要正常退出 Windows 10 系统，并关闭计算机，必须先关闭所有应用程序，单击________按钮，从弹出的对话框中选择________命令。

3. 操作系统的常见的用户接口有________和________。

4. 操作系统的的主要特性________、________、________。

三、简答题

1. 什么是操作系统？操作系统的功能是什么？

2. 操作系统的特征是什么？

3. 根据使用环境和对作业的处理方式的不同，可以把操作系统分为哪几类？

4. 在 Windows 10 系统中，启动应用程序有哪些方法？

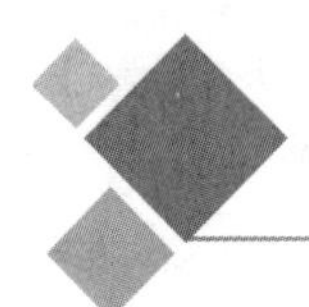

第3章　文字处理软件 Word 2016

Microsoft Office 2016 是美国微软公司推出的办公自动化集成软件，其中包括 Word（文字处理软件）、Excel（电子表格软件）、PowerPoint（演示文稿软件）、Access（数据库管理软件）、Outlook（邮件管理软件）、Publisher（桌面出版）等常用组件和服务。Microsoft Office 2016 是办公处理软件的代表产品。它不仅在功能上进行了优化，还增添了许多更实用的功能，且安全性和稳定性得到了巩固。

Word 2016 是最常用的文字编辑软件之一，具有强大的文字处理、表格处理及图文混排等功能；Excel 2016 用于数据处理，以表格和图表的形式组织和管理数据；PowerPoint 2016 主要用来制作可视化演示；Access 2016 是一种关系型的桌面数据库管理系统。本章将详细介绍 Word 2016 的主要功能和使用方法。

通过本章的学习，应掌握以下几个方面的内容：

① 了解并熟悉 Word 窗口的组成、Ribbon Interface 功能区界面和命令的分类。

② 掌握 Word 2016 文档的创建、文字和段落格式设置。

③ 对 Word 2016 的图形、图片、文本框能熟练应用。

④ 熟悉 Word 2016 的页面设置。

⑤ 理解和掌握 Word 2016 样式、题注、交叉引用、域应用。

⑥ 熟悉 Word 2016 文档修订、批注应用。

3.1　Word 2016 概述

3.1.1　Word 2016 的特点

1. 先进的文字编辑

中文 Word 2016 在文字编辑方面除了常见的选定、移动、复制、删除等传统功能外，还提供了自动更正及自动图文集功能。自动更正用于及时更正常见的输入、拼写及语法错误；自动图文集功能则允许在自动图文集词条里定义、存储经常用到的文本或图形，并在需要时将它们插入文档中。

2. 强大的排版功能

用户可以根据需要分别对文档中的字符、段落或页面进行格式设置。

3. 模板、向导和样式

模板是一种包含特定格式说明的专用文档，当以模板为基础生成新文档时，其所包含的格式自动有效，使操作简化到只需填入相应内容即可。向导能帮助用户选择合适的模板，并按一定的次序填写模板上的具体内容，直到生成整个文档。样式则是具有名字的特定编排格式的组合，是用户设计的能够重复使用的格式编排命令。

4. 图文混排

Word 2016 不仅提供了功能丰富的绘图工具，可绘制各种图形，还可以在文档中插入一些精美的图片、文本框、艺术字及公式，制作出图文并茂的文档。

5. 表格处理

在 Word 2016 中，可以很轻松地创建、修改一个表格，或把一个文本转换为表格，还可以在表格中插入图片或公式，对表格进行各种修饰。

6. 所见即所得的编辑界面

“所见即所得”是指人们可以在屏幕上直接看到即将打印到纸张上的效果。

3.1.2 Word 2016 的新增功能

Word 2016 是继 Word 2010 后的又一产品，其全新的功能开创了一个全新的办公空间。

1. Insights 引擎

新的 Insights 引擎可借助必应的能力为 Office 带来在线资源。用户可直接在 Word 文档中使用在线图片或文字定义。当你选定某个字词时，侧边栏中会出现更多的相关信息。

2. Clippy 助手回归

Office 2016 带来 Clippy 的升级版——Tell Me。Tell Me 是全新的 Office 助手，可在用户使用 Office 的过程中提供帮助，比如将图片添加至文档，或是解决其他故障问题等。这一功能并没有虚拟形象，只会如传统搜索栏一样置于文档表面。

3. 多彩新主题

Office 2016 的主题也将得到更新，更多色彩丰富的选择将加入其中。据称，这种新的界面设计名叫 Colorful，风格与 Modern 应用类似，而之前的默认主题名叫 White。用户可在文件→账户→Office 主题中选择自己偏好的主题风格。

4. 第三方应用支持

通过全新的 Office Graph 社交功能，开发者可将自己的应用直接与 Office 数据建立连接，如此一来，Office 套件可通过插件接入第三方数据。举个例子，用户今后可以通过 Outlook 日历使用 Uber 叫车，或是在 PowerPoint 中导入和购买来自 PicHit 的照片。

5. 自动创建书签

这是一项新增的功能，对于那些与篇幅巨大的 Word 文档打交道的人而言，这无疑会提高他们的工作效率。用户可以直接定位到上一次工作或者浏览的页面，无需拖动“滚动条”。

6. PDF 文档

PDF 文档实在令人头疼，因为这种文档在工作中使用有诸多不便。即使用户想从 PDF 文档中截取一些格式化或非格式化的文本都令人抓狂。不过有新版的 Office 套件，这种问题已经不再是问题了。套件中的 Word 打开 PDF 文件时会将其转换为 Word 格式，并且用户能够随心所欲地对其进行编辑。可以以 PDF 文件保存修改之后的结果，或者以 Word 支持的任何文件类型进行保存。

3.1.3　Word 2016 的启动与退出

1. 启动 Word 2016

启动 Word 2016 的方法有如下几种：

① 通过“开始”菜单启动：单击“开始”按钮，选择“所有程序”→ Word 2016 命令，即可启动。

② 利用桌面上的快捷图标启动：双击桌面上的 Word 2016 快捷方式图标。如果没有 Word 2016 快捷图标，可以新建 Word 快捷图标。方法是：单击“开始”按钮，选择“所有程序”→Word 2016 命令，右击弹出快捷菜单，选择“更多”→打开文件位置，右击文件中 Word2016→发送到→桌面快捷方式即可。

③ 通过已建立的 Word 文档启动：双击任意 Word 文档，在打开文档前自动启动 Word。

使用前两种方式启动 Word 2016 后，系统会自动生成一个默认名称为“文档 1.docx”的空白文档。由 Word 2016 创建的所有文档扩展名均是.docx。

2. 退出 Word 2016

退出 Word 有如下几种方式：

① 选择“文件”→“关闭”命令。

② 单击 Word 2016 窗口标题栏右侧的“关闭”按钮 ☒。

③ 将要关闭的窗口作为当前窗口，按【Alt+F4】组合键。

3.1.4　Word 2016 窗口简介

Word 启动后，便可进入其操作界面。Word2016 窗口如图 3-1 所示，主要由标题栏、快速访问工具栏、功能选项卡、功能区、文档编辑区、状态栏等组成。

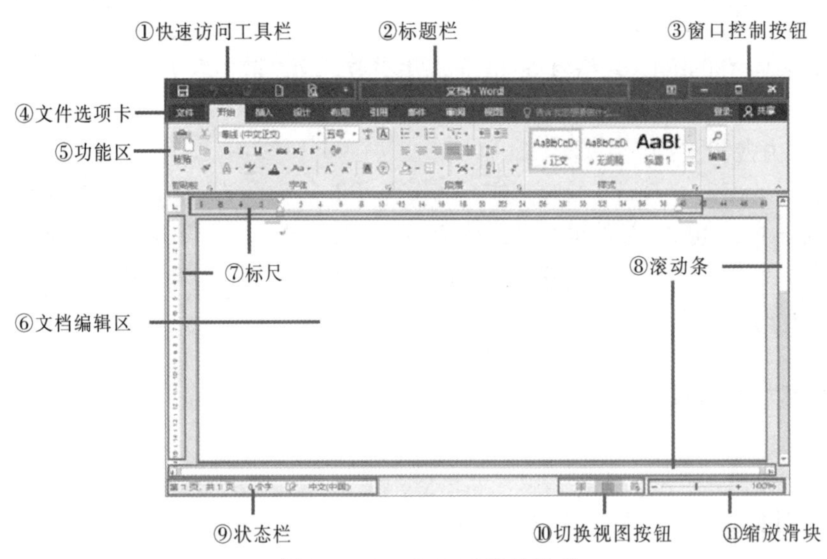

图 3-1　Word 2016 窗口组成

1. 标题栏

标题栏位于窗口的顶端，显示了应用程序的名称和文档的名称。标题栏的右侧是“最小化”“最大化/还原”和“关闭”按钮。

2. “文件”选项卡

Word 2016 的“文件”选项卡采用“Backstage 视图”的显示方式。这种方式会覆盖整个文档。若要在 Backstage 视图中返回到文档编辑窗口，单击 Backstage 试图“文件”选项卡上端的“返回”按钮或者按【Esc】键。

“文件“选项卡用于打开“新建”“打开”“保存”“打印”“关闭”等针对文件的操作命令。

3. 快速访问工具栏

常用命令位于此处，例如“保存”和“撤销”，也可以通过“自定义快速访问工具栏”添加个人常用命令。

4. 功能区

Word 2016 功能区中的选项卡包含“文件”“开始”“插入”“设计”“布局”“引用”“邮件”“审阅”“视图”九个选项卡。工作时需要用到的命令位于此处。它与其他软件中的“菜单”或“工具栏”相同。Word 2016 将功能区的按钮根据功能划分为一个个组，称为工作组。在一些工作组右下角有“对话框启动器”按钮，单击该按钮便可打开相应的对话框。

5. 文档编辑区

Word 2016 窗口中最大的区域，可以进行文档的录入和编辑。

6. 视图方式切换

Word 2016 提供五种不同的视图方式，即文档显示方式。

① 普通视图：一种简化的文档显示方式，不能显示和编辑页眉页脚、图形、文本框和分栏等效果。

② Web 版式视图：与在 Web 上发布时的效果一致。可以看到给文档添加的背景，并且自动适应窗口的大小，而不是以实际打印的形式显示。

③ 页面视图：最常用的一种显示方式，具有“所见即所得”的显示效果，与打印效果完全相同。

④ 大纲视图：可以按照文档的标题分级显示，可以方便地在文档中进行大块文本的移动、复制、重组以及查看整个文档的结构。

⑤ 阅读版式视图：适合对文档的阅读和浏览。

7. 滚动条

滚动条分为水平滚动条和垂直滚动条，可用于更改正在编辑的文档的显示位置。

8. 缩放滑块

使用鼠标拖动缩放滑块后，可更改正在编辑的文档的显示比例和缩放尺寸，标尺右侧会显示缩放的具体数值。

9. 状态栏

状态栏中可显示正在编辑的文档的相关信息，包括文档的页数、字数、使用语言、输入状态等信息。

3.1.5 文档的新建、保存、打开与关闭

1. 启动 Word 应用程序新建文档

① 应用 3.1.3 节讲述的 Word 应用程序打开方式，启动 Word 2016，即弹出“打开或

新建”窗口，如图 3-2 所示。

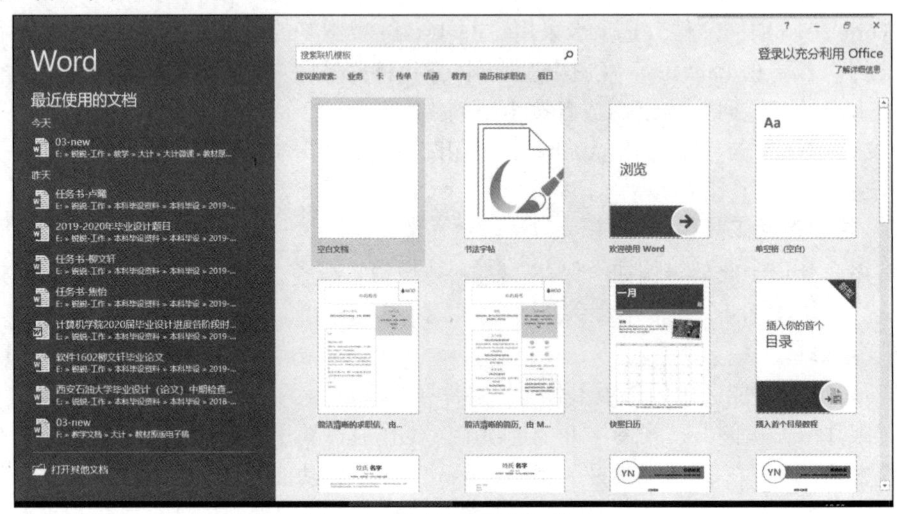

图 3-2 “打开或新建”窗口

单击“空白文档”模板，即打开 Word 2016 的编辑窗口，系统自动生成一个文件名为“文档 1”的空白文档，如图 3-3 所示。

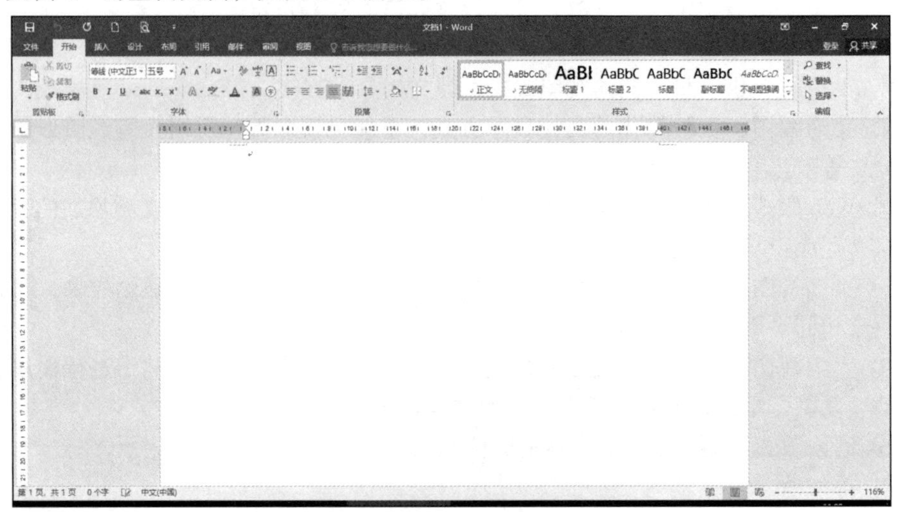

图 3-3 Word 文档编辑窗口

② 在已打开 Word 文档中使用模板新建文档

选择“文件”→“新建”命令，此时在窗口中打开“新建文档”窗格，如图 3-4 所示。若要返回 Word 2016 文档编辑窗口，则单击 Backstage 视图“文件”菜单上端的“返回”按钮或者按【Esc】键。

“新建文档”窗格提供了各种模板供用户创建不同类型的文档，包括空白文档、书法字帖、简历、经典的课程教学大纲、年底报告、APA 论文格式、证书等。

③ 在已打开 Word 文档新建空白文档

若要在编辑状态下的 Word 文档中新建空白文档，可按【Ctrl+N】组合键；或是在“快速访问工具栏”中添加“创建文档”按钮。单击该按钮便可新建一个空白文档，同时当前文档的编辑窗口切换到新建的空白文档的编辑窗口。

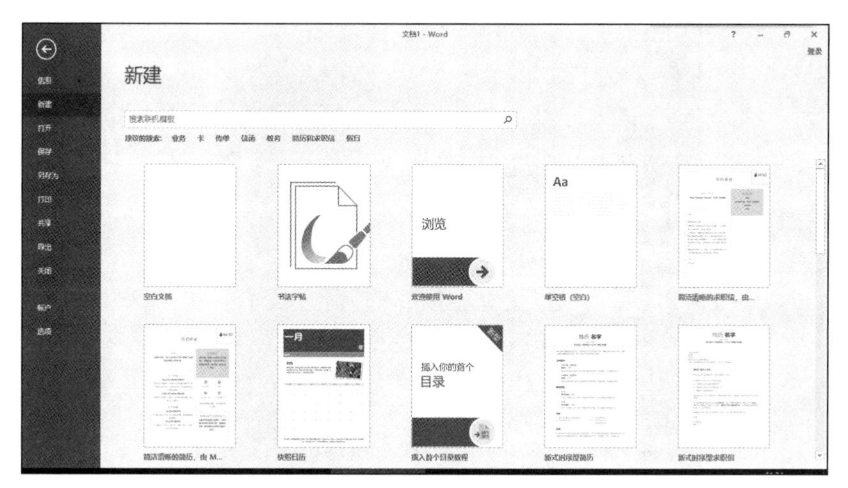

图 3-4 “新建文档”窗格

2. 文档的保存

在编辑文档的过程中，一定要记得随时保存，以防计算机突然故障而丢失数据。文档只有保存，日后才能使用。

（1）菜单操作

选择“文件”→“保存”命令，将会打开“另存为”标签，如图 3-5 所示，右侧窗格中的“另存为”标签内容分为两列，左侧显示文件夹，包含“OneDrive”（默认）、“这台电脑”、“添加位置”和“浏览”，右侧显示左侧选定的文件夹中的子文件夹。若要将新建文档保存到其他位置，单击“浏览”按钮，弹出“另存为”对话框，如图 3-6 所示。

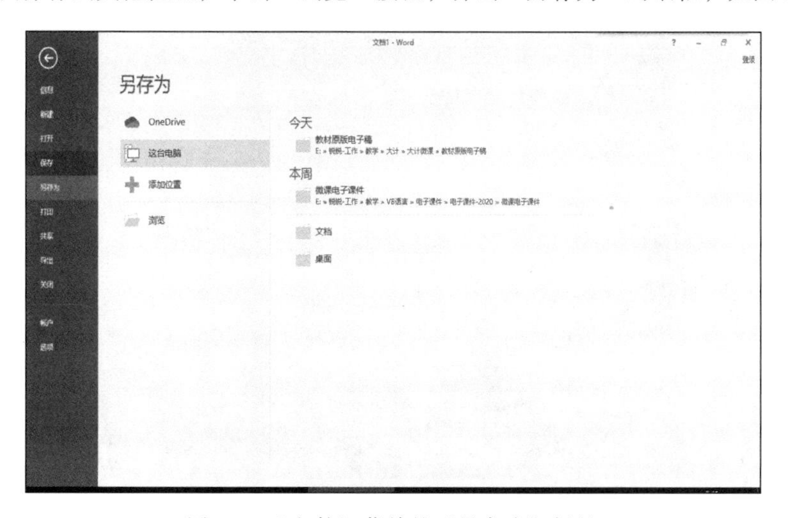

图 3-5 “文件”菜单的“另存为”标签

对于已保存的文档，若选择“文件”→“另存为”命令，则打开“另存为”对话框，可以把当前内容保存为一个副本文档，而原来的文档内容不被修改。

保存文档时，要注意设置好三个参数：保存位置、文件名、保存类型，特别注意文档的默认扩展名是.docx。用户可以把扩展名改为.doc，方法是：选择“另存为”对话框中“保存类型”下拉列表中的“Word 97-2003 文档”选项。这样，文档可以在 Word 2003 和 Word 97 中打开。

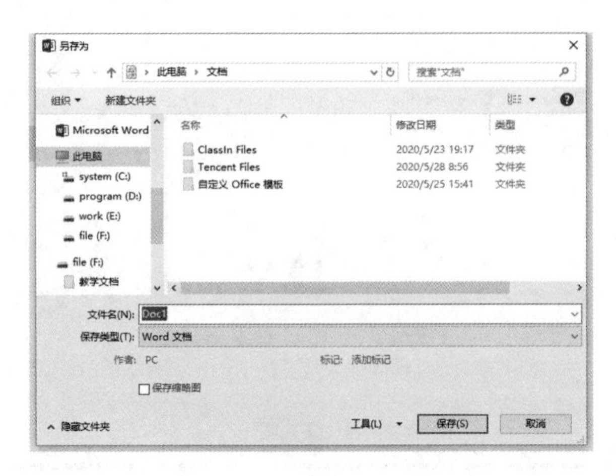

图 3-6 “另存为“对话框

（2）命令按钮操作

单击快速访问工具栏中的“保存”按钮。

（3）快捷键操作

直接按【Ctrl+S】组合键，也可实现保存操作，之后步骤同前。

3. 设置自动保存时间间隔

Word 2016 默认情况下每隔 10 分钟自动保存一次文件，用户可以根据实际情况设置自动保存时间间隔，操作步骤如下：

① 打开 Word 2016 窗口，选择“文件”→“选项”命令，打开“Word 选项”对话框，如图 3-7 所示。

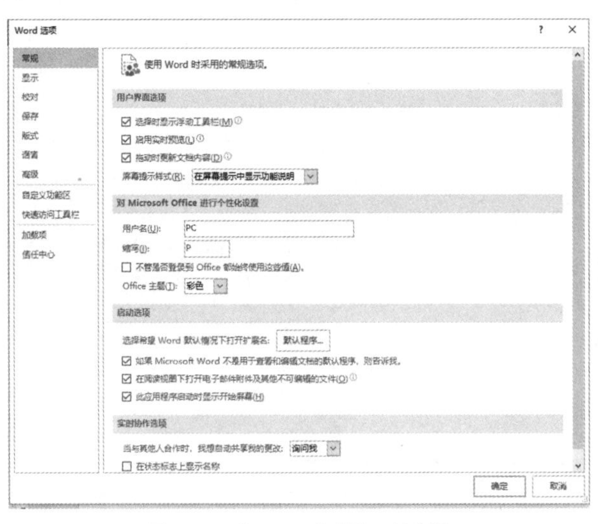

图 3-7 “Word 选项”对话框

② 选择“保存”选项卡，在“保存自动恢复信息时间间隔”编辑框中设置合适的数值，并单击“确定”按钮，如图 3-8 所示。

4. 加密文档

加密文档就是对文档进行各种保护，防止他人查看与修改内容。Word 2016 提供两种加密文档的方法。

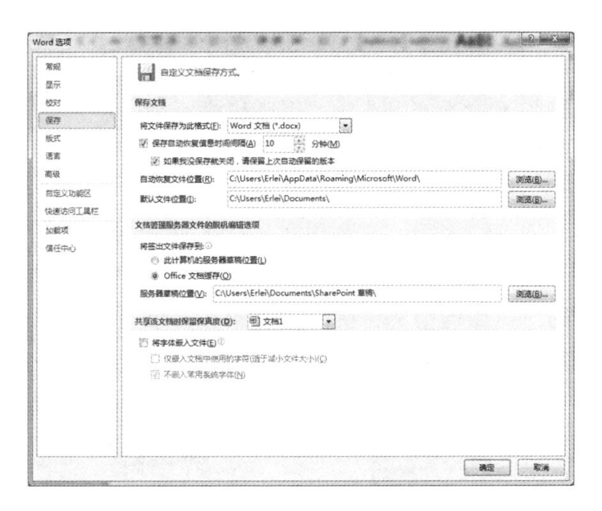

图 3-8 “保存”选项卡

（1）使用“保护文档”下拉按钮加密

保护文档共有以下五种类型。

①“标记为最终状态”：指让读者知晓文档是最终版本，并将其设置为只读。如果文档被标记为最终状态，则状态属性将设置为“最终状态”，并且将禁用输入、编辑命令和校对标志。

②“用密码进行加密”：指需要使用密码才能打开此文档。

③“限制编辑”：指控制其他人可以对此文档所做的更改。用户可以限制对选定的样式设置格式，用户也可以设置在文档中进行如修订、批注等类型编辑，或设置不允许任何更改，即只读。

④“按人员限制权限”：指授予用户访问权限，同时限制其编辑、复制和打印能力。

⑤“添加数字签名”：指通过添加不可见的数字签名来确保文档的完整性。

其中设置“用密码进行加密”的操作步骤如下：

① 选择“文件”→“信息”命令，如图 3-9 所示。

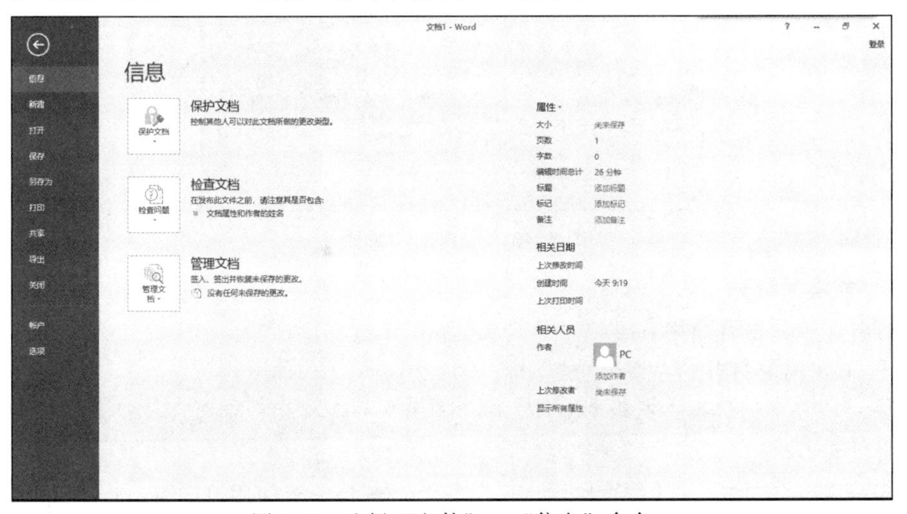

图 3-9 选择“文件”→“信息”命令

② 单击“保护文档”下拉按钮，出现“保护文档”下拉菜单，如图 3-10 所示。

③ 在“保护文档”下拉菜单中选择“用密码进行加密”命令。这时，将弹出“加密文档”对话框。

④ 在“加密文档”对话框中，输入密码，再单击“确定”按钮，如图 3-11 所示。这时，将弹出“确认密码”对话框。

⑤ 在“确认密码”对话框中，再次输入密码，再单击“确定”按钮，如图 3-12 所示。

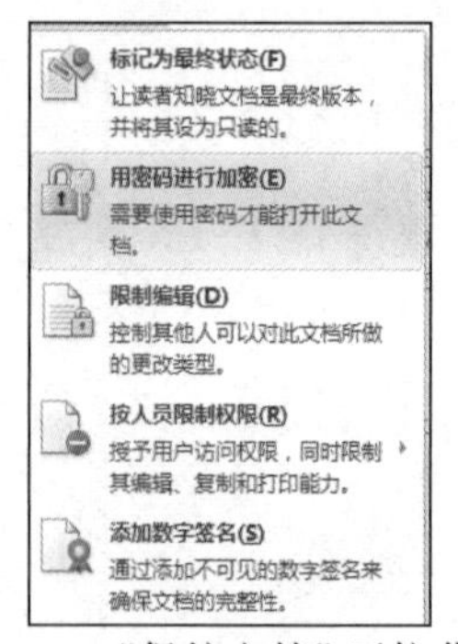

图 3-10 “保护文档”下拉菜单

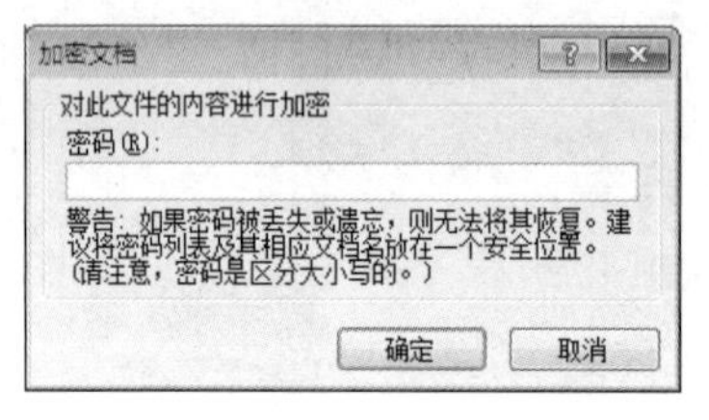

图 3-11 “加密文档”对话框

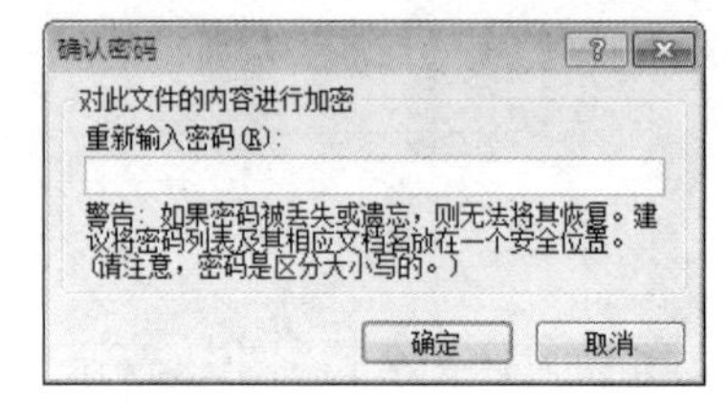

图 3-12 “确认密码”对话框

注意：如果已设置了密码，而密码被丢失或遗忘，则无法将其恢复。

（2）使用“另存为”对话框加密

在“另存为”对话框下方单击“工具”下拉按钮，选择“常规选项”命令，弹出“常规选项”对话框，如图 3-13 所示。在该对话框可以设置打开文件的密码和修改文件的密码。

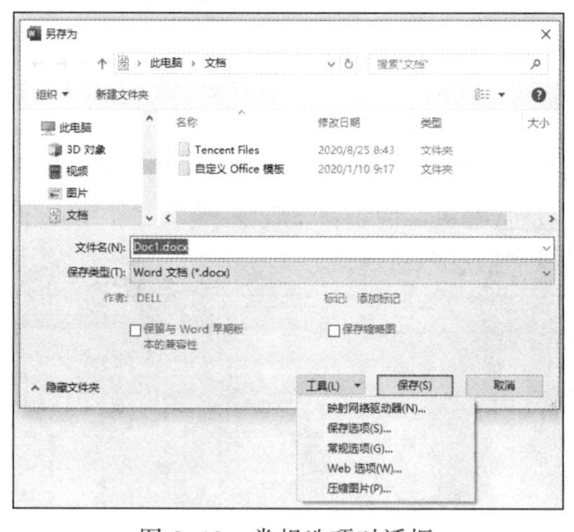

图 3-13 常规选项对话框

5. 文档的打开

打开文档通常有三种方法。

① 双击需要打开的 Word 文档图标。

② 在 Word 窗口中，选择“文件”→“打开”→“浏览”命令在“打开”对话框中选择文件。

③ 选择“文件”→“最近使用文件”命令，选择最近使用过的 Word 文档。

如果要求同时打开多个文档，先选择“文件”→“打开”→“浏览”命令，在“打开”对话框中用【Shift】键（连续的多个文档）或【Ctrl】键（不连续的多个文档）加鼠标单击选择多个文档，然后单击“打开”按钮。

6. 文档的关闭

关闭文档通常有四种方法。

① 单击标题栏中的“关闭”按钮 ⊠。

② 选择“文件”→“关闭”命令。

③ 按【Alt+F4】组合键。

3.2　Word 文稿输入

用 Word 制作文档，首先需要创建或打开一个文档，录入文字、表格和图形信息，并进行编辑和排版，完成后以文件的形式保存。

本节主要介绍文档的基本操作和有关文字的录入和编辑方法。

3.2.1　页面设置

文档的页面设置是指确定文档的外观，包括纸张的规格、纸张来源、文字在页面中的位置、版式等。文档最初的页面是按照 Word 的默认方式设置的，Word 默认的页面模板是 Normal。为了取得更好的打印效果，在打印文档前，用户应该首先对文档的页面进行设置，然后再对文档的版面进行编排，最后执行打印的操作。这种操作流程可以提高工作效率，在打印时避免造成版面混乱，也可以避免一些不必要的错误和纸张浪费。

在文档打印时，系统将会默认给出纸张大小、页面边距、纸张的方向等。如果用户在打印文档时，对页面有特殊的要求或者需要，可以对页面进行设置。页面设置包括文字方向、页边距、纸张大小和方向以及分栏等。

单击“布局”选项卡→“页面设置”组右下角的对话框启动器按钮，打开“页面设置”对话框，如图 3-14 所示。

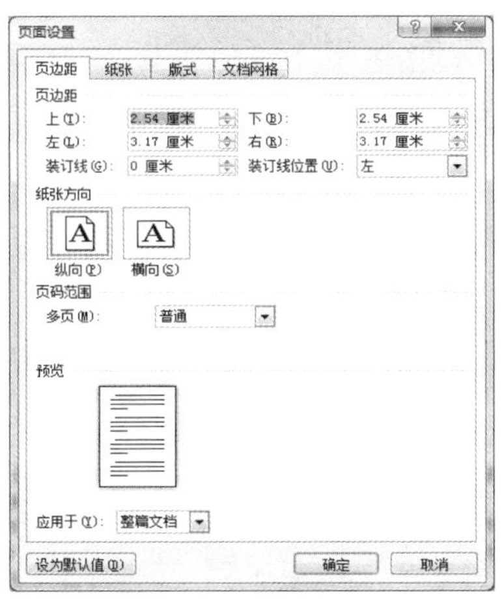

图 3-14　“页面设置”对话框

“页边距”选项卡：设置页面空白边界的宽度、装订线位置、文档的打印方向等。

“纸张”选项卡：设置打印纸张的大小、纸张的来源。

“版式”选项卡：设置节的开始位置、页眉和页脚的位置、页面的对齐方式。

“文档网格”选项卡：调节页面网格线的格距，设置文字横向或纵向排列，指定每页中的行数及每行中的字符数等。

1. 设置纸张大小

Word 2016 提供了多种预定义的纸张，系统默认的是 A4 纸，用户可以根据自己的需要选择纸张大小，还可以自定义纸张的大小。

设置纸张大小的方法：单击“页面布局”选项卡，在“页面设置”组中单击“纸张大小”下拉按钮，选择合适的纸张大小。

2. 设置“文档网格”

“文档网格”选项卡可以设置每页的文字排列、每页的行数、每行的字符数等。“文档网格”设置的具体操作步骤如下：

① 单击“页面布局”选项卡的“页面设置”组中的“行号”下拉按钮。

② 在弹出的下拉菜单中选择“行编号选项”命令。

③ 在弹出的“页面设置”对话框中单击“文档网络”选项卡，在这里进行相关选项的设置即可。

“文字排列”可以选择每页文字排列的方向。在“页面设置”对话框的“文档网格”选项卡有“水平”和“垂直”两个单选按钮可供选择。还可选择文档是否分栏以及分栏的栏数。

3. 设置“页边距”

页边距是指页面四周的空白区域，也就是页面的边线到文字的距离。通常，在页边距内部区域属于编辑区域，用户可以进行编辑，即插入文字和图形。用户也可以将页眉、页脚和页码等项目放置在特殊区域中，即页边距区域。

在使用 Word 2016 编辑文档时，常需要为文档设置页边距。这里介绍一下设置页边距的两种方法。

（1）采用通用模板

① 打开 Word 2016 文档，单击“布局”选项卡，如图 3-15 所示。

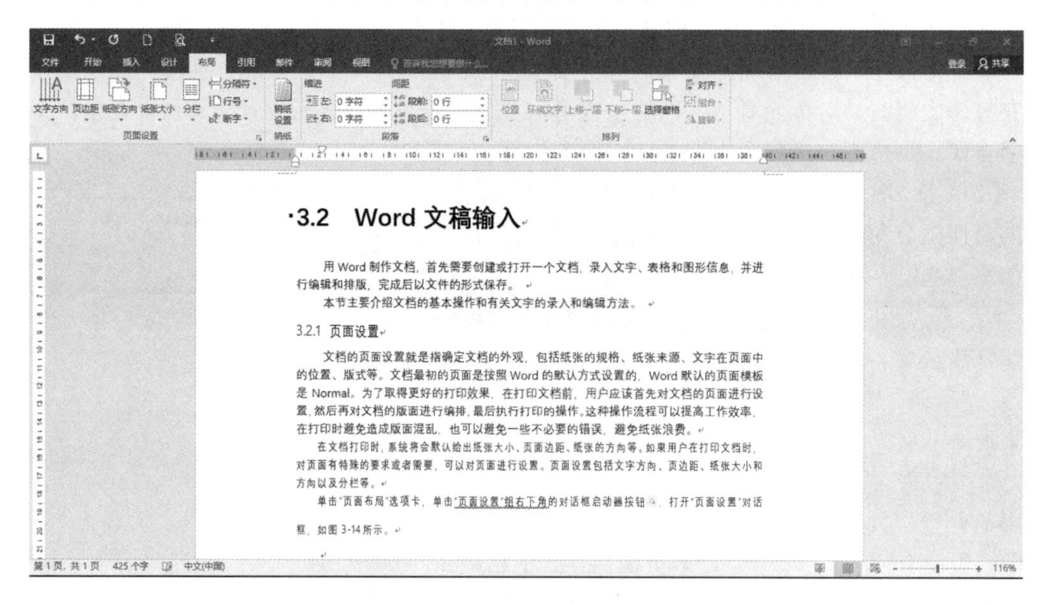

图 3-15 “布局”选项卡

② 在“页面设置”组中单击“页边距”下拉按钮，在“页边距”下拉菜单中选择合适的页边距，如图 3-16 所示。

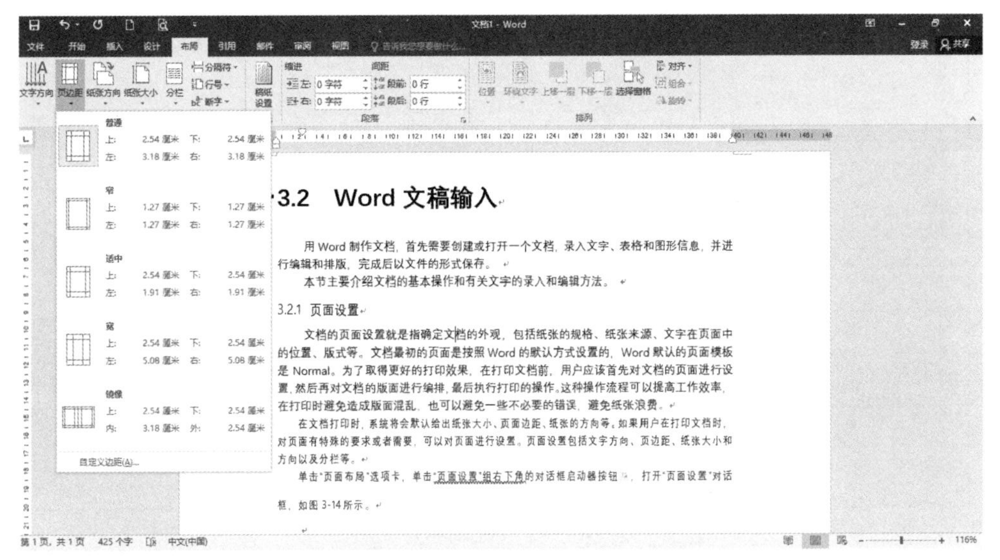

图 3-16 “页边距”下拉菜单

（2）自定义边距

① 打开 Word 2016 文档，单击“页面布局”选项卡，在“页面设置”组中单击“页边距”按钮，在下拉菜单中选择“自定义边距”命令。

② 在打开的“页面设置”对话框中选择“页边距”选项卡，如图 3-14 所示。

③ 在“页边距”选项区域分别设置上、下、左、右数值，单击“确定”按钮即可。

4. 设置纸张方向

纸张方向包括“纵向”和“横向”两种。用户可以根据页面版式要求选择合适的纸张方向。例如，A4 纸张，长边是纵向、窄边是横向。打印 A4 纸张默认是纵向打印，如果用户想横向打印，应设置纸张方向为“横向”。设置纸张方向的方法有两种。

① 单击“页面布局”选项卡，在“页面设置”组中单击“纸张方向”右侧下拉按钮 纸张方向▾，选择其中的一种。

② 单击“页面布局”选项卡，在“页面设置”组中单击右下角的对话框启动器按钮 ，这时，出现“页面设置”对话框，如图 3-14 所示。在“页边距”选项卡的“纸张方向”选项区域选择合适的方向。

本节需掌握对文档基本操作，如文本的输入、选择、复制、粘贴、移动、查找与替换等。在创建文档时，在编辑区左上角可以看到不断闪烁的“|”，该竖线被称为插入点光标。它标记输入字符的位置，用鼠标单击某位置，或按键盘方向键，可改变插入点的位置。

3.2.2 输入文字

Word 文档中通常既有英文字符，也有中文字符。英文字符则较为简便，直接按键盘上相对应字母即可；中文字符则需在 Word 中切换到中文输入法才能进行输入。输入正文，插入点会随着文字的输入向后移动，在输入文字时可以按空格键；若是输错了文字，可按【Backspace】键删除刚输入的字符。在输入过程中，当文字到达右页边距时，插入点会自动折回到下一行行首。一个自然段输入结束后按【Enter】键，并在段尾显示段落标记符号“↵”，代表一个段落的结束，如图 3-17 所示。

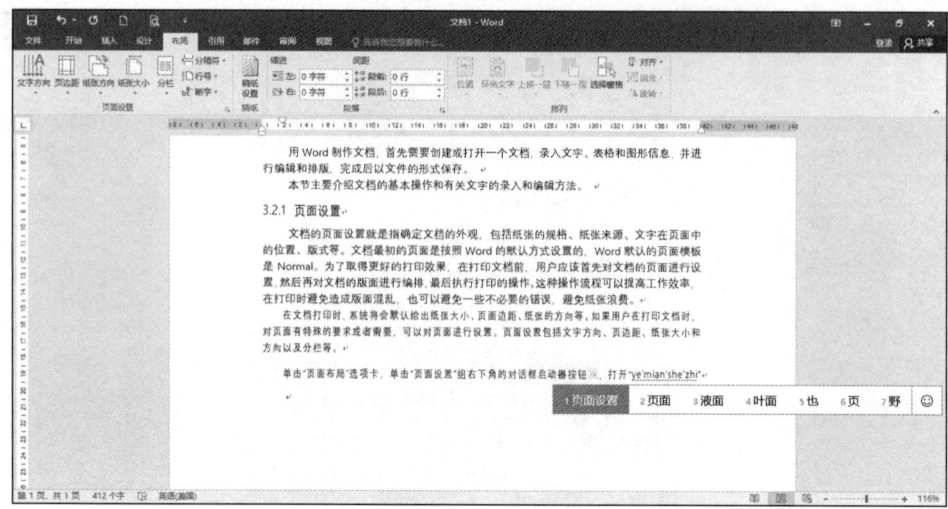

图 3-17 输入文字

3.2.3 输入特殊符号

在 Word 文档中，在需要插入符号处单击，然后单击“插入”选项卡，在“符号”组中单击“符号”按钮，一些常用符号会在此列出。如果有需要的，单击选中即可；如果没有所要的，可选择菜单底部的“其他符号”命令。弹出“符号”对话框（见图 3-18）后，在“子集”下拉列表框中选择一个合适的符号种类。这里选择“广义标点”来举例，选中“圆点”图标后，单击“插入”按钮，如图 3-19 所示。

图 3-18 “符号”对话框

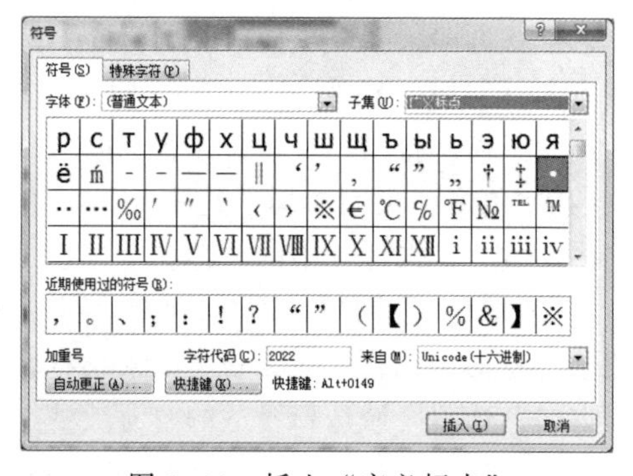

图 3-19 插入“广义标点”

对话框通常有两种，模态和非模态对话框。模态对话框是指那些必须要先关闭才能进行其他活动的对话框，而非模态对话框允许用户在对话框打开的状态下继续进行其他操作。

这里的“符号”对话框为非模态对话框。也就是说，用户可以在编辑文档的时候打开它放在旁边，需要时可立即使用。

另外，当选中某个符号时，“符号”窗口下方会给出一个快捷键提示。例如，当选中圆点时，快捷键显示为【Alt+0149】。下次可以直接使用这组快捷键来输入圆点。不过，四位数字的快捷键不容易记住，可以为常用符号自定义快捷键。具体操作如下：

① 选中目标符号，然后单击“快捷键”按钮。

② 弹出“自定义键盘”对话框，如图 3-20 所示。“命令”列表框中显示的就是刚才选定的目标符号，在“请按新快捷键”文本框中单击，然后就可以输入自定义快捷键。

这里以【Alt+1】为例。按【Alt+1】组合键后，对话框底部的“指定”按钮会变为可用状态，如图 3-20 所示。

③ 单击“指定”按钮，刚刚自定义的快捷键就会出现在“当前快捷键”列表框中，如图 3-21 所示，最后单击“关闭”按钮。

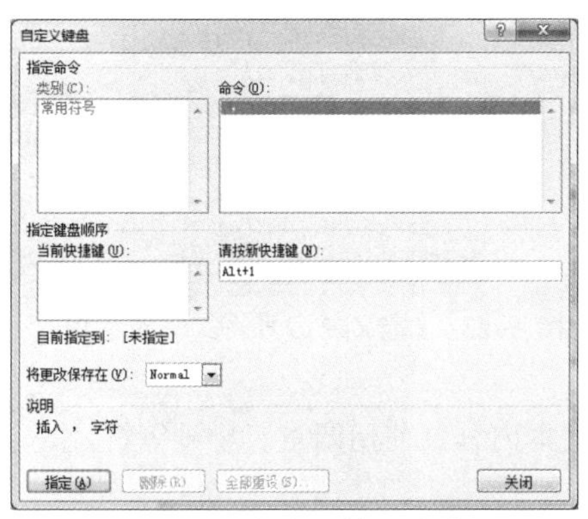

图 3-20　自定义符号快捷键

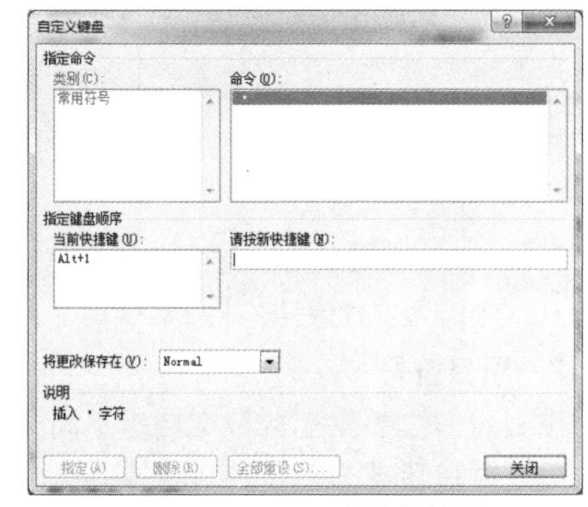

图 3-21　显示“当前快捷键”

上述方法不仅适用于 Word，还可以在 Excel 和 PPT 中使用，步骤类似。

3.2.4　输入项目符号和编号

在文档中，用户对于按一定顺序或层次结构排列的项目，可以为其添加项目符号和编号。如果文本或段落添加了项目符号和编号，则文本间的结构和关系更清晰。

1. 编号

编号主要用于具有一定顺序的项目。编号一般使用阿拉伯数字、中文数字或英文字母，以段落为单位进行标识。输入编号通常有两种方法。

① 先单击“开始”选项卡，在“段落”组中单击“编号”右侧下拉按钮 ☰ ▾。这时，出现“编号”下拉菜单，在下拉菜单中选择合适的编号类型。

在当前编号所在行输入内容，当按【Enter】键时会自动产生下一个编号。如果连续按两次【Enter】键将取消编号输入状态，恢复到 Word 2016 常规输入状态。

② 先选中准备编号的段落，再选择“开始”选项卡，在“段落”组中单击“编号”右侧下拉按钮 ☰ ▾，最后在打开的“编号”下拉菜单中选择合适的编号，如图 3-22 所示。

如果要设置的编号样式在“编号库”中没有，可以用自定义编号进行设置。例如，要设置像“第 01 步骤：”“第 02 步骤：”样式的编号，操作步骤如下：

① 选中准备编号的段落，单击“开始”选项卡，在“段落”组中单击“编号”右侧下拉按钮。

② 在打开的“编号”下拉菜单中选择“定义新编号格式”命令，弹出“定义新编号格式”对话框，如图 3-23 所示。

③ 在“定义新编号格式”对话框中，“编号样式”下拉列表框中选择“01，02，03，…”，在“编号格式”文本框中输入其他字符如“第”和“步骤：”文字。单击“确

定”按钮完成设置。

图 3-22 “编号”下拉菜单

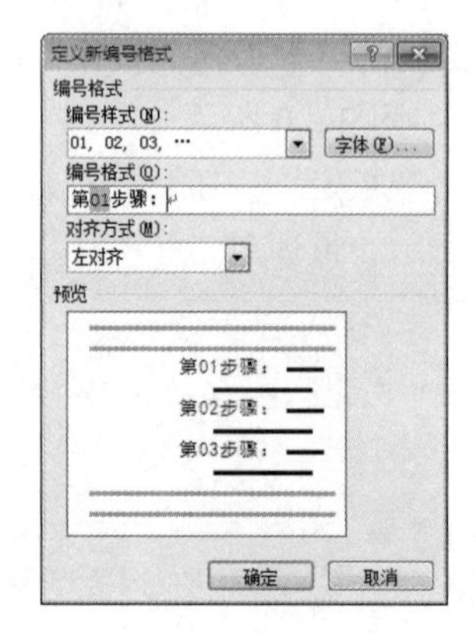

图 3-23 “定义新编号格式”对话框

2. 项目符号

项目符号主要用于区分文档中不同类别的文本内容，使用圆点、星号等符号表示项目符号，并以段落为单位进行标识。

输入项目符号“◆”的方法：先选中需要添加项目符号的段落，单击“开始”选项卡，在“段落”组中单击“项目符号”右侧下拉按钮☰ ▾。在“项目符号”下拉菜单中选择项目符号“◆”。效果如图 3-24 所示。

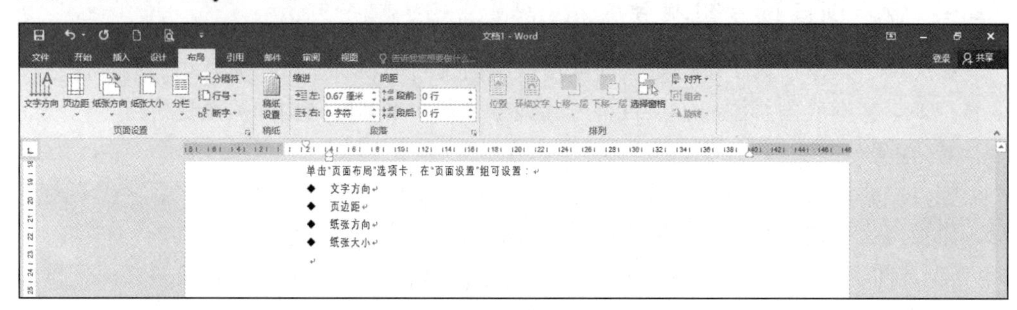

图 3-24 插入项目符号的效果

在当前项目符号所在行输入内容，当按【Enter】键时会自动产生另一个项目符号。如果连续按两次【Enter】键将取消项目符号输入状态，恢复到 Word 常规输入状态。

如果要设置的项目符号在“项目符号库”中没有，可以用“定义新项目符号”对话框中进行设置（见图 3-25）。

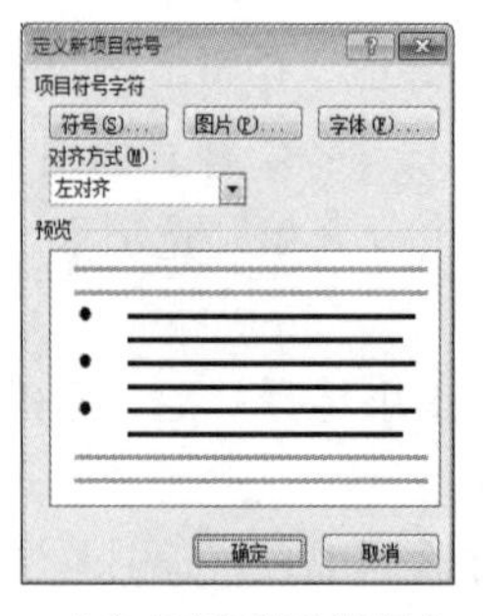

图 3-25 “定义新项目符号”对话框

3.3 Word 文档编辑

输入文稿后，应对文稿进行检查，以发现错误，或根据需要增加或删除文稿。根据文稿的需要，可对文稿进行编辑、修改，或者进行分栏、分节、设置首字下沉等操作。

3.3.1 选定编辑对象

对文字进行编辑或格式设置应先选择，再操作。文本被选定后，内容呈反选状态。

Word 2016 提供了以下几种选定文本的方式：

1. 鼠标操作

选择一段连续的文本：按住鼠标左键并拖动。

选择一个单词或词组：在单词或词组上双击。

选择多个单词或词组：按住【Ctrl】键，在单词或词组上双击，如图 3-26 所示。

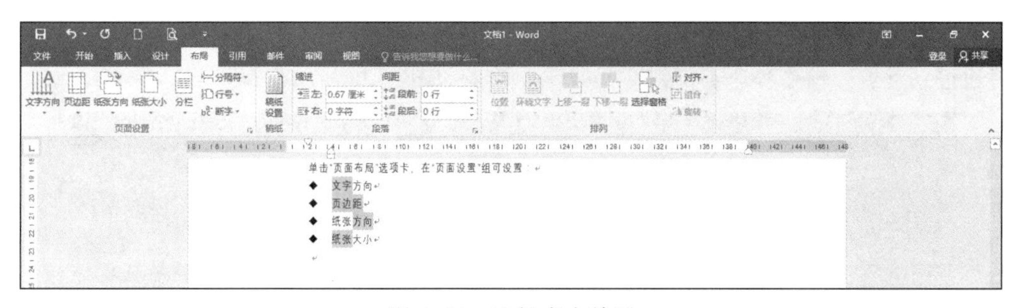

图 3-26　选择多个单词

选择一个句子：按住【Ctrl】键并单击。

选择一行：在文本选定区单击。

选择多行：在文本选定区上下拖动。

选择一段：在文本选定区双击，或在该段中任意位置三击。或者在第一个字前单击，这时光标在最前端闪烁，接着按住【Shift】键同时在所要选中段落的最后单击。

选择一个矩形区域：按住【Alt】键并拖动鼠标左键，如图 3-27 所示。

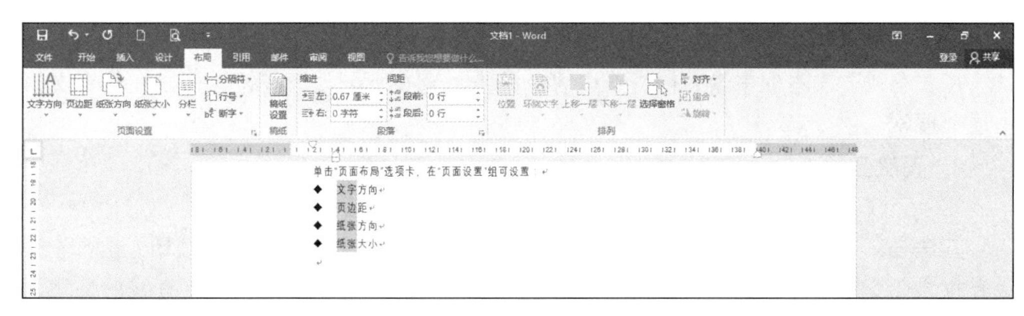

图 3-27　区域选择示意图

2. 键盘操作

除了使用鼠标选定文字外，还可以使用键盘的组合键来选定文本。具体操作可参照表 3-1。

表 3-1　常用键盘选定组合键的功能说明

组　合　键	说　　明
Shift+↑	选定上一行
Shift+↓	选定下一行
Shift+End	选定行尾
Shift+Home	选定行首
Shift+PageUp	选定上一屏
Shift+PageDown	选定下一屏
Ctrl+A	选定整篇文档

3.3.2　查找、替换与定位

1. 查找

先单击“开始”选项卡，在“编辑”组中单击“查找”按钮（或按【Ctrl+F】组合键）。这时，窗口左侧将出现“导航”窗格，输入“文档”文字，按【Enter】键。用户将通过“导航”窗格快速定位到“文档”，效果如图 3-28 所示。

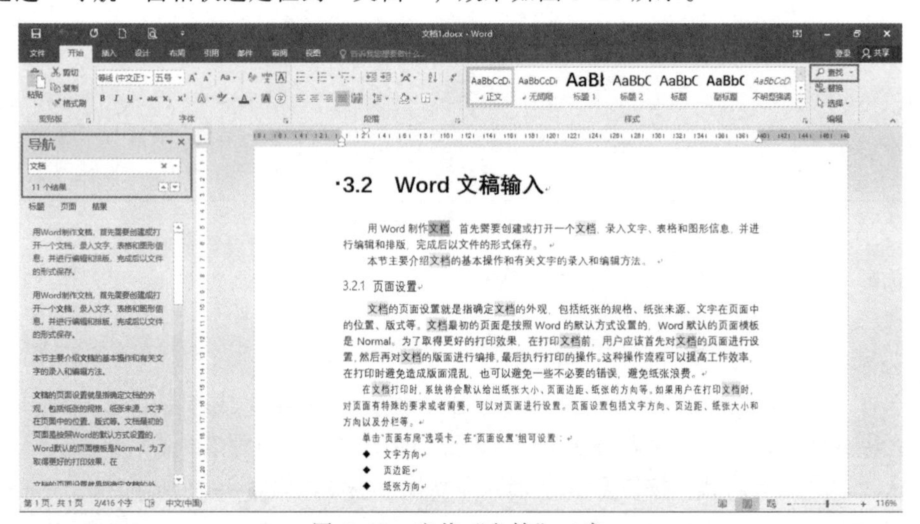

图 3-28　查找“文档”二字

在“查找”文本框中输入待查找内容，单击“查找下一处”按钮，可以在整个文档中逐个搜索。

2. 高级查找

如果查找特殊的字符，或特殊格式的单词和词组，可以用高级查找。

方法是：先单击“开始”选项卡，在“编辑”组中单击“查找”下拉按钮，选择“高级查找”命令。弹出“查找和替换”对话框，在“查找”选项卡中输入要查找的文字，在“阅读突出显示”下拉列表中选择“全部突出显示”命令，单击“查找下一处”按钮。用户可以看到文中的文字被突出显示。

对于特殊符号和格式的查找，可以通过单击“更多”按钮展开对话框实现，如图 3-29 所示。

3. 替换

替换命令可以在全文中替换掉文档中某些写错的或不合适的文字。

单击“开始”选项卡，选择“编辑”→“替换”命令，打开“查找和替换”对话框的“替换”选项卡（见图 3-30），也可以直接按【Ctrl+H】打开对话框。

在“查找内容”文本框中输入被替换的文字，在“替换为”文本框中输入要替换文字。单击“查找下一处”按钮找到需要替换的位置后，单击“替换”按钮进行替换。也可以单击“全部替换”按钮，一次将所有符合查找条件的文本全部替换，如图 3-30 所示。

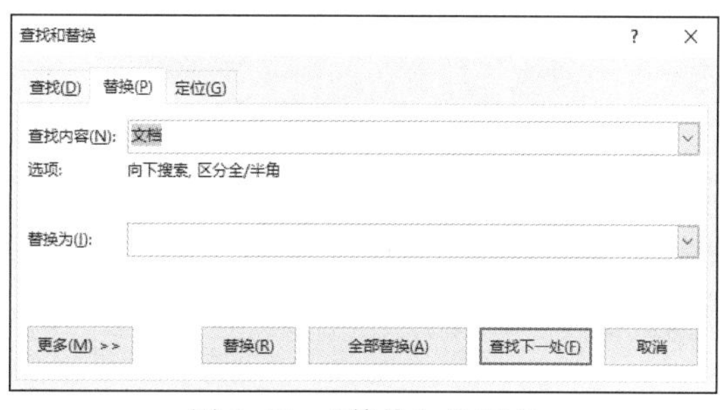

图 3-29 高级“查找”选项卡

图 3-30 “替换”选项卡

对于特殊符号和格式的替换，可以通过单击“更多”按钮实现，如图 3-31 所示。

4. 定位

单击“编辑”组中的“转到”按钮，打开“查找和替换”对话框的“定位”选项卡，可以设置按照页、节、行等定位目标来定位插入点，如图 3-32 所示。

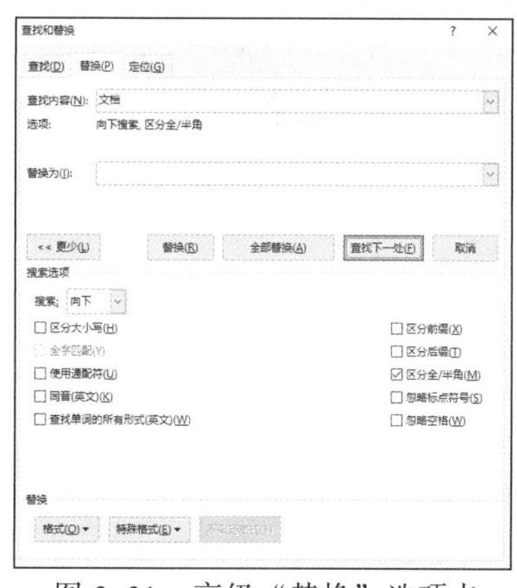

图 3-31 高级“替换”选项卡

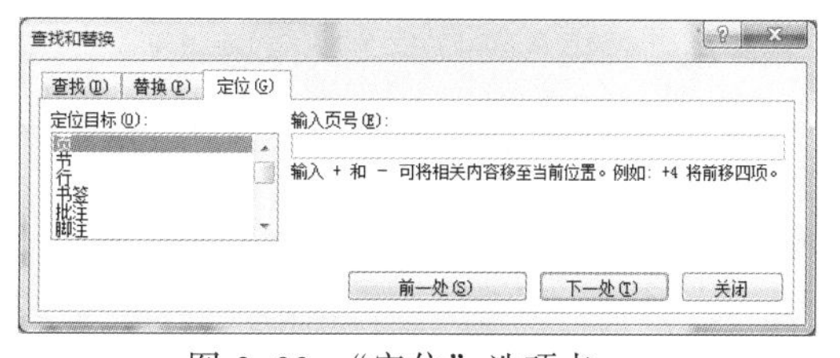

图 3-32 “定位”选项卡

3.3.3 复制、粘贴与移动文本

当对文档进行编辑时，常需要对一些文本进行复制和移动。为此，需要了解“剪贴板”的概念。

剪贴板是 Windows 系统中的一块内存区域。它使得在各种应用程序之间传递和共享信息成为可能。

1. 复制文本

复制文本可以将选中的文本复制到剪贴板中。操作方法有以下几种：

① 选定文本后，单击“开始”选项卡，在“剪贴板”组中单击“复制”按钮。

② 选定文本后，右击弹出快捷菜单，选择“复制”命令。

③ 选定文本后，按【Ctrl+C】组合键。

2. 粘贴文本

在 Word 2016 文档中，粘贴选项很多，设置好默认粘贴选项，可以适应在各种条件下的粘贴需要，操作步骤如下：

① 打开 Word 2016 文档窗口，选择“文件”→“选项”命令，打开图 3-33 所示的“Word 选项”对话框。

② 在打开的“Word 选项”对话框中选择“高级”选项卡，在“剪切、复制和粘贴”选项区域可以针对粘贴选项进行设置，如图 3-34 所示。

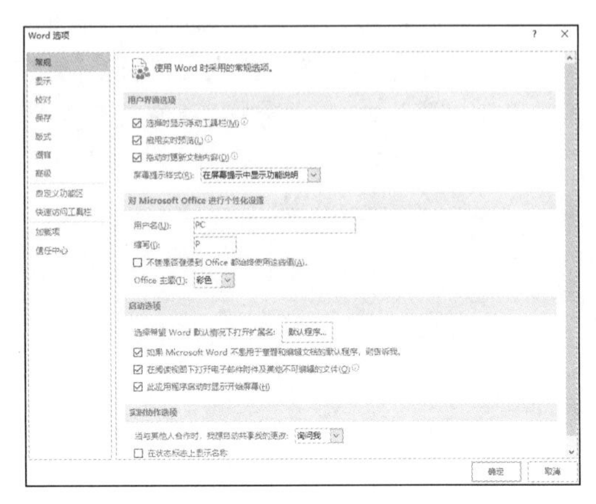

图 3-33 “Word 选项”对话框

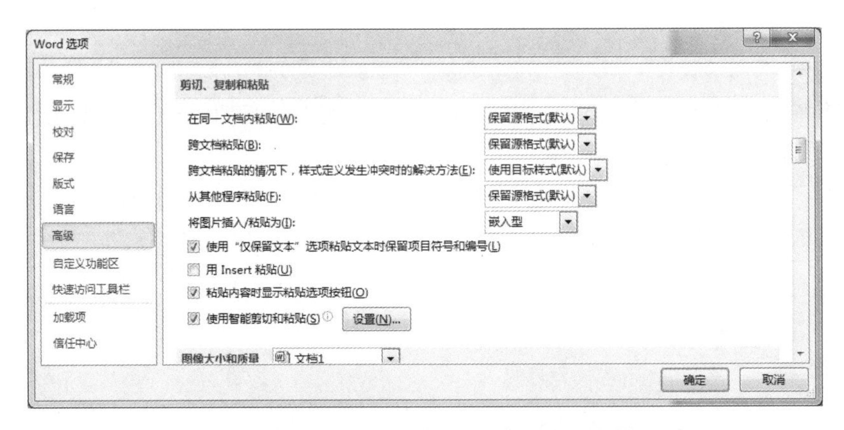

图 3-34 “剪切、复制和粘贴”设置选项

默认粘贴选项各项目的含义简述如下：

在同一文档内粘贴：在同一个 Word 2016 文档中粘贴内容时，可选择“保留源格式”“匹配目标格式”和“仅保留文本”三种格式之一。

跨文档粘贴：在两个具有相同样式定义的 Word 2016 文档之间进行粘贴操作时，选择“保留源格式”、“匹配目标格式”和“仅保留文本”三种格式之一。

跨文档粘贴的情况下，样式定义发生冲突时的解决方法：在两个具有不同样式定义的 Word 2016 文档之间进行粘贴操作时，选择“保留源格式”、“匹配目标格式”和“仅保留文本”三种格式之一。

从其他程序粘贴：从非 Word 程序复制的文本，在粘贴到 Word 2016 文档时，选择“保留源格式”、“匹配目标格式”和“仅保留文本”三种格式之一。

将图片插入/粘贴为：将非文本对象（如图形、图像、剪贴画）粘贴到 Word 2016 文档时，选择“嵌入型”“四周型”“紧密型”等格式之一。

使用“仅保留文本”选项粘贴文本时保留项目符号和编号：设置是否保留源文本的项目符号和编号。

用 Insert 粘贴：选中该复选框将键盘上的【Insert】键作为粘贴命令的快捷键（需要取消选中“使用 Insert 控制改写模式”复选框）。

粘贴内容时显示粘贴选项按钮：设置是否在粘贴内容右侧显示“粘贴选项”图标。

使用智能剪切和粘贴：设置是否使用更高级的粘贴选项，如果需要进一步设置智能剪切和粘贴，可以单击“设置”按钮，打开“设置”对话框进行设置。

常用的三种粘贴操作如下：

- 在适当位置单击“剪贴板”组中的“粘贴”按钮。
- 在适当位置右击，在弹出的快捷菜单中选择“粘贴”命令。
- 在适当位置按【Ctrl+V】组合键。

3. 移动文本

移动文本可以把文本从一个位置调整到另一个位置。移动文本通常有三种方法。

① 选定文本后，单击“开始”选项卡，在“剪贴板”组中单击“剪切”按钮，然后在适当位置单击“剪贴板”组中的“粘贴”按钮。

② 选定文本后右击，在弹出的快捷菜单中选择“剪切”命令，然后在适当位置右击，在弹出的快捷菜单中选择“粘贴”命令。

③ 选定文本后，按【Ctrl+X】组合键，然后在适当位置按【Ctrl+V】组合键。

另外，也可以采用直接拖动鼠标的方式实现文本的复制和移动操作。首先选定文本，按住【Ctrl】键的同时用鼠标将选中文本拖放到指定位置实现复制；直接用鼠标将选中文本直接拖放到指定位置实现移动。

3.3.4 分栏操作

分栏可以将整篇文档或部分文档分为多栏显示。如果需要给整篇文档分栏，应选中所有文字，如图 3-35 所示；若只需要给某段落进行分栏，应单独选择那个段落。

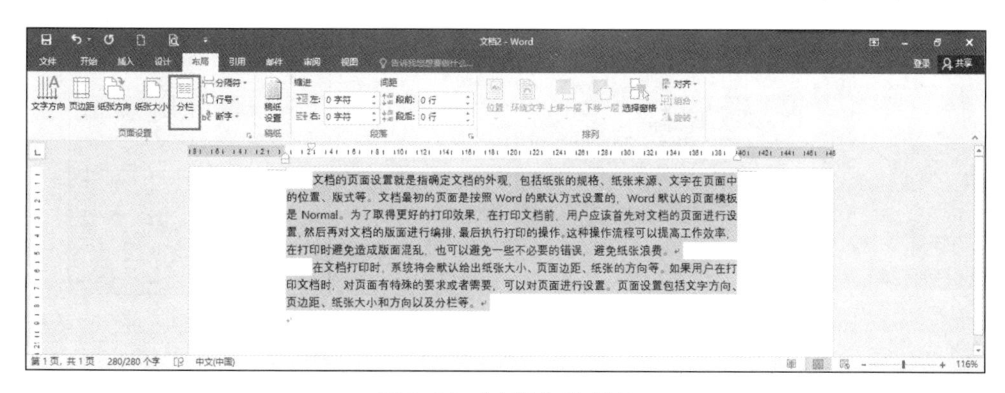

图 3-35 “布局”选项卡

单击“页面布局”选项卡，然后在“页面设置”组中单击“分栏”按钮，在分栏菜单中可以看到有“一栏”“两栏”“三栏”“偏左”“偏右”“更多分栏”多种选项，如图 3-36 所示。这里可以根据需要的栏数来选择所需。

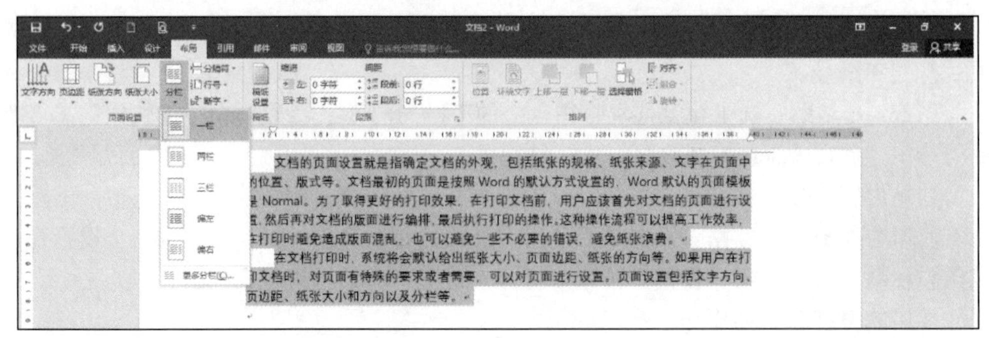

图 3-36 “分栏”选项

如果分栏中的数目还不是自己想要的，可以选择“更多分栏”命令，在弹出的“分栏”对话框（见图 3-37）中的“栏数”后面设置数目，上限为 11。

如果想要在分栏的效果中加上“分隔线”，可以在“分栏”对话框中选中“分隔线”复选框，单击“确定”按钮即可。

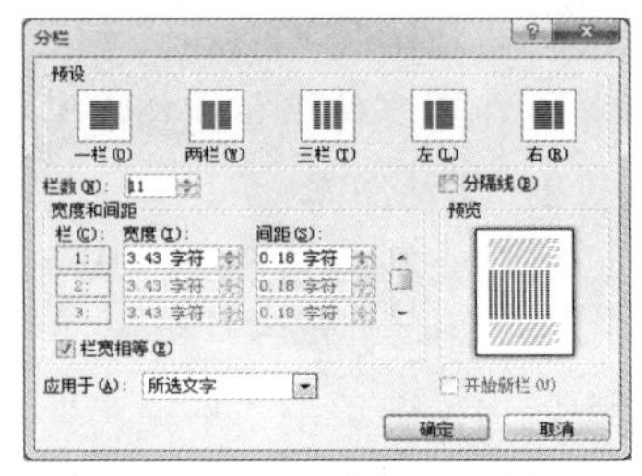

图 3-37 “分栏”对话框

3.3.5 首字下沉

首字下沉是指在段落开头创建一个大号字符，以便突出该段落，常用在报纸和杂志中。首字下沉有两种方法。

① 选中一个字，再单击“插入”选项卡，在“文本”组中单击“首字下沉”下拉按钮 首字下沉，选择“下沉”命令，如图 3-38 所示。

② 选中一个字，单击“插入”选项卡，在“文本”组中单击“首字下沉”下拉按钮 首字下沉，选择“首字下沉选项”命令，弹出“首字下沉”对话框，如图 3-39 所示。在“首字下沉”对话框中，进行相关设置。

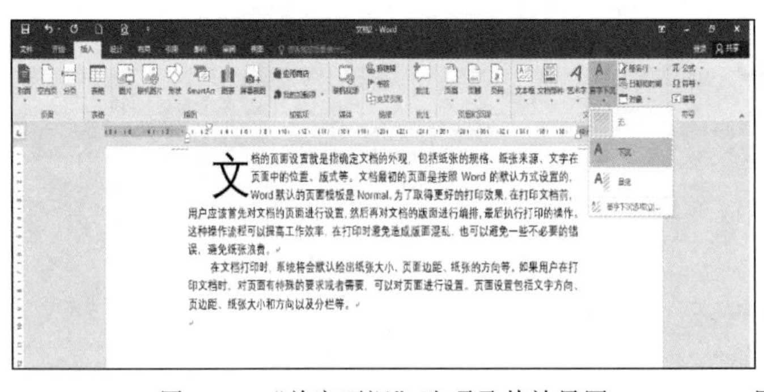

图 3-38 “首字下沉”选项及其效果图

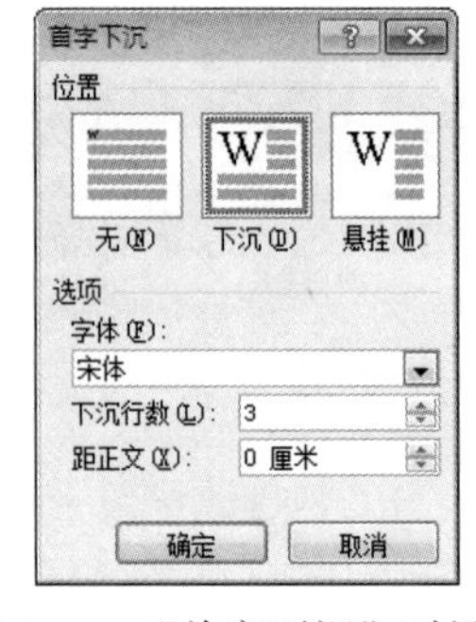

图 3-39 “首字下沉”对话框

3.3.6 分页符和分节符

为了保证版面的美观，用户可以对文档进行强制性分页。分页符是指标记一页终止，并且开始下一页的点。

分节符是指节的结尾插入的标记。为了方便文档的处理，用户可以把文档分成若干节，然后再对每节进行单独设置。用户对当前节的设置不会影响到其他节。分节符包含节的格式设置元素，如页边距、页面的方向、页眉和页脚，以及页码的顺序。

分页符和分节符的不同点在于：分页符只是把文档分页，前页和后页还是同一节；分节符是把文档分节，可以同一页中有多个不同节，也可以对文档分节，同时又分页。

在页眉页脚与页面设置中分页符和分节符有很大差别：

① 文档编排中，某几页需要横排，或者需要不同的纸张、页边距等，那么将这几页单独设为一节，与前后内容不同节。

② 文档编排中，首页、目录等的页眉页脚、页码与正文部分需要不同，那么将首页、目录等作为单独的节。

③ 如果前后内容的页面编排方式与页眉页脚都一样，只是需要新的一页开始新的一章，那么一般用分页符即可，或用分节符（下一页）。

1. 分页符

在文档输入文本或其他对象满一页时，Word 会自动进行换页，并在文档中插入分页符。

分页符有两种：自动分页符和手动分页符。

自动分页符是指当用户输入文字或其他对象满一页时，Word 会自动进行换页，并在文档中插入一个分页符。自动分页符在草稿视图方式下是以一条水平的虚线存在。

手动分页符是指用户在文档的任何位置都可以插入的分页符。在页面视图方式下，Word 把分页符前后的内容分别放置在不同的页面中。插入手动分页符的方法有以下两种。

① 光标定位在要分页的位置，单击“插入”选项卡，在“页”组中单击“分页”按钮 分页。

② 先将光标定位在要分页的地方，在“页面布局”选项卡的“页面设置”组中单击“分隔符”下拉按钮，将出现“分页符和分节符”下拉菜单，如图 3-40 所示。选择下拉菜单中的“分页符”命令即可完成操作。

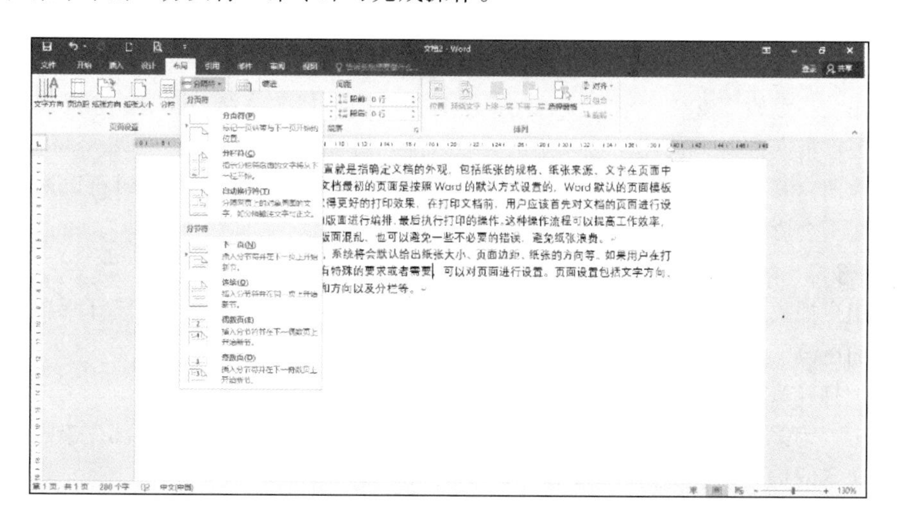

图 3-40 插入分页符和分节符

用户还可以选择下拉菜单“分节符”中的“下一页”命令。分节符中的“下一页”与“分页符”的区别在于：前者分页同时分节，而后者仅起到分页的效果。

手动分页符在大纲视图方式下以一条水平的虚线存在，并在中间标有“分页符”字样。如果手动分页符插入位置不对，用户可以把光标停在“分页符”横线上，按【Delete】键，即可像删除字符一样删除分页符。

2. 分节符

用户可以把一篇长文档任意分成多个节，每节都可以按照不同的需要设置为不同的格式。在不同的节中，用户可以对页边距、纸张的方向、页眉和页脚的位置等格式进行详细设置。

Word 2016 会自动把当前节的页边距、页眉和页脚等被格式化了的信息保存在分节符中。

插入分节符的方法：先将光标定位在要分节的位置，在“页面布局”组中单击“插入分页符和分节符”下拉按钮，出现下拉列表。然后，选择下拉列表中的“分节符”命令进行设置。

“分节符”选项组有四个选项，分别是“下一页”“连续”“偶数页”“奇数页”。

①“下一页”：指在当前插入点插入分节符，并在下一页上开始新的一节。

②“连续”：指在当前插入点插入分页符，并在同一页上开始新的一节。

③“偶数页”：指在当前插入点插入分节符，并在下一偶数页上开始新的一节。如果这个分节符已经在偶数页上，那么下面的奇数页是一个空页。

④“奇数页”：指在当前插入点插入分节符，并在下一奇数页上开始新的一节。如果这个分节符已经在奇数页上，那么下面的偶数页是一个空页。

在大纲视图方式下，分节符是两条水平平行的虚线。如果分节符插入位置不对，用户把光标停在“分节符”横线上，按【Delete】键，即可删除分节符。

3.3.7 修订与批注

修订是指对文件、书籍、文稿、图表等的修改整理。在 Word 2016 中修订是指跟踪文档的所有更改，包括删除、插入或格式改变的位置的标记。

批注是在编辑完文档之后，文档的审阅者为文档添加的注释、说明、建议、意见等信息。在审批文档时，往往要对一些重要地方加以批注，给予详细的说明，这样可以更加清晰地明白其中的含义。批注不属于正文的内容，保存在文档里，随时可以调出来查阅。批注不会影响到文档的格式，也不会被打印出来。

1. 修订

当用户插入或删除文本、移动文本和图片时，将通过标记显示每处修订所在位置以及内容的更改。修订处在右页边距有红色方框显示修订内容。

（1）打开修订

单击“审阅”选项卡，在“修订”组中单击“修订”按钮。在“修订”按钮被按下时，对文本的增删都会以特殊标记显示，并注明编辑者。

（2）更改修订

修订后，用户要接受文档中的修订，方法是：单击“审阅”选项卡，在“更改”组中单击“接受”按钮，出现一个下拉列表。下拉列表中有四个命令：“接受并移到下一条”“接受修订”“接受所有显示的修订”“接受对文档的所有修订”，用户可以根据需要选择。

用户可以拒绝文档中的修订，方法是：单击“审阅”选项卡，在“更改”组中单击“拒绝”按钮 即可。

（3）关闭修订

关闭修订并不意味着将修订删除，此前所做的所有修订会被保留在文档中。当关闭修订状态下，用户可以修订文档，但 Word 不会对更改的内容做出标记。关闭修订的方法：选择“审阅”选项卡，在“修订”组中再次单击“修订”按钮使其变灰显示。

2. 批注

（1）新建批注

新建批注的操作方法：选中要批注的文本，单击“审阅”选项卡，在“批注”组中单击“新建批注”按钮。这时，在文档窗口右侧的批注框中输入说明文本。加入批注的效果如图 3-41 所示。

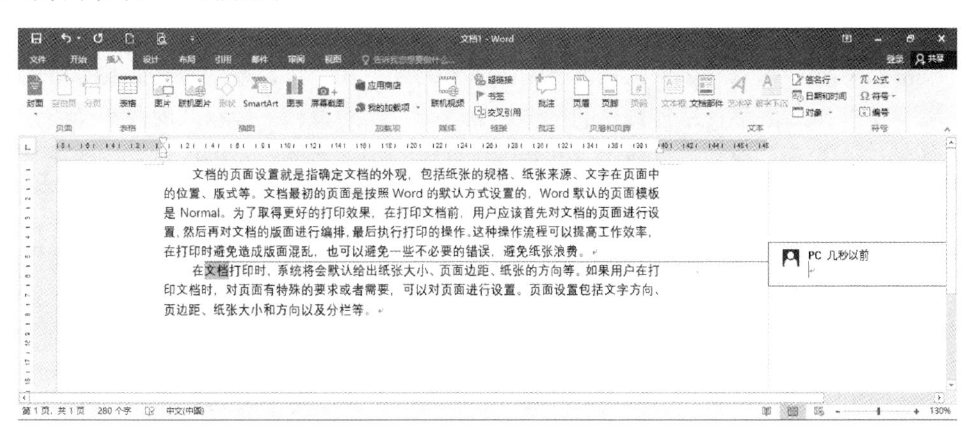

图 3-41　加入批注的效果图

如果用户要快速定位到上一条批注，在“批注”组中单击“上一条批注”按钮 即可。

如果用户要快速定位到下一条批注，在“批注”组中单击“下一条批注”按钮 即可。

（2）删除批注

在添加批注后，对于不需要的批注可以进行删除。删除批注的方法有两种。

① 选中批注后右击，在弹出的快捷菜单中选择“删除批注”命令。

② 单击某批注，再单击“审阅”选项卡，在“批注”组中单击“删除”下拉按钮 ，出现下拉列表。在下拉列表中可以选择删除当前选定的批注，或删除文档中所有的批注。

（3）隐藏批注

隐藏批注指把批注藏起来，使其在页面视图中不可见。隐藏批注的方法有两种。

① 单击“审阅”选项卡，在“修订”组中单击“显示标记”下拉按钮，如图 3-42 所示。在下拉菜单中取消选中“批注”复选框。同样，如果要从隐藏改成显示

图 3-42　“显示标记”下拉菜单

批注，操作方法一样，选中“批注”复选框即可。

② 单击“审阅”选项卡，在“修订”组中单击“显示标记”下拉按钮。在下拉菜单中的“审阅者”级联菜单中可设置隐藏某一用户的批注。此功能对于多用户添加的批注尤为重要。

3.4 Word 文档格式化

文档在输入和编辑后，为美化版面效果，会对文字、段落、页面和插入的元素等，根据整体文档的要求，进行必要的修饰，以求得到更好的视觉效果，这就是在 Word 中的各种格式化操作。格式化的操作涉及的设置很多，不同的设置会有不同的显示效果。

3.4.1 字符格式化

Word 2016 中输入文字的默认字体是宋体五号字。用户可以改变文字的基本格式，包括字体、字号、字形、字体颜色和字体属性等。这是对文档字体格式的基本操作。

Word 2016 中，通常可以通过“开始”选项卡中的“字体”组中的命令按钮或“字体”对话框两种方式设置文字格式。

1. 设置字体、字号、字形

字体是文字的一种书写风格。常用的中文字体有宋体、仿宋、黑体、隶书和幼圆等，此外 Word 还提供了方正舒体、姚体和华文彩云等字体。

（1）“字体”组

用户可以通过“开始”选项卡“字体”组中的命令改变文字的基本格式，如图 3-43 所示。

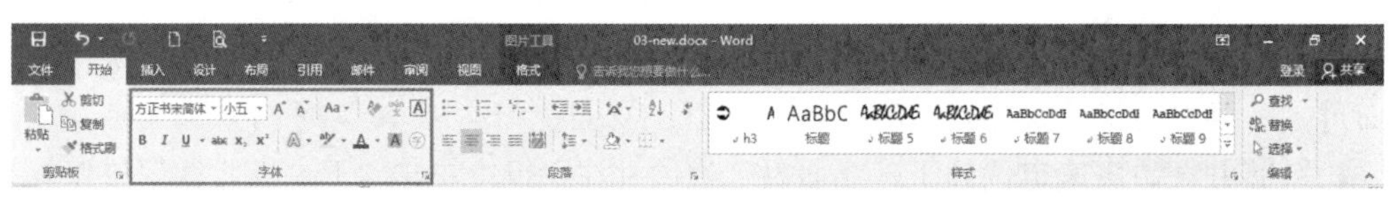

图 3-43 “字体”选项组

在“字体”组中有字体、字号、加粗、斜体、加下画线、删除、上标、下标、清除格式、文本效果、突出显示、字体颜色、更改大小写、拼音指南、字符边框、增加字体、缩小字体、字体底纹、带圈字体等按钮。

（2）“字体”对话框

在“字体”对话框（见图 3-44）中，除了可以设置文字的基本格式外，还可以为文字设置特殊效果，使版式更加美观，可以对字体、字形、字号、字体颜色、下画线、效果（阴影、空心、上标、下标等）等进行设置。

图 3-44 “字体”对话框

字号即字符的大小，汉字字符的大小用初号、小二号、五号、八号等表示。字号也可以用“磅”的数值表示。字号包括中文字号和数字字号，中文字号号数越大，字体越小；相反的，数字字号则是数字越大，字号号数越大。设置文档中的字号的操作步骤：单击“开始”选项卡“字体”组的“字号”下拉按钮，在字号列表中选择所需的字号。

字形是指附加于字符的属性，包括粗体、斜体、下画线等。设置文档中的字形，可用以下方法：分别单击“开始”选项卡中“字体”选项组的“加粗”“倾斜”“下画线”等按钮。

2. 设置字符颜色

在使用 Word 2016 编辑文档的过程中，经常需要为字体设置各种各样的颜色，以使文档更富表现力。下面介绍设置字体颜色的两种方法。

（1）利用选项卡中的“字体颜色”下拉按钮

打开 Word 2016 文档页面，首先选中需要设置字体颜色的文字。在“字体”组中单击“字体颜色”下拉按钮，如图 3-45 所示。

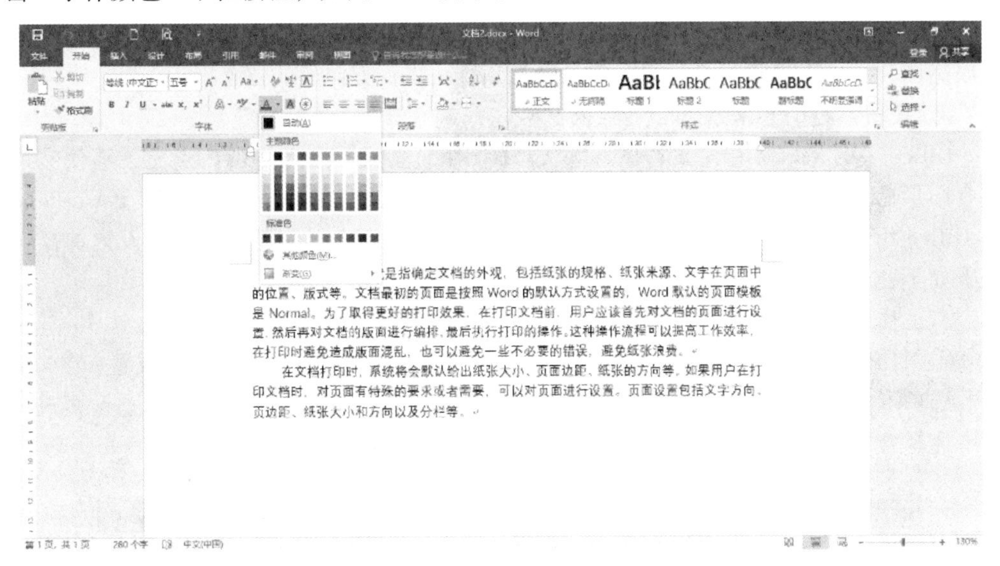

图 3-45　字体颜色选择

在字体颜色列表的“主题颜色”或“标准色”中选择符合要求的颜色即可。

为了设置更加丰富的字体颜色，还可以选择“其他颜色”命令。在弹出的“颜色”对话框中会显示更多的颜色，选择一种颜色，单击“确定”按钮为选中的文字设置颜色，如图 3-46 所示。

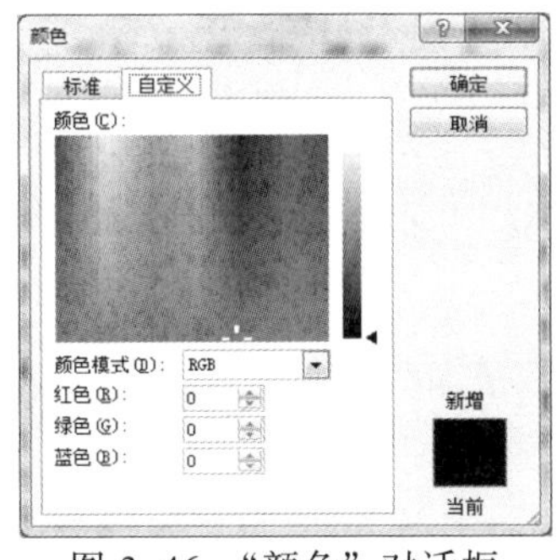

图 3-46　“颜色”对话框

（2）利用“字体”对话框

打开 Word 2016 文档页面，首先选中需要设置字体颜色的文字，然后在“字体”组中单击右下角按钮，如图 3-47 所示。

在弹出的“字体”对话框中单击“字体颜色”下拉按钮，在列表中选择符合要求的字体颜色，并单击“确定”按钮，如图 3-48 所示。

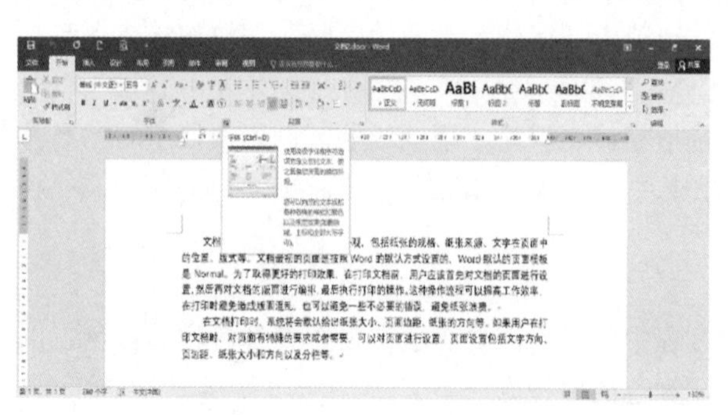

图 3-47 “字体”组右下角按钮

图 3-48 “字体”对话框

3. 设置文字间距、缩放比例、字符位置

字符间距、缩放比例、字符位置的设置可通过“字体”对话框的“高级”选项卡进行设置。设置文字间距是指对文档中字符之间的距离进行控制，用户可以改变字符间的缩放比例，还可以控制字符间的间距，以及字符在垂直方向上的位置。

4. 设置字符的艺术效果

Office 中的艺术字（英文名称为 WordArt）结合了文本和图形的特点，能够使文本具有图形的某些属性，如设置旋转、三维、映像等效果，在 Word、Excel、PowerPoint 等 Office 组件中都可以使用艺术字功能。在 Word 2016 文档中进行艺术字设置的操作步骤如下：

（1）插入艺术字

① 打开 Word 2016 文档窗口，将插入点光标移动到准备插入艺术字的位置。在“插入”选项卡中单击“文本”组中的“艺术字”下拉按钮，并在打开的艺术字预设样式面板中选择合适的艺术字样式，如图 3-49 所示。

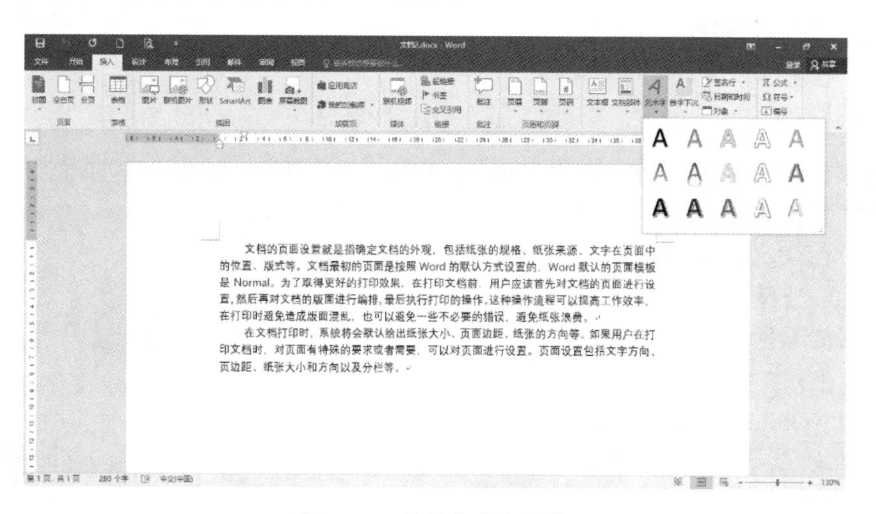

图 3-49 选择艺术字样式

② 在文档窗口出现艺术字文字编辑框，直接输入艺术字文本即可。用户可以对输入的艺术字分别设置字体和字号，如图 3-50 所示。

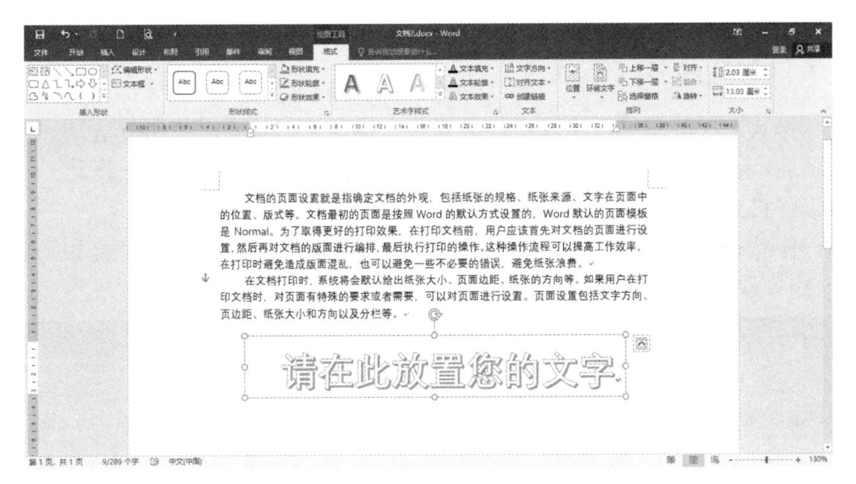

图 3-50　编辑艺术字文本及格式

（2）设置艺术字

对艺术字的设置有艺术字样式、艺术字形状轮廓、艺术字形状填充、更改艺术字形状、三维旋转等。

艺术字格式设置方法：先选中艺术字，然后在“绘图工具/格式”选项卡的“艺术字样式”组中设置，如图 3-51 所示。

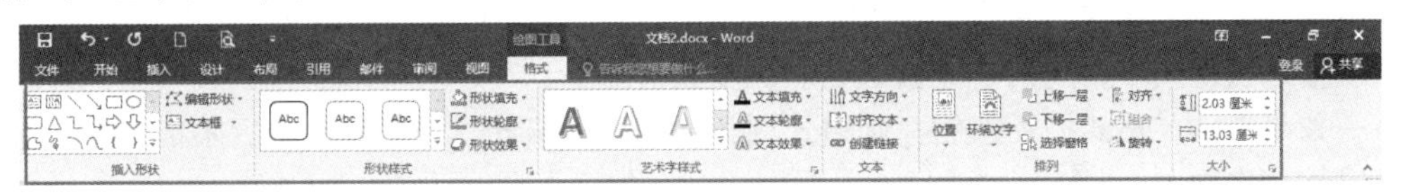

图 3-51　“绘图工具/格式”选项卡

单击“艺术字样式”组中的“快速样式”下拉按钮，可以为艺术字外观更改样式。

单击“艺术字样式”组中的“文本填充”按钮可以对选定艺术字使用纯色、渐变、图片或纹理填充。

单击“艺术字样式”组中的“文本轮廓”按钮可以对艺术字设置轮廓的颜色、宽度和线型。

单击“艺术字样式”组中的“文本效果”按钮可以对艺术字设置外观效果，如阴影、发光、映像或三维旋转等。

如果对艺术字格式进行详细设置，可单击“艺术字样式”组右下角的对话框启动器按钮，弹出“设置文本效果格式”对话框，如图 3-52 所示。在“设置文本效果格式”对话框中进行相关设置。

单击“绘图工具/格式”选项卡中的“大小”组中的下拉按钮，选择合适的高度和宽度，可以对艺术字大小进行精确设置。

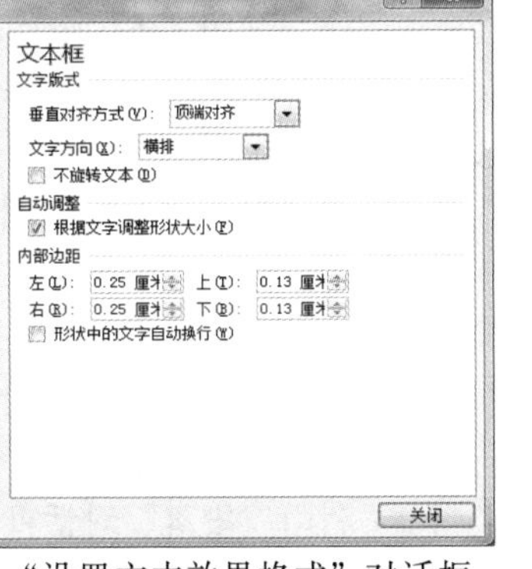

图 3-52　“设置文本效果格式”对话框

（3）删除艺术字

删除艺术字，像删除字符一样，方法是选中艺术字，按【Delete】键，即可删除艺术字。

3.4.2 字符格式复制

使用“格式刷”按钮可以实现格式的复制，提高工作效率。使用方法是：选定一段带有格式的文本，单击“格式刷”按钮，在需要设置同样格式的文本上拖动。若双击格式刷，可以将格式应用于多个文本。操作步骤如下：

① 打开 Word 2016 文档窗口，选中已经设置好格式的文本块，在“开始”选项卡的“剪贴板”组中双击“格式刷”按钮，如图 3-53 所示。

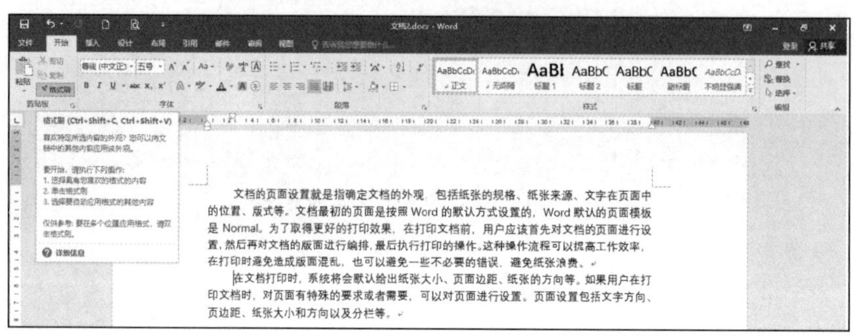

图 3-53 双击“格式刷”按钮

② 将鼠标指针移动至 Word 文档文本区域，鼠标指针会变成刷子形状。按住鼠标左键拖选需要设置格式的文本，则格式刷刷过的文本将应用被复制的格式。释放鼠标左键，再次拖选其他文本实现同一种格式的多次复制。

如果单击“格式刷”按钮，则格式刷记录的文本格式只被复制一次，不能使同一种格式被多次复制。

3.4.3 段落格式设置

段落的排版主要包括对段落设置缩进量、行间距、段间距和对齐方式等。设置段落格式可以通过以下几种方式。

1. Word 2016 对齐方式设置

（1）对齐方式按钮

用户可以通过“开始”选项卡“段落”组中的对齐方式按钮，快速更改文档中文字的对齐方式，如图 3-54 所示。

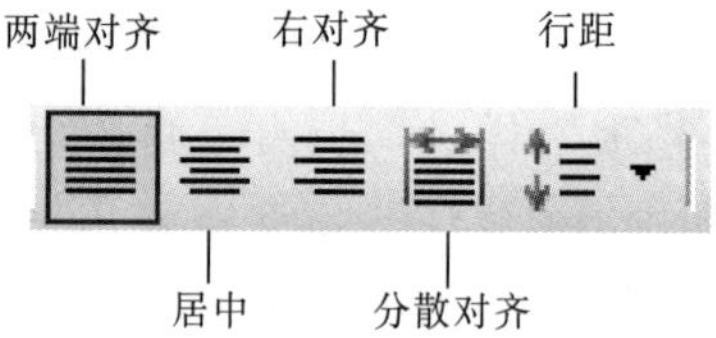

两端对齐 右对齐 行距
居中 分散对齐

图 3-54 对齐方式按钮

两端对齐：一行文本中非中文的单词若超出右边界时，Word 将强行将该单词移到下一行，上一行剩下的字符在本行内以均匀的间距排列，产生“两端对齐”的效果。

居中：段落中的文字居中。

右对齐：段落中的文字向右对齐。

分散对齐：段落中的文字均匀地分布在左、右页边距之间。

（2）利用“段落”对话框

对段落格式的所有设置均可通过“段落”对话框实现。选中一个或多个段落，在“开始”选项卡“段落”组中单击右下角的对话框启动器按钮，如图 3-55 所示，即可打开“段落”对话框。

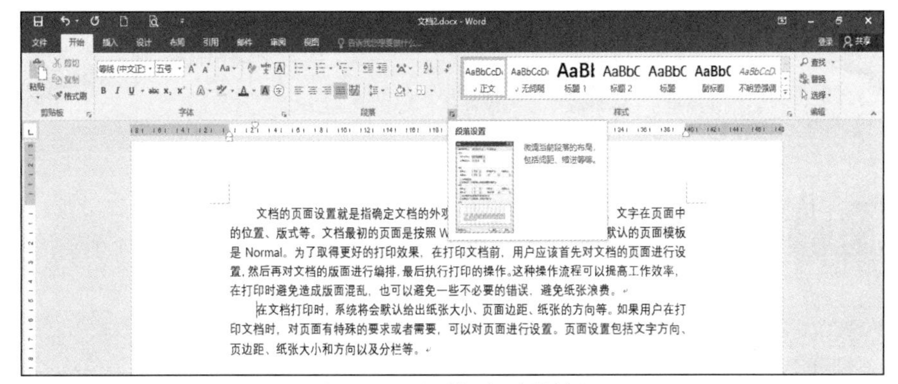

图 3-55　对话框启动器按钮

在“段落”对话框中单击“对齐方式”下拉按钮，在下拉菜单中选择符合实际需求的段落对齐方式，并单击“确定”按钮使设置生效，如图 3-56 所示。对话框中各项作用如下：

对齐方式：可以对段落设置左对齐、居中、右对齐、两端对齐、分散对齐五种对齐方式。

大纲级别：可以设置段落的大纲级别，分为 10 级：正文文本和 1～9 级。被设置为 1～9 级的段落会在文章的结构图中显示。

缩进：可以通过输入或数字按钮调整段落左右两边的缩进量。

特殊格式：可以设置段落的“首行缩进”或“悬挂缩进”及相应的缩进量。

间距：“段前”是指与前一段落之间的距离；“段后”是指与后一段之间的距离。

行距：相邻两行字符之间的距离。

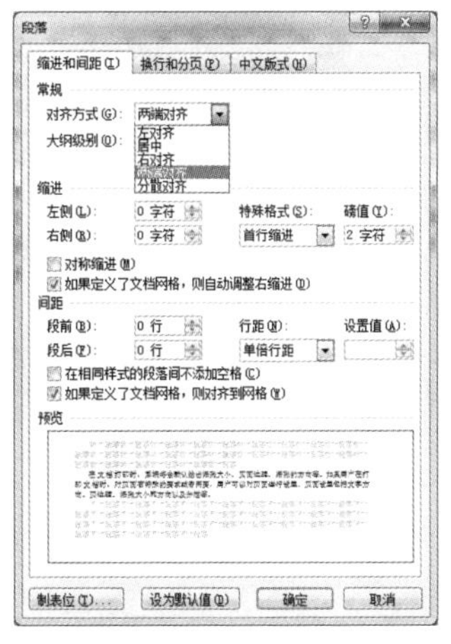

图 3-56　设置“对齐方式”

2. Word 2016 段落缩进设置

（1）使用“段落”对话框缩进

使用“段落”对话框缩进可以更精确地设置各个参数值，如首行缩进量、段前间距、段后间距、行距等值。

（2）利用水平标尺缩进

标尺表示了文档页面的实际大小和位置。标尺分为水平标尺和垂直标尺两种。水平标尺可以通过选择“视图”→“标尺”命令设为显示或隐藏。垂直标尺只能在页面视图中显示出来。

水平标尺上有段落缩进设置标志，如图 3-57 所示。

左缩进：控制整个段落距左边界的距离。

悬挂缩进：控制段落中除第一行以外其他各行的缩进距离。

首行缩进：控制段落中第一行第一个字符的起始位置。

右缩进：控制整个段落距右边界的距离。

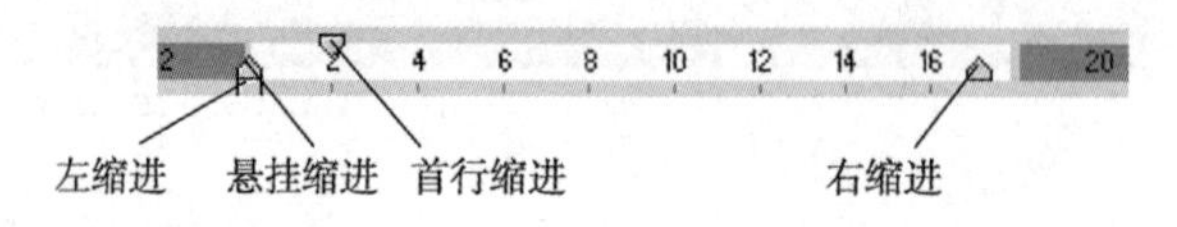

图 3-57　水平标尺

如果要精确缩进，可在拖动鼠标的同时按住【Alt】键，此时标尺上会出现刻度。

Word 中段落设置为首行缩进 2 字符是针对中文而言的，实际缩进了 4 个英语字符的位置。

3. Word 2016 行间距设置

① 打开 Word 文档，选中要调整行间距的文字右击，在弹出的快捷菜单中选择“段落”命令，如图 3-58 所示。

② 在弹出的“段落”对话框中选择“缩进和间距”选项卡，如图 3-59 所示。

③ 在“间距”选项区域单击“段前”和“段后”的三角按钮来调整行间距。

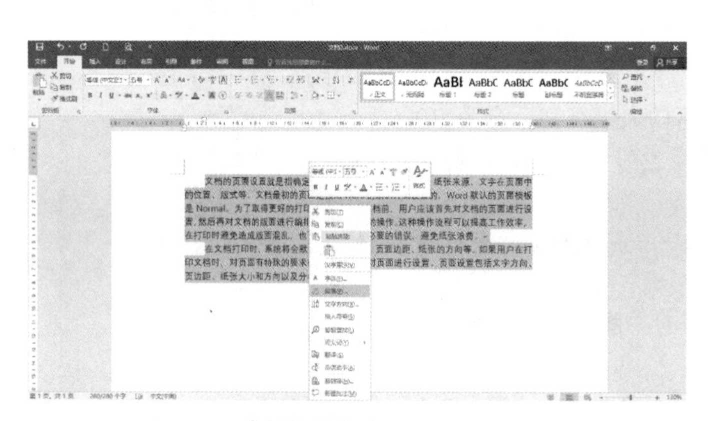

图 3-58　右键快捷菜单设置“段落”格式

图 3-59　“缩进和间距”选项卡

4. Word 2016 段落间距设置

① 打开 Word 2016 文档页面，选中需要设置段落间距的段落，当然也可以选中全部文档。在“段落”组中单击“行和段落间距”按钮，如图 3-60 所示。在打开的列表中选择“增加段前间距”或“增加段后间距”命令之一，以使段落间距改变，如图 3-61 所示。

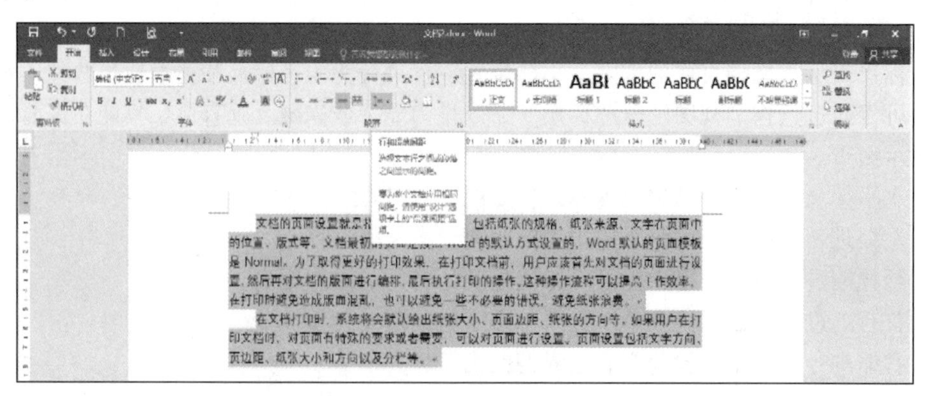

图 3-60　“行和段落间距”按钮

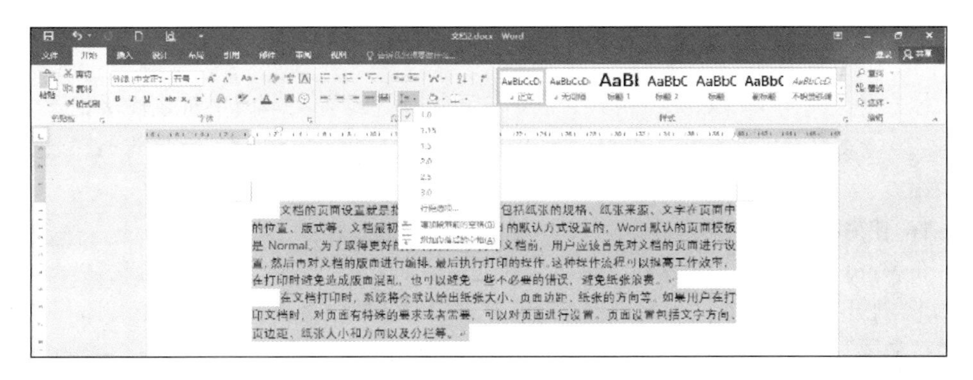

图 3-61　改变段间距

② 打开 Word 2016 文档页面，选中特定段落或全部文档。在打开的“段落”组中单击右下角按钮。在打开的“段落”对话框的“缩进和间距”选项卡中设置“段前”和“段后”编辑框的数值，并单击“确定”按钮，从而可以设置段落间距。

③ 打开 Word 2016 文档页面，单击“布局”选项卡。在“段落”组中设置“段前”和“段后”编辑框的数值，以实现段落间距的调整，如图 3-62 所示。

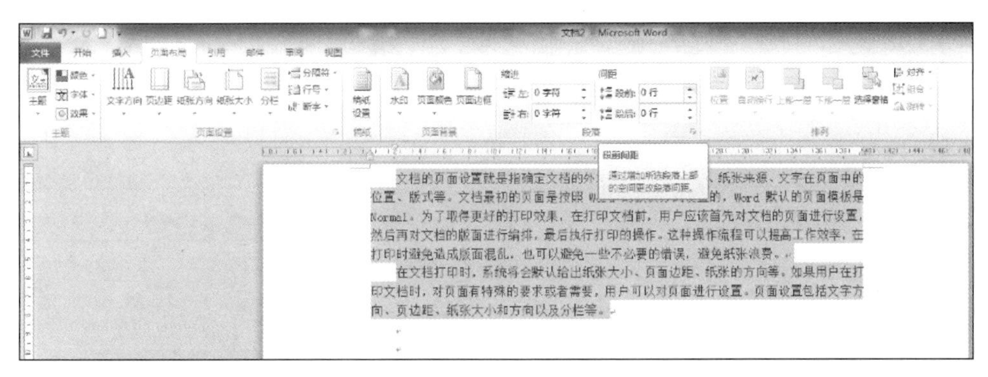

图 3-62　“页面布局”选项卡中段间距的设置

5. Word 2016 段落缩进设置

通过设置段落缩进，可以调整 Word 2016 文档正文内容与页边距之间的距离。用户可以在 Word 2016 文档中的“段落”对话框中设置段落缩进，操作步骤如下：

① 打开 Word 2016 文档窗口，选中需要设置段落缩进的文本段落。在“开始”选项卡的“段落”分组中单击右下角的对话框启动器按钮。

② 在打开的“段落”对话框中选择“缩进和间距”选项卡，在“缩进”选项区域调整“左侧”或“右侧”编辑框设置缩进值。然后单击“特殊格式”下拉按钮，在下拉列表中选择“首行缩进”或“悬挂缩进”选项，并设置缩进值（通常情况下设置缩进值为 2 字符）。设置完毕后单击“确定”按钮，如图 3-63 所示。

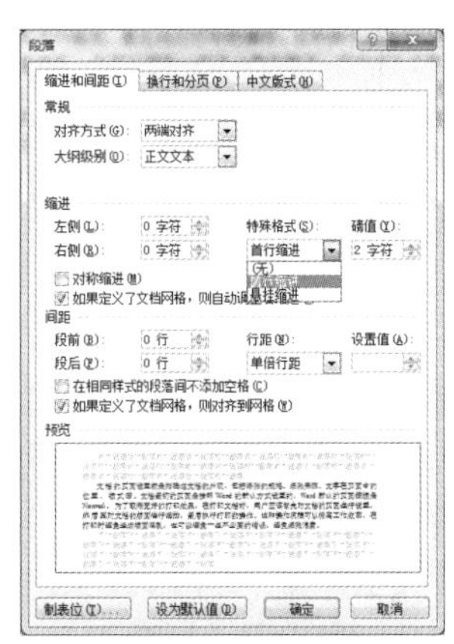

图 3-63　设置段落缩进

3.4.4 “样式”的创建和使用

样式是应用于文本的一组格式，利用它可以快速设置文本的字符或段落格式。在 Word 2016 的“样式”窗格中可以显示出全部的样式列表，并可以对样式进行比较全面的操作。

1. 使用样式

在 Word 2016“样式”窗格中选择样式的步骤如下：

① 打开 Word 2016 文档窗口，选中需要应用样式的段落或文本块。在“开始”选项卡的“样式”组中单击右下角的对话框启动器按钮，如图 3-64 所示。

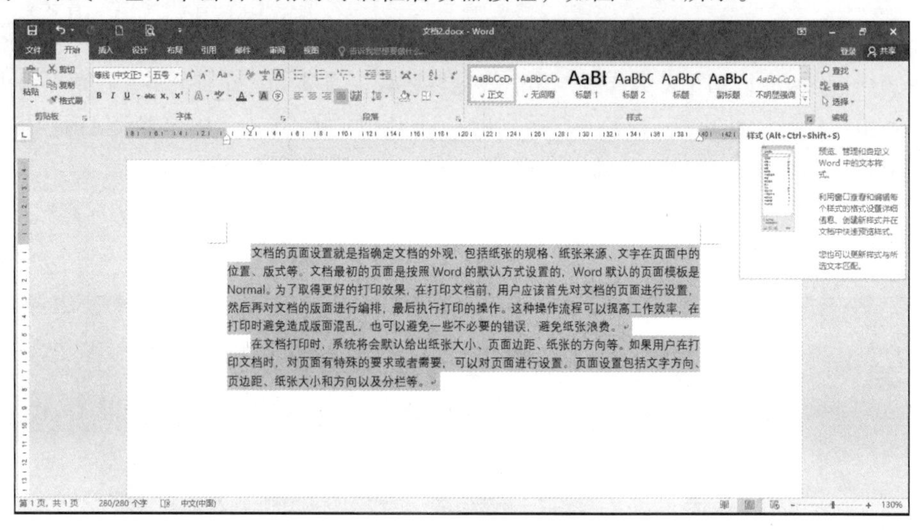

图 3-64 “样式”组对话框启动器按钮

② 在打开的“样式”任务窗格中单击“选项”链接，如图 3-65 所示。

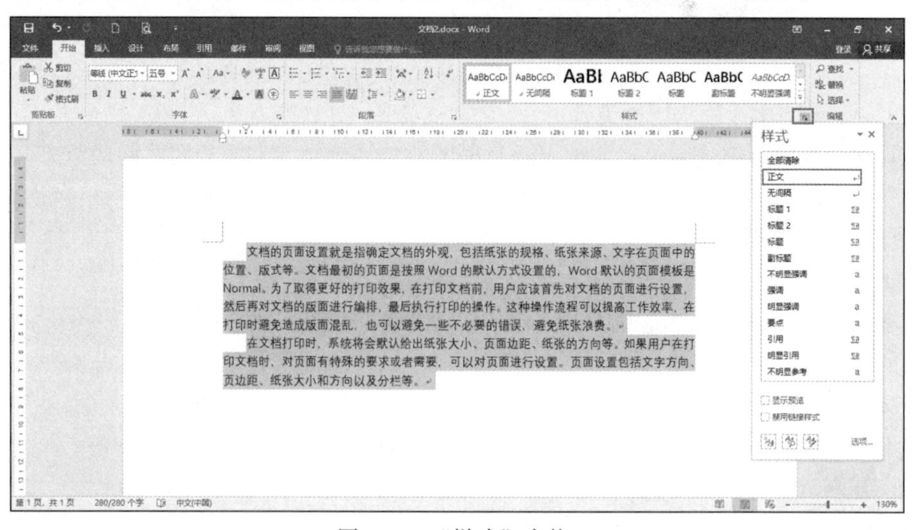

图 3-65 “样式”窗格

③ 弹出“样式窗格选项”对话框，在“选择要显示的样子”下拉列表中选择“所有样式”选项，单击“确定”按钮。

④ 返回“样式”窗格，可以看到已经显示出所有的样式。选中“显示预览”复选框可以显示所有样式的预览效果，如图 3-66 所示。

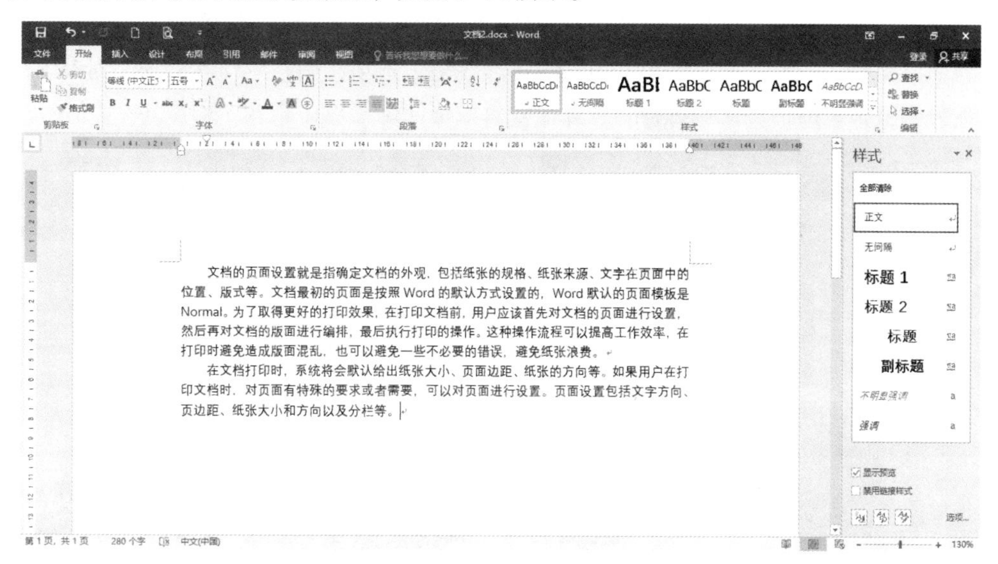

图 3-66　选中“显示预览”复选框

⑤ 在所有样式列表中选择需要应用的样式，即可将该样式应用到被选中的文本块或段落中。

2. 创建样式

在 Word 2016 的空白文档窗口中，用户可以新建一种全新的样式。例如，新的表格样式、新的列表样式等，操作步骤如下：

① 打开 Word 2016 文档窗口，在“开始”选项卡的“样式”组中单击右下角的对话框启动器按钮。

② 在打开的“样式”任务窗格中单击“新建样式”按钮，如图 3-67 所示。

③ 打开“根据格式设置创建新样式”对话框，在“名称”文本框中输入新建样式的名称。然后单击“样式类型”下拉按钮，在“样式类型”下拉列表中包含五种类型。

段落：新建的样式将应用于段落级别。

字符：新建的样式将仅用于字符级别。

链接段落和字符：新建的样式将用于段落和字符两种级别。

表格：新建的样式主要用于表格。

列表：新建的样式主要用于项目符号和编号列表。

选择一种样式类型，例如“段落”，如图 3-68 所示。

图 3-67　单击“新建样式”按钮

④ 单击“样式基准”下拉按钮，在“样式基准”下拉列表中选择 Word 2016 中的某一种内置样式作为新建样式的基准样式，如图 3-69 所示。

⑤ 单击“后续段落样式”下拉按钮，在“后续段落样式”下拉列表中选择新建样式的后续样式，如图 3-70 所示。

⑥ 在“格式”选项区域，根据实际需要设置字体、字号、颜色、段落间距、对齐方式等段落格式和字符格式。如果希望该样式应用于所有文档，则需要选中“基于该模板的新文档”单选按钮。设置完毕单击“确定”按钮即可。

如果用户在选择“样式类型”时选择了“表格”选项，则在“样式基准”列表中仅列出与表格相关的样式提供选择，且无法设置段落间距等段落格式，如图 3-71 所示。

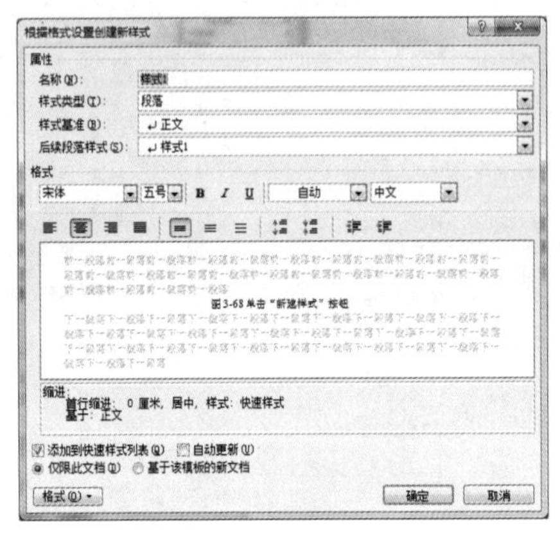

图 3-68　选择样式类型

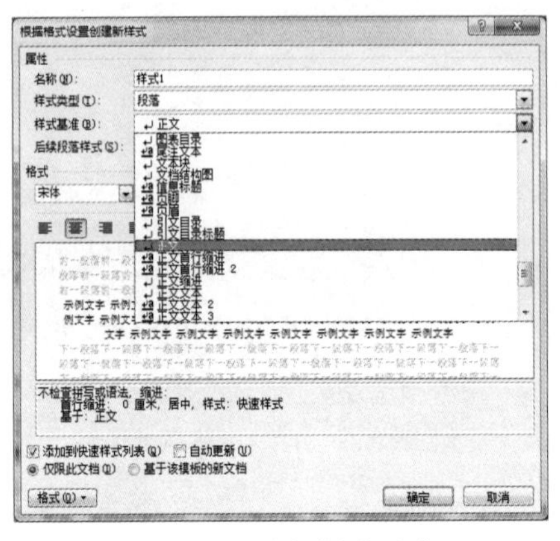

图 3-69　选择样式基准

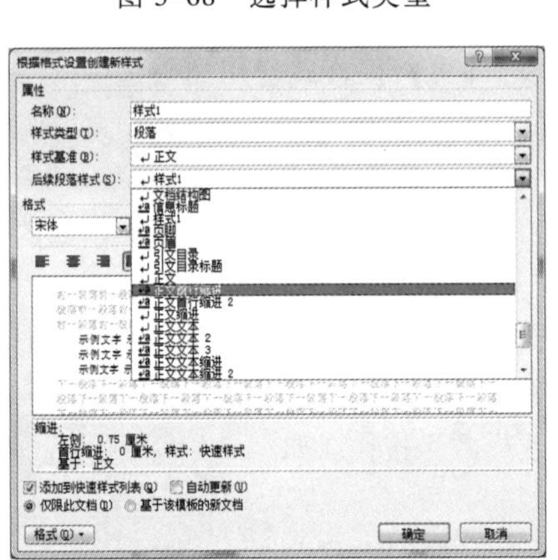

图 3-70　选择后续段落样式

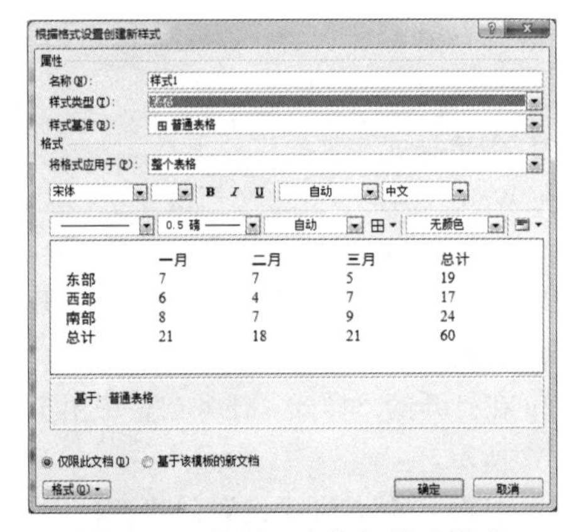

图 3-71　选择“表格”样式类型

如果用户在选择“样式类型”时选择“列表”选项，则不再显示“样式基准”，且格式设置仅限于项目符号和编号列表相关的格式选项。

3. 修改和删除样式

对于 Word 文档的默认样式，如果觉得字号小，或段落间距不够明显，可以根据自己的想法，修改默认样式。

打开 Word，在“开始”选项卡的“样式”组中单击右下角的对话框启动器按钮，如图 3-72 所示。

或者直接按【Ctrl+Alt+Shift+S】组合键，弹出“样式”任务窗格，单击底部的“管理样式”按钮，如图 3-73 所示，可打开“管理样式”对话框。

在“管理样式”对话框（见图 3-74）中，选择“设置默认值”选项卡，可以在此重新设置文档的默认格式，包括中西文字体、字号、段落位置、段落间距等。完成设置后，在右下角选择新样式的适用范围，单击“确定”按钮保存设置即可。

如果日后又想使用系统默认的样式，在 Windows 资源管理器地址栏中输入路径%appdata%microsofttemplates，找到并删除 Normal.dotm，然后重新运行 Word 就可以回归默认样式，如图 3-75 所示。

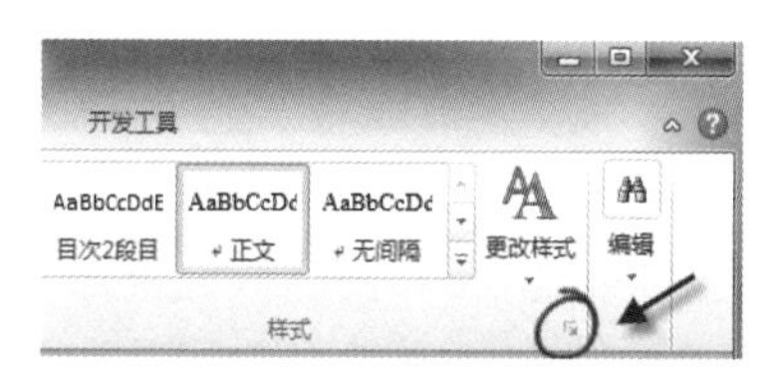

图 3-72　弹出“样式”任务窗格快捷按钮

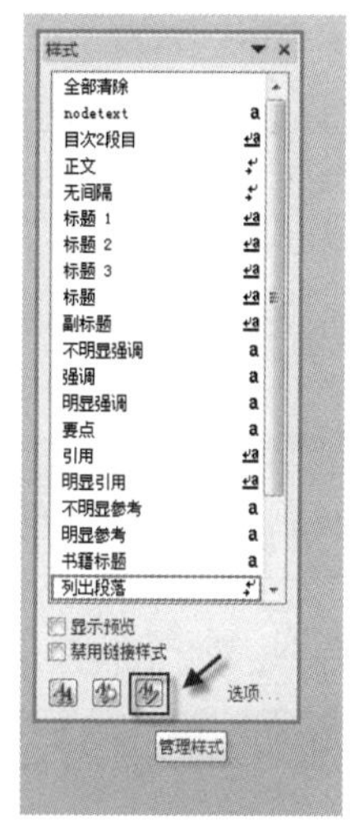

图 3-73　“管理样式”按钮

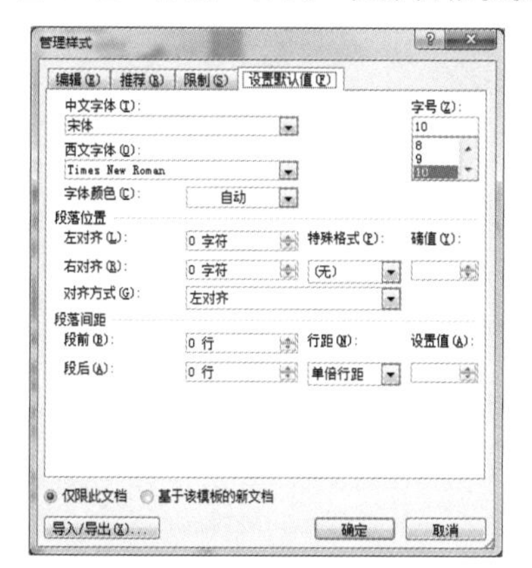

图 3-74　“管理样式”对话框

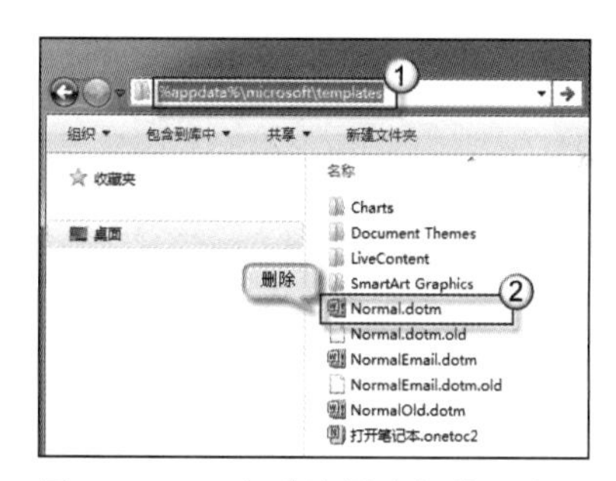

图 3-75　回归默认样式操作示意图

3.4.5　设置图片格式

用户选定图片时，文档窗口上方会出现“图片工具/格式”选项卡，可以单击“图片工具/格式”选项卡“图片样式”组右下角的快速启动按钮，弹出“设置图片格式”对话框，如图 3-76 所示。在“设置图片格式”对话框中进行相关设置。

“设置图片格式”对话框有 14 个选项，分别是填充、线条颜色、线型、阴影、映像、发光和柔化边缘、三维格式、三维旋转、图片更正、图片颜色、艺术效果、裁剪、文本框和可选文字。

图 3-76　“设置图片格式”对话框

3.4.6 设置底纹和边框格式

为了增加文档的生动感和实用性，使文档更加美观，或者为了突出显示一些重要文字或者段落对象，可以为文字、段落、页面添加边框和底纹。

1. 字符边框和字符底纹按钮

字符边框指一组字符或句子周围应用的边框。单击“开始”选项卡，在“字体”组中单击“字符边框”按钮 A 。

字符底纹是指为文字添加底纹背景。如果用户要给文字添加灰色底纹，方法是先选中文字，单击“开始”选项卡，在“字体”组中单击“字符底纹”按钮 A 。

2.“边框和底纹”对话框

打开 Word 2016 文档窗口，选择需要添加边框的文字或段落。单击“开始”选项卡“段落”组中的“所有框线”下拉按钮，在打开的“边框和底纹”下拉列表中选择“边框和底纹”命令，如图 3-77 所示。

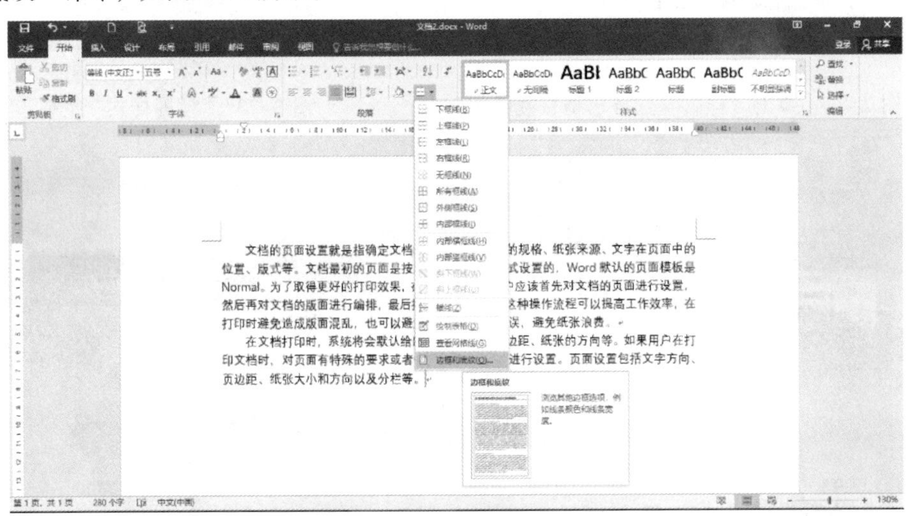

图 3-77 选择“边框和底纹”命令

在弹出的“边框和底纹”对话框中选择“边框”选项卡，如图 3-78 所示，在此处可以设置边框的样式、颜色、宽度等。在“应用于”下拉列表边框中选择应用于“文字”或“段落”，单击“确定”按钮。

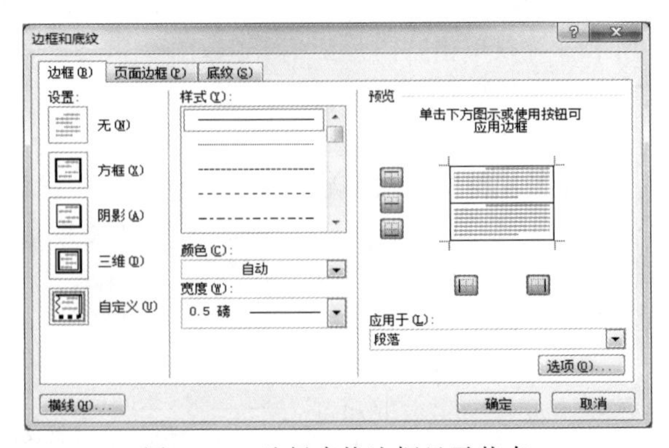

图 3-78 选择表格边框显示状态

在“边框和底纹”对话框中选择“底纹”选项卡，根据版面要求设置底纹的填充颜色、图案的样式和颜色等。设置底纹时，应用的对象可在“应用于”的下拉列表框中选择，有“文字”“段落”“单元格”“表格”。

3.4.7 页面格式化设置

页面背景是指显示于 Word 文档最底层的颜色或图案。页面背景不仅丰富了 Word 文档的页面显示效果，而且能够渲染主体，使排版更加生动。

1. 设置单色页面背景

设置单色页面背景的方法是：单击“设计”选项卡，在“页面背景”组中单击“页面颜色”下拉按钮，在打开的页面颜色面板中的“主题颜色”或“标准色”中选择合适的颜色。

如果用户觉得“主题颜色”和“标准色”中的颜色无法满足需要，可以单击“其他颜色”按钮，弹出“颜色”对话框，如图 3-79 所示。在“颜色”对话框中选择“自定义”选项卡，选择合适的颜色值即可。

2. 设置纹理背景和图片背景

纹理背景主要使用 Word 内指定的纹理进行设置，而图片背景则可以由用户使用自定义图片进行设置。

在文档窗口中设置纹理或图片背景的方法是：单击“页面布局”选项卡，在“页面背景”组中单击“页面颜色”按钮，在打开的下拉菜单中选择“填充效果”命令。弹出“填充效果”对话框。在“填充效果”对话框中选择“纹理”选项卡，选择其中合适的纹理图片即可，如图 3-80 所示，或者单击“其他纹理”按钮，上传自己的纹理素材。

图 3-79 “颜色”对话框

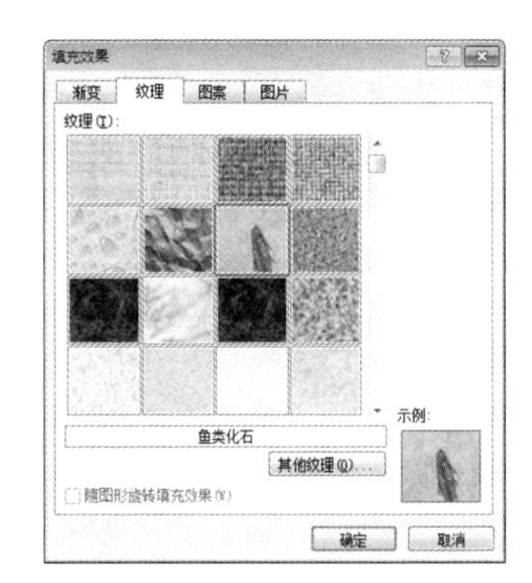

图 3-80 “纹理”选项卡

如果用户需要使用自定义的图片作为背景，可以在“填充效果”对话框中选择“图片”选项卡，单击“选择图片”按钮，弹出“选择图片”对话框。在“选择图片”对话框中，选择合适的图片，单击“插入”按钮即可。

3. 水印设置

水印主要使用 Word 文档页面背景进行设置，而水印背景则可以由用户使用图片水印或是文字水印自定义进行设置。

在文档窗口中设置文字或图片水印的方法是：单击“设计”选项卡，在“页面背景”

组中单击“水印”按钮，在打开的下拉菜单中选择“自定义水印”命令，弹出“水印”对话框，可选择“图片水印”单选按钮，浏览“选择图片”选择其中合适的图片即可；或是选择“文字水印”单选按钮，可设置文字内容、字号、颜色等，如图 3-81 所示。

4. 主题设置

主题是一组格式选项，包括一组主题颜色、一组主题字体（包括标题字体和正文字体）和一组主题效果（包括线条和填充效果）。用户使用主题，可以快速改变文档的整体外观，主要包括字体、字体颜色和图形对象的效果。

使用主题的方法是：单击“设计”选项卡，在“主题”组中单击“主题”下拉按钮，再在打开的下拉列表中选择适合的主题，如图 3-82 所示。

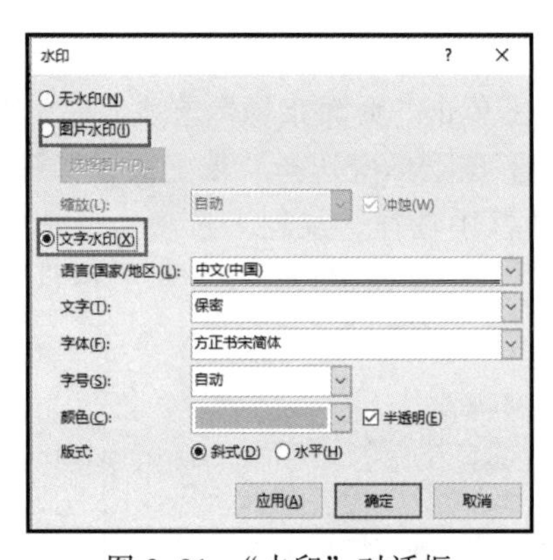

图 3-81 “水印”对话框

图 3-82 “主题”下拉列表

3.5 文档插入元素

在文档中可以插入剪贴画、图片和艺术字，进行图文混排，使文档更美观。

3.5.1 插入文本框

使用 Word 2016 文本框功能，用户可以将文本很方便地放置到 Word 2016 文档页面的指定位置，而不必受段落格式、页面设置等因素的影响。Word 2016 内置有多种样式的文本框供用户选择使用。在 Word 2016 文档中插入文本框的步骤如下：

① 打开 Word 2016 文档窗口，切换到“插入”选项卡。在“文本”组中单击“文本框”下拉按钮，如图 3-83 所示。

② 在打开的内置文本框面板中选择合适的文本框类型，如图 3-84 所示。

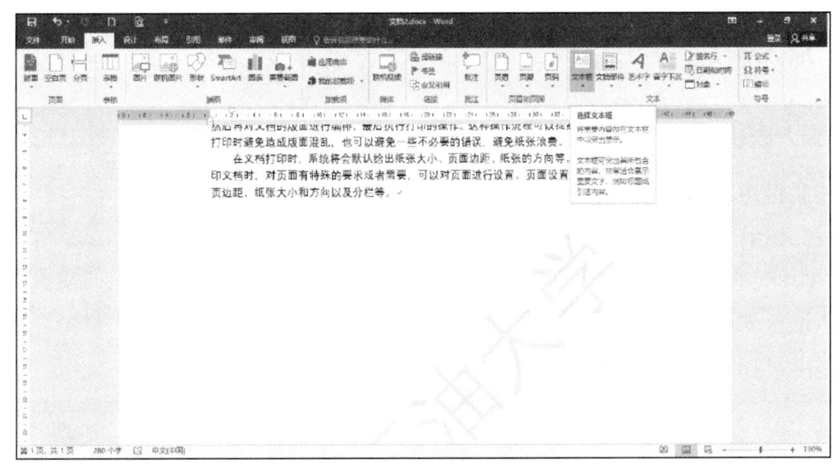

图 3-83 “文本框”下拉按钮

图 3-84 选择合适的文本框类型

③ 返回 Word 2016 文档窗口，新插入的文本框处于编辑状态，直接输入用户的文本内容即可，如图 3-85 所示。

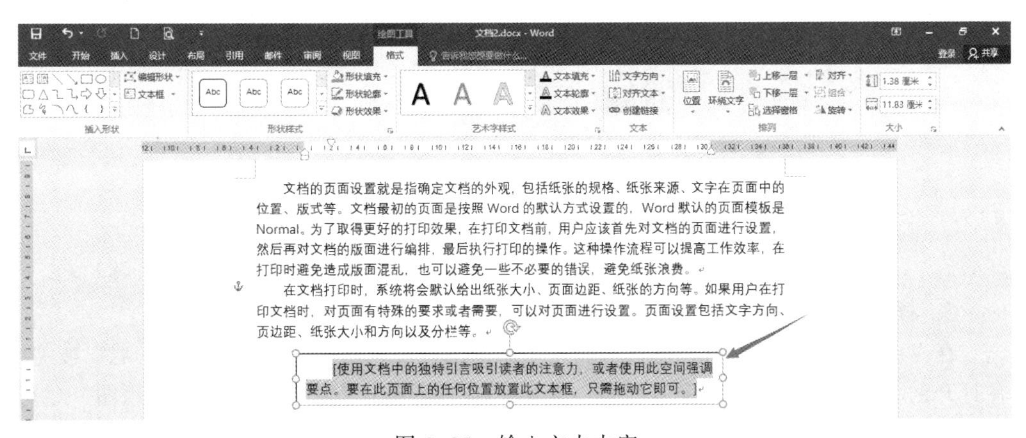

图 3-85 输入文本内容

3.5.2 插入图片

1. 插入联机图片

插入联机图片即是通过网络获得想要插入的图片。插入的方法是：

① 在文档中单击要插入图片的位置。

② 单击“插入”选项卡“插图”组中的“联机图片”按钮，打开“插入图片”的联机对话框，如图 3-86 所示。在“搜索文字”文本框中输入图片的关键字，单击“搜索”按钮进行搜索，如图 3-87 所示。

图 3-86 “插入图片”联机对话框

图 3-87 bing 搜索对话框

③ 选定搜索到的图片，再单击“插入”按钮，图片便插入到插入点位置。

如果在“插入图片”对话框中单击“OneDrive-个人”，那么将显示网盘中的文件和文件夹，浏览到要插入的图片。

2. 插入来自文件的图片

单击“插入”选项卡“插图”组中的“图片”按钮，弹出“插入图片”对话框，如图 3-88 所示。在图片列表中选择合适的图片并单击“插入”按钮。

图 3-88 “插入图片”对话框

3. 插入自选图形

在 Word 2016 文档窗口，选择“插入”选项卡。在“插图”组中单击“形状”按钮。在打开的下拉列表中包括线条、矩形、基本形状、箭头总汇、公式形状、流程图、星与旗帜、标注等。

在 Word 2016 文档中，利用自选图形库提供的丰富的流程图形状和连接符可以制作各种用途的流程图，制作步骤如下：

① 打开 Word 2016 文档窗口，切换到“插入”选项卡。在“插图”组中单击“形状”下拉按钮，在打开的菜单中选择“新建绘图画布”命令，如图 3-89 所示。也可以不使用画布，直接在 Word 2016 文档页面中插入形状。

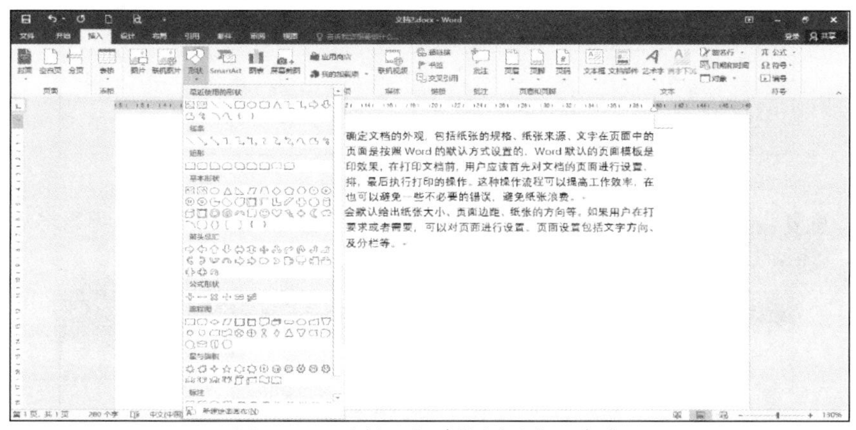

图 3-89 选择“新建绘图画布”命令

② 选中绘图画布，在“插入”选项卡的“插图”组中单击“形状”下拉按钮，并在“流程图”类型中选择插入合适的流程图。例如，选择“流程图：可选过程”和“流程图：决策”，如图 3-90 所示。

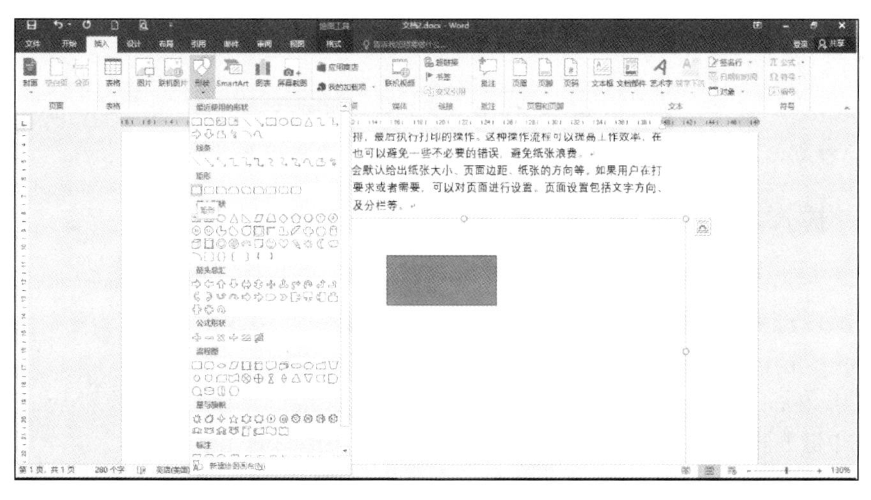

图 3-90 选择插入流程图形状

③ 在 Word 2016“插入”功能区的“插图”组中单击“形状”下拉按钮，并在“线条”类型中选择合适的连接符，例如选择“箭头”和“肘形箭头连接符”，如图 3-91 所示。

④ 将鼠标指向第一个流程图图形（不必选中），该图形四周将出现四个红色的连接点。鼠标指向其中一个连接点，然后按下左键拖动箭头至第二个流程图图形，则第二个流程图图形也将出现红色的连接点。定位到其中一个连接点并释放左键，可完成两个流程图图形的连接。

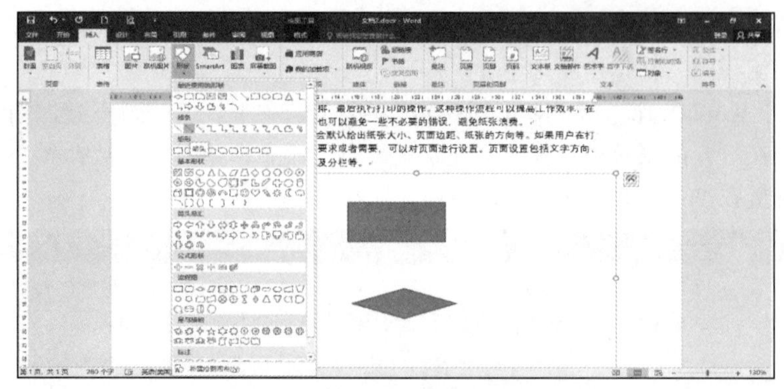

图 3-91　选择连接符

⑤ 重复步骤③和步骤④连接其他流程图图形。成功连接的连接符两端将显示红色的圆点，如图 3-92 所示。

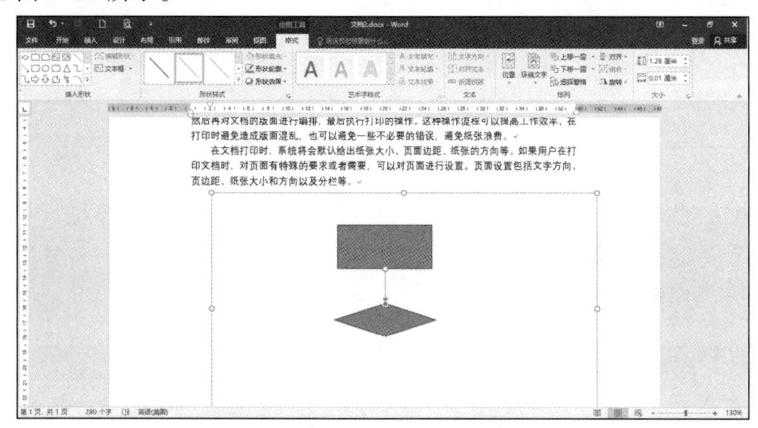

图 3-92　成功连接流程图图形

⑥ 根据实际需要在流程图图形中添加文字，完成流程图的制作。

3.5.3　插入 SmartArt 图形

插入 SmartArt 图形就是在文档中插入丰富多彩、表现力丰富的 SmartArt 示意图。SmartArt 图形采用直观的方式交流信息，包括图形列表、流程图以及更为复杂的图形，从而快速、轻松、有效地传达信息。

对于 SmartArt 图形中多余的或不用的文本框，用户可以选中文本框后，直接按【Delete】键删除。通过这种方法可以改变 SmartArt 图形中的元素。

插入 SmartArt 图形后，在文档窗口上方将出现“SmartArt 工具/设计”和“SmartArt 工具/格式”选项卡。

在“SmartArt 工具/设计”选项卡中可对 SmartArt 图形样式、布局、颜色、是否添加形状等进行设置。

在“SmartArt 工具/格式”选项卡中可对 SmartArt 图形形状样式、形状、文字样式等格式进行设置。

例如，用户要插入一张企业组织结构图，效果如图 3-93 所示。操作步骤如下：

① 单击“插入”选项卡，在“插图”组中单击 SmartArt 按钮，弹出“选择 SmartArt 图形”对话框，如图 3-94 所示。

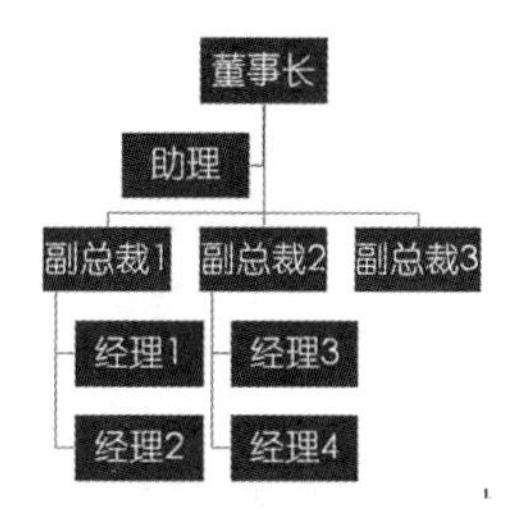

图 3-93 企业组织结构图

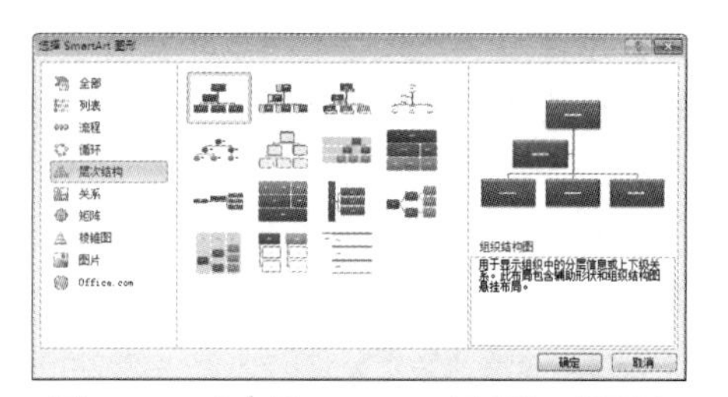

图 3-94 “选择 SmartArt 图形”对话框

② 在打开的“选择 SmartArt 图形”对话框中，在左侧的类别名称中选择“层次结构”类别，再在中间选择“组织结构图”，单击“确定”按钮，如图 3-95 所示。

③ 在插入的 SmartArt 图形“占位符”文本框的位置，依次从上到下输入文字“董事长”“助理”“副总裁 1”“副总裁 2”“副总裁 3”。

④ 在第三行“副总裁 1”文本框上右击，在弹出的快捷菜单中选择“添加形状”→“在下方添加形状”命令。这时，在“副总裁 1”文本框下方添加了一个文本框，如图 3-96 所示。

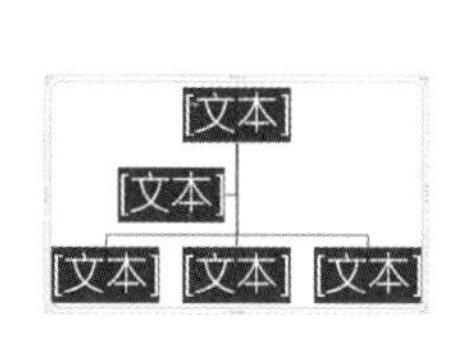

图 3-95 建立组织结构图

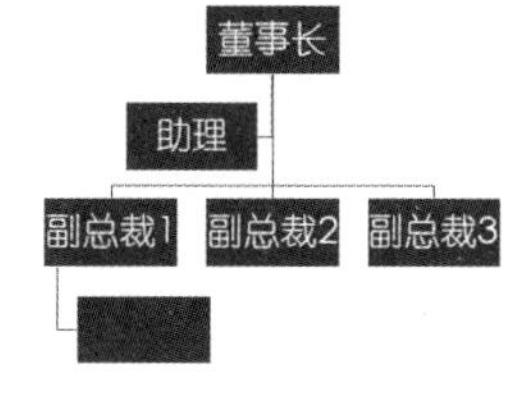

图 3-96 在 SmartArt 图形中添加图形

⑤ 在添加的文本框中输入“经理 1”。

⑥ 同理，重复第⑤步和第⑥步，进行“添加形状”操作，在文本框输入“经理 2”“经理 3”“经理 4”，完成企业组织结构图的制作。

3.5.4 插入公式

利用 Word 提供的“公式编辑器”可以在文档中插入各种数学公式。

单击“插入”选项卡的“符号”组中的“公式”下拉按钮，下拉菜单中列出了各种常用公式，单击相关公式即可加入 Word 文档，如图 3-97 所示。

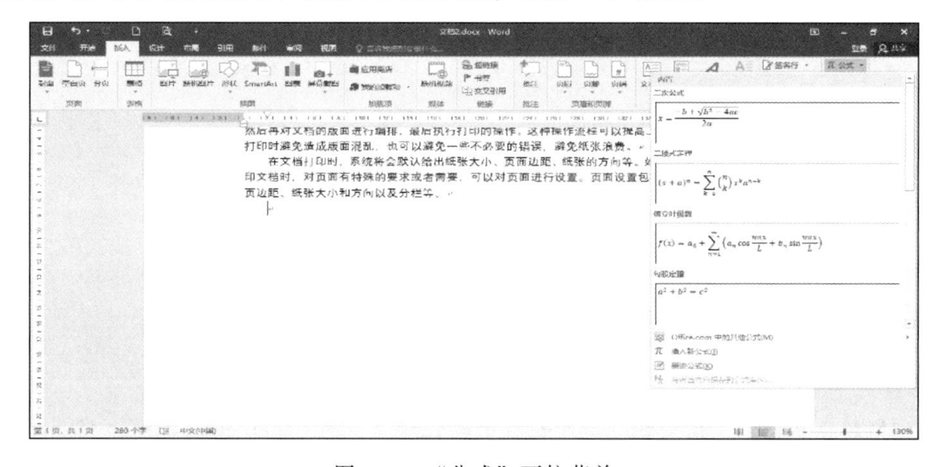

图 3-97 “公式”下拉菜单

若要创建自定义公式，可单击“插入”选项卡“符号”组中的“公式”下拉按钮，在打开的下拉菜单中选择“插入新公式”命令。

显示“在此处键入公式”控件，如图 3–98 所示。

利用“公式工具/设计”选项卡，即可自定义设计各种复杂公式，如图 3–99 所示。

图 3–98　输入公式控件

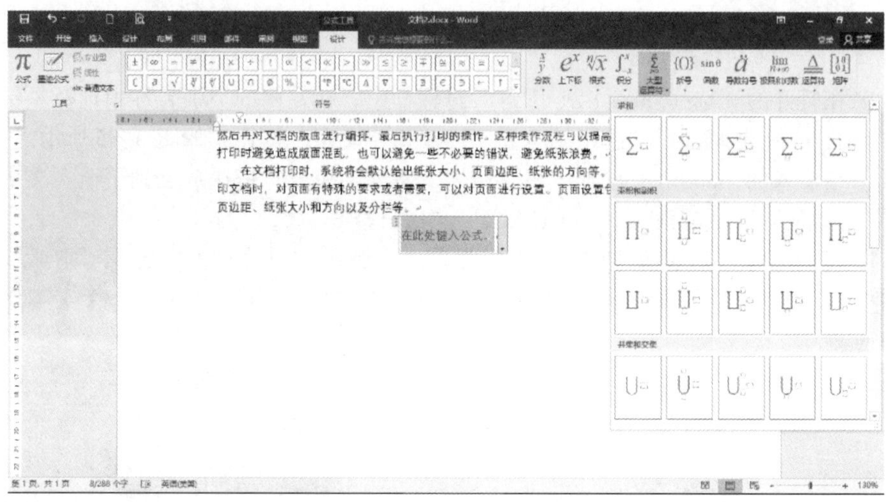

图 3–99　“公式工具/设计”选项卡

完成公式创建，单击公式控件右侧的下拉按钮，选择“另存为新公式”命令，如图 3–100 所示。

以后再插入公式时，“公式”下拉列表中就会出现之前创建的公式，如图 3–101 所示。

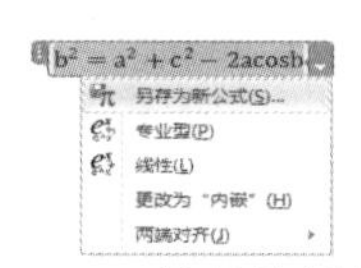

图 3–100　另存为新公式

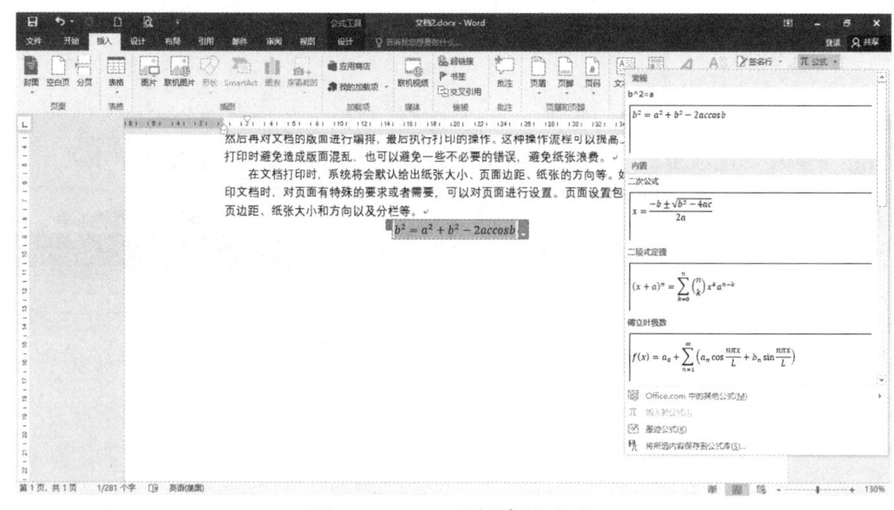

图 3–101　显示创建的公式

3.5.5　插入超链接

超链接是指从一个位置指向一个目标的链接关系。这个目标可以是另一个文件，也可以是同一文档的不同位置，还可以是一个图片，一个电子邮件地址，甚至是一个应用程序。用户常在一个文档内部创建超链接，以实现阅读中的跳转。

1. 插入超链接

选中文字，单击“插入”选项卡，在“链接”组单击“超链接”按钮。这时，弹出“插入超链接”对话框，如图 3-102 所示。在“插入超链接”对话框中，在“链接到”列表中选择“本文档中的位置”，在“请选择文档中的位置”列表框中选择位置，然后单击“确定”按钮。

选中文字右击，在弹出的快捷菜单中选择“超链接”命令，也可以弹出“插入超链接”对话框。在“插入超链接”对话框中进行设置。

如果在“插入超链接”对话框中，“链接到”选择“本文档中的位置”后，在“请选择文档中的位置”中没有文档内容。那么，解决这个问题的具体步骤如下：

① 选择特定的词，单击“插入”选项卡，在“链接”组中单击“书签”按钮，弹出“书签”对话框。

② 在“书签”对话框中，“书签名”命名为“书位置 1”，再单击“添加”按钮。

③ 光标定位到目标位置，单击“插入”选项卡的“链接”组中的“超链接”按钮，在“插入超链接”对话框中选择“书签”选项，选择“书位置 1”，单击“确定”按钮即可。

用户也可以通过另一种方法插入超链接，方法是：选中特定的词右击，把选定的目标拖到需要链接到的位置，释放鼠标按键，在弹出的快捷菜单中选择“在此创建超链接”命令。

2. 取消超链接

取消超链接的方法是：选定要删除的超链接文本右击，在弹出的快捷菜单中选择“取消超链接”命令即可。

3.5.6 插入书签

书签的作用是为了方便定位或标识文档。插入书签是指创建一个书签，为文档中的某个特定点指定一个名称。如果在文档中间某位置插入了书签，下次就可以方便地打开该位置。

有了书签，还可以创建能够直接跳转到书签位置的超链接。书签还方便修改，用户在需要修改但一时还没有拿定主意时，可以先插入书签，以后就可以快速定位到此处。

1. 插入书签

单击“插入”选项卡，在“链接”组中单击“书签”按钮，弹出“书签”对话框，如图 3-103 所示。在“书签”对话框中输入书签名，单击“添加”按钮。

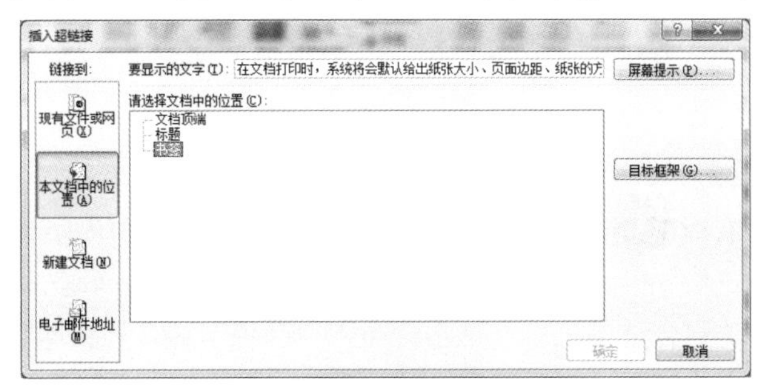

图 3-102 “插入超链接”对话框

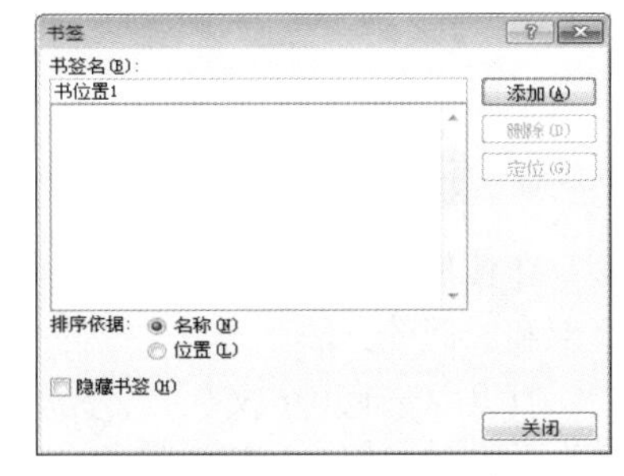

图 3-103 “书签”对话框

2. 定位书签

如果日后用户需要快速定位到书签位置，其方法是：单击“插入”选项卡，在“链接”组中单击“书签”按钮。在打开的“书签”对话框中的“书签名”中选择某一书签，单击“定位”按钮，就能快速定位到该书签位置。

3. 删除书签

如果用户想要删除书签，方法是：在“书签”对话框中选中某书签，单击“删除”按钮即可。

3.5.7 插入带圈字符

日常使用 Word 的时候，经常会为一些比较重要的字加上各种各样的标记，如带圈字符，操作方法如下：

① 打开 Word 2016，选择要设置格式的文字，在“开始”选项卡“字体”组中单击“带圈字符”按钮，如图 3-104 所示。

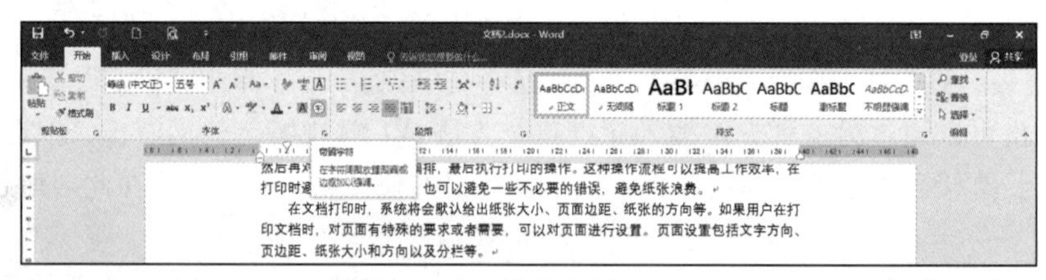

图 3-104 “带圈字符”按钮

② 在弹出的“带圈字符”对话框中选择要加圈的文字、样式及其圈号，单击“确定”按钮，如图 3-105 所示。

③ 返回 Word 2016，就可以看到编辑框中出现了带圈的字符，如图 3-106 所示。

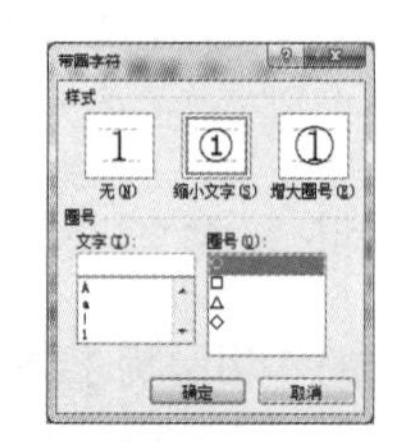

图 3-105 “带圈字符”对话框

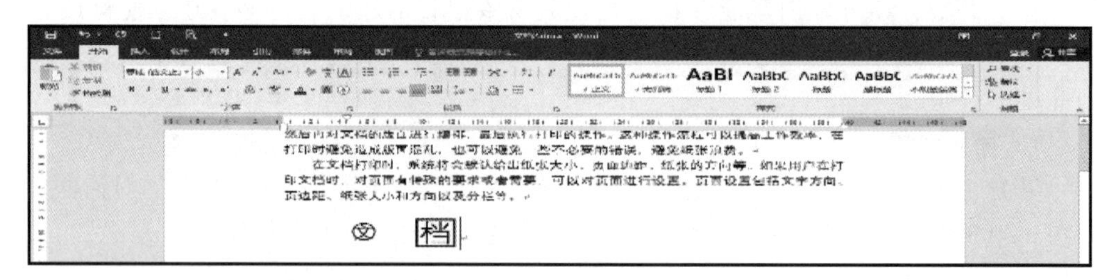

图 3-106 带圈字符效果图

3.5.8 插入时间及日期

在使用 Word 2016 编辑文档时，有时需要在文档中插入日期和时间。下面介绍插入日期和时间的方法。

打开 Word 2016 文档，将光标移动到合适的位置。单击“插入”选项卡，在“文本”组中单击“日期和时间”按钮，如图 3-107 所示。

在打开的“日期和时间”对话框的“可用格式”列表框中选择合适的日期或时间格式。

选中“自动更新”复选框，单击“确定”按钮即可实现每次打开 Word 文档自动更新日期和时间，如图 3-108 所示。

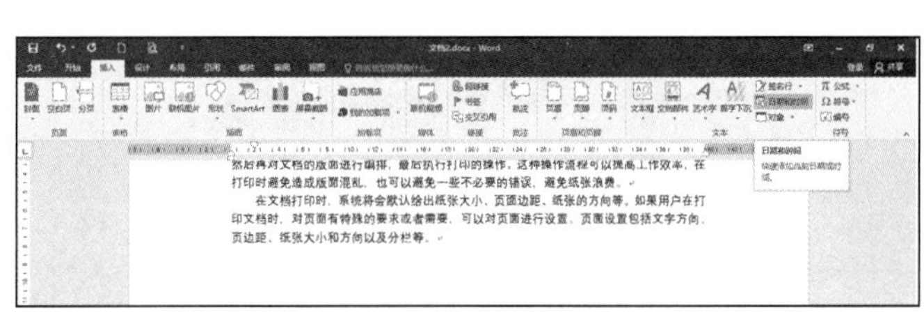

图 3-107 “日期和时间”按钮

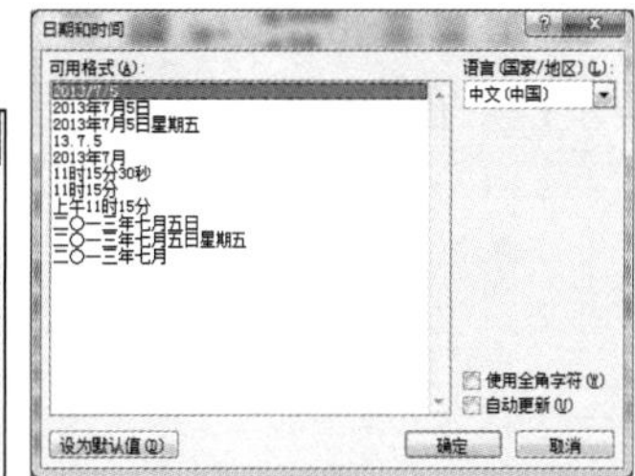

图 3-108 “日期和时间”对话框

3.6 表格制作与处理

表格是一种简明扼要的表达方式。表格中的信息以行和列的形式组织，结构严谨，效果直观。

3.6.1 表格的建立

1. 使用“插入”功能区快速创建表格

单击“插入”选项卡“符号”组中的“表格”下拉按钮，在打开的网格区域上拖动鼠标选择表格的行数和列数，松开鼠标左键，则自动在文档中插入一个表格，表格的宽度扩展到整行。

2. 使用“插入表格”菜单

打开 Word 2016 文档窗口，切换到“插入”选项卡，在“表格”组中单击“表格”下拉按钮，并在打开的下拉菜单中选择“插入表格”命令，如图 3-109 所示。

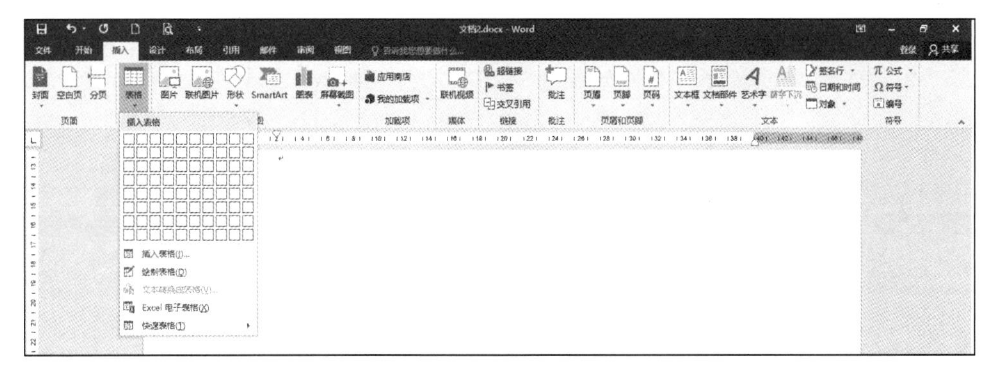

图 3-109 “插入表格”下拉菜单

弹出“插入表格”对话框，在“表格尺寸”选项区域分别设置表格的行数和列数。在“‘自动调整’操作”选项区域，如果选中“固定列宽”单选按钮，则可以设置表格的固定列宽尺寸；如果选中“根据内容调整表格”单选按钮，则单元格宽度会根据输入的内容自动调整；如果选中“根据窗口调整表格”单选按钮，则所插入的表格将充满当前页面的宽度。选中“为新表格记忆此尺寸”复选框，则再次创建表格时将使用当前尺寸。设置完毕单击“确定”按钮即可，如图 3-110 所示。

3. 使用“表格工具”绘制表格

打开 Word 2016 文档页面，单击“插入”选项卡，在“表格”组中单击“表格”下拉按钮，在下拉菜单中选择“绘制表格”命令，如图 3-111 所示。

图 3-110 “插入表格”对话框

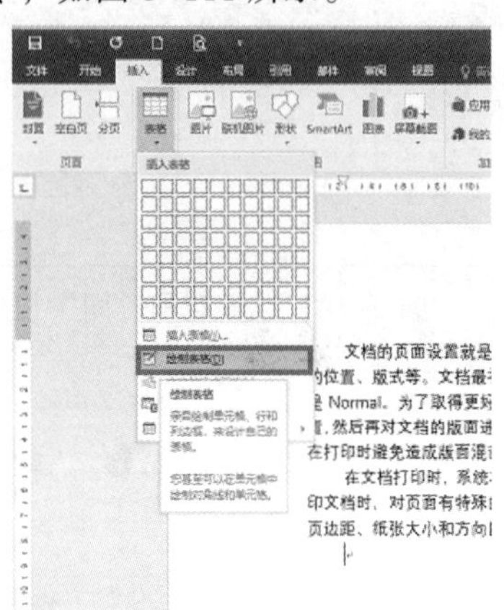

图 3-111 “绘制表格”命令

鼠标指针变成铅笔形状，在文档中拖动鼠标左键绘制表格边框、行和列。

绘制完成表格后，按【Esc】键或者在“表格工具/布局”选项卡“绘制”组中单击“绘制表格”按钮可取消绘制表格状态，如图 3-112 所示。

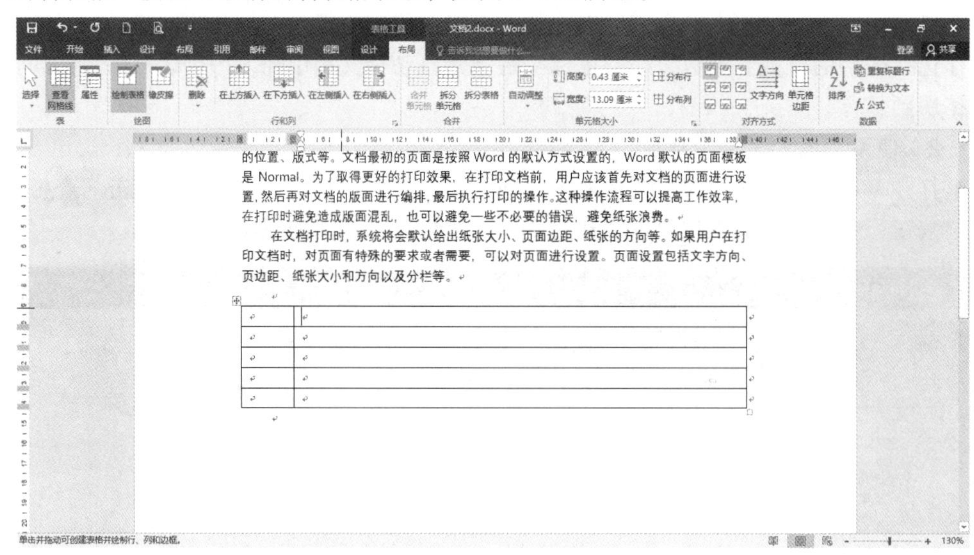

图 3-112 绘制表格

在绘制表格时如果需要删除行或列，则可以单击“表格工具/布局”选项卡“绘制”组中“橡皮擦”按钮，如图 3-113 所示。

当指针变成橡皮擦形状时拖动鼠标左键即可删除行或列，按【Esc】键可以取消擦除状态。

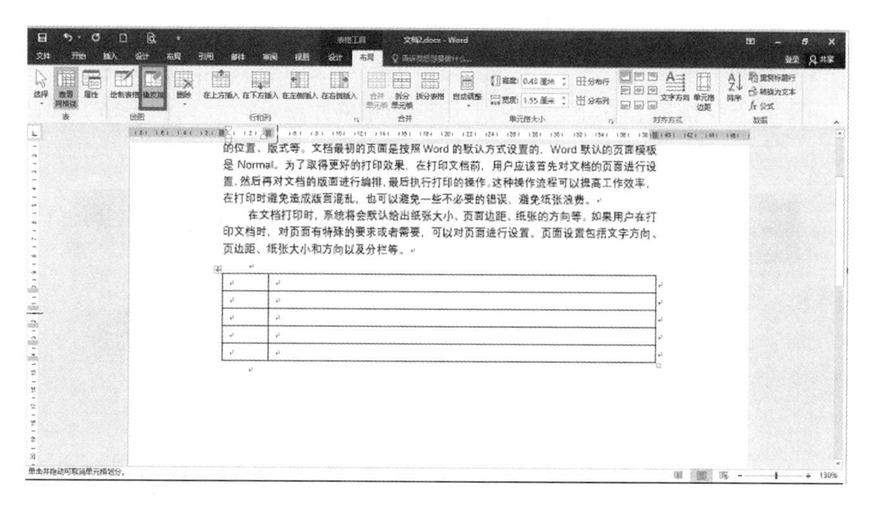

图 3-113 “橡皮擦”按钮

3.6.2 表格的编辑

1. 选定单元格、行、列、表格

① 选定单元格：将鼠标指向单元格左边界的选定区，鼠标指针变为↗形状，单击可选中该单元格。将插入点移到单元格内，连续拖动鼠标可选中多个单元格。

② 选定行：将鼠标指向表格左边界的该行选定区，指针变为↗形状，单击选定该行，向下或向上拖动鼠标可选定多行。

③ 选定列：将鼠标指向该列上边界的选定区，指针变为⬇形状，单击选定该列，向右或向左拖动鼠标可选定多列。

④ 选定整表：以选定行或列的方式垂直或水平拖动鼠标，使整个表格被选定。或单击表格左上角按钮也可选定整表。

2. 插入单元格、行、列

将鼠标指针置于需要插入的位置，在“表格工具/布局”选项卡的“行和列”组中单击相应按钮插入单元格、行、列，如图 3-114 所示。

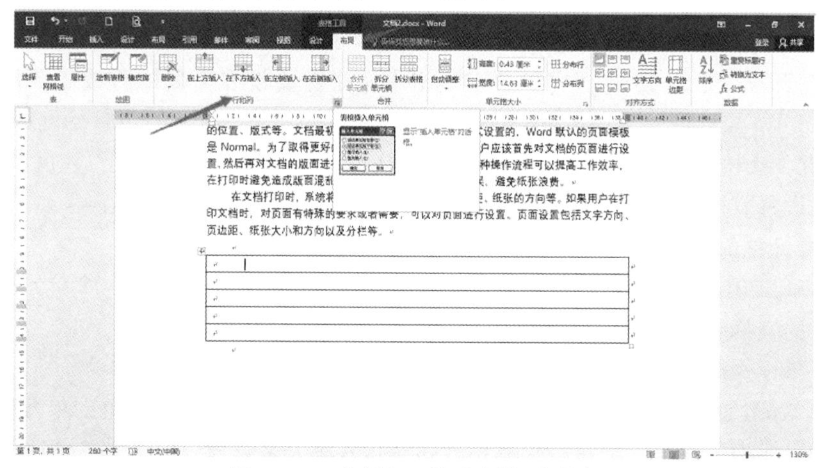

图 3-114 “表格工具/布局”选项卡

3. 删除单元格、行、列、表格

选中需要删除的单元格、行、列和表格，单击“表格工具/布局”选项卡“行和列”组中的“删除”下拉按钮，在下拉列表中选择删除单元格、行、列和表格，如图 3-115 所示。

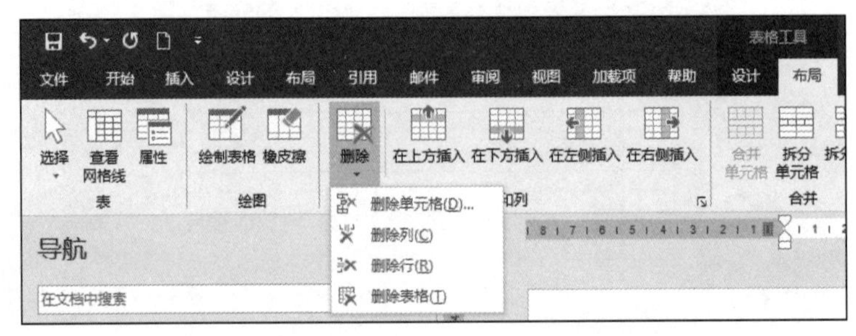

图 3-115　删除单元格、行、列和表格“行和列”组

4. 改变表格的行高、列宽

（1）鼠标操作

将光标移到表格内，水平或垂直标尺上将显示表格中行与列的边线标记，通过用鼠标拖动这些标记，或直接拖动表格上的边线，可以改变表格的宽度和高度，如图 3-116 所示。

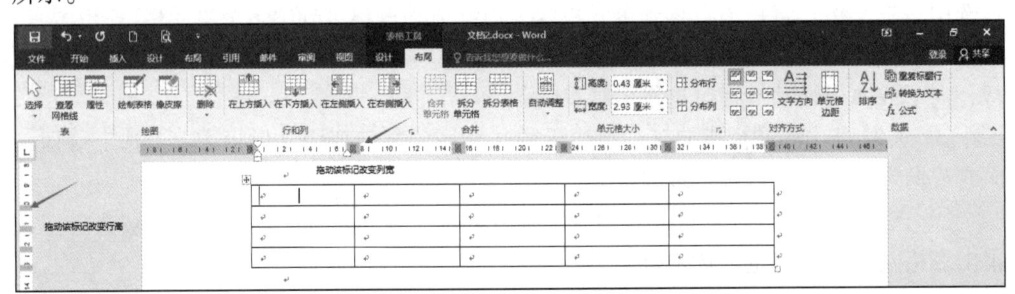

图 3-116　利用鼠标改变表格的行高和列宽

（2）使用“表格工具”选项卡

在 Word 2016 文档表格中，如果用户需要精确设置行的高度和列的宽度，可以在“表格工具/布局”选项卡设置精确数值，操作步骤如下：

① 打开 Word 2016 文档窗口，在表格中选中需要设置高度的行或需要设置宽度的列。

② 在“表格工具/布局”选项卡的“单元格大小”组中调整“高度”数值或“宽度”数值，以设置表格行的高度或列的宽度，如图 3-117 所示。

5. 单元格的合并

在 Word 2016 中，可以将表格中两个或两个以上的单元格合并成一个单元格，以便使制作出的表格更符合用户的要求。

（1）鼠标操作

打开 Word 2016 文档页面，选择表格中需要合并的两个或两个以上的单元格。右击被选中的单元格，在弹出的快捷菜单中选择“合并单元格”命令，如图 3-118 所示。

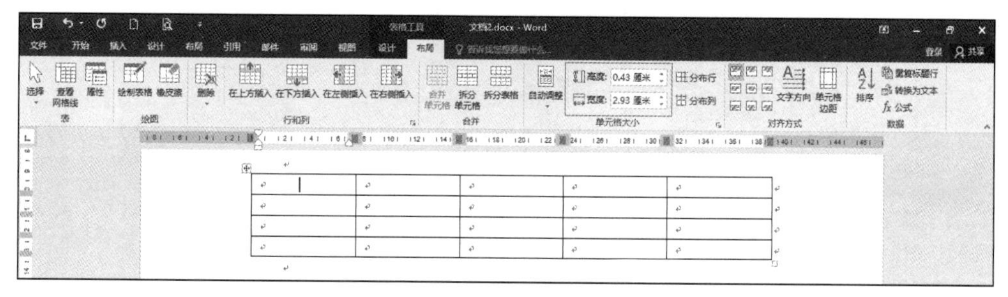

图 3-117 “单元格大小”组

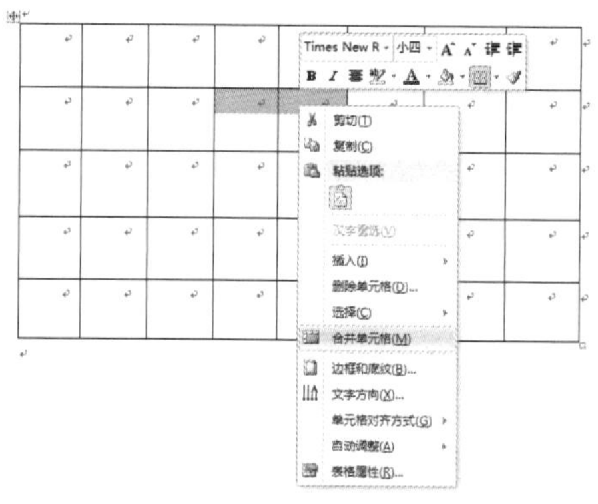

图 3-118 “合并单元格”命令

（2）使用“布局”选项卡

打开 Word 2016 文档，选择表格中需要合并的两个或两个以上的单元格。单击“表格工具/布局”选项卡，在“合并”组中单击“合并单元格”按钮即可，如图 3-119 所示。

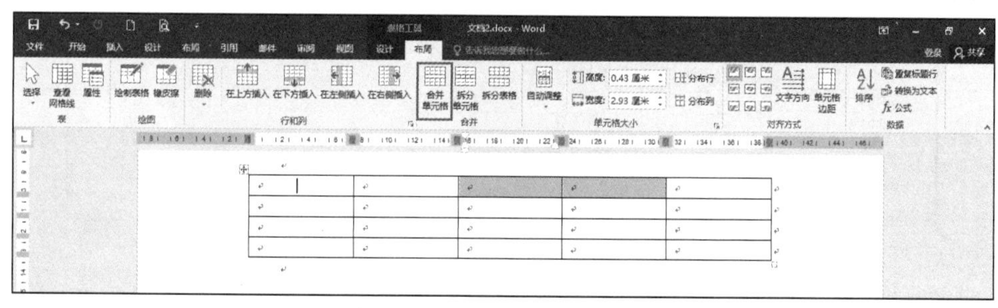

图 3-119 “合并单元格”按钮

（3）“表格工具”操作

打开 Word 2016 文档，在表格中单击任意单元格。单击“表格工具/布局”选项卡，在“绘图”组中单击“橡皮擦”按钮，指针变成橡皮擦形状。在表格线上拖动鼠标左键即可擦除线条，将两个单元格合并。按【Esc】键或再次单击“橡皮檫”按钮取消擦除状态。

6. 单元格的拆分

在 Word 2016 中，可以将表格中一个单元格拆分成两个或两个以上的单元格。

（1）鼠标操作

打开 Word 2016 文档，右击需要拆分的单元格，在弹出的快捷菜单中选择“拆分单元格”命令，如图 3-120 所示。

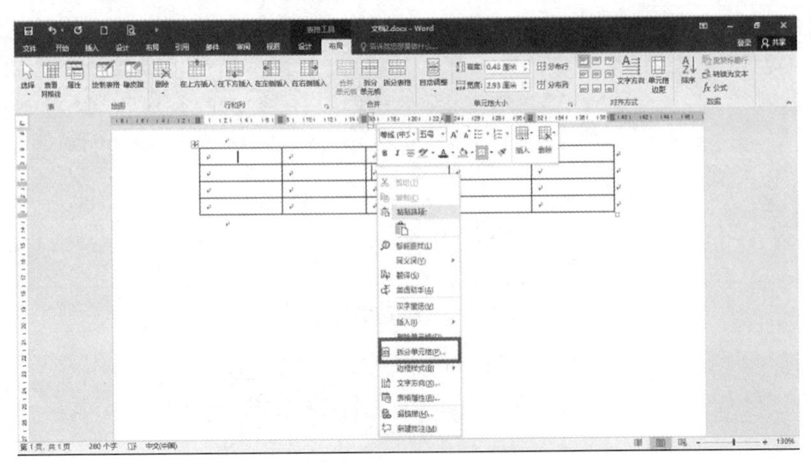

图 3–120 “拆分单元格”命令

弹出“拆分单元格”对话框，分别设置需要拆分成的“列数”和“行数”，单击“确定”按钮完成拆分，如图 3–121 所示。

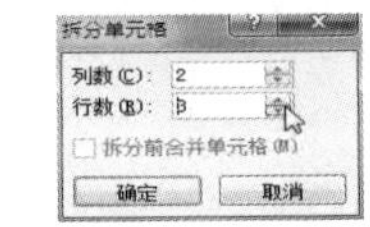

图 3–121 “拆分单元格”对话框

（2）“布局”选项卡

打开 Word 2016 文档，单击选中需要拆分的单元格。单击“表格工具/布局”选项卡“合并”组中的“拆分单元格”按钮，如图 3–122 所示。

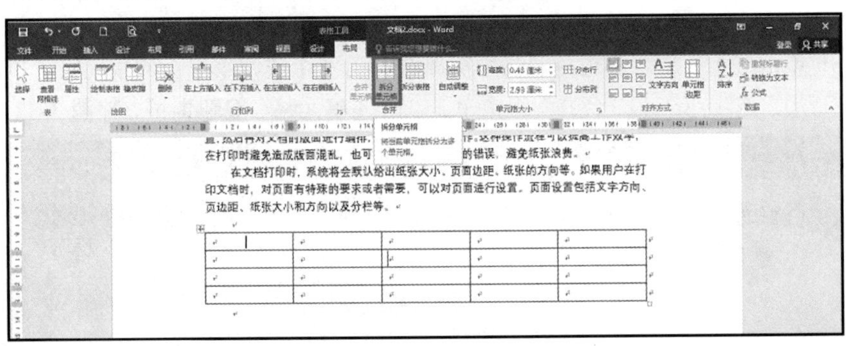

图 3–122 “拆分单元格”按钮

弹出“拆分单元格”对话框，操作方法同前。

3.6.3 表格的格式设置

1. 自动套用格式

在 Word 2016 中有一个“快速表格”的功能，在这里可以找到许多已经设计好的表格样式，只需要挑选所需要的，就可以轻松插入一张表格，如图 3–123 所示。

2. 单元格内文字与段落格式的设置

每个单元格的内容都可以看作一个独立的文本，可以选定其中的一部分或全部内容进行字体和段落格式的设置，详见“字符格式设置”和“段落格式设置”章节。

3. 表格的边框和底纹

在 Word 2016 中，用户不仅可以在“表格工具”选项卡设置表格边框，还可以在“边框和底纹”对话框设置表格边框，操作步骤如下。

① 打开 Word 2016 文档窗口，在 Word 表格中选中需要设置边框的单元格或整个表格。切换到“表格工具/设计”选项卡，在“边框”分组中单击“边框”下拉按钮，并在下拉菜单中选择“边框和底纹”命令，如图 3-124 所示。

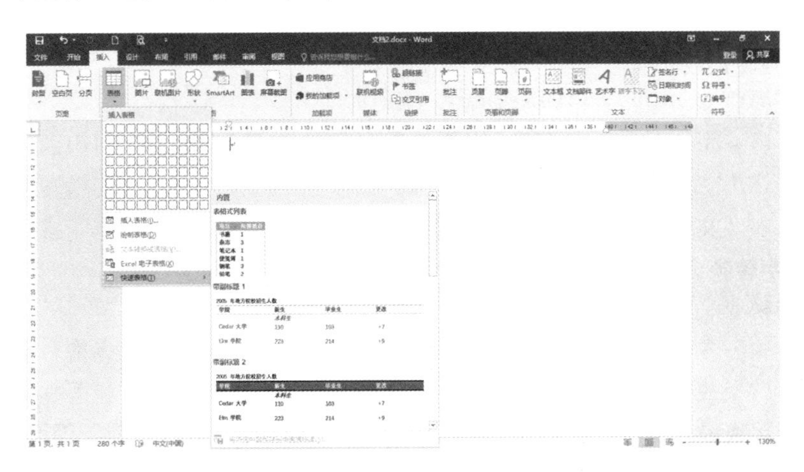

图 3-123　快速插入表格

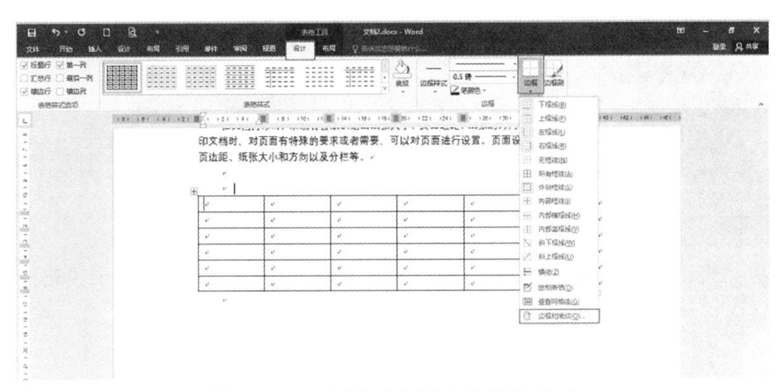

图 3-124　选择“边框和底纹”命令

② 在打开的“边框和底纹”对话框中选择“边框”选项卡，在“设置”选项区域选择边框显示位置。其中：

选择“无”选项表示被选中的单元格或整个表格不显示边框。

选中“方框”选项表示只显示被选中的单元格或整个表格的四周边框。

选中“全部”表示被选中的单元格或整个表格显示所有边框。

选中“虚框”选项，表示被选中的单元格或整个表格四周为粗边框，内部为细边框。

选中“自定义”选项，表示被选中的单元格或整个表格由用户根据实际需要自定义设置边框的显示状态，而不仅仅局限于上述四种显示状态，如图 3-125 所示。

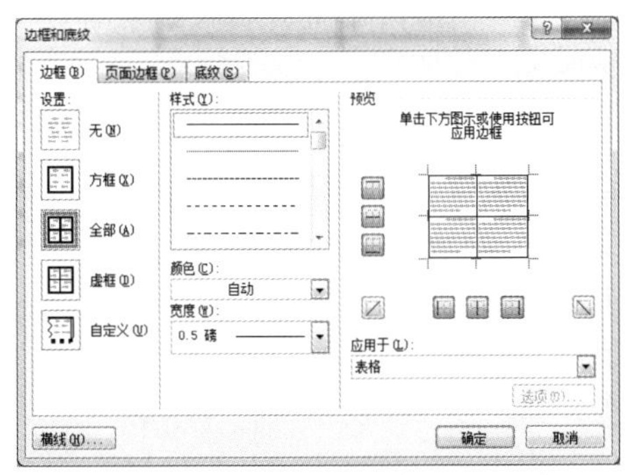

图 3-125　选择表格边框显示状态

③ 在“样式”列表中选择边框的样式（例如双横线、点线等样式）；在“颜色”下拉列表中选择边框使用的颜色；单击“宽度”下拉

按钮选择边框的宽度尺寸。在“预览”选项区域，可以通过单击某个方向的边框按钮来确定是否显示该边框。设置完毕单击“确定”按钮。

3.6.4 表格和文本的转换

1. 表格转换成文字

表格转换成文字指将表格转换为常规文本。

操作步骤：先选中表格，单击“表格工具/布局”选项卡“数据”组中的“转换为文本”按钮，弹出“表格转换成文本”对话框，如图 3-126 所示。在“表格转换成文本”对话框中，在“文字分隔符”选项区域选择合适的分隔符，单击“确定”按钮即可。

2. 文字转换成表格

文字转换成表格指文字可以通过一定方式转换成表格。

操作步骤：先选中要转换的文字，单击“插入”选项卡，单击“表格”下拉按钮，选择“文字转换成表格”命令，弹出“将文字转换成表格”对话框，如图 3-127 所示。在“将文字转换成表格”对话框中，对“表格尺寸”和“文字分隔位置”等设置合适值。单击“确定”按钮。

图 3-126 “表格转换文本”对话框

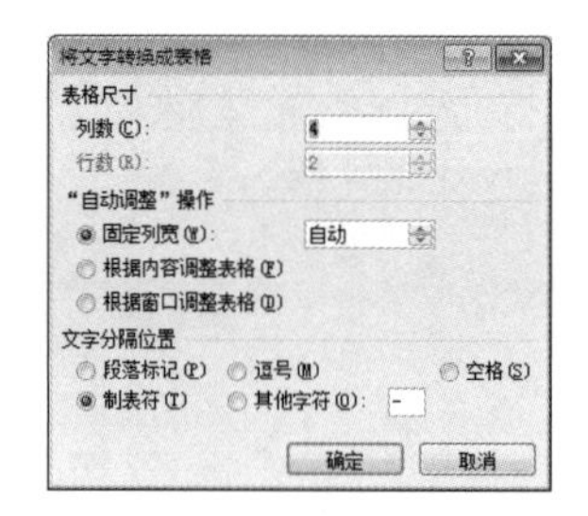

图 3-127 “将文本转换成表格”对话框

3.7 文档打印

3.7.1 设置页码

在写论文、说明书等各种 Word 文档时，经常需要对文档添加页码。这里介绍在 Word 2016 中从指定页设置页码。

① 光标定位：将光标定位于需要开始编页码的页首位置。插入分隔符的“下一页”，如图 3-128 所示。

② 插入页码：单击“插入”选项卡“页眉和页脚”组中的“页码”下拉按钮，在下拉菜单中选择“页面底端”的“普通数字 2”命令，如图 3-129 所示。

③ 断开链接：选中页眉，单击“链接到前一条页眉”按钮，断开同前一节的链接，如图 3-130 所示。

④ 设置页码格式：选中页码右击，在弹出的快捷菜单中选择“设置页码格式”命令，如图 3-131 所示，在弹出的“页码格式”对话框中，在“起始页码”后的数值框中输入相应起始数字 1，如图 3-132 所示，单击“确定”按钮。

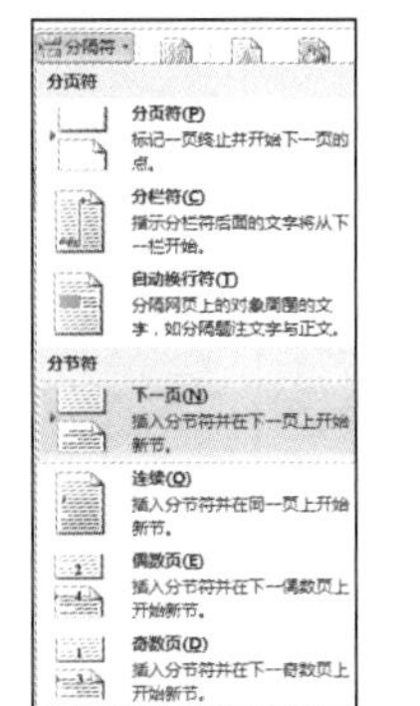

图 3-128　插入分隔符

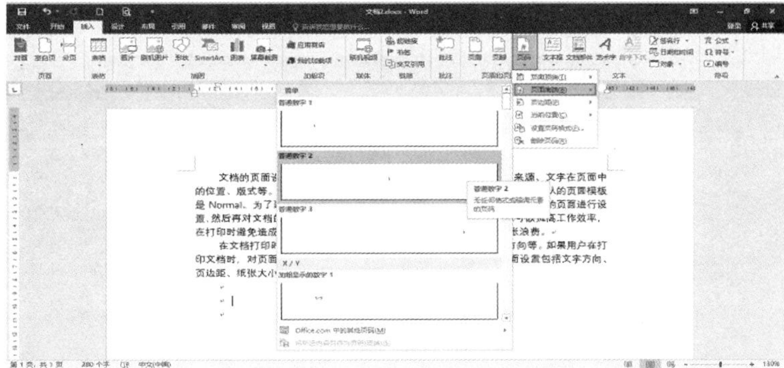

图 3-129　插入页码

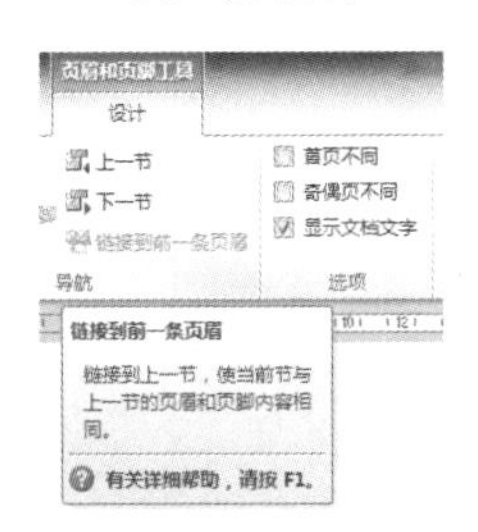

图 3-130　“链接到前一条页眉”按钮

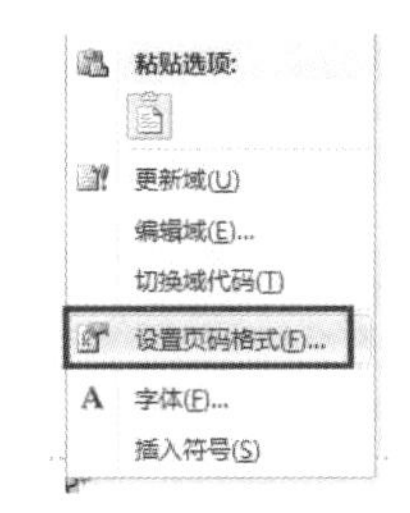

图 3-131　设置页码格式

图 3-132　“页码格式”对话框

3.7.2　页眉和页脚

页眉和页脚是指文档中每一页的顶部和底部区域，可以加入页码、日期、公司徽标、文档标题、文件名或作者名等信息。

1. 添加页码

① 打开 Word 2016 文档，单击“插入”选项卡。在“页眉和页脚”组中单击“页码”下拉按钮，如图 3-133 所示。

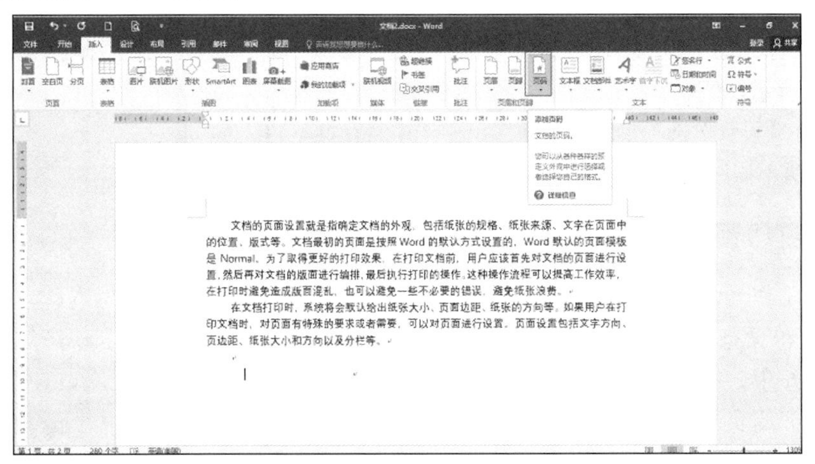

图 3-133　插入“页码”

② 选择“页面底端”“页面顶端”“页边距”“当前位置”命令之一，如图 3-134 所示。

③ 在页码列表中选择合适的页码样式即可。

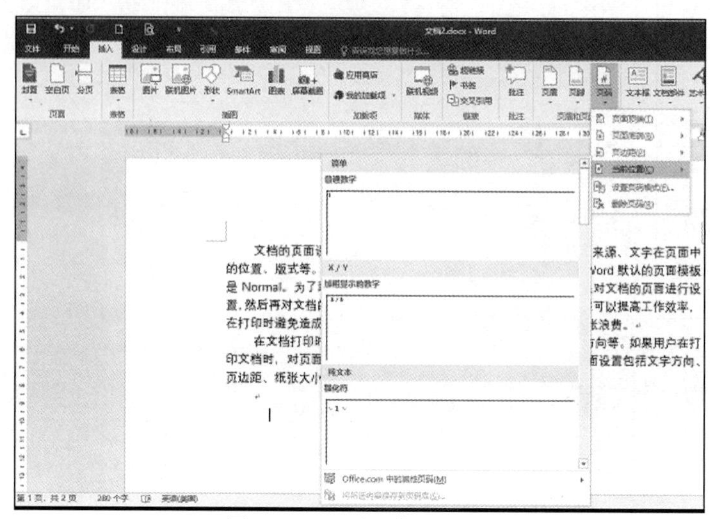

图 3-134　页码位置选项

2. 设置首页、奇偶页页眉页脚不同

① 打开 Word 2016 文档，单击“插入”选项卡。在“页眉和页脚”组中单击“页眉”下拉按钮，如图 3-135 所示。

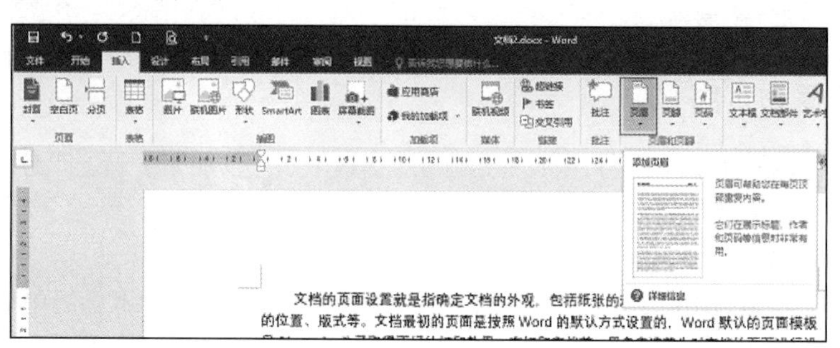

图 3-135　“页眉”下拉按钮

② 在打开的下拉菜单中选择“编辑页眉”命令，如图 3-136 所示。

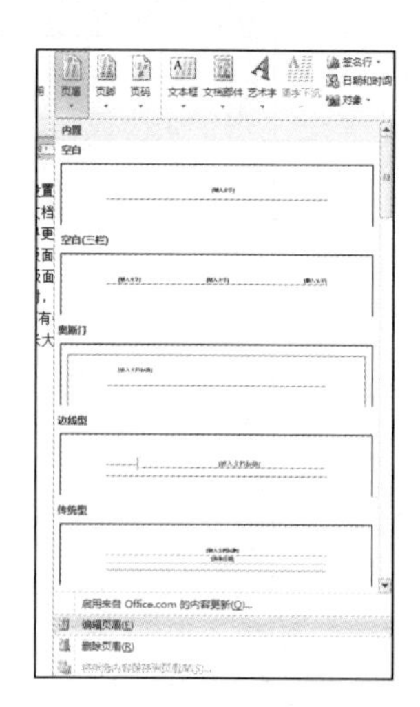

图 3-136　“编辑页眉”命令

③ 在“设计”选项卡的“选项”组中选中“首页不同”和“奇偶页不同”复选框即可。

3.7.3　打印预览

日常工作当中，经常会打印文件，而打印文件之前都会使用打印预览这一功能，查看打印的效果如何。但在 Word 2016 中，编辑文档首页是看不到打印预览这一功能的，下面介绍实现打印预览的具体操作步骤。

① 打开 Word 2016 文档，然后选择“文件”→“选项”命令，弹出“Word 选项”对话框。

② 切换到“快速访问工具栏”选项卡，在左边窗格

中选择“常用命令”→“打印预览选项卡”选项，如图 3-137 所示。

图 3-137　添加“打印预览和打印”

③ 单击“添加”按钮，将其中“打印预览和打印”的命令添加到右边窗口的“自定义快速访问工具栏”中，单击“确定”按钮。

④ 退出设置窗口后，返回 Word 2016 操作界面，会看到界面左上角会多出一个小放大镜浏览文档的图标，这就是“打印预览和打印”的按钮，如图 3-138 所示。单击此按钮，文档就会进入打印预览窗口。

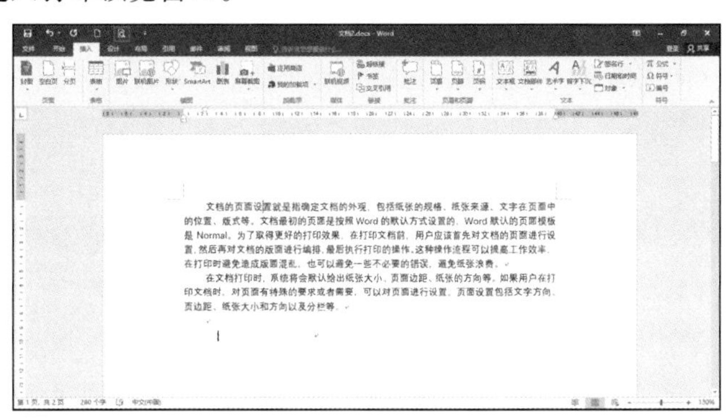

图 3-138　显示“打印预览和打印”的按钮

3.7.4　打印

编辑文档后，如果用户要在纸上打印出来，应先安装好打印机，再使用 Word 的打印功能。

Word 2016 提供了多种打印方式，包括打印多份文档、打印输出到文件、手动双面打印等功能。此外，利用打印预览功能，还能在打印之前查看打印的效果。

打印文档时，可以打印全部文档，也可以打印文档的一部分。

用户可选择“文件”→“打印”命令，打开“打印”窗格，如图 3-139 所示。

在“打印”窗格中单击“打印所有页”下拉按钮，在下拉列表中可以选择“文档”组中的“打印所有页”“打印所选内容”“打印当前页面”“打印自定义范围”四个命令。

“打印所有页”：指可以打印文档的全部内容。

“打印所选内容”：指可以打印文档中选定的内容。

“打印当前页面”：指可以打印当前光标所在的页。

“打印自定义范围”：指可以打印文档指定页码范围的内容，在“页数”文本框中输入需要打印的页码范围。

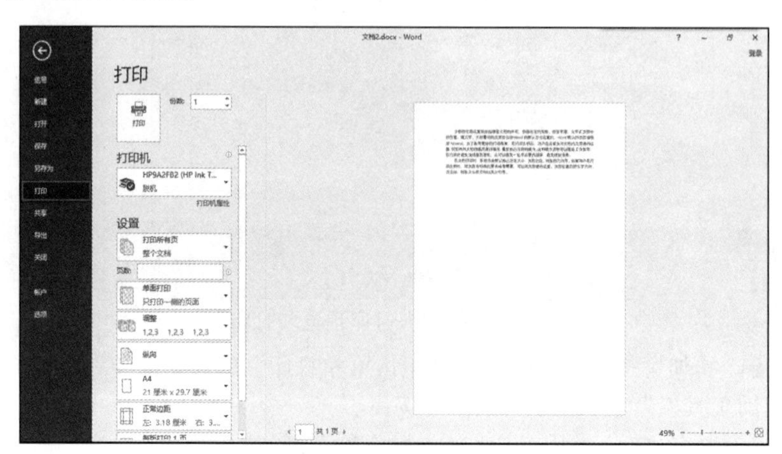

图 3-139 “打印”窗格

此外，在“打印所有页”下拉列表中还可以选择打印的是奇数页还是偶数页等。

在“打印”窗格中，用户可以设置打印机，预览文档打印效果，设置打印份数，还可以设置纸张的横向或纵向、自定义页边距、双面打印等，最后单击“打印”按钮。

习　　题

一、选择题

1. Word 文档以（　　）为扩展名存放在磁盘中。

A. .txt　　B. .exe　　C. .docx　　D. .sys

2. 在 Word 中，要复制选定的文档内容，可使用鼠标指针指向被选定的内容并按住（　　）键。

A.【Ctrl】　　B.【Shift】　　C.【Alt】　　D.【Insert】

3. Word 中给选定的段落、表格及图形四周添加的线条称为（　　）。

A. 图文框　　B. 底纹　　C. 表格　　D. 边框

4. 以下选项不属于段落对齐方式的是（　　）。

A. 两端对齐　　B. 分散对齐　　C. 右对齐　　D. 上对齐

5. 关于 Word 2016 中的样式，说法正确的有（　　）。

A. 样式是文字格式和段落格式的集合，主要用于快速制作具有一定规范格式的段落

B. Word 2016 提供了一系列标准样式供用户使用，但不能进行修改

C. 只有用户自定义的样式，才能进行修改

D. 样式是一种包含特定格式说明的专用文档，当以样式为基础生成新文档时，其所包含的格式自动生效

6. 在 Word 中下列关于表格操作的叙述中不正确的是（　　）。
   A. 可以将表中两个单元格或多个单元格合成一个单元格
   B. 可以将两张表格合成一张表格
   C. 不能将一张表格拆分成多张表格
   D. 可以对表格加上实线边框
7. 双击文档中的图片，产生的效果是（　　）。
   A. 弹出快捷菜单
   B. 启动图形编辑器进入图形编辑状态，并选中该图形
   C. 选中该图形
   D. 将该图形加文本框
8. 如果文档很长，用户可以用 Word 2016 提供的（　　）技术，同时在两个窗口中滚动查看同一文档的不同部分。
   A. 拆分窗口　　B. 滚动条　　C. 排列窗口　　D. 帮助
9. 在 Word 2016 中，如果使用了项目符号或编号，则项目符号或编号在（　　）时会自动出现。
   A. 每次按【Enter】键　　B. 一行文字输入完毕并按【Enter】键
   C. 按【Tab】键　　D. 文字输入超过右边界
10. 在 Word 2016 中，只显示文档而无工具栏、标尺和其他屏幕元素，可单击“视图”组的（　　）按钮。
   A. 页面视图　　B. 大纲视图　　C. 全屏显示　　D. 普通视图

二、填空题

1. Word 2016 是 Microsoft 公司推出的________软件。
2. 在 Word 的________视图中，可以仿真 WWW 浏览器来显示 HTML 文档。
3. 在图形编辑状态中，单击“矩形”按钮，按住________键的同时拖动鼠标，可以画出正方形。
4. 如果规定某一段的首行左端起始位置在该段落其余各行左端的左面，这称做________。

三、判断题

1. 将文档中某种格式的文本全部变成另一种格式的文本，可以用替换操作。（　　）
2. 艺术字可以像图片一样放到文档的任意位置。（　　）
3. 在 Word 中进行分栏时，不能对栏宽进行调整。（　　）
4. Word 文档中的字体、段落和页面格式都可以通过“开始”选项卡设置。（　　）
5. 在 Word 文档中，边框和底纹只能应用于文本。（　　）

四、简答题

1. 什么是“剪贴板”？如何利用剪贴板实现“移动”和“复制”操作？
2. Word 2016 提供了哪几种视图？各有什么作用？
3. 格式刷的作用是什么？
4. 在文档中插入表格有哪几种方法？简述它们的操作方法。
5. 图片的环绕方式有几种？它们的设置效果如何？

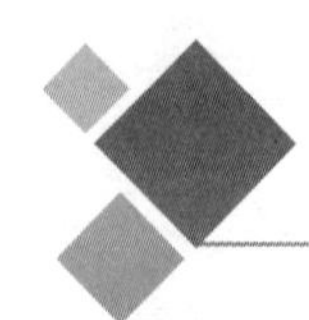

第4章　电子表格软件 Excel 2016

处理数据报表及各类表格是日常办公事务中常见而又烦琐的任务，Excel 电子表格处理软件是帮助用户完成这些任务的有效工具，也是目前使用最广泛的电子表格处理软件之一。本章主要介绍 Excel 2016 的基本操作和使用方法。

通过对本章的学习，应掌握以下几方面的内容：

① 熟悉 Excel 2016 的操作界面并掌握其常用工具的使用方法。

② 掌握不同类型数据的输入技巧及各种规律性数据的快速输入方法。

③ 掌握数据表格的各种美化方法。

④ 掌握工作表中公式和函数的输入及计算。

⑤ 熟悉工作表中表格数据的统计和分析工具，并掌握其使用方法。

⑥ 熟悉表格的常用输出方法及输出时各种参数的设置技巧。

4.1　Excel 2016 概述

Excel 2016 是 Microsoft Office 2016 系列软件中的一个重要组件，它不仅能快速完成日常办公事务中电子表格处理方面的任务，也为数据信息的分析、管理及共享提供了很大方便。可以通过人们在工作簿上协同工作实现移动办公，在提高工作质量的同时，协助人们做出更快速、合理和高效的决策。其强大的数据计算能力和直观的制图工具，使得 Excel 2016 被广泛应用于管理、统计、金融和财经等众多领域。

4.1.1　Excel 2016 的新特性

Excel 2016 是微软公司于 2016 年推出的软件，与之前的 2010 版本有一些较大变化，带给用户更好的体验。

1. 更多的主题

Excel 2016 的主题不再是 2013 版本中单调的灰白色，有更多主题颜色供用户选择。

2. 新增的 TellMe 功能

现在可以通过“告诉我你想做什么”功能快速检索 Excel 功能按钮，用户不用再到选项卡中寻找某个命令的具体位置。用户可以在输入框里输入任何关键字，Tell Me 都能提供相应的操作选项。比如，用户输入表格，下拉菜单中会出现添加表、表格属性、表格样式等可操作命令，还提供了查看“表格”的帮助。

3. 增加新的图表

新增了六款全新的图表，包括 Waterfall（瀑布流）、Histogram（柱状图）、Pareto、Box & Whisker、Treemap 和 Sunburst。

4. 内置的 PowerQuery

在 Excel 2010 和 2013 版中，需要单独安装 PowerQuery 插件，Excel 2016 已经内置了这一功能。Power Query 组中有新建查询下拉菜单，另外还有联机查询、显示查询、最近的源三个按钮。其他三项插件依然是独立的插件，安装 Office 2016 时已经默认安装，可以直接加载启用。如果启用其他 3 项加载项任意一项，其他的加载项也会自动启用。在 Excel 选项中也可以快速设置这些加载项的启用或关闭。

5. 新增的预测功能

数据选项卡中新增了预测功能，同时也新增了几个预测函数。

6. 改进透视表的功能

透视表字段列表支持搜索功能，如果数据源字段数量较多，查找某些字段就方便多了。此外，基于数据模型创建的数据透视表，可以自定义透视表行列标题的内容，即便与数据源字段名重复也无妨。

4.1.2 Excel 2016 的基本功能

作为 Microsoft Office 2016 的重要组件之一，Excel 2016 主要被用于电子表格处理，其主要功能如下：

① 数据表格编辑。用户可以根据自己的需求创建数据表格，在对创建好的表格进行设计、布局和自定义打印的同时，还可以对其中的数据进行多种方式的组织和计算等处理。

② 数据图表制作。可以根据指定的数据在工作表中创建多种类型的数据图表，以图表的形式更直观地展现数据之间的关系。

③ 嵌入图形的绘制。在 2003 等版本的基础上，Excel 2016 在绘图方面更增加了 SmartArt 和屏幕截图等绘图功能，提高了绘图的效率。

④ 丰富的函数及数据统计分析工具。在 Excel 中不仅提供了多方面的数据统计分析工具，还可以使用函数来处理和分析数据。函数的功能强大且使用灵活，在处理比较复杂的数据统计和分析问题时非常重要。

⑤ 随着互联网的发展，Excel 2016 也支持将工作簿发布到网上，再通过 Web 浏览器等方式进行访问，实现多人共享一个工作簿并同时在此工作簿上工作。

4.1.3 Excel 2016 的启动与退出

1. Excel 2016 的启动

① 通过“开始”菜单启动：单击“开始”按钮，选择 Excel 2016 命令。

② 利用桌面上的快捷图标启动：双击桌面上的 Excel 2016 快捷方式图标。

③ 通过已建立的 Excel 文档启动：双击任意的 Excel 文档，在打开文档时自动启动 Excel。

Excel 2016 启动后的窗口如图 4-1 所示。

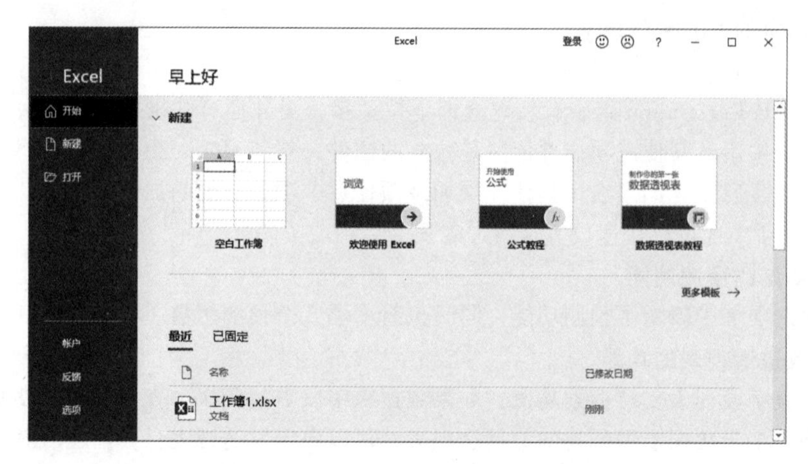

图 4-1　首次打开 Excel 2016 窗口界面

2. Excel 2016 的退出

退出 Excel 2016 的方法有以下几种。

① 选择“文件”→“退出”命令。

② 单击 Excel 2016 窗口标题栏右侧的“关闭”按钮 。

③ 按【Alt+F4】组合键。

4.1.4　Excel 2016 的基本概念

启动 Excel 2016，将出现 Excel 工作窗口，如图 4-2 所示。

图 4-2　Excel 的主界面窗口

可以看出，Excel 工作窗口与 Word 窗口很类似，包含快速访问工具栏、标题栏、“文件”选项卡、功能区、名称框、编辑栏、工作区和状态栏等部分。下面对 Excel 工作窗口中的各部分进行介绍。

1. 快速访问工具栏

快速访问工具栏位于标题栏的左侧，包含一组用于 Excel 工作表操作的最常用按钮，如“保存” 、“撤销” 和“恢复” 等。

2. 标题栏

标题栏位于主界面的顶端，中间显示当前编辑的工作簿名称。启动 Excel 时，默认的工作簿名称为“工作簿 1”。

3.“文件”选项卡

“文件”选项卡是 Excel 2016 中的一项新设计，在 Excel 2007 中它以“Office 按钮”的方式组织，而在 Excel 2003 则是常用的菜单形式。

单击“文件”选项卡后，显示一些与文件相关的常见命令项，与 Excel 2010 及 Excel 2003 相同，主要包括“新建”“打开”“关闭”等，具体如图 4-3 所示。

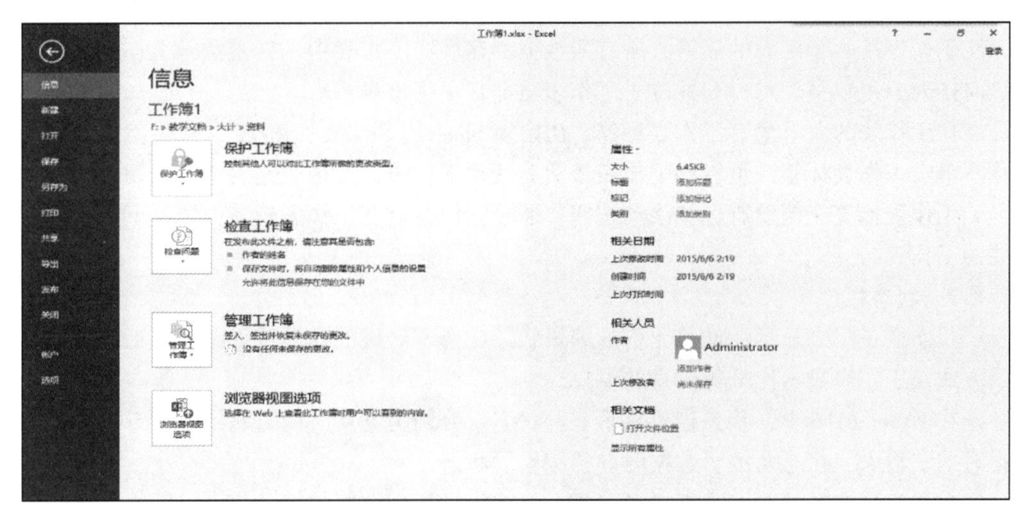

图 4-3　Excel 2016“文件”选项卡

4. 功能区

Excel 2016 的功能区由各种选项卡和包含在各选项卡中的命令按钮组成，通过功能区不仅可以轻松地查找以前版本中隐藏在复杂菜单和工具栏中的命令，而且功能区中将各种命令以分组的形式进行组织，更加方便用户使用。

功能区中除了“文件”选项卡外，默认状态下还包括“开始”“插入”“页面布局”“公式”“数据”“审阅”“视图”七个选项卡，其中默认打开“开始”选项卡。用户可以通过单击选项卡名称在各选项卡之间进行切换。

5. 编辑栏

编辑栏是位于功能区下方工作区上方的窗口区域，主要用于显示和编辑活动单元格的名称、数据及公式等。

编辑栏从左到右依次由“名称框”“功能按钮”“公式框”三部分组成（见图 4-4）。

“名称框”用于显示活动单元格的名称（又称地址）。正因如此，可以在名称框直接输入单元格名称来快速定位该单元格。如输入“D5”并按【Enter】键后，活动单元格自动定位到第 D 列第 5 行的单元格。

“公式框”主要用于输入和编辑活动单元格的内容，包括数据、公式等。

当向单元格中输入内容时，“功能按钮”区域除了显示“插入函数”按钮 fx 之外，还会出现“取消” ✕ 和“输入” ✓ 两个按钮，如图 4-5 所示。在内容输入结束时可通过单击“输入”按钮来确认当前输入的内容，也可单击“取消”按钮取消当前输入的内容，使得当前单元格的内容回到输入以前的状态。

图 4-4　编辑栏结构图　　　　图 4-5　输入数据时的编辑栏

6. 工作区

工作区是用于编辑和显示数据的主要工作场所，从工作区底端的工作表标签可以看出当前工作簿中有几个工作表以及当前工作表是哪一个。当要切换到其他工作表进行编辑时，可通过单击相应的工作表标签进行选择，默认状态的工作区如图 4-6 所示。

工作表是一个巨大的表格，所有的数据都存放在工作表中。行号位于工作表左侧，纵向排列，用数字表示；列标位于工作表顶部，用字母表示。

在工作表的左下角有工作表标签，初始为 Sheet1、Sheet2、Sheet3，代表工作表的名称。单击工作表标签，可以将工作表激活为活动工作表，实现工作表之间的切换。

工作表标签左侧设有标签滚动按钮，通过它们可以在工作表较多的情况下查找所需要的工作表。

7. 状态栏

状态栏是用来显示活动单元格的编辑状态、选定区域的数据统计结果、工作表的显示方式及工作表显示比例等信息的窗口。

在 Excel 2016 中，状态栏可显示三种状态，分别为默认时的“就绪”状态、输入数据时的“输入”状态及编辑数据时的“编辑”状态。

在选定数据区域时，状态栏可以显示该选定区域中数据的统计信息，默认状态时包括“平均值”“计数”“求和”三部分信息，如图 4-7 所示，方便用户更快捷地了解选定区域中数据的总体信息。还可以通过在状态栏上右击，在弹出的快捷菜单中自定义此区域中显示的信息，如“最大值”“最小值”等。

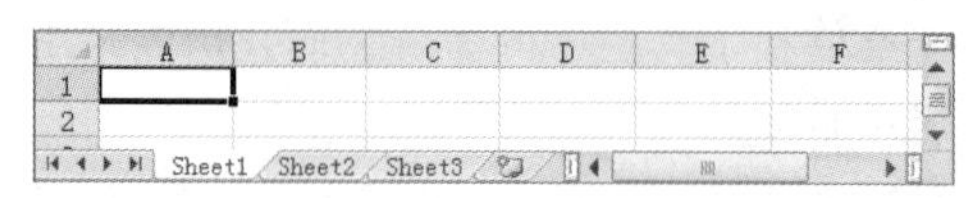

图 4-6　默认状态的工作区

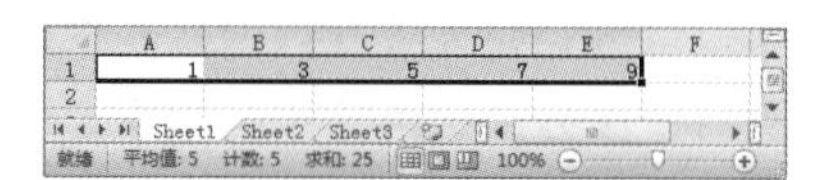

图 4-7　显示统计信息时的状态栏

在数据统计区域右侧显示的依次为“普通”、“页面布局”和“分页预览”三个视图切换按钮，方便用户在不同的视图方式间切换。

最右侧显示的“缩放级别”按钮和“显示比例”控件主要用于控制工作表的显示比例。

4.1.5　工作簿、工作表和单元格

在使用 Excel 之前，先了解 Excel 中工作簿、工作表和单元格三个概念。

1. 工作簿

工作簿是 Excel 存储在磁盘上的最小独立单位，一个 Excel 文件就是一个工作簿，其扩展名为.xlsx。每个工作簿由多个工作表组成，而 Excel 中的数据和图表是以工作表的形式存储在工作簿文件中的。

在启动 Excel 时，系统会自动创建一个空白的工作簿文件，默认文件名为“工作簿 1”，

以后创建的文件名依次默认为："工作簿 2""工作簿 3"……。

2. 工作表

工作表是 Excel 存储和处理数据的主要空间，是最基本的工作单位。

一个工作表由 1 048 576 行和 16 384 列构成。行的编号用数字 1~1 048 576 表示，列的编号依次用字母 A、B、…、Z、AA、AB、…、AZ、BA、…、XFD 表示。工作表是通过工作表标签来标识的，工作表标签显示于工作区的底部，用户可以通过单击不同的工作表标签来进行工作表之间的切换。

默认情况下，Excel 中一个工作簿有三张工作表，分别命名为 Sheet1、Sheet2、Sheet3。用户可以根据需要进行添加。一个工作簿最少有 1 个工作表，最多可以容纳 255 张工作表。

3. 单元格

单元格是工作表中的小方格，是 Excel 中最小的单位。Excel 中常用列标和行号合在一起表示单元格的位置。例如，"B3" 表示其列标为 B，行号为 3。有时，为了更准确地定位单元格，可以在其标识前加上所在工作簿和工作表的名称。例如，"[Book3]Sheet2!B3" 表示 Book3 工作簿 Sheet2 工作表中的 B3 单元格。

正在使用的单元格称为"活动单元格"或"当前单元格"，四周围绕着黑色边框，用户只能在此进行输入和编辑工作。

用户可以向单元格中输入的内容包括文字、数据、公式等，也可以对单元格进行各种格式的设置，如字体、字形、字号、颜色、大小、对齐方式等。

4. 单元格地址

每个单元格的行列位置称为单元格地址（或称坐标），单元格的地址表示方法是"列标行号"。

5. 单元格引用

通常单元格坐标有三种表示方法：相对坐标、绝对坐标、混合坐标。因此单元格引用方式对应有三种：相对引用、绝对引用、混合引用。

4.2 Excel 2016 基本操作

4.2.1 工作簿的创建、打开与保存

1. 创建新的工作簿

使用 Excel 工作，首先必须创建一个工作簿。通过以下几种方式可以创建工作簿。

① 自动创建。启动 Excel 2016 后，系统会自动创建一个名称为"工作簿 1"的工作簿，其中包含一个工作表：Sheet1。

② 选择"文件"→"新建"命令，在当前窗口右侧显示"新建工作簿"窗格，如图 4-8 所示。

在"可用模板"列表中选择"空白工作簿"选项，再单击右下角的"创建"按钮完成创建过程。

- 在“可用模板”列表中选择“空白工作簿”选项，可以建立一个新的空白工作簿。
- 在“可用模板”列表中选择“样本模板”选项，可以建立一个现有工作簿文件的副本。
- 在“可用模板”列表中选择“我的模板”或“Office.com 模板”选项，可以建立一个新的工作簿并套用特定的格式。

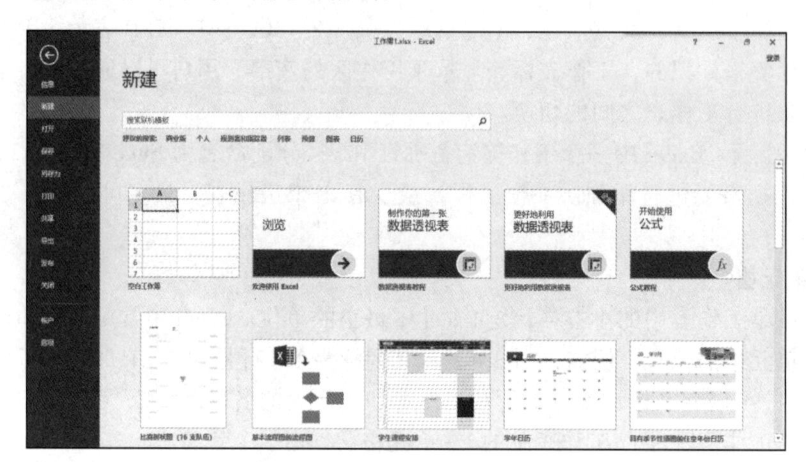

图 4-8 “新建工作簿”窗格

2. 保存工作簿

保存工作簿的方法有以下几种。

① 单击快速访问工具栏中的“保存”按钮。

② 选择“文件”→“保存”命令。

③ 按【Ctrl+S】组合键。

如果是第一次保存该工作簿文件，执行上述步骤后会弹出图 4-9 所示的“另存为”对话框，在“文件名”文本框输入要命名的文件名后，单击“保存”按钮完成操作。保存时输入的文件名会在下次打开该文件时显示在 Excel 窗口的标题栏。

3. 打开工作簿

打开工作簿的方法有以下几种。

① 先在资源管理器中找到要打开的工作簿文件，双击工作簿文件名即可。

② 启动 Excel 2016，选择“文件”→“打开”命令，在弹出的“打开”对话框中选择要打开的工作簿名称，单击“打开”按钮完成操作，如图 4-10 所示。

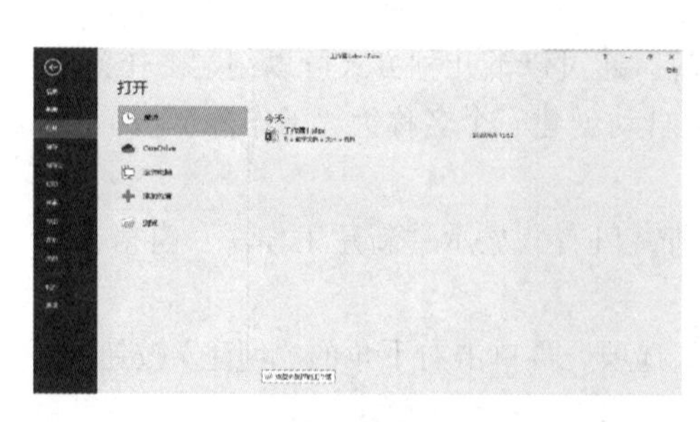

图 4-9 “另存为”对话框

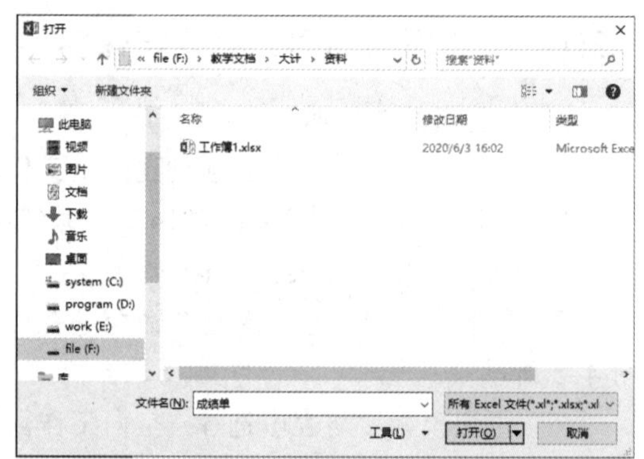

图 4-10 “打开”对话框

4.2.2 工作表的操作

1. 切换工作表

单击工作表标签可以在工作表之间进行切换，如图 4-11 所示。

图 4-11　工作表标签

2. 选定工作表

选定一个工作表：单击工作表标签。

选定多个相邻的工作表：首先单击第一个工作表标签，按住【Shift】键后，再单击最后一个工作表标签。

选定多个不相邻的工作表：首先单击第一个工作表标签，按住【Ctrl】键，依次单击其他工作表标签。图 4-12 所示是选择两个工作表时的效果图。

图 4-12　选择两个工作表

3. 重命名工作表

工作簿中的工作表通过工作表名称来相互区分，默认情况下以 Sheet1、Sheet2、Sheet3 等来命名。为了方便用户管理，通常会对工作表进行重命名操作。

① 双击要重命名的工作表标签，进入标签名编辑状态，输入想要更改的名称后按【Enter】键结束。

② 在要重命名的工作表标签处右击，在弹出的图 4-13 所示的快捷菜单中选择“重命名”命令进入标签名编辑状态，输入想要更

图 4-13　快捷菜单

改的名称后按【Enter】键结束。

4. 插入、删除工作表

（1）插入工作表

插入工作表的方法有以下几种。

① 单击“开始”选项卡的“单元格”组中的“插入”下拉按钮，在弹出的图 4-14 所示的菜单中选择“插入工作表”命令完成操作。

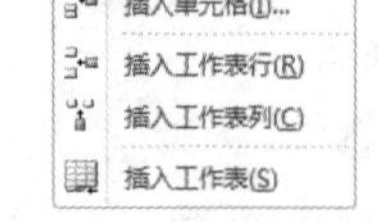

图 4-14 “插入”菜单

② 右击工作表标签，在弹出的快捷菜单中选择“插入”命令，在弹出的“插入”对话框中选择想要的工作表模板（如图 4-15 所示，默认为“工作表”模板），单击“确定”按钮完成操作。

③ 单击工作表标签后的“快速插入工作表”按钮也可新建一个工作表，如图 4-16 所示。

（2）删除工作表

删除工作表的方法有以下几种。

① 单击要删除工作表的标签以选择该工作表，单击“开始”选项卡“单元格”组中的“删除”下拉按钮，在弹出的图 4-17 所示的菜单中选择“删除工作表”命令完成操作。

② 右击要删除工作表的标签，在弹出的快捷菜单中选择“删除”命令即可。

图 4-15 “插入”对话框

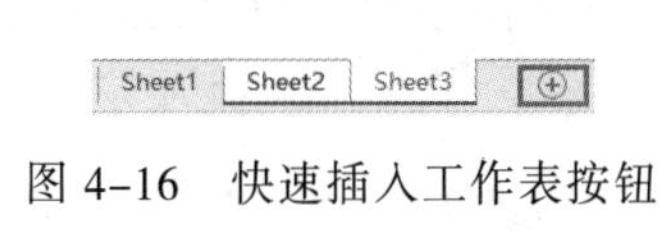

图 4-16 快速插入工作表按钮

删除单元格(D)...
删除工作表行(R)
删除工作表列(C)
删除工作表(S)

图 4-17 删除工作表菜单

5. 移动、复制工作表

（1）移动工作表

① 菜单命令。右击要移动的工作表标签，在弹出的快捷菜单中选择“移动或复制”命令，在弹出的图 4-18 所示的“移动或复制工作表”对话框中根据提示选择目标工作簿和工作表在该工作簿中的位置后单击“确定”按钮实现移动。

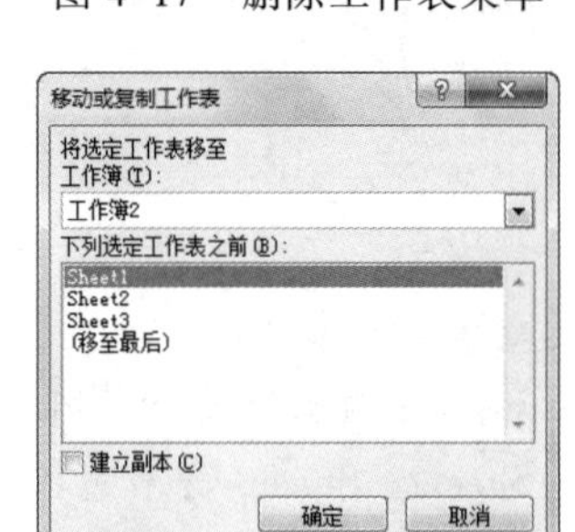

图 4-18 “移动或复制工作表”对话框

② 用鼠标将工作表标签直接拖放到指定位置实现移动。

（2）复制工作表

移动工作表时将工作表由原来的工作簿移动到新的工作簿中，要想在原来的工作簿中仍保留该工作表，则需要使用工作表复制来完成。可以通过两种方法进行复制。

① 单击要复制的工作表标签，同时按住【Ctrl】键和鼠标左键将其拖放到目标工作簿的工作表标签区域，根据出现的倒三角标志确定工作表摆放位置后释放鼠标左键。

② 右击要复制的工作表标签，在弹出的快捷菜单中选择“移动或复制”命令，弹出图 4-18 所示的“移动或复制工作表”对话框，根据提示选择目标工作簿和工作表在该工作簿中的位置后单击“确定”按钮。

用户可以将 Excel 2016 的工作表移动或复制到工作簿内的其他位置或其他工作簿中。但是，在移动或复制工作表时需要十分谨慎。如果移动了工作表，则基于工作表数据的计算或图表可能变得不准确。同理，如果将经过移动或复制的工作表插入由三维引用（三维引用：对跨越工作簿中两个或多个工作表的区域的引用）所引用的两个数据表之间，则计算中可能会包含该工作表上的数据。操作步骤如下：

① 要将工作表移动或复制到另一个工作簿中，确保在 Microsoft Office Excel 中打开该工作簿。

② 在要移动或复制的工作表所在的工作簿中，选择所需的工作表。选择工作表的方法如图 4-19 所示。

在选定多张工作表时，将在工作表顶部的标题栏中显示“[工作组]”字样。要取消选择工作簿中的多张工作表，可单击任意未选定的工作表。如果看不到未选定的工作表，可右击选定工作表的标签，在弹出的快捷菜单中选择“取消组合工作表”命令。

③ 在“开始”选项卡的“单元格”组中单击“格式”下拉按钮，在“组织工作表”下选择“移动或复制工作表”命令，如图 4-20 所示。

选择	操作
一张工作表	单击该工作表的标签。 Sheet1 Sheet2 Sheet3 如果看不到所需标签，请单击标签滚动按钮以显示所需标签，然后单击该标签。 Sheet1 Sheet2 Sheet3
两张或多张相邻的工作表	单击第一张工作表的标签，然后在按住 Shift 的同时单击要选择的最后一张工作表的标签。
两张或多张不相邻的工作表	单击第一张工作表的标签，然后在按住 Ctrl 的同时单击要选择的其他工作表的标签。
工作簿中的所有工作表	右键单击某一工作表的标签，然后单击快捷菜单上的“**选定全部工作表**”。

图 4-19　选择工作表的方法

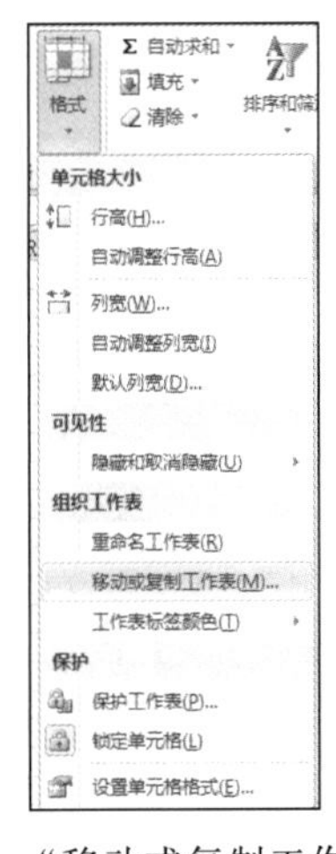

图 4-20　“移动或复制工作表”命令

用户也可右击选定的工作表标签，在弹出的快捷菜单中选择“移动或复制工作表”命令。

④ 在“工作簿”列表框中，可执行下列操作之一：

- 单击要将选定的工作表移动或复制到的工作簿。
- 选择“新工作簿”选项将选定的工作表移动或复制到新工作簿中。

⑤ 在“下列选定工作表之前”列表框中，可执行下列操作之一：

- 单击要在其之前插入移动或复制的工作表的工作表。

- 选择“移至最后”选项将移动或复制的工作表插入到工作簿中最后一个工作表之后以及“插入工作表”标签之前。

如要复制工作表而不移动，应选中“建立副本”复选框。

注意：要在当前工作簿中移动工作表，可以沿工作表的标签行拖动选定的工作表。要复制工作表，可按住【Ctrl】键，然后拖动所需的工作表到指定位置，然后释放鼠标按钮，释放【Ctrl】键。

6. 拆分和冻结工作表窗口

（1）拆分工作表窗口

拆分工作表窗口可以使当前窗口拆分为多个窗格，在每个窗格中显示工作表的一部分。当工作表中的数据量很大，需要查看或编辑距离较远的数据块时，就可以使用拆分功能使屏幕上同时显示工作表的不同部分。

对工作表的拆分可以有三种形式：水平拆分、垂直拆分、水平垂直同时拆分。

① 水平拆分：单击行号，再单击“视图”选项卡的“窗口”组中的“拆分”按钮。

② 垂直拆分：单击列标，再单击“视图”选项卡的“窗口”组中的“拆分”按钮。

③ 水平垂直同时拆分：选定某一个单元格，再单击“视图”选项卡的“窗口”组中的“拆分”按钮。

再次单击“窗口”组中的“拆分”按钮，可以取消窗口的拆分。

另外，也可以将鼠标移动到拆分框处（垂直滚动条的上方，水平滚动条的右边，见图 4-21），双击或拖动鼠标实现拆分。取消拆分时，双击鼠标或拖动分割条回到原始位置即可。

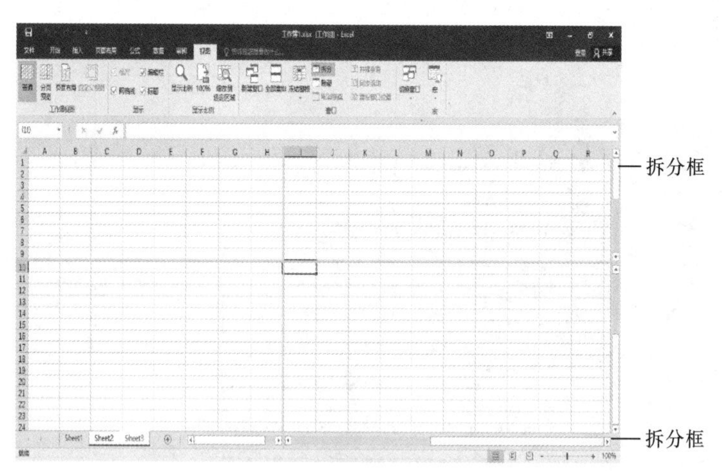

图 4-21　拆分框

（2）冻结工作表窗口

冻结工作表是将工作表的顶部或左部区域固定，使其不会因为用滚动条浏览数据而不被显示。

① 冻结顶部区域：单击行号，再单击“视图”选项卡的“窗口”组中的“冻结窗格”按钮，在弹出的图 4-22 所示的冻结选项菜单中选择“冻结拆分窗格”命令，则该行以上的区域被冻结。

② 冻结左部区域：单击列标，再单击“视图”选项卡的“窗口”组中的“冻结窗

格”按钮，在弹出的菜单中选择“冻结拆分窗格”命令，则该列以左的区域被冻结。

③ 顶部和左部区域同时被冻结：选定某一个单元格，再单击“视图”选项卡的“窗口”组中的“冻结窗格”按钮，在弹出的菜单中选择“冻结拆分窗格”命令，则该单元格以上和以左的区域被冻结。

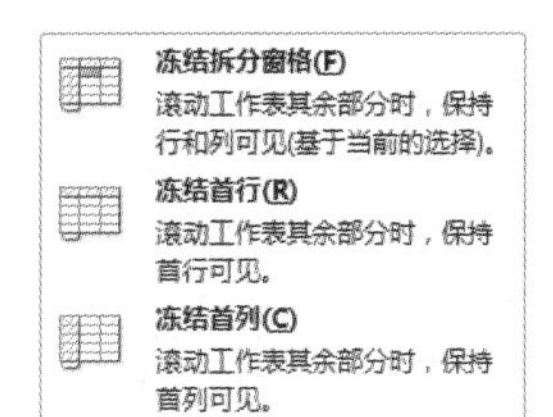

图 4-22　冻结选项菜单

执行以上操作完成冻结后，图 4-22 中冻结选项菜单的第一个命令会自动转变为“取消冻结窗格”，选择此命令即可退出冻结状态。

也可以在冻结开始时选择某个单元格来进行行列两方向的冻结操作，或通过直接选择“冻结首行”“冻结首列”等来冻结特定的数据区域。

4.2.3　单元格及单元格区域的操作

1. 选中单元格或单元格区域

① 选定一个单元格：将鼠标指向要选中的单元格，然后单击即可选中该单元格。

② 选定连续的单元格区域：直接拖动鼠标进行选择；或先选中一个单元格后按住【Shift】键，再选中该矩形区域对角上的单元格。

③ 选定不连续的单元格区域：选中一个单元格区域后，按住【Ctrl】键，分别选中其他要选择的单元格区域。

④ 选定整行：单击行号可以选中一行；单击行号但不松开鼠标左键并上下拖动鼠标，可以选中多行。

⑤ 选定整列：单击列标可以选中一列；单击列标但不松开鼠标左键并左右拖动鼠标，可以选中多列。

⑥ 选定工作表：单击工作表左上角行列交叉的按钮。

2. 插入与删除单元格

（1）插入单元格

Excel 中可在活动单元格的上方和左侧插入空白单元格，具体操作步骤如下：

先选择要插入空白单元格的单元格区域（如“考试成绩表”中的 A5 到 J5），单击“开始”选项卡的“单元格”组中的“插入”下拉按钮，在弹出的菜单中选择“插入单元格”命令（也可直接通过右击，在弹出的快捷菜单中选择“插入”命令），弹出“插入”对话框（见图 4-23），然后选择合适的插入选项（在此选择默认选项“活动单元格下移”）后，单击“确定”按钮完成操作。图 4-24 所示即为在“考试成绩表”中选中 A5 到 J5 单元格区域后再进行默认插入操作的效果。

图 4-23 所示对话框中各选项的功能如下：

“活动单元格右移”：包括当前单元格在内的右侧所有单元格向右移动。

“活动单元格下移”：包括当前单元格在内的下方所有单元格向下移动。

“整行”：整行插入，与所选单元格的行数相同。

“整列”：整列插入，与所选单元格的列数相同。

（2）删除单元格

Excel 中有多种方法可用来删除不需要的单元格，具体操作步骤如下：

选择要删除的单元格区域（见图 4-24 中的 A5 到 J5），单击“开始”选项卡的“单元格”组中的“删除”下拉按钮，在弹出的菜单中选择“删除单元格”命令（也可直接通过右击，在弹出的快捷菜单中选择“删除”命令），弹出“删除”对话框（见图 4-25），选择合适的删除选项（在此选择默认选项“下方单元格上移”）后，单击“确定”按钮即可删除选定的区域。

图 4-23 “插入”对话框

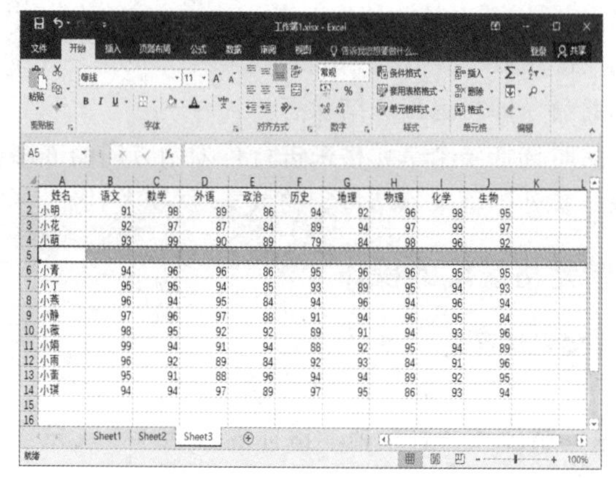

图 4-24 “插入单元格”操作效果

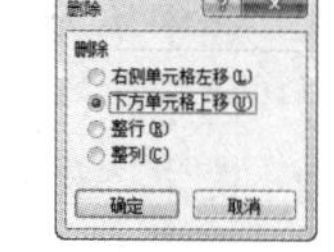

图 4-25 “删除”对话框

（3）清除单元格

清除单元格操作包括删除单元格的内容（数据或公式）、格式（包括数字格式、条件格式和边框）以及附加的批注等。具体操作步骤如下：

选择要清除格式的单元格区域（如“考试成绩表”中的 F2 到 F13），在“开始”选项卡的“编辑”组中单击“清除”下拉按钮，在弹出的菜单中选择“全部清除”命令（见图 4-26）完成清除。图 4-27 所示为将“考试成绩表”中 F2 到 F13 区域的数据全部清除后的效果。

全部清除(A)
清除格式(F)
清除内容(C)
清除批注(M)
清除超链接(L)
删除超链接(R)

图 4-26 清除单元格菜单

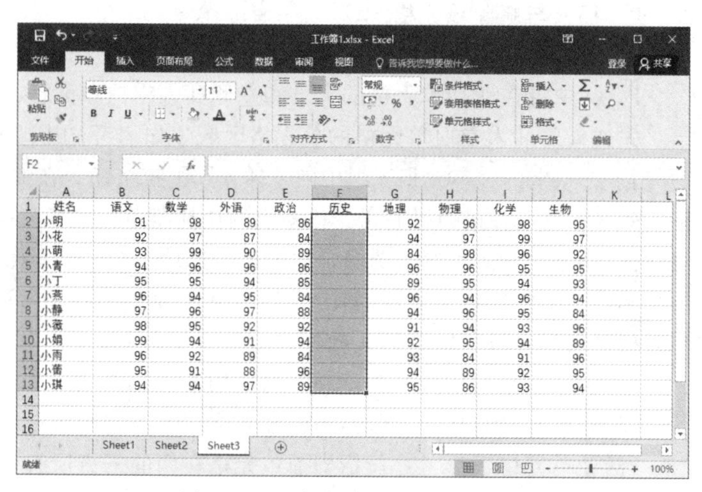

图 4-27 “清除单元格”操作效果

清除单元格操作时，在图 4-26 所示的菜单中也可通过选择“清除格式”等其他命令来完成相应的清除工作。各命令的功能如下：

“全部清除”：对选定单元格或区域的格式、内容、批注全部进行清除。

"清除格式"：只清除选定单元格或区域的格式设置。
"清除内容"：只清除选定单元格或区域的内容。
"清除批注"：只清除选定单元格或区域的批注。
"清除超链接"：只清除选定单元格或区域的超链接。

3. 复制和移动

关于复制和移动单元格区域，分别以两种方式来介绍。

（1）复制单元格区域

复制单元格区域的方法有两种：

① 先选中要复制的单元格区域，将光标移到该区域的外边框上，在光标形状变为✥时按住【Ctrl】键不放，当光标变为形状时单击鼠标并拖动鼠标到目标区域的左上角单元格再释放鼠标左键和【Ctrl】键完成复制操作。

② 先选中要复制的单元格区域，按【Ctrl+C】组合键进行复制，将光标定位到目标区域的左上角单元格上，按【Ctrl+V】组合键进行粘贴即可。

（2）移动单元格区域

移动单元格区域的方法有三种：

① 先选中要移动的单元格区域，将光标移到该区域的外边框上，在光标形状变为✥时单击鼠标并拖动鼠标到目标区域的左上角单元格完成移动操作。

② 在通过方法①移动单元格式区域时，可在拖动鼠标过程中按住【Shift】键不放，从而起到移动并插入该单元格区域的特殊效果。

③ 先选中要移动的单元格区域，按【Ctrl+X】组合键进行剪切，将光标定位到目标区域的左上角单元格上，按【Ctrl+V】组合键进行粘贴即可。

4.3 数据输入与工作表格式化

在单元格中输入数据时，应该先选定单元格，再进行输入。可以采用以下两种方法进行输入。

① 在编辑框中输入：选中要输入数据的单元格，单击编辑框，进行数据输入。输入完成后，单击编辑栏的"√"按钮或按【Enter】键确认；单击编辑栏的"×"按钮或按【Esc】键放弃输入。这种输入方法适用于输入内容较多的情况。

② 在单元格中输入：双击单元格，直接在单元格内进行输入。输入完成后，按【Enter】键实现按列输入；按【Tab】键实现按行输入。也可以单击编辑栏的"√"按钮进行确认。需要放弃输入时，单击编辑栏的"×"按钮或按键盘的【Esc】键。

4.3.1 文本输入

文本型数据包括汉字、字母、数字及键盘上可以输入的任何符号。默认情况下，文本型数据在单元格内左对齐显示。在Excel 2016中每个单元格最多可包含32 767个字符，当文本输入超出了单元格的宽度时，将扩展到右边相邻的单元格中；若右边相邻的单元格已有内容，文本将被截断显示，但内容没有丢失。

需要文本内容在单元格内换行时，可按【Alt+Enter】组合键。

需要数值型数据以文本格式显示时，如学生学号、身份证号、电话号码、邮政编码等不参与运算的数字串，输入时只要在数字前加上一个单引号（如'990003），Excel 将把它作为字符串处理。

4.3.2 数字输入

数值是指能参加算数运算的数据，在 Excel 中能用来表示数值的字符有：0~9、+、-、*、/、（）、$、%、E、e、小数点（.）和千分位（,）。默认情况下，数值输入后会在单元格内右对齐显示。

在单元格中输入数值时，一般情况下可以直接输入。但在输入分数时，应在整数和分数之间输入一个空格；对于真分数，应先输入数字“0”和空格，再输入分数。例如，分数 3/4，正确的输入方法是“0 3/4”。如果只输入“3/4”，系统则自动转换为日期型数据：3 月 4 日。

Excel 中的数值输入与数值显示有时未必相同。若输入的数据位数大于等于 12 时，Excel 会自动以科学计数法表示。例如，输入数字 123446789012，Excel 显示为“1.23447E+11”。若单元格数字格式设置为带两位小数，此时输入三位小数，末位将进行四舍五入，但计算时将仍以输入数值为准，而不是显示数值。输入的是常规数值（包含整数、小数），且输入的数值中包含 15 位以上的数字时，由于 Excel 的精度问题，超过 15 位的数字都会被舍入为 0（即从第 16 位起都变为 0）。要想保持输入的内容不变，在此介绍两种方法。

① 可在输入该数值时先输入单引号“'”，再输入数值，此方法也常被用于输入以 0 开头等类似于邮政编码的数据。

② 先将该数值所在的单元格设置为“文本”格式再输入该数值。

以上两种方法虽可以显示 15 位以上的数值,但它们的作用都是将该数值转变成文本格式，所以此时的“数值”已不同于我们经常使用的数值。

Excel 内置了一些日期时间格式，若在单元格中输入与这些格式相匹配的日期或时间，Excel 将自动识别。常见日期时间格式为“yy/mm/dd”和“yy-mm-dd”；时间格式为“hh:mm am/pm”。注意，“am/pm”和前面的时间之间有一空格。若不按此格式输入，Excel 将视为文本格式。正确输入后，日期和时间数据会自动沿单元格右对齐。例如，输入“1:30 pm”，表示输入的时间是“13:30:00”。

按【Ctrl+；】组合键输入当前日期，按【Ctrl+Shift+；】组合键输入当前时间。

4.3.3 公式和函数输入

1. 公式

公式是以“=”开头，后跟由一系列常量、函数、单元格引用和运算符组成的表达式。公式可以在单元格或编辑框内直接输入，如=A4/ (A1+A2+A3)-100。

下面主要对公式中常用的元素形式进行介绍。

（1）运算符

在 Excel 中包含四种类型的运算符。

① 算术运算符：用于完成基本的数学运算，包括：+（加）、-（减）、*（乘）、/（除）、%（百分号）、^（乘方）等。

② 比较运算符：用来比较两个数值的大小，返回的是一个逻辑值：TRUE（真）或FALSE（假）。包括：=（等于）、>（大于）、<（小于）、>=（大于等于）、<=（小于等于）、<>（不等于）。

③ 文本运算符“&”：可以将两个或两个以上的文本连接起来。例如，“中国”&“人民解放军”产生“中国人民解放军”。

④ 引用运算符：可以标识工作表上的单元格或单元格区域，包括区域、联合、交叉三种运算符。

“:”（区域运算符）：表示对两个引用之间、包括两个引用在内的所有单元格的引用。例如，“A1:A3”表示引用 A1、A2、A3 三个单元格。

“,”（联合运算符）：表示将多个引用合并为一个引用。例如，“A1:A3,C1:C3”表示引用 A1、A2、A3、C1、C2、C3 六个单元格。

“ ”（交叉运算符）：表示只引用各区域间相互重叠的部分。如果引用的各区域间没有重叠的部分，则会返回“#NULL!”的字样，例如，“=SUM(A1:A3 B1:B3)”。

在一个公式中可能会出现多个运算符。运算时将按照运算符的优先级顺序进行运算。运算符的优先级由高到低依次为：“（ ）”（括号）、“:”（区域运算符）、“空格”（交叉运算符）、“,”（联合运算符）、“-”（负号）、%、^、（*、/）、（+、-）、&、（=、>、<、>=、<=、<>）。同一级别的运算符按从左到右的次序运算。

（2）单元格引用

在 Excel 中，当公式被复制时，公式中的单元格地址将根据其类型的不同而变化。单元格引用分为相对引用、绝对引用和混合引用。

① 相对引用：是指公式被复制时，公式中的单元格地址会随着公式所在位置的变化而变化。它是最常用的也是 Excel 默认的一种引用方式。例如，在单元格 C1 中输入公式“=A1+B1”，如图 4-28 所示。

现将 C1 单元格中的公式复制到 C2 单元格，C2 单元格中的公式变为“=A2+B2”。再将 C1 单元格中的公式复制到 D2 单元格，结果如图 4-29 所示，D2 单元格中的公式变为“=B2+C2”。不难看出公式复制后，公式的位置发生变化，公式中所有单元格引用的地址也会随之发生变化。

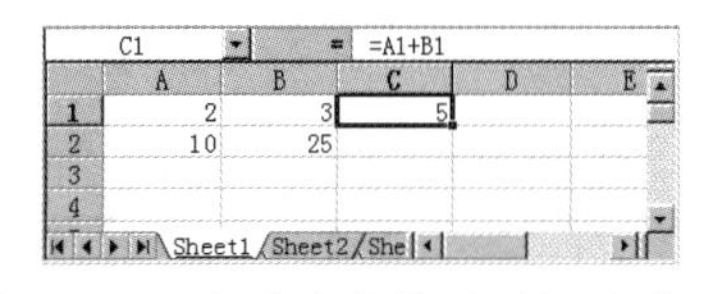

图 4-28　在公式中使用了相对引用

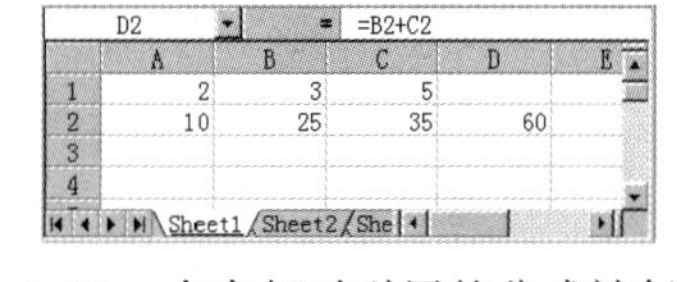

图 4-29　含有相对引用的公式被复制

② 绝对引用：是指在把公式复制到新位置时，使其中的单元格地址保持不变。设置绝对地址只需在行号和列号前面加符号“$”即可。例如，若把图 4-28 所示的工作表中的 C1 单元格的公式改为“=$A$1+$B$1”，将 C1 单元格中公式分别复制到 C2 和 D2 单元格，结果如图 4-30 所示，C2 和 D2 单元格中的公式不变，仍为“=$A$1+$B$1”。

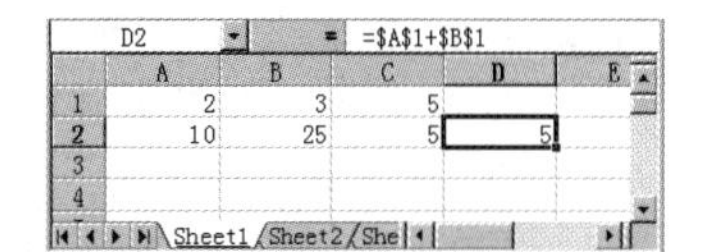

图 4-30　含有绝对引用的公式被复制

③ 混合引用：表示只在行号或列标的前面加“$”符号，如 A$1、$B1，则当公式复制之后，只有相对地址部分会发生改变而绝对地址部分保持不变。例如，在 C1 单元格中输入“=$A1+B$1”，现将 C1 单元格中的公式复制到 C2 单元格，C2 单元格中的公式变为“=$A2+B$1”，再将 C1 单元格中的公式复制到 D2 单元格，D2 单元格中的公式变为“=$A2+C$1”。

（3）单元格区域引用

在 Excel 中，单元格引用一般用于使用单个单元格时的情形，但在实际计算中，往往需要的是对一个单元格区域进行计算和引用，在此称为单元格区域引用。在引用单元格区域时借助以下单元格区域引用运算符来实现：

① 冒号（:）：又称区域运算符，用于表示工作表中的一个矩形区域。该运算符的使用格式为“A:B”，其中 A 表示矩形区域左上角的单元格名称，B 表示矩形区域右下角的单元格名称。因此，可以将“A:B”理解为单元格 A 到单元格 B 的矩形区域，如图 4-31 中的三个图形中选定的区域依次可以用“B2:D5”“C2:C5”“B3:D3”来表示。

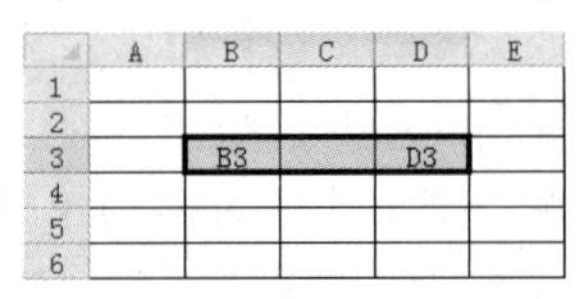

图 4-31　区域运算符示例

② 逗号（,）：又称联合引用运算符，用于表示多个矩形区域合并后的区域。该运算符的使用格式为“A,B,C,…”，其中 A、B、C、……均表示一个矩形区域。因此，可以将“A,B,C”理解为由小矩形区域 A、B、C 合并后形成的数据区域，如图 4-32 中选定的区域可以用“B2:B3,C4:D5,E2:G3”来表示。

③ 空格：又称交叉引用运算符，用于表示多个矩形区域相交的区域。该运算符的使用格式为“A B C …”，其中 A、B、C、……均表示一个矩形区域。因此，可以将“A B C”理解为矩形区域 A、B、C 所共同重叠的矩形区域，如图 4-33 中选定的区域可以用“B2:F4 D3:G6”来表示。从图中也可以看出通过“B2:F4 D3:G6”所引用的区域就是“D3:F4”。

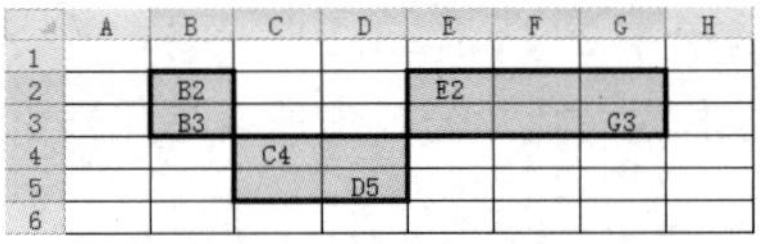

图 4-32　联合引用运算符示例

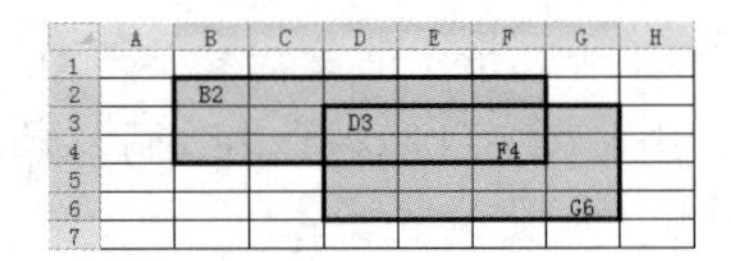

图 4-33　交叉引用运算符示例

④ 感叹号（!）：又称三维引用运算符，可用于引用不在当前工作表中的单元格区域，其表示形式为“A!B”，其中 A 为引用区域所在的工作表名称，B 为引用的单元格区域。如“Sheet1!A3:B5”表示引用 Sheet1 工作表中的 A3:B5 区域。

（4）公式输入技巧

在输入 Excel 公式时，不管计算什么问题必须先输入等号“=”，才能输入表达式，因此，此时的等号“=”也可以理解为公式的一个标志，其后面的表达式才是公式真正的内容。有时可通过以下方式快速输入公式：

① 鼠标选取输入。输入公式时常会用到单元格或单元格区域的引用，可通过鼠标选择要引用的单元格区域向公式中插入这些引用。如输入公式“=B3 - C3”的操作步骤

为：先输入等号“=”，再单击 B3 单元格，接着输入减号“-”，最后单击 C3 单元格。

② 移动和复制公式。在输入公式时，移动和复制公式也是经常需要进行的操作，在某些情况下，使用这两种操作更能方便公式的输入。

可通过移动公式所在单元格的操作改变公式的位置，在 Excel 中移动公式时，无论使用哪种单元格引用方式，移动后的公式内容和移动前的一样，不会发生变化。例如，将公式“=C3+D3”从 E3 移到 E10 后内容仍为“=C3+D3”。

复制公式操作可把当前公式复制到其他位置。和移动公式不同的是，复制公式操作会使公式中的单元格引用发生变化，变化的规律与单元格的引用方式和复制前后的相对位置有关。例如，将公式“=C3+D3”从 E3 复制到 E10 后内容将变为“=C10+D10”。

在 Excel 中输入公式时，公式中的字母是不区分大小写的，如单元格引用 A4 和 a4 指的为同一个单元格。

2. 函数

函数是 Excel 中预先定义好的公式，可以帮助用户完成各种复杂的操作。

（1）函数的种类

Excel 中的函数主要包括以下几种类别：常用函数、财务函数、日期与时间函数、数学与三角函数、统计函数、查找与引用函数、数据库函数、文本函数、逻辑函数、信息函数等。

（2）函数的语法结构

函数名（参数 1,参数 2,…）

其中的参数可以是常量、单元格、单元格区域或其他函数。例如：

=SUM(A1:A3)：表示对 A1 到 A3 单元格中的数据求和。

=MAX(B1,B3,B4)：表示取 B1、B3、B4 单元格中的最大值。

（3）函数的输入

输入函数可以采用多种方法。一种方法与输入公式的操作相同，可以在编辑栏中直接输入函数。例如，在单元格中输入“= SQRT(B1)”。

一种方法是粘贴函数法，操作步骤如下：

① 选择输入函数的单元格。

② 单击“公式”选项卡的“函数库”组中的“插入函数”按钮 f_x（也可直接单击编辑栏左侧的“插入函数”按钮 f_x），在弹出的图 4-34 所示的“插入函数”对话框中通过选择或搜索找到相应的函数后单击“确定”按钮进入该函数参数的设置界面。

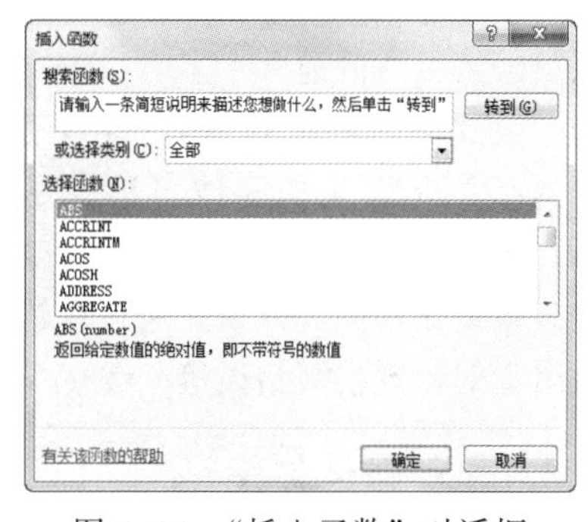

图 4-34 “插入函数”对话框

③ 在函数参数的设置界面（即“函数参数”对话框，图 4-35 即为 SUM 函数参数设置界面）可借助设置界面中关于参数意义的提示等信息，通过鼠标选择或手工输入设置参数。可以在“函数参数”对话框中直接输入参数，或单击文本框右端的“折叠按钮”，显示“函数参数”折叠窗口（见图 4-36），用鼠标选择单元格或区域，并单击“返回按钮”，实现参数的自动输入。最后，单击“函数参数”对话框中的“确定”按钮完成函数的输入，并返回工作表编辑窗口。

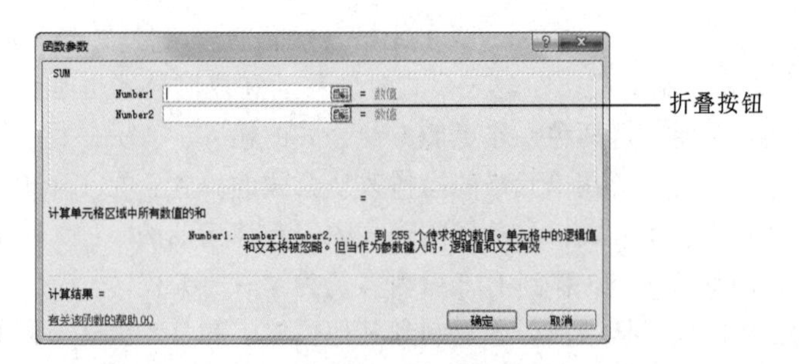

图 4-35　SUM 函数参数设置界面

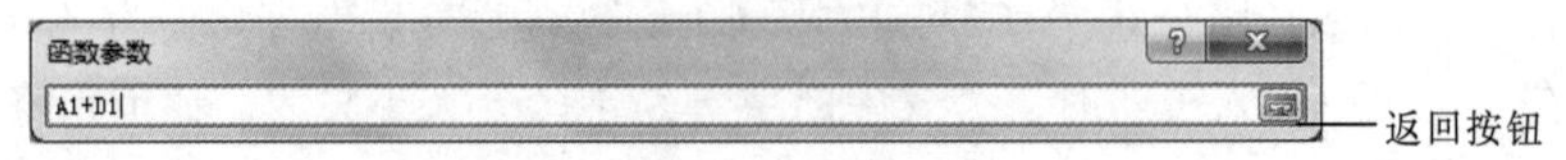

图 4-36　“函数参数”折叠窗口

另一种方法是通过“公式”选项卡输入。

在插入函数时如果已经知道函数所在的类别，就可以直接单击选项卡中对应的类别按钮快速查找该函数，具体操作如下：

① 单击“公式”选项卡，在图 4-37 所示的“函数库”组中单击与函数类型相对应的按钮。

图 4-37　“公式”选项卡中的“函数库”组

② 在弹出的下拉列表中选择要插入的函数名称后直接进入函数参数设置界面，在参数设置完成后单击“确定”按钮完成操作。

在图 4-37 显示的“函数库”组中还可以看到一个“最近使用的函数”按钮，通过该按钮可打开最近使用过的函数加快函数查找过程。

在 Excel 2016 中输入函数时，还可以只输入函数的前几个字母，Excel 2016 的“公式记忆式键入功能”会自动列出以这些字母开头的函数名称供用户选择。图 4-38 即为输入 SUM 函数时的过程。借助该功能可以预防用户在输入函数名称时出现拼写错误等问题。

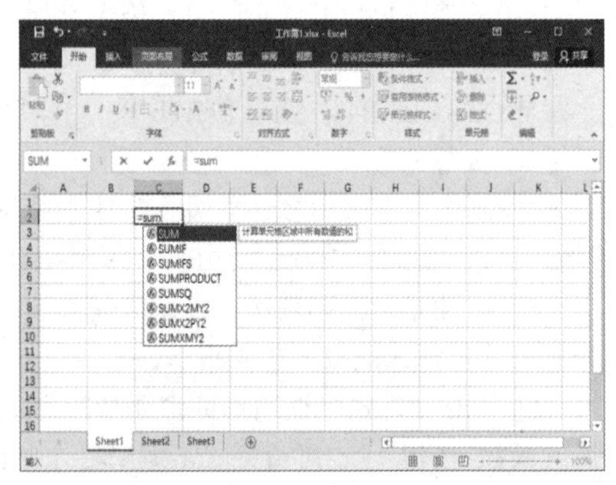

图 4-38　公式记忆式键入功能示例

4.3.4　创建迷你图

1. 迷你图的概念

迷你图也是 Excel 2016 中的一个新增功能，与一般的图表相比，迷你图是一种单元格中的微型图表，与一般的图表不同，迷你图不是对象，可以认为它是一种特殊的单元格背景。

在具备能体现数据之间的变化规律等功能的同时，迷你图有独自的特点：

① 迷你图以更清晰简明的图形表示方法显示相邻数据间的发展趋势。

② 迷你图不仅占用的空间较少，而且可以通过在包含迷你图的单元格上使用填充

柄将其填充到其他相邻的单元格。

③ 在打印包含迷你图的工作表时，迷你图也将被打印。

2. 创建迷你图

创建迷你图的操作步骤如下：

① 选择要在其中创建一个或多个迷你图的一个或多个空白单元格。

② 打开功能区的“插入”选项卡，单击该选项卡的“迷你图”组中代表各迷你图类型的按钮，弹出图 4-39 所示的“创建迷你图”对话框。

③ 在“创建迷你图”对话框的“数据范围”编辑框中设置相应的要创建迷你图的单元格区域，以类似的步骤通过“位置范围”编辑框修改迷你图显示的位置，设置完成后单击“确定”按钮。

图 4-40 所示即为在该图中数据区域按图 4-39 所示的设置而创建的“柱形图”类型的迷你图。

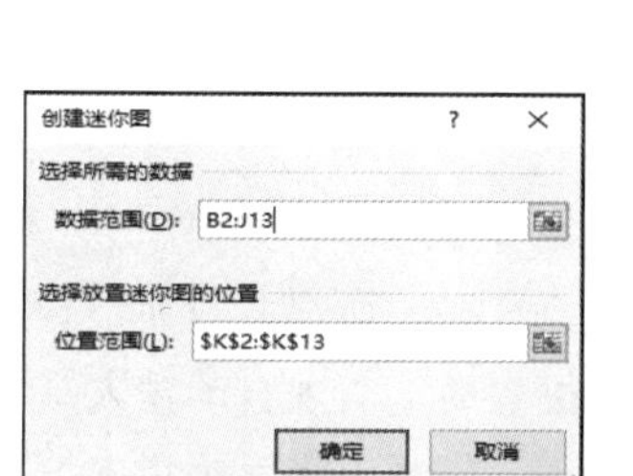

图 4-39 “创建迷你图”对话框

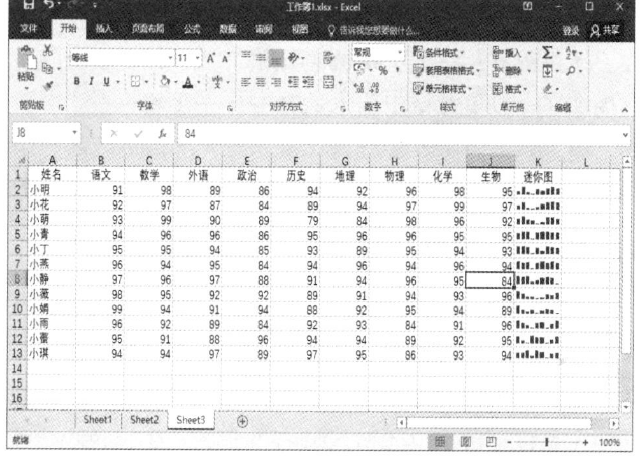

图 4-40 “柱形图”类型的迷你图

3. 编辑迷你图

和其他图表类似，迷你图在创建后也可以进行相应的编辑操作。

（1）编辑迷你图数据

编辑迷你图数据时需先选中迷你图所在的单元格，打开功能区“迷你图工具/设计”选项卡，单击该选项卡“迷你图”组中“编辑数据”下拉按钮，弹出图 4-41 所示的菜单，根据在菜单中选择的选项不同又分为三种情况来进行。

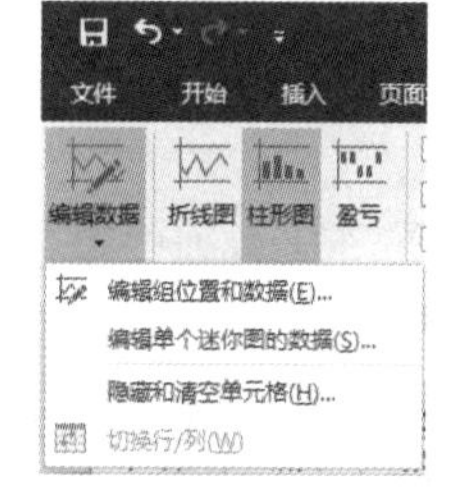

图 4-41 编辑迷你图数据菜单

① 编辑组位置和数据。选择第一个命令后会弹出“编辑迷你图”对话框（见图 4-42）进行迷你图数据的编辑，按要求修改相应的迷你图数据范围后单击“确定”按钮完成操作。

② 编辑单个迷你图的数据。选择第二个命令后会弹出“编辑迷你图数据”对话框（见图 4-43），进行单个迷你图数据的编辑，按要求修改相应的单个迷你图数据范围后单击“确定”按钮完成操作。

③ 隐藏和清空单元格。选择第三个命令后会弹出“隐藏和空单元格设置”对话框

（见图 4-44）进行针对隐藏单元格和空单元格数据生成的迷你图编辑，按要求选择相应的选项后单击“确定”按钮完成操作。

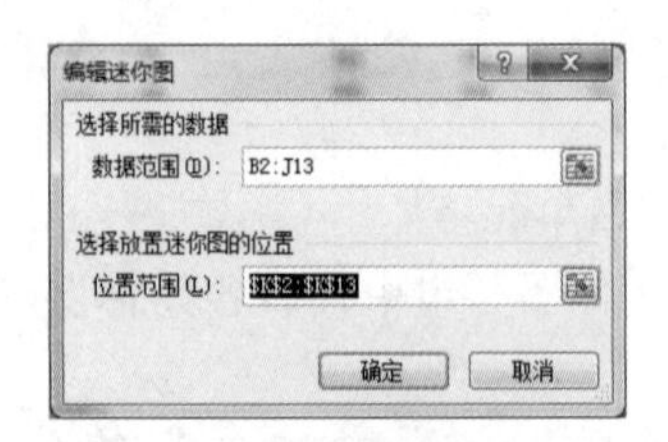

图 4-42 “编辑迷你图”对话框

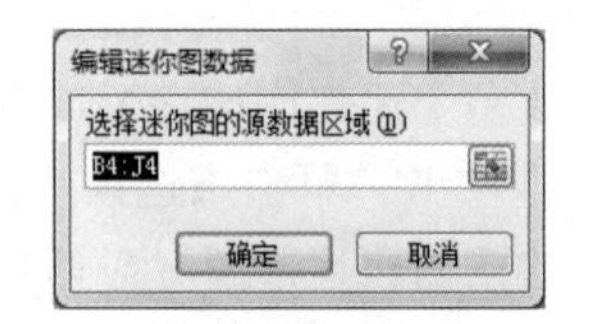

图 4-43 “编辑迷你图数据”对话框

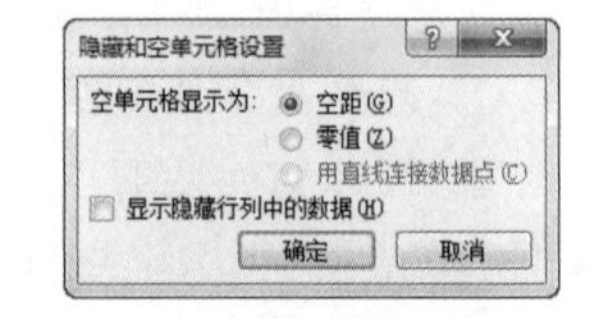

图 4-44 “隐藏和空单元格设置”对话框

（2）更改迷你图样式

更改迷你图样式时可先选中迷你图所在的单元格，打开功能区“迷你图工具/设计”选项卡，然后单击该选项卡“类型”组中对应的类型按钮即可。

（3）迷你图中添加文本

迷你图只是一种特殊的单元格背景，因此要在迷你图所在的单元格中添加文本时可直接像在一般单元格中输入数据一样手工输入。

除了以上编辑操作外，还可以打开功能区“迷你图工具/设计”选项卡，通过单击该选项卡“分组”组中的相应按钮对迷你图进行添加坐标轴、组合及清除等操作。

4.3.5 数据序列的填充

1. 使用填充柄填充序列

在 Excel 进行数据处理时，有时需要输入大量有规律的数据，如等差数列、自定义数列等，利用鼠标拖动单元格右下角的“填充柄”，可以很容易地实现自动输入。“填充柄”是位于活动单元格区域右下角的一个黑色小方块，在工作表中将鼠标指向填充柄时，光标的形状将会由空心十字变成黑色十字。

自动填充有以下三种形式。

（1）数值型数据的填充

① 相同数据的填充：在当前单元格内输入一个初始值，将鼠标移至填充柄，按下鼠标左键直接拖动。

② 等差数列的填充：在相邻的两个单元格内输入数列初值。例如，如果要输入序列 2、4、6、8……，则先输入 2 和 4。选定包含初始值的单元格，按下鼠标左键拖动填充柄。

③ 等比数列的填充：在相邻的两个单元格内输入数列初值。例如，如果要输入序列 1、2、4、8……，则先输入 1 和 2。选定包含初始值的单元格，按下鼠标右键拖动填充柄，在弹出的快捷菜单中选择“等比数列”命令。

（2）文本型数据的填充

① 不含数字串的文本：选定包含文本的单元格，按下鼠标左键拖动填充柄实现文本的复制。

② 含有数字串的文本：选定单元格，按下鼠标左键拖动填充柄，文本中最后一个数字串递增，其他部分保持不变。

（3）日期和时间型数据的填充

选定包含日期或时间的单元格，按下鼠标左键拖动填充柄，日期以天为单位递增，时间以小时为单位递增。若拖动鼠标同时按下【Ctrl】键，数据保持不变。

2. 使用菜单填充输入

数据填充操作也可以通过菜单的方式进行，而且通过菜单方式填充的数据序列类型更多。具体操作如下：

先在填充区域的起始单元格中输入要填充的起始数据，从该单元格开始（包括该单元格）选定要填充的行或列区域，单击“开始”选项卡“编辑”组中的“填充”下拉按钮，在弹出的图 4-45 所示的菜单中选择相应的填充方向完成填充。Excel 会从选定的单元格出发，根据选择的填充方向填充与输入数据相同的数据到选定的行或行区域。例如，在 C1 单元格中输入 2 再选定 C1 到 C9 区域，接着在图 4-45 所示的菜单中选择“向下”命令后的结果如图 4-46 所示。

图 4-45　填充方式设置菜单

	A	B	C	D	E
1			2		
2			2		
3			2		
4			2		
5			2		
6			2		
7			2		
8			2		
9			2		
10					

图 4-46　使用菜单填充相同数据后的效果

如果要填充的是数据序列，也可在图 4-45 所示菜单中选择“系列”命令，在弹出的“序列”对话框（见图 4-47）中选择相应的序列选项再单击“确定”按钮完成操作。例如，在 C1 单元格中输入 2 再选定 C1 到 C9 区域，接着按图 4-47 中所示的“序列”对话框进行设置后的结果如图 4-48 所示。

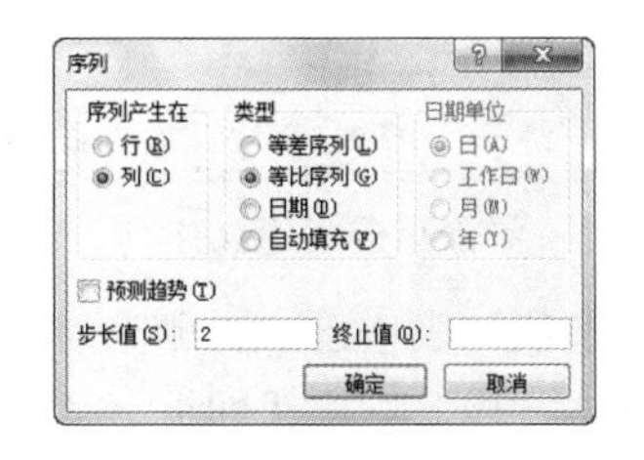

图 4-47　“序列”对话框

	A	B	C	D	E
1			2		
2			4		
3			8		
4			16		
5			32		
6			64		
7			128		
8			256		
9			512		
10					

图 4-48　使用菜单填充序列数据后的效果

3. 自定义序列的填充

Excel 内部提供了一些序列，如“Sun、Mon、Tue……”“星期一、星期二、星期三……”“甲、乙、丙、丁……”等。用户只要在单元格中输入序列中的某一项，然后按下鼠标左键拖动填充柄，即可完成序列的填充。

除了这些系统设定好的序列，用户还可以创建自定义序列。选择“文件”→“选项”命令，弹出“Excel 选项”对话框，在该对话框的左侧窗格中选择“高级”选项，将右侧窗格中的滚动条向下滚动直到当前显示的为“常规”选项区域为止（见图 4-49），单击“常规”选项区域中的“编辑自定义列表”按钮，在弹出的“自定义序列”对话框的左侧列表中选择“新序列”选项，在右侧的“输入序列”编辑框中按图 4-50 所示的方式输入“周一”到“周日”的自定义序列并单击“添加”按钮，可以看到，该序列已经被添加到左侧的“自定义序列”列表底端（见图 4-51）。单击“确定”按钮退出“自定义序列”对话框后重复图 4-49 中的示例及操作，查看自定义序列“周一”到“周日”方式的填充效果。

图 4-49　单击“编辑自定义列表”按钮

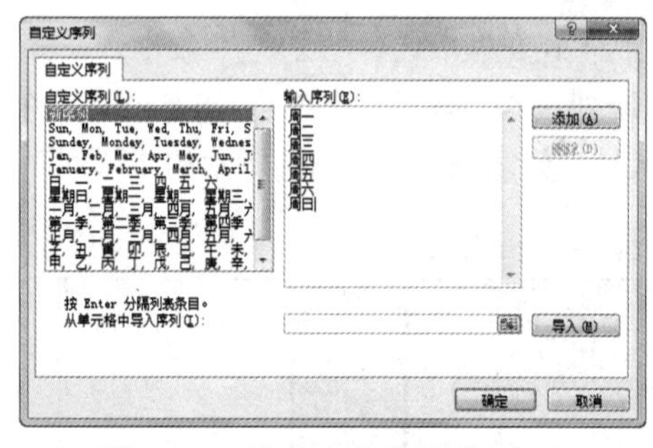

图 4-50　输入自定义序列

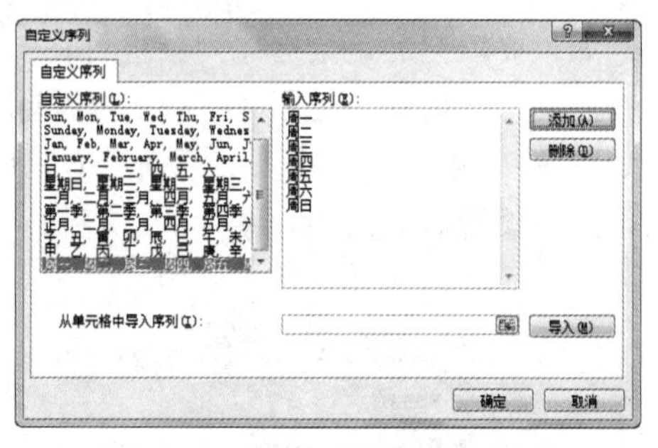

图 4-51　添加后的自定义序列

如果要删除自定义序列，可在“自定义序列”对话框左侧列表中选中要删除的自定义序列，再单击“删除”按钮，在弹出的提醒对话框中单击“确定”按钮即可。

从“自定义序列”对话框左侧列表中可以看出，之所以在默认情况下可以直接填充“星期一”到“星期日”等序列，是因为这些序列已经被 Excel 默认添加到自定义序列中了。

4.3.6　工作表的格式设置

Excel 2016 中可以从多方面对工作表格式进行设置，其中数据显示格式设置、对齐方式设置、文字格式设置、边框和填充格式设置以及工作表保护设置等操作都可通过“设置单元格格式”对话框（见图 4-52）进行。

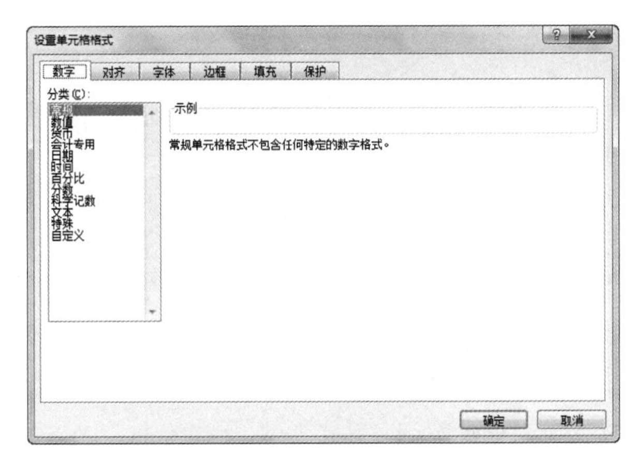

图 4-52 “设置单元格格式”对话框

选择要设置格式的单元格区域，单击“开始”选项卡“单元格”组中的“格式”下拉按钮，在弹出的菜单中选择“设置单元格格式”命令即可打开“设置单元格格式”对话框（也可通过右击，在弹出的快捷菜单中选择“设置单元格格式”命令）。

1. 设置数字格式

单击“设置单元格格式”对话框中的“数字”选项卡，在“分类”列表框中选择预设定的数据类型，在对话框的右侧对数据的格式进行设置，如图 4-53 所示。

2. 设置文本的对齐方式

Excel 默认的文本格式是左对齐的，而数字、日期和时间是右对齐的，更改对齐方式并不会改变数据类型。

单击“设置单元格格式”对话框中的“对齐”选项卡，可实现设置对齐方式，并且可对单元格中的文本进行旋转操作，如图 4-54 所示。

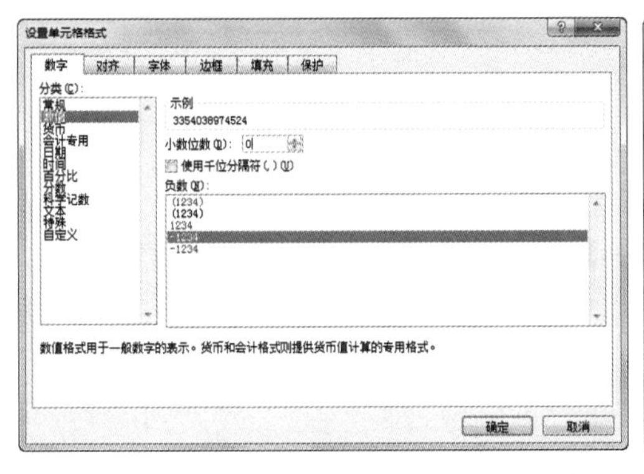

图 4-53 “数字”选项卡

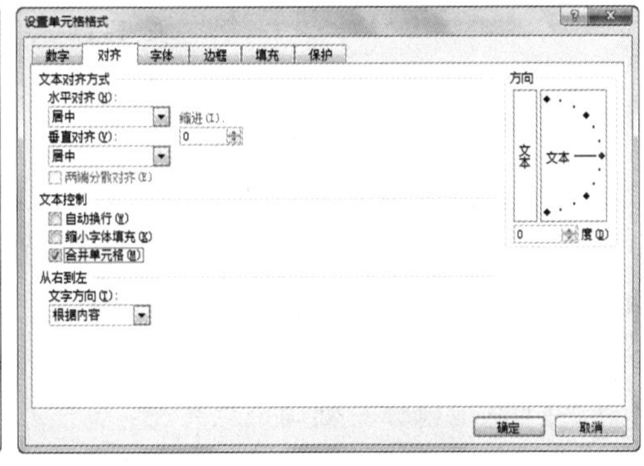

图 4-54 “对齐”选项卡

3. 设置字体

选定单元格或区域，单击“设置单元格格式”对话框中的“字体”选项卡，可以设置字体、字号、颜色等，如图 4-55 所示。

4. 设置边框

选定单元格或区域，单击“设置单元格格式”对话框中的“边框”选项卡，可以设置边框线、线型和颜色，如图 4-56 所示。

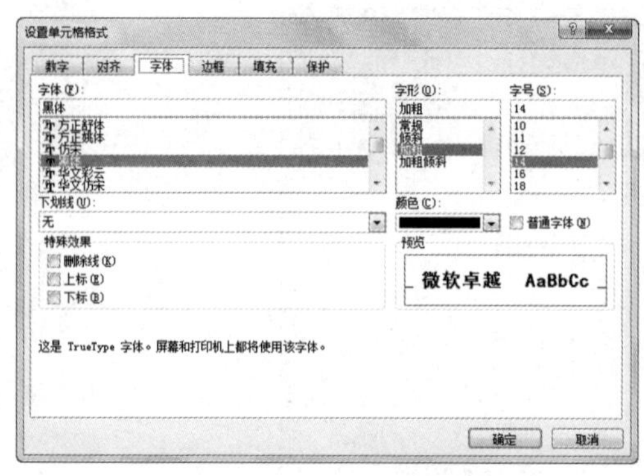

图 4-55 “字体”选项卡

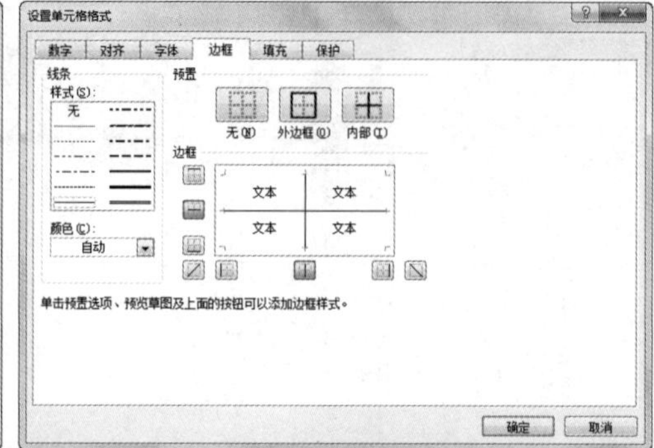

图 4-56 “边框”选项卡

5. 设置填充格式

选定单元格或区域，单击“设置单元格格式”对话框的“填充”选项卡，单击该选项卡中“图案颜色”下拉按钮，可以设置背景颜色和图案，如图 4-57 所示。

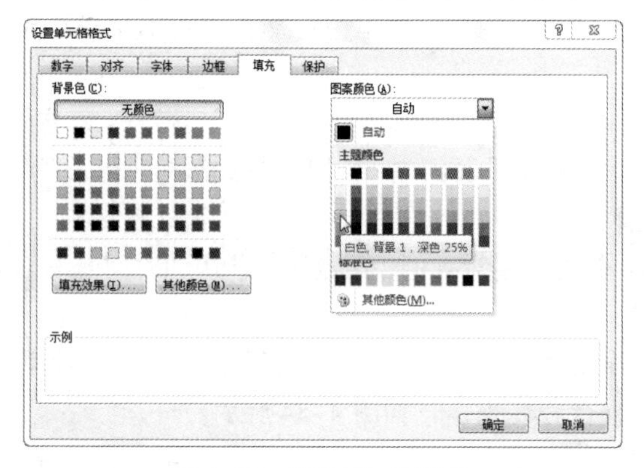

图 4-57 “填充”选项卡

6. 调整行高和列宽

调整行高和列宽的方法很相似。下面主要以调整行高为例，讲述三种操作方法。

（1）拖动分割线调整行高

将鼠标指针定位于行号（列号）之间的分割线上，这时鼠标指针形状变成+（+），按下鼠标左键上下（左右）拖动，可调整行高（列宽）。当拖动鼠标时，在指针的右上方显示该行的高（宽）度值。

（2）双击鼠标左键调整行高

将鼠标指针定位于行号（列号）之间的分割线上双击，Excel 能自动将行高（列宽）调整到最合适的高度（宽度）。

（3）用菜单命令调整行高（列宽）

选择要调整的行或列（可为多行或多列），在“开始”选项卡“单元格”组中单击“格式”下拉按钮，在弹出的菜单中选择“行高”（“列宽”）命令，在弹出的图 4-58 所示的“行高”（或图 4-59 所示的“列宽”）对话框中输入想要设置的高度值（宽度值）即可。

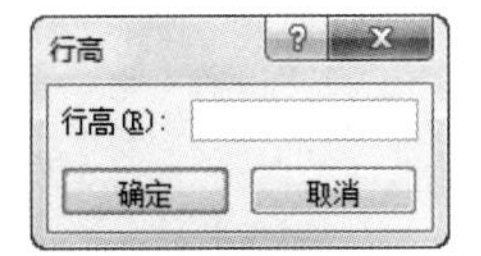

图 4-58 “行高”对话框

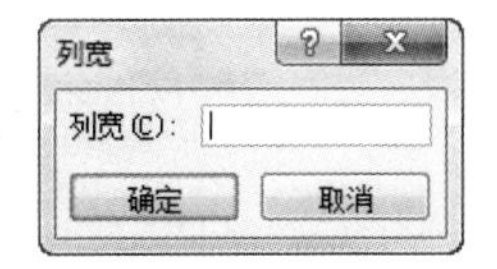

图 4-59 “列宽”对话框

7. 使用条件格式

条件格式即在设置该格式的单元格区域中，将符合条件的单元格数据以相应的格式显示，不符合条件的保持原来的格式，其中的条件和对应的格式均可由用户自己设定。

通常使用条件格式将表格中符合条件的数据突出显示。

（1）设置条件格式

① 选择要设置条件格式的单元格区域。

② 单击“开始”选项卡的“样式”组中的“条件格式”下拉按钮，在弹出的菜单中有多个菜单项供用户选择（具体如图 4-60 所示），在进行选择之前，有必要先了解这些命令。

- 突出显示单元格规则：在该命令下用户可以使用大于、小于及介于等比较运算符来设置条件规则。该规则常用于突出显示用户所关注的数据。
- 项目选取规则：该命令可通过满足某个条件的前（或后）几个或高（或低）于平均值等方式来设置条件规则。该规则常用于突出和强调异常数据。
- 数据条：该命令把当前单元格中的数据以数据条的形式来表示，数据条的长度即代表单元格中的值的大小，长度越长值越大，越短则越小。在观察大量的数据时，数据条可帮助用户更直观地查看当前单元格相对于其他单元格中的值。

突出显示单元格规则(H)
项目选取规则(T)
数据条(D)
色阶(S)
图标集(I)
新建规则(N)...
清除规则(C)
管理规则(R)...

图 4-60 条件格式菜单

- 色阶：该命令将多种颜色间的渐变过程与数据大小的变化过程相联系，在用色阶设置时，颜色的深浅程度表示当前单元格中数据的大小。例如，在红、白、蓝色阶中，可以指定数据较大的单元格颜色更红，数据较小的单元格颜色更蓝，而中间值的单元格颜色则为白色。色阶格式常用于帮助用户了解数据的分布和变化情况。
- 图标集：在该命令下，将单元格区域中的数据按照某些阈值分为三到五个类别，每个类别用一个图标来代表，设置效果中图标的不同代表当前值所在的类别不同，间接地表示该数据值的大小。例如，用三个方向的箭头集合表示三个类别，绿色的上箭头代表较大值，黄色的横向箭头代表中间值，红色的下箭头代表较小值，也可以选择只对符合条件的单元格显示图标。通过图标集可起到对单元格添加注释的作用。

③ 在图 4-60 所示的菜单中选择合适的命令后，会弹出相应的级联菜单，如图 4-61 所示。根据要求在级联菜单中选择相应的命令项。

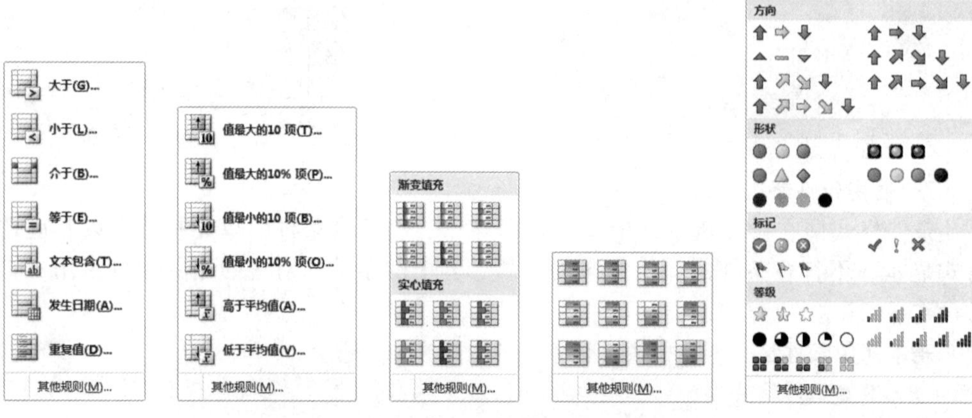

图 4-61　条件格式菜单的前五个级联菜单

④ 对于图 4-61 中的前两个级联菜单，在选择某一命令后还会弹出对应规则的设置界面。图 4-62 为在第一个级联菜单中选择“大于”命令后弹出的设置界面，图 4-63 则为在第二个级联菜单中选择“值最大的 10 项”命令后弹出的设置界面，根据提示按要求进行设置即可。对于后面的三个级联菜单在选择某一命令后即已完成设置过程，可直接查看设置结果。

图 4-62　“大于”条件格式设置界面

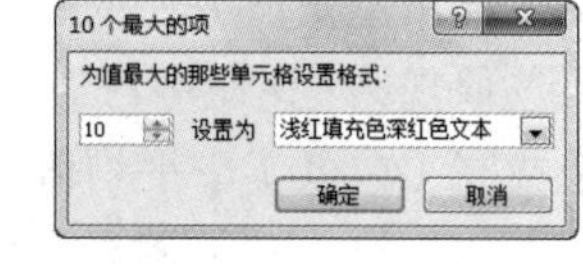

图 4-63　“10 个最大的项”条件格式设置界面

（2）管理和清除条件格式

在设置条件格式时，若在图 4-60 所示的菜单中选择“管理规则”命令，则会弹出图 4-64 所示的“条件格式规则管理器”对话框。在该对话框中单击对应的按钮即可进行新建、编辑和删除条件规则等操作，进而对条件格式起到修改和清除的作用。

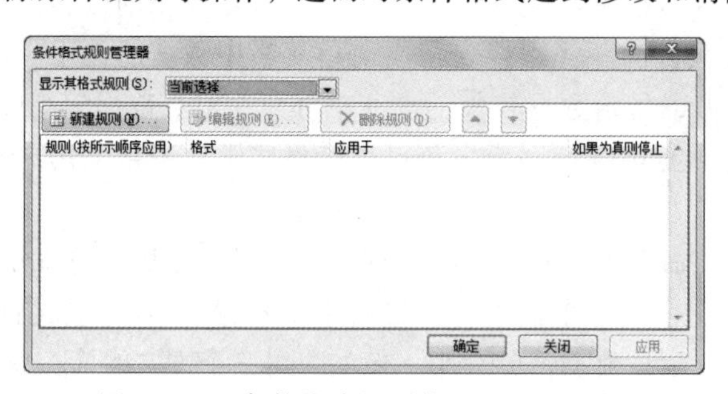

图 4-64　“条件格式规则管理器”对话框

清除条件格式规则操作也可直接通过图 4-60 所示菜单中的“清除规则”命令进行。

8. 自动套用格式

① 选择要套用表格格式的单元格区域（在此选择 A1 到 J13）。

② 单击“开始”选项卡的“样式”组中的“套用表格格式”下拉按钮，在弹出的表格格式列表中选择合适的格式（图 4-65 所示为选择样式“表样式中等深线 15”时的情形）。

③ 弹出图 4-66 所示的“套用表格式”对话框，在该对话框中对套用格式的单元格区域进行确认或修改后，单击“确定”按钮结束操作。

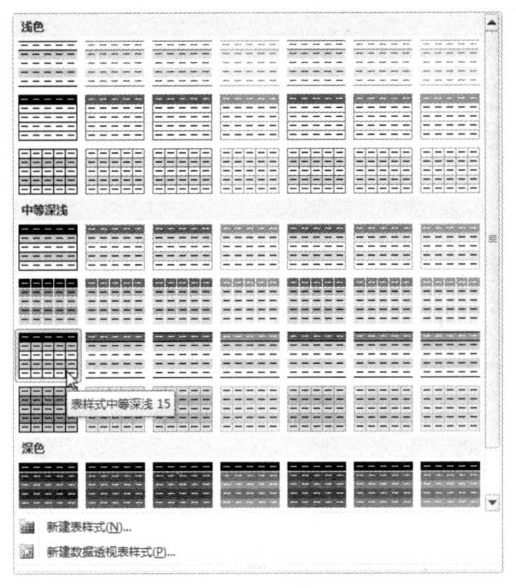

图 4-65　选择表样式界面

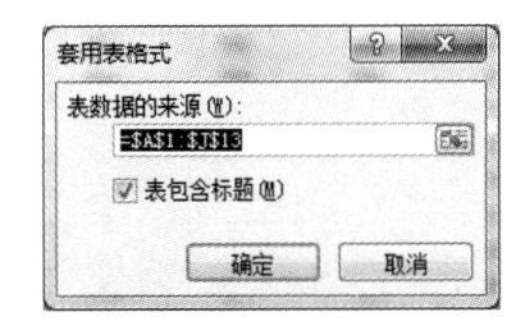

图 4-66　“套用表格式”对话框

9. 插入批注

插入批注时，首先选中要插入批注的单元格，然后右击，在弹出的快捷菜单中选择“插入批注”命令，如图 4-67 所示。在弹出的文本框内填入所插入批注的内容，如图 4-68 所示，添加完毕后，单击工作表任意空白处，退出。编辑批注与删除批注方法与插入批注类似，选中已经插入批注的单元格，右击，在弹出的快捷菜单中选择“编辑批注”或“删除批注”命令，如图 4-69 所示。

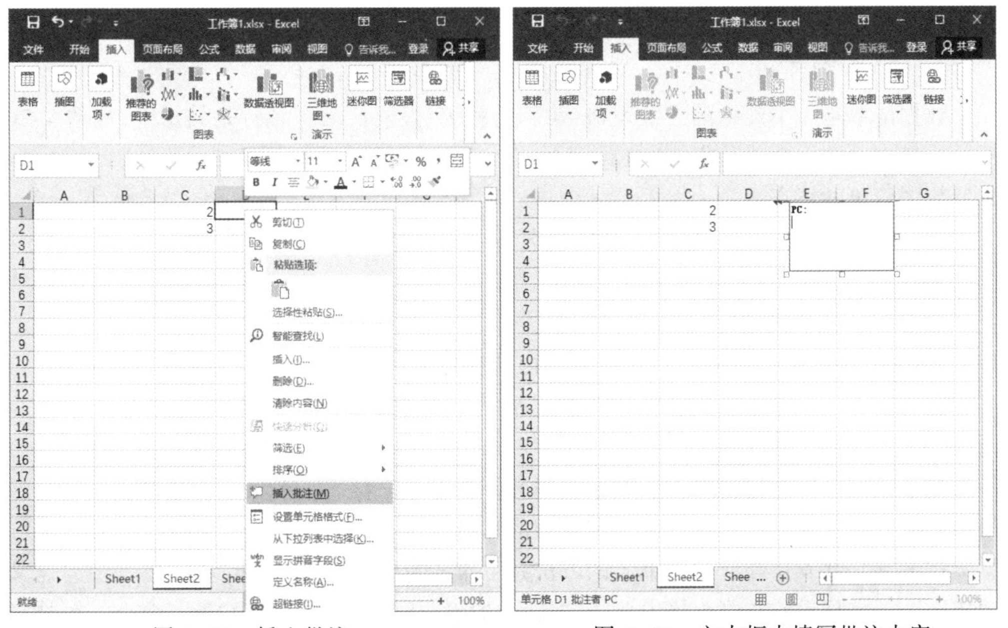

图 4-67　插入批注　　　　图 4-68　文本框中填写批注内容

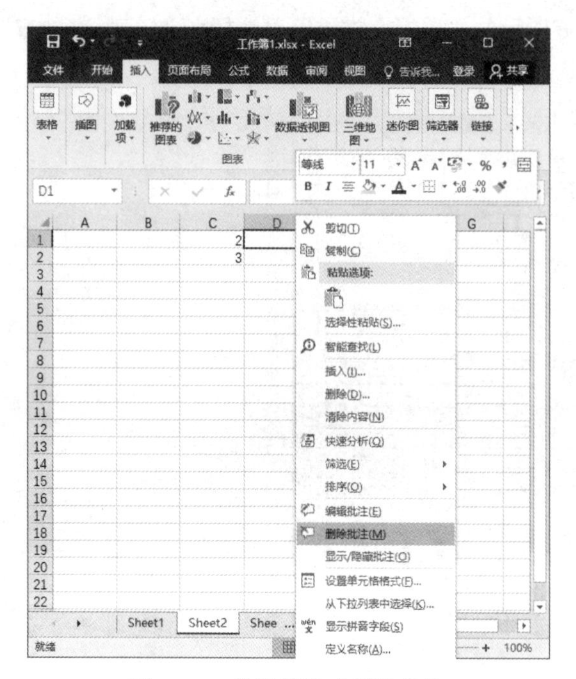

图 4-69　编辑批注或删除批注

4.4　数据统计和分析

Excel 提供了强大的数据统计和分析工具，能对数据进行排序、筛选，并能生成分类汇总表、数据透视表等统计分析表。

4.4.1　数据清单

数据清单是一个规则的二维表格，第一行称为标题行，其他各行是数据区，如图 4-70 所示，其中的数据清单是指 A1:J13 区域。

数据清单的特点是：

① 标题行的每个单元格中存放字段名，用来识别每列的数据。

② 数据区中的每一行称为一个记录。

③ 同一列中的数据具有相同的数据类型。

④ 同一个数据清单中，不允许有空行、空列。

⑤ 同一个工作表可以容纳多个数据清单，但数据清单之间至少有一行或一列的间隔。

对于数据清单的编辑同工作表中编辑数据的方式一样。另外，Excel 还提供了一套专门用于数据清单建立、浏览、编辑和管理的命令。

在 Excel 2016 打开“记录单”的方法是：首先单击“文件”→“选项”→“自定义功能区”，在显示的右侧窗格中单击“常用命令”下拉按钮，选择“所有命令”，选择“记录单”，通过中间的“添加”按钮，并选择右侧“主选项卡”→“新建组”，然后添加即可，如图 4-70 所示。若选择“数据”选项卡，建立一个新的“数据清单”组，便可在“数据”选项卡→“数据清单”组单击“记录单”命令按钮（如图 4-71 所示），弹出“记录单”对话框，如图 4-72 所示。弹出的“记录单”对话框的标题栏显示了当前工作表的名称。在对话框的左边显示各字段名，在其后的文本框中显示该字段的字段值，可以对其进行修改，上下移动中间的滚动条可以浏览不同记录。在对话框的右边是一些命令按钮，可以查看、增加、删除记录以及设置条件进行查询。

图 4-70　添加记录单命令对话框

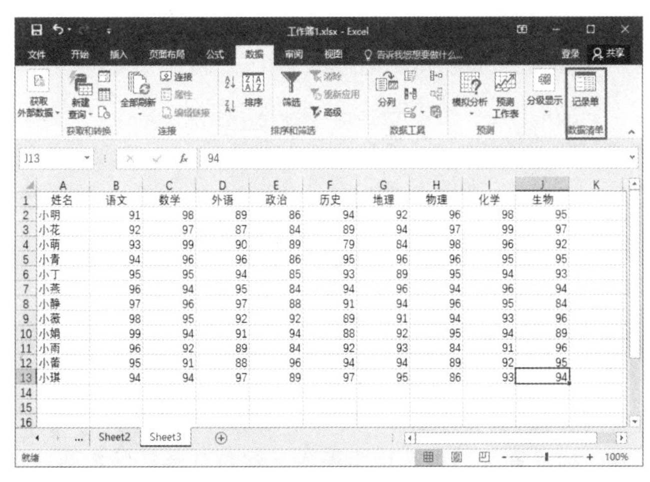

图 4-71　“数据”选项卡增加“数据清单”组

图 4-72　“记录单”对话框

4.4.2　数据排序

数据排序是指按照数据清单中的某一字段或某几个字段重新排列记录的操作。

1. 简单排序

简单排序（即单个条件排序）的操作步骤为：

① 选定要进行排序操作的整个数据清单区域，将功能区切换到“数据”选项卡，单击“排序和筛选”组中的“排序”按钮。

② 在弹出的“排序”对话框中进行图 4-73 所示的设置后单击“确定”按钮结束。

图 4-73 单个条件排序过程

2. 复杂排序

复杂排序即多个条件排序，就是在排序过程中依据多列的数据规则完成的排序。如对表格中的数据清单按照“性别”进行降序排序，在“性别”相同时则按“工龄”进行升序排序的操作步骤如下：

① 选定要进行排序操作的整个数据清单区域，将功能区切换到“数据”选项卡，单击“排序和筛选”组中的“排序”按钮。

② 在弹出的“排序”对话框中先进行图 4-73 所示的设置，再通过单击“添加条件”（也可以是“复制条件”）按钮添加一个新的条件并对该条件按照题目要求进行设置，设置最终结果如图 4-74 所示，单击“确定”按钮完成排序。

在上述“排序”对话框中还可以通过单击“删除条件”对已经添加的选定条件进行删除；也可以通过单击“选项”按钮，在弹出的对话框中对默认的排序选项进行更改；还可以通过选择“次序”下拉列表中的“自定义序列”选项，根据自定义序列的规律对数据清单进行自定义排序操作。

图 4-74 多个条件排序过程

数据清单中一般都为多列数据，在进行排序时，一般都是以记录为单位进行操作（即所有列均参与操作），如果仅对一列或部分列进行排序操作，将打乱整个数据清单中原来的数据对应关系。

4.4.3 数据筛选

数据筛选是指在数据清单中筛选出满足一定条件的记录。数据筛选可以分为自动筛选和高级筛选。

1. 自动筛选

选择数据清单区域中的任一单元格，将功能区切换到“数据”选项卡，单击“排序和筛选”组中的“筛选”按钮，进入自动筛选状态。在数据清单中各字段右下方出现下拉箭头，如图 4-75 所示。

	A	B	C	D	E	F	G	H	I	J
1	姓名	语文	数学	外语	政治	历史	地理	物理	化学	生物
2	小明	91	98	89	86	94	92	96	98	95
3	小花	92	97	87	84	89	94	97	99	97
4	小萌	93	99	90	89	79	84	98	96	92
5	小清	94	96	96	86	95	96	96	95	95
6	小丁	95	95	94	85	93	89	95	94	93
7	小燕	96	94	95	84	94	96	94	96	94
8	小静	97	96	97	88	91	94	96	95	84
9	小薇	98	95	92	92	89	91	94	93	96
10	小娟	99	94	91	94	88	92	95	94	89
11	小雨	96	92	89	84	92	93	84	91	96
12	小蕾	95	91	88	96	94	94	89	92	95
13	小琪	94	94	97	89	97	95	86	93	94

图 4-75　自动筛选状态

2. 高级筛选

使用自动筛选，可以在数据列表中筛选出符合特定条件的数据。若所设的条件较复杂，可以直接使用高级筛选功能。

使用高级筛选，需要先建立一个条件区域，用来指定筛选数据必须满足的条件。在条件区域的首行中包含所有作为条件的字段名，要求与数据清单中的字段名相同。在条件区域的下面输入筛选条件，如图 4-76 所示。注意，当条件式写在同一行，表示条件之间是“与”的关系；写在不同行，表示“或”的关系。

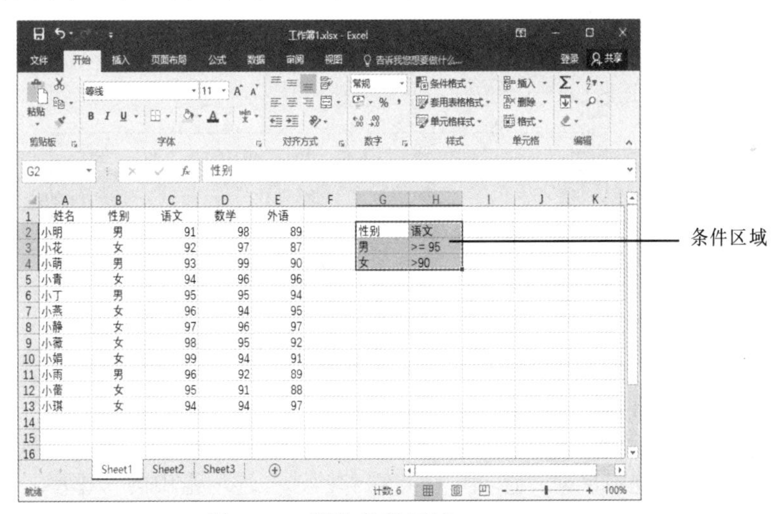

图 4-76　筛选条件区域

建立高级筛选的步骤是：

① 选定要执行高级筛选操作的数据清单区域，将功能区切换到“数据”选项卡，单击“排序和筛选”组中的“高级”按钮，弹出图 4-77 所示的“高级筛选”对话框。

② 选择筛选方式，并在“列表区域”选择数据清单，在“条件区域”选择已建好的条件区域，在“复制到”选择任意空白单元格，单击“确定”按钮实现按条件筛选，筛选结果如图 4-78 所示。

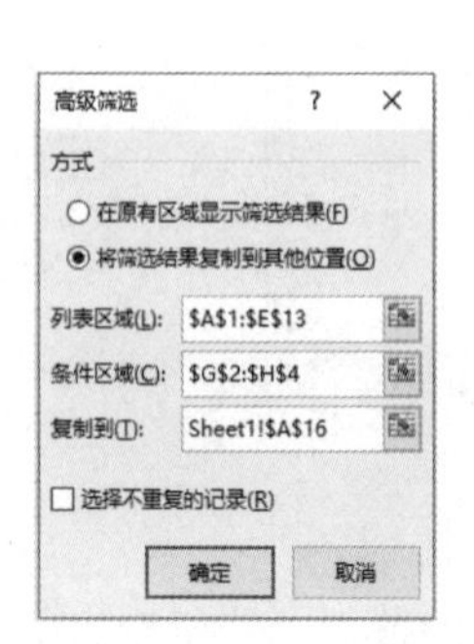

图 4-77 “高级筛选”对话框

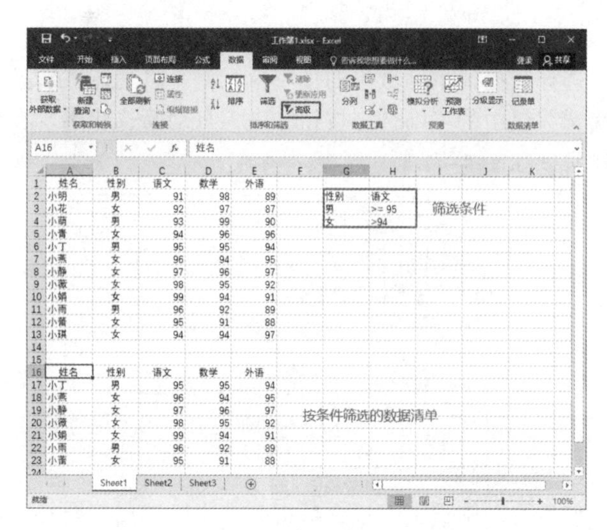

图 4-78 高级筛选结果图

4.4.4 分类汇总

分类汇总是一种对数据清单中的数据进行统计分析的方法，它可以将相同类的数据汇总在一起，对这些同类数据进行求和、求平均值、计数、求最大值、求最小值等运算。

例如，在图 4-79 所示考试成绩表数据清单中，要求按科目对其完成分类汇总，计算各部分的平均分数。

	A	B	C	D	E	F	G	H	I	J
1	姓名	语文	数学	外语	政治	历史	地理	物理	化学	生物
2	小明	91	98	89	86	94	92	96	98	95
3	小花	92	97	87	84	89	94	97	99	97
4	小萌	93	99	90	89	79	84	98	96	92
5	小清	94	96	96	86	95	96	96	95	95
6	小丁	95	95	94	85	93	89	95	94	93
7	小燕	96	94	95	84	94	96	94	96	94
8	小静	97	96	97	88	91	94	96	95	84
9	小薇	98	95	92	92	89	91	94	93	96
10	小娟	99	94	91	94	88	92	95	94	89
11	小雨	96	92	89	84	92	93	84	91	96
12	小蕾	95	91	88	96	94	94	89	92	95
13	小琪	94	94	97	89	97	95	86	93	94

图 4-79 考试成绩表数据清单

1. 简单分类汇总

简单分类汇总即只进行一次汇总操作或运算的分类汇总。对于上例的操作步骤如下：

① 首先通过“数据”选项卡“排序和筛选”选项组中的“排序”按钮对数据清单按“姓名”进行升序排序（降序也可，此例中并无严格要求）。这样就完成了分类汇总的第一步即分类（或排序）操作，按分类要求对数据清单进行排序操作后，会将分类列表中的同类数据均集中在一起。

② 在排序后的数据清单中选择任一单元格，单击“数据”选项卡的“分级显示”组中的“分类汇总”按钮，弹出“分类汇总”对话框。

③ 在“分类汇总”对话框的“分类字段”下拉列表中设置相应的分类字段，在此选择“姓名”选项，在“汇总方式”下拉列表中选择“求和”选项，在“选定汇总项”列表中选择三门成绩对应的“语文”“数学”“外语”复选框，如图 4-80 所示。

“分类字段”表示按某个字段进行分类，本例选择“姓名”。

"汇总方式"表示进行分类汇总的函数，如求和、计数、平均值、最大值等，本例选择"求和"。

"选择汇总项"表示用选定的汇总函数进行汇总的对象，本例选择"数学""语文""外语"。

"替换当前分类汇总"复选框，选中表示将此次分类汇总结果替换已存在的分类汇总结果。

"每组数据分页"复选框，选中表示在每类数据后插入分页符。

"汇总结果显示在数据下方"复选框，选中表示分类汇总结果和总汇总结果显示在明细数据的下方。

单击"确定"按钮，显示图 4-81 的分类汇总结果。

单击汇总表左侧分级显示区上方的"1""2""3"按钮，可以进行分级别显示，还可以单击"+"和"－"按钮，以展开和折叠数据。

图 4-80 "分类汇总"对话框

	A	B	C	D	E	F	G	H	I	J
1	姓名	语文	数学	外语	政治	历史	地理	物理	化学	生物
2	小明	91	98	89	86	94	92	96	98	95
3	**小明 汇总**	91	98	89						
4	小花	92	97	87	84	89	94	97	99	97
5	**小花 汇总**	92	97	87						
6	小萌	93	99	90	89	79	84	98	96	92
7	**小萌 汇总**	93	99	90						
8	小清	94	96	96	86	95	96	96	95	95
9	**小清 汇总**	94	96	96						
10	小丁	95	95	94	85	93	89	95	94	93
11	**小丁 汇总**	95	95	94						
12	小燕	96	94	95	84	94	96	94	96	94
13	**小燕 汇总**	96	94	95						
14	小静	97	96	97	88	91	94	96	95	84
15	**小静 汇总**	97	96	97						
16	小薇	98	95	92	92	89	91	94	93	96
17	**小薇 汇总**	98	95	92						
18	小娟	99	94	91	94	88	92	95	94	89
19	**小娟 汇总**	99	94	91						
20	小雨	96	92	89	84	92	93	84	91	96
21	**小雨 汇总**	96	92	89						
22	小蕾	95	91	88	96	94	94	89	92	95
23	**小蕾 汇总**	95	91	88						
24	小琪	94	94	97	89	97	95	86	93	94
25	**小琪 汇总**	94	94	97						
26	**总计**	1140	1141	1105						

图 4-81 分类汇总的结果

2. 多重分类汇总

多重分类汇总可对同一个数据清单进行多次不同方式的汇总。

在完成的分类汇总结果区域中，先单击任一单元格，再单击"数据"选项卡的"分级显示"组中的"分类汇总"按钮，弹出"分类汇总"对话框。

在"分类汇总"对话框中，按图 4-80 所示进行设置，其中对话框下方的"替换当前分类汇总"复选框必须呈不选中状态，用来表示对总分进行的平均汇总不会替换掉已有结果中对各门成绩的求和汇总，而是两个汇总结果同时显示在数据下方，单击"确定"按钮完成操作。

3. 清除分类汇总

如果已经不再需要分类汇总结果或者分类汇总操作出现问题，可将其清除回到数据清单最初的状态后再进行后续操作。

清除分类汇总的具体步骤如下：

① 将光标定位到分类汇总区域中，单击"数据"选项卡的"分级显示"组中的"分类汇总"按钮，弹出"分类汇总"对话框。

② 在"分类汇总"对话框中单击左下角的"全部删除"按钮完成操作。

4.4.5 数据透视表

分类汇总适合按一个字段进行分类，对一个或多个字段进行汇总；而数据透视表可以对多个字段进行分类和汇总，即对数据进行重新组织，从而显示出有用的信息，以帮助用户从不同的角度分析数据清单中的数据。

1. 创建数据透视表

创建数据透视表的操作步骤如下：

① 打开功能区的“插入”选项卡，单击该选项卡“表格”组中的“数据透视表”按钮，弹出“创建数据透视表”对话框，如图 4-82 所示。

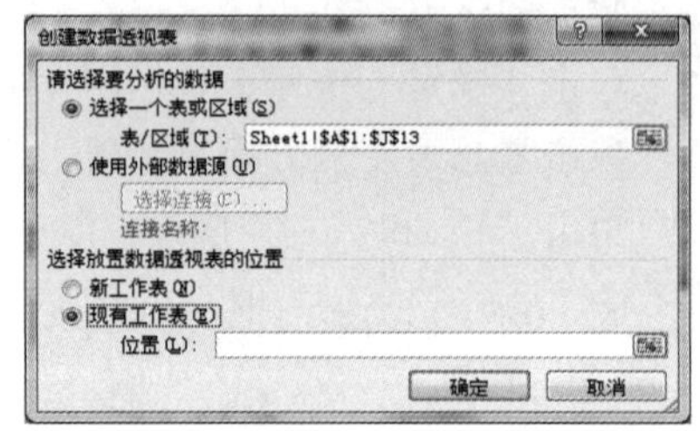

图 4-82 “创建数据透视表”对话框

② 在“创建数据透视表”对话框中先选中“选择一个表或区域”单选按钮，在“表/区域”编辑框中手工输入或使用区域选择按钮来设置创建数据透视表的数据区域，如 A1:J13（也可通过选中“使用外部数据源”单选按钮来设置相应的外部数据源），再选中“现有工作表”单选按钮，在“位置”编辑框中以类似的方式设置数据透视表的位置，一般为一个空单元格名称如 A15（或通过选中“新工作表”单选按钮将数据透视表放置到新的工作表中），设置完成后单击“确定”按钮。

③ 生成图 4-83 所示的数据透视表设置界面，其中左侧为一个空数据透视表，右侧为“数据透视表字段列表”任务窗格。在右侧的“数据透视表字段列表”任务窗格中按要求将数据字段名全部或部分拖放到该任务窗格下方的四个或部分空区域中完成设置过程。随着拖放的字段不同，原来的空数据透视表就会生成相应的数据透视表。图 4-84 所示即为字段设置结果以及对应生成的数据透视表，其中“列标签”区域中的“数值”项是在设置其他区域的字段后自动生成的。

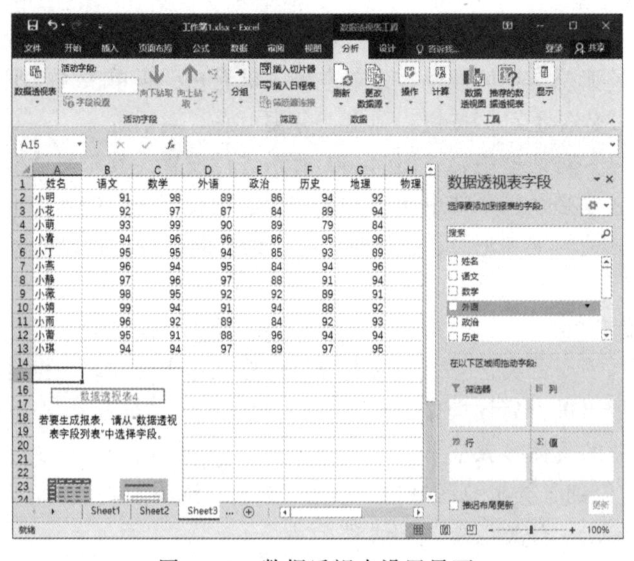

图 4-83 数据透视表设置界面

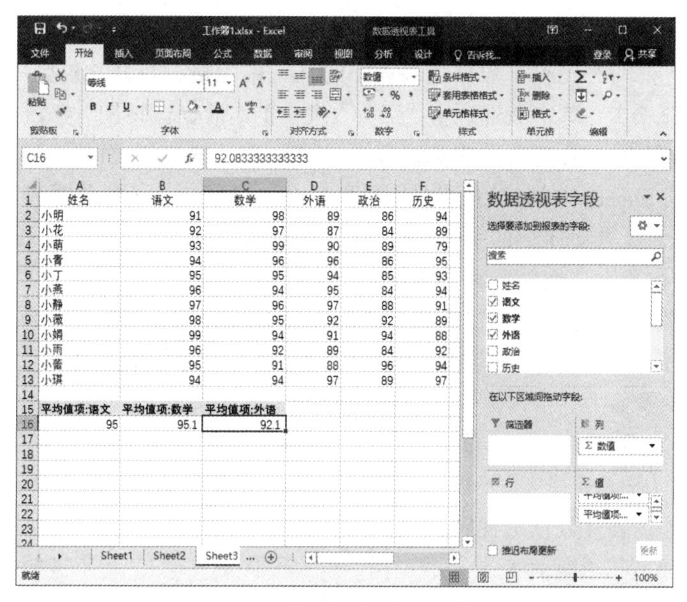

图 4-84　数据透视表设置结果

2. 创建数据透视图

数据透视表只是以汇总数据表格的形式来表示汇总结果。Excel 还可以在创建数据透视表的同时创建基于此数据透视表的数据透视图。创建过程分为以下两种情况：

（1）同时创建数据透视表和数据透视图

要同时创建数据透视表和数据透视图，需要先打开功能区的“插入”选项卡，单击该选项卡“表格”组中的“数据透视表”下拉按钮，在弹出的菜单中选择“数据透视图”命令，剩余步骤与创建透视表的类似。图 4-85 为和图 4-84 中同样设置后的数据透视图效果。

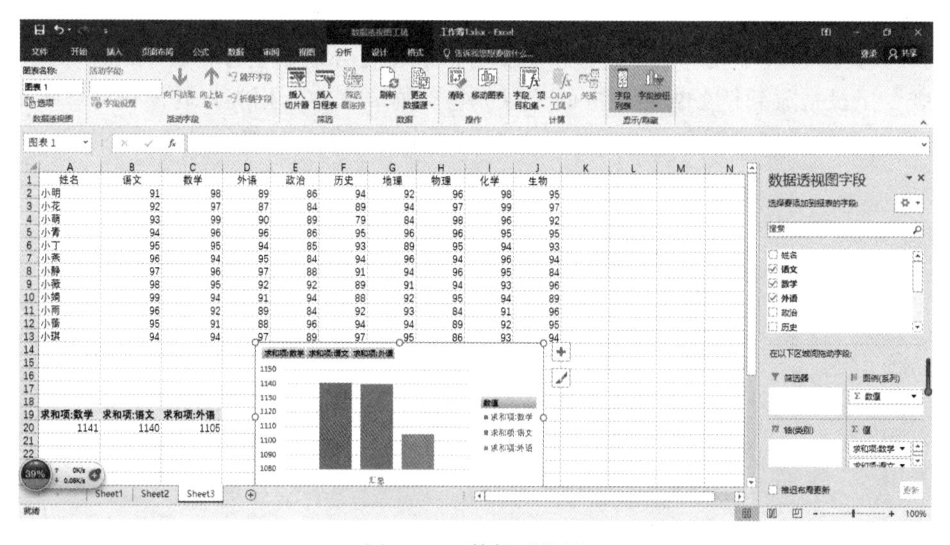

图 4-85　数据透视图

（2）创建已有数据透视表对应的数据透视图

创建数据透视图时先单击数据透视表中的某一单元格，打开功能区中的“数据透视表工具/选项”选项卡，单击该选项卡“工具”组中的“数据透视图”按钮，在弹出的“插入图表”对话框中选择合适的图表类型后单击“确定”按钮完成操作。

例如，根据 Sheet1 中的表格数据（见图 4-86），创建一个数据透视图，要求：

① 显示各班级男女同学的平均年龄。

② 行区域设置为“性别”和“班级”，且“性别”在上。

③ 数值区域设置为“年龄”且对“年龄”计算求和项。

④ 将对应的数据透视表和数据透视图均保存在 Sheet2 工作表中。

具体操作步骤如下：

① 单击表格数据中的任一单元格，打开功能区的“插入”选项卡，单击该选项卡“表格”组中的“数据透视表”下拉按钮，在弹出的菜单中选择“数据透视图”命令，弹出“创建数据透视表及数据透视图”对话框。

② 在“创建数据透视表及数据透视图”对话框中按图 4-87 所示进行设置后单击“确定”按钮关闭对话框，进入数据透视表设置界面。

	A	B	C	D	E
1	班级	姓名	性别	籍贯	年龄
2	英语1班	高成亮	男	浙江	20
3	英语1班	李晓红	女	山东	19
4	英语1班	乔凯生	男	云南	21
5	英语2班	陈志强	男	云南	18
6	英语2班	丁志德	男	山东	19
7	英语2班	杨过	男	山东	20
8	英语3班	毛雪叶	女	浙江	18
9	英语3班	韩成成	男	山东	19
10	英语3班	郑彩丽	女	浙江	18
11	英语3班	刘海仙	男	云南	19

图 4-86　例题原始数据

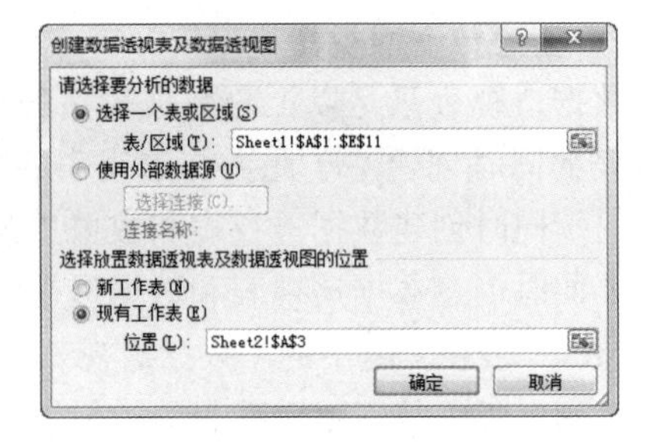

图 4-87　“创建数据透视表及数据透视图”对话框

③ 在数据透视表设置界面中，单击左侧的空数据透视表中的任一单元格，在右侧的“数据透视表字段列表”任务窗格中，依次将任务窗格上方列表中的“性别”和“班级”字段拖放到任务窗格下方的“行标签”列表框中，用类似的操作将“年龄”字段拖放到任务窗格下方的“数值”列表框中完成操作，最终的设置效果如图 4-88 所示。

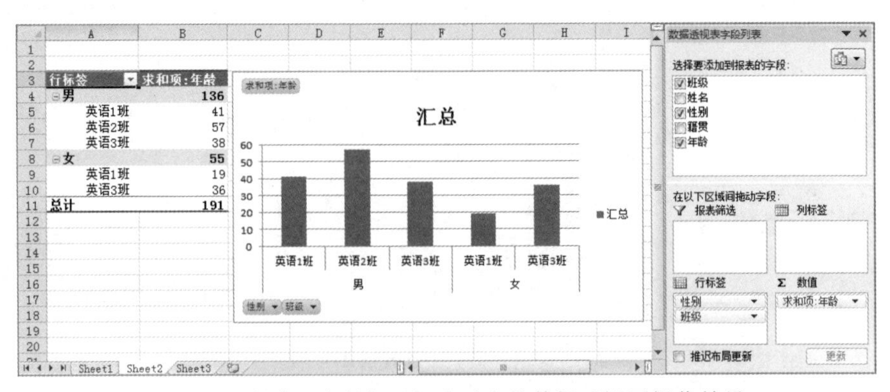

图 4-88　创建已有数据透视表对应的数据透视图操作结果

3. 编辑数据透视表

数据透视表创建好后，除了通过“数据透视表字段列表”任务窗格来调整数据透视表的数据字段外，还可以对创建好的数据透视表做进一步的编辑操作。

（1）数据透视表字段设置

常用的关于数据透视表字段的设置主要分为两种情况：修改字段名称和修改字段汇总方式。修改字段汇总方式主要是针对创建数据透视表时位于“数值”区域的字段，而位于其余区域的字段操作则主要是修改字段名称。

① 修改字段名称。修改字段名称时需要先单击数据透视表中要修改的字段名称或该字段中的某个数据，使得该字段成为活动字段，然后打开功能区中的“数据透视表工具/选项”选项卡，单击该选项卡“活动字段”组中的“字段设置”按钮，弹出图 4-89 所示的“字段设置”对话框，在“自定义名称”文本框中输入想要修改的字段名称后单击“确定”按钮完成操作。

② 修改字段汇总方式。修改字段汇总方式的操作与修改字段名称类似，只需先单击数据透视表中要修改的汇总字段名称或该汇总字段中的某个数据，然后打开功能区中的“数据透视表工具/选项”选项卡，单击该选项卡“活动字段”组中的“字段设置”按钮，弹出图 4-90 所示的“值字段设置”对话框，可在“自定义名称”文本框中输入新名称来修改原有的字段名称，也可在下方的“计算类型”列表框中通过选择相应的选项来更改当前字段的汇总方式，还可单击“数字格式”按钮对汇总结果的格式进行设置，然后单击“确定”按钮完成操作。

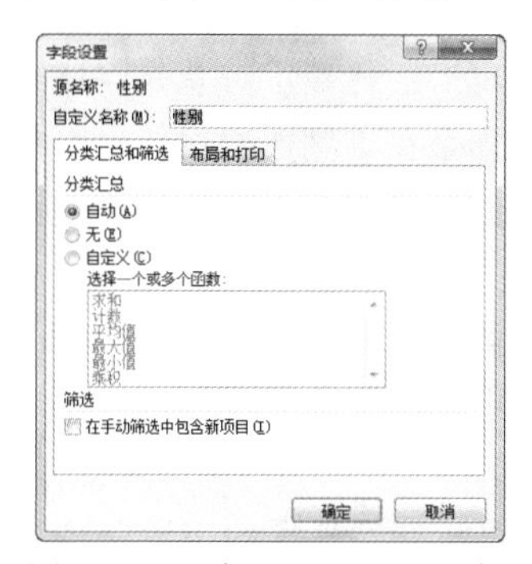

图 4-89 “字段设置”对话框

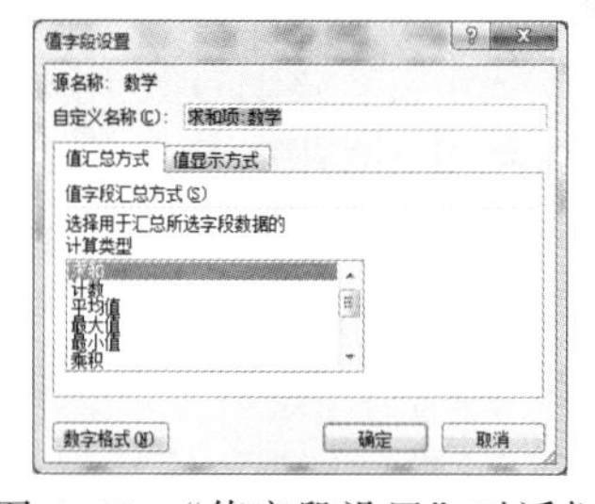

图 4-90 “值字段设置”对话框

（2）设置数据透视表选项

对数据透视表的设置或编辑还包括数据透视表的显示设置、布局和格式设置、数据设置等，具体操作步骤如下：

单击数据透视表中的任一单元格，打开功能区中的“数据透视表工具/选项”选项卡，单击该选项卡“数据透视表”组中的“选项”按钮，在弹出的“数据透视表选项”对话框（见图 4-91）中可通过“名称”编辑框修改数据透视表的名称，也可进入相应的选项卡按照要求进行各方面设置，完成后单击“确定”按钮完成操作。

（3）移动和复制数据透视表

移动和复制数据透视表操作一般都只在当前工作簿中进行。复制数据透视表和复制一般数据区域的方法类似，而移动数据透视表的操作步骤如下：

单击数据透视表中的任一单元格，打开功能区中的“数据透视表工具/选项”选项卡，单击该选项卡“操作”组中的“移动数据透视图”按钮，在弹出的“移动数据透视表”对话框（见图 4-92）中选择合适的透视表位置后单击“确定”按钮完成操作。

图 4-91 “数据透视表选项”对话框

图 4-92 “移动数据透视表”对话框

（4）删除数据透视表

数据透视表在使用完以后可以删除，而且删除数据透视表的操作不会对原始的数据源有任何影响。不能通过删除单元格的方法来删除数据透视表，需要选中包含数据透视表区域的单元格区域并删除该区域。

删除数据透视图的方法与删除一般图表的方法类似。

4. 数据透视表的筛选

在创建数据透视表后，虽然能将汇总结果快速显示出来，但显示时总是将所选字段的所有数据全部呈现出来，给用户在浏览汇总结果时特别是在浏览数据量较大时的汇总结果时造成不便。可通过数据透视表的筛选操作解决类似的问题。

（1）使用“数据透视表字段列表”任务窗格筛选

使用“数据透视表字段列表”任务窗格来筛选的具体操作步骤如下：

① 单击数据透视表中的任一单元格，在当前窗口的右侧显示出“数据透视表字段列表”任务窗格。

② 在“数据透视表字段列表”任务窗格的“选择要添加到报表的字段”列表中单击想要进行筛选的字段名称，可以发现在该字段呈选中状态的同时字段名称右侧出现了按钮。

③ 单击数据字段名称右侧的按钮，弹出图 4-93 所示的界面，通过选中或不选中相应的复选框控制要显示的数据项。

④ 单击“确定”按钮回到数据透视表和数据透视图查看筛选效果。

（2）使用切片器进行筛选

切片器是 Excel 2016 中新增的可用于数据透视表筛选的有力工具，通过切片器筛选可以在同一窗口同时进行多个字段的筛选操作，实现在数据透视表和多个透视图之间的交互，起到联动分析的效果。具体操作步骤如下：

① 单击数据透视表中的任一单元格，打开功能区中的“数据透视表工具/选项”选项卡，单击该选项卡“排序和筛选”组中的“插入切片器”按钮。

② 在弹出的“插入切片器”对话框（见图 4-94）中选中想要进行筛选的字段复选

框后单击“确定”按钮。图 4-95 即为根据所选的筛选字段生成的“语文”切片器窗口，还可以用同样的步骤插入多个切片器进行筛选。

③ 在相应的切片器中选择想要筛选的字段值，或选择多个字段值来筛选同时满足选定字段值的数据，在选择字段值的同时即可观察数据表中的筛选结果。

图 4-93　字段筛选界面

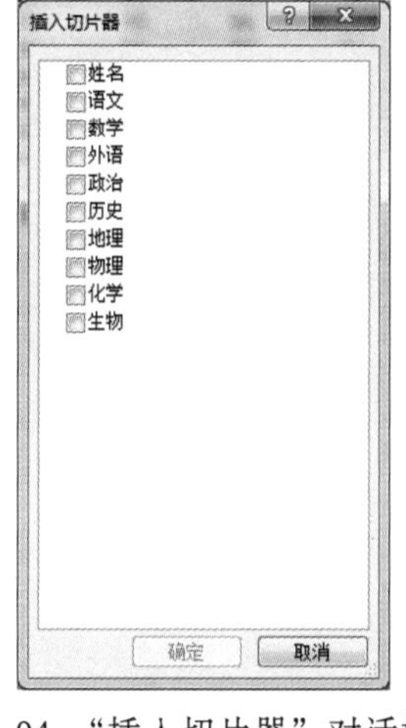

图 4-94　“插入切片器”对话框

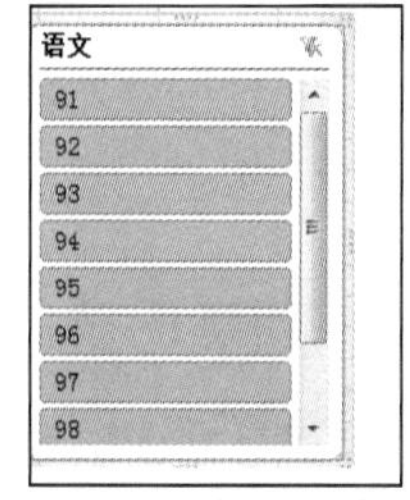

图 4-95　“语文”切片器

在数据透视表中除了可以进行筛选操作外，还可以针对字段进行排序操作，按该字段值的升序或降序查看汇总的数据；也可以单击数据透视表中的任一单元格，打开功能区中的“数据透视表工具/设计”选项卡，通过单击该选项卡“数据透视表样式”组中相应的按钮为数据透视表设置相应的表格样式。

4.5　数 据 图 表

Excel 图表可将统计分析结果以图形的方式形象地表现出来。建立图表的目的是希望借助阅读图表分析数据，直观地表达数据间的关系、发展趋势，当工作表中的数据变化时，图表中的数据也随之变化，使数据之间的差异及规律更加清晰易懂。

4.5.1　图表概述

建立一个 Excel 图表，首先要对需要建立图表的工作表进行阅读分析，选择用什么类型的图表和图表的内在设计，才能使图表建立后达到直观、形象的目的。

建立图表一般有以下步骤：

① 阅读、分析要建立图表的工作表数据，找出“比较”项。

② 通过“插入”选项卡中的“图表”组中的命令按钮创建图表，如图 4-96 所示。

③ 选择合适的图表数据。

④ 对建立的图表通过“图表工具”进行编辑和格式化。

Excel 2016 中大约包含有 11 种内部的图表类型，每种图表类型中又有很多子类型，还可以通过自定义图表形式满足用户的各种需求。

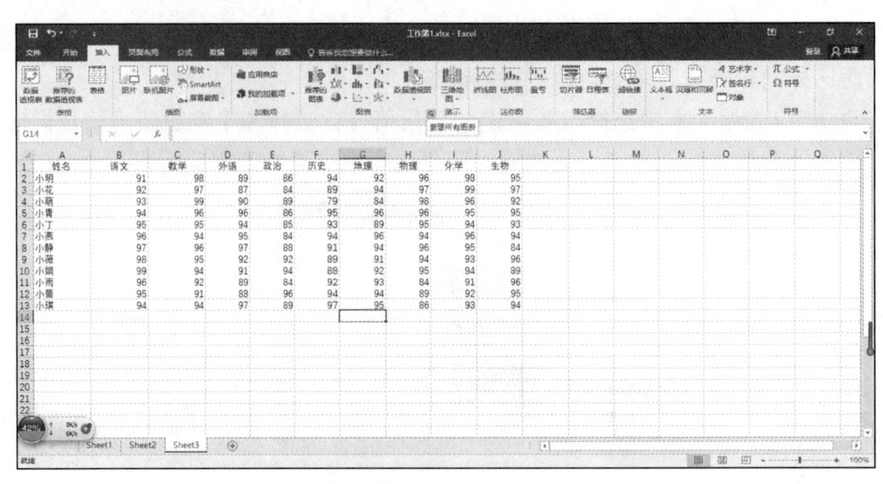

姓名	语文	数学	外语	政治	历史	地理	物理	化学	生物
小明	91	98	89	86	94	92	96	98	95
小花	92	97	87	84	89	94	97	99	97
小萌	93	99	90	89	79	84	98	96	92
小倩	94	96	96	86	95	96	96	95	95
小丁	95	95	94	85	93	89	95	94	93
小燕	96	94	95	84	94	96	94	96	94
小静	97	96	97	88	91	94	96	95	84
小薇	98	95	92	92	89	91	94	93	96
小娟	99	94	91	94	88	92	95	94	89
小雨	96	92	89	84	92	93	84	91	96
小蕾	95	91	88	96	94	94	89	92	95
小琪	94	94	97	89	97	95	86	93	94

图 4-96 “插入”选项卡

4.5.2 创建图表

1. 通过功能区按钮创建

操作步骤如下：

① 在表格数据中选择想要创建图表的数据区域（可以不连续）。

② 通过单击“插入”选项卡的“图表”组（见图 4-97）中的相应图表按钮选择相应的图表类型，再在单击后弹出的相应菜单中选择子类型即可。

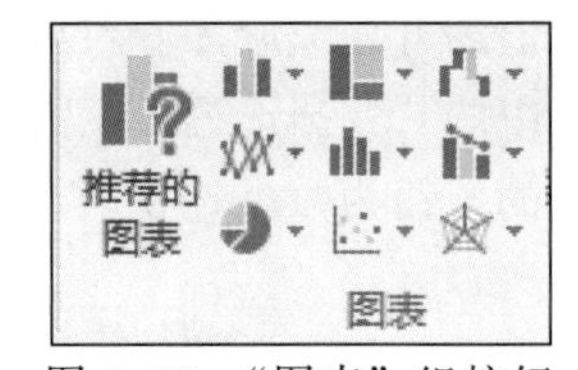

图 4-97 “图表”组按钮

2. 通过“插入图表”对话框创建

操作步骤如下：

① 在表格数据中选择想要创建图表的数据区域（可以不连续）。

② 通过单击“插入”选项卡的“图表”组右下角的对话框启动器按钮，在弹出的“插入图表”对话框（见图 4-98）的左侧选择想要的图表类型，右侧选择相应的子图表类型（也可直接在右侧选择相应的子图表类型）。

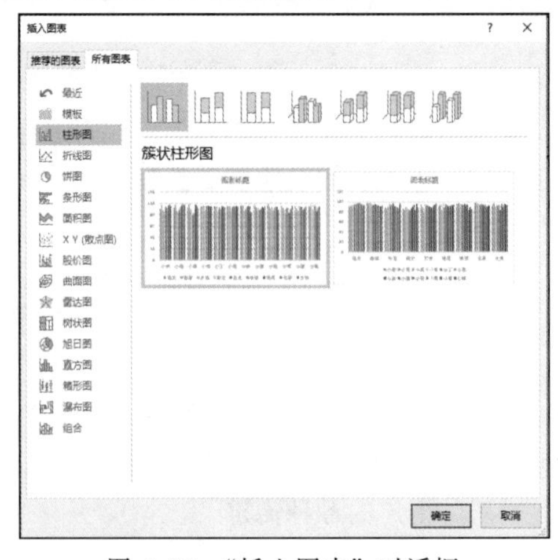

图 4-98 “插入图表”对话框

③ 单击“插入图表”对话框中的“确定”按钮查看创建的图表。

按照上述两种方法操作后，创建的图表会直接显示在当前工作表中。如图 4-99 中下方的图表就是根据上方的表格数据创建的，其中图表的类型为堆积圆柱图。

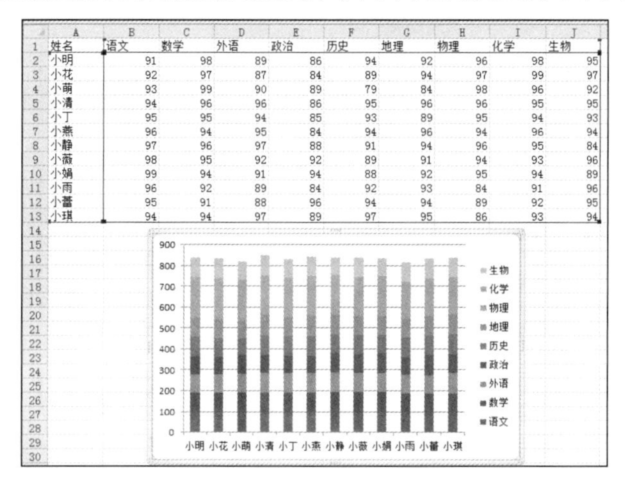

姓名	语文	数学	外语	政治	历史	地理	物理	化学	生物
小明	91	98	89	86	94	92	96	98	95
小花	92	97	87	84	89	94	97	99	97
小萌	93	99	90	89	79	84	98	96	92
小清	94	96	96	86	95	96	96	95	95
小丁	95	95	94	85	93	89	95	94	93
小燕	96	94	95	84	94	96	94	96	94
小静	97	96	97	88	91	94	96	95	84
小薇	98	95	92	92	89	91	94	93	96
小娟	99	94	91	94	88	92	95	94	89
小雨	96	92	89	84	92	93	84	91	96
小蕾	95	91	88	96	94	94	89	92	95
小琪	94	94	97	89	97	95	86	93	94

图 4-99　图表及其对应的表格数据

4.5.3　图表编辑和格式化

图表建立以后，如果对图表的显示效果不满意，可以利用“图表工具”功能区按钮或在图表任何位置右击，根据弹出的快捷菜单对图表进行编辑或格式化设置。

1. 图表的缩放、移动、复制和删除

（1）图表的缩放

选定嵌入式图表后，图表四周有八个控制点，用鼠标拖动这些点即可改变图表的大小。

（2）图表的移动

鼠标操作：选定图表，按下鼠标左键，直接拖动到目标位置。

剪贴板操作：选定图表，执行“剪切”操作，将光标置于目标位置，执行“粘贴”操作。

（3）图表的复制

鼠标操作：选定图表，按住【Ctrl】键，拖动鼠标到目标位置。

剪贴板操作：选定图表，执行“复制”操作，将光标置于目标位置，执行“粘贴”操作。

（4）图表的删除

嵌入式图表，按【Delete】键进行删除。

2. 修改图表类型

当图表的图表类型不能直观地表达工作表中数据的特点时，可以考虑使用更合适的图表类型。更改图表类型的具体操作步骤为：选中要更改图表类型的图表，单击“设计”选项卡的“类型”组中的“更改图表类型”按钮，在弹出的图 4-100 所示的“更改图表类型”对话框中选择合适的图表类型选项，单击“确定”按钮完成操作。

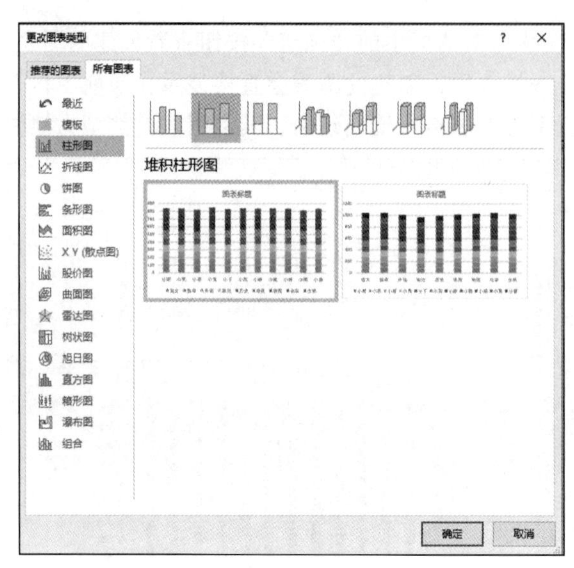

图 4-100 “更改图表类型”对话框

3. 修改源数据

在创建好图表后，图表中的数据也可以进行修改，如添加、删除和图表行列切换等。要进行这些操作需先打开“选择数据源”对话框，具体步骤如下（以图 4-90 中的图表为例）：

（1）通过对话框修改源数据

先选中要修改数据的图表，打开功能区中的“图表工具/设计”选项卡，单击该选项卡“数据”组中的“选择数据”按钮即可进入“选择数据源”对话框（见图 4-101），根据要求进行下列操作：

① 添加图表数据。单击“添加”按钮，进入图 4-102 所示的“编辑数据系列”对话框，使用该对话框中“系列名称”编辑框右侧的区域选择按钮，选择要添加的数据列名称（如生物）所在的单元格（如 J1）。使用“系列值”编辑框右侧的区域选择按钮，选择要添加的数据所在的单元格区域（如 J2:J13），单击“确定”按钮完成操作，可以看到在“选择数据源”对话框的“图例项（系列）”列表和图表的系列中都已经显示出刚刚添加的数据。

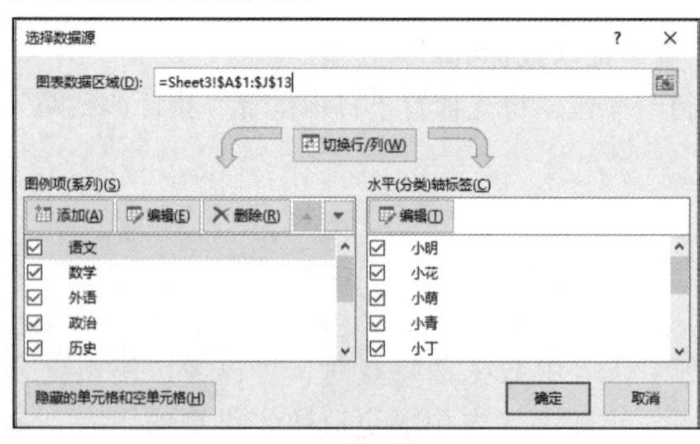

图 4-101 “选择数据源”对话框

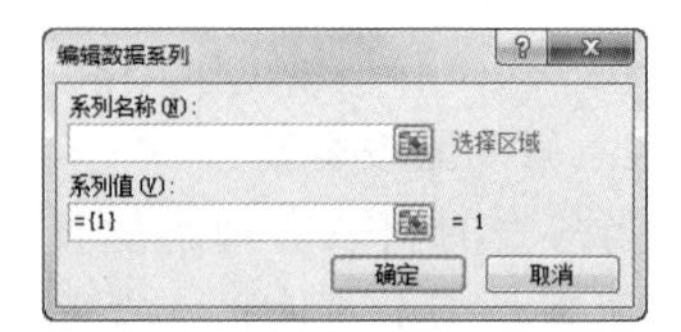

图 4-102 “编辑数据系列”对话框

② 删除图表数据。在“选择数据源”对话框的“图例项（系列）”列表中选择要删除的数据系列名称（如数学），单击“删除”按钮后再单击“确定”按钮确认删除操作。

③ 调整数据系列次序。在“选择数据源”对话框的“图例项（系列）”列表中选择要调整次序的数据系列名称（如数学），单击列表右上角代表上下方向的箭头按钮或来调整适合的系列次序位置，调整完成后单击“确定”按钮完成操作。

④ 图表行列切换。在“选择数据源”对话框中单击“切换行/列”按钮即可完成图表行列切换操作。

（2）利用鼠标修改源数据

在嵌入式图表中增加数据：选定要加入图表中的数据系列（既要包含数据又要包含数据系列的名称），然后把鼠标指针移到选定的数据系列边框上，当指针变为十字箭头形状，按鼠标左键直接拖放到图表区。

更新图表数据：改变某单元格或区域数据，图表会自动更新。在激活的图表中选定某个数据标记，通过顶端的尺寸柄改变其高度，这时对应单元格中的数据也会随之更新。

删除图表数据：删除某单元格或区域中的数据，Excel 会自动从图表中删除数据点的标记。但是直接在图表中通过选定要删除的数据系列，再按【Delete】键，这时工作表中的数据不受影响。

4. 修改图表选项

修改图表选项操作可以重新设置图表标题、坐标轴标题，选择是否显示坐标轴、网格线、图例、数据标志、数据表等。方法是选定图表，选择“图表”选项卡的“布局”组中的命令进行修改。

5. 修改图表位置

在同一工作表中移动图表时要先选中图表，将鼠标指针移到图表的图表区，当光标变为形状时按下鼠标左键不放并拖动鼠标到合适的位置再释放，即可完成操作。

6. 设置图表格式

为了使图表更美观，在创建好图表后还可对其设置格式，进行美化。

（1）设置形状样式

设置形状样式主要是对图表对象中涉及的各种边框颜色及边框样式等进行的设置。具体设置步骤如下：

① 选择要设置格式的图表，进入功能区“图表工具/格式”选项卡（见图 4-103），在该选项卡的“当前所选内容”选项组上方存在一个下拉列表，从中可以选择要设置格式的图表子对象，如图 4-103 中选择的子对象为“图例”。

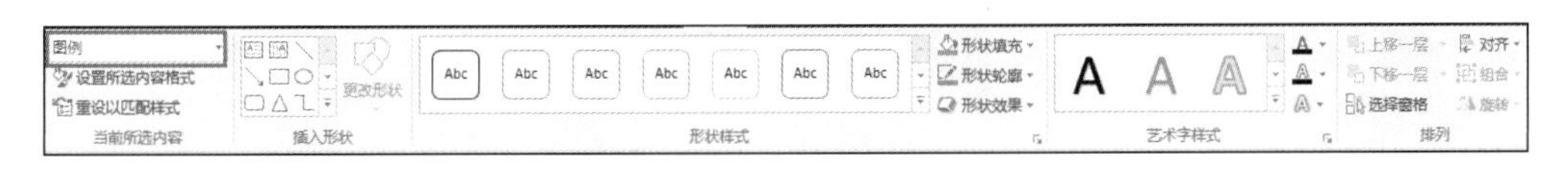

图 4-103 “格式”选项卡部分按钮

② 在“当前所选内容”组下拉列表中选择想要设置格式的图表子对象后（也可以直接通过单击该子对象进行选择），单击“形状样式”组右下角的对话框启动器按钮，会在编辑区右侧弹出与该子对象对应的导航窗格。图 4-104 所示为选择图表区后弹出的“设置图表区格式”导航窗格。

③ 在窗选择要设置格式的选项，进行相应格式的设置。

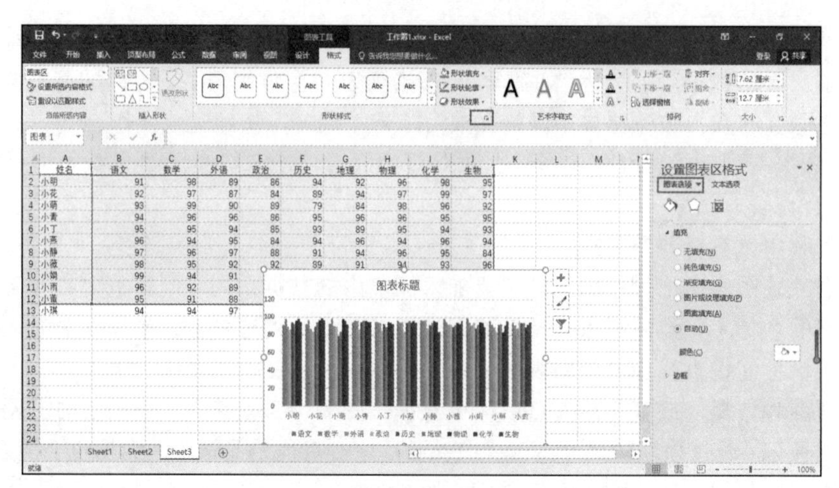

图 4-104　“设置图表区格式”导航窗格

（2）设置文本样式

设置文本样式的操作与设置形状样式操作类似，具体步骤如下：

① 选择要设置格式的图表，进入功能区“图表工具/格式”选项卡，在该选项卡“当前所选内容”组的“图表区”下拉列表选择要设置格式的图表子对象（也可以直接通过单击该子对象进行选择）。

② 单击“艺术字样式”组右下角的对话框启动器按钮，弹出图 4-105 所示的“设置图表区格式”导航窗格的“文本选项”选项卡。

③ 在“设置文本效果格式” 导航窗格的“文本选项”选项卡选择要设置格式的选项，进行相应格式的设置，即可查看设置效果。

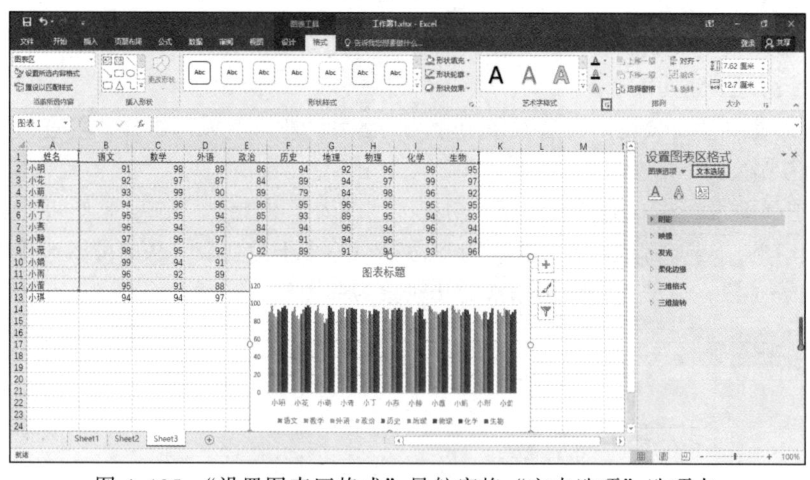

图 4-105　“设置图表区格式”导航窗格“文本选项”选项卡

4.6　工作表的打印

要对已制作好的工作表进行打印输出时，需要经过页面设置、打印预览、打印等几个步骤。

4.6.1 工作表分页

如果需要打印的数据超页面区域时，Excel 会自动分页。此外，用户还可以人工插入分页符实现分页。

1. 插入分页符

选定要另起一页的行（或列）。先单击要插入分页符的单元格，再打开功能区的“页面布局”选项卡，单击该选项卡“页面设置”组中的“分隔符”下拉按钮，在弹出的菜单中选择“插入分页符”命令，可以看到在当前单元格的左上角出现了两条呈十字形的虚线，这就是分页符。打印时遇到分页符将自动分页。

要移动分页符时，可切换到分页预览视图，在切换时会显示图 4-106 所示的“欢迎使用‘分页预览’视图”对话框，提示用户可通过单击并拖动的方式调整分页符，单击“确定”按钮进入分页视图，如图 4-107 所示。在该视图中将鼠标指针移动到分页符附近，当光标变双向箭头形状时单击并拖动即可移动该分页符。

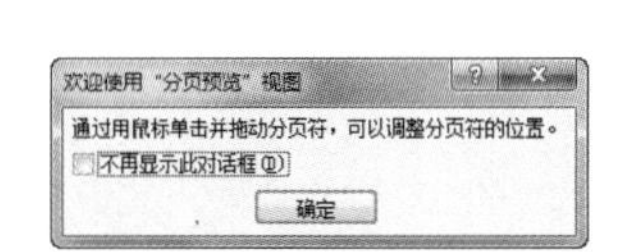

图 4-106 “欢迎使用‘分页预览’视图”对话框

	A	B	C	D	E	F	G	H	I	J
1	姓名	语文	数学	外语	政治	历史	地理	物理	化学	生物
2	小明	91	98	89	86	94	92	96	98	95
3	小花	92	97	87	84	89	94	97	99	97
4	小萌	93	99	90	89	79	84	98	96	92
5	小清	94	96	96	86	95	96	96	95	95
6	小丁	95	95	94	85	93	89	95	94	93
7	小燕	96	94	95	84	94	96	94	96	94
8	小静	97	96	97	88	91	94	96	95	84
9	小薇	98	95	92	92	89	91	94	93	96
10	小娟	99	94	91	94	88	92	95	94	89
11	小雨	96	92	89	84	92	93	84	91	96
12	小蕾	95	91	88	96	94	94	89	92	95
13	小琪	94	94	97	89	97	95	86	93	94
14										

图 4-107 移动分页符示例

在插入分页符时也可通过先选中一行或一列后再进行插入操作，此时将只插入一条水平或垂直的分页符。

2. 删除分页符

如果要删除分页符，只要单击分页符下一行或下一列中的任一单元格，再单击“页面布局”选项卡的“页面设置”组中的“分隔符”下拉按钮，在弹出的菜单中选择“删除分页符”命令即可。

当插入的分页符都不需要时，可通过单击“页面布局”选项卡的“页面设置”组中的“分隔符”下拉按钮，在弹出的菜单中选择“重设所有分页符”命令恢复到默认状态。

3. 分页预览

使用分页预览可以查看工作表的分页情况。在分页预览视图下还可对工作表进行编辑，设置打印区域的大小、调整分页符的位置等。

单击“视图”选项卡的“工作簿视图”组中的“分页预览”按钮，进入分页预览视图，如图 4-108 所示。其中蓝色的粗线表示了分页的情况，分页的页码出现在每一页的中间区域，图中打印区域为浅色背景，非打印区域为深色背景。

在分页预览视图中，将鼠标指针移到这些蓝色的分页线上，指针变成双向箭头，此时拖动鼠标可改变打印区域大小及分页符的位置。

单击“视图”选项卡的“工作簿视图”组中的“普通”按钮可结束分页预览回到普通视图。

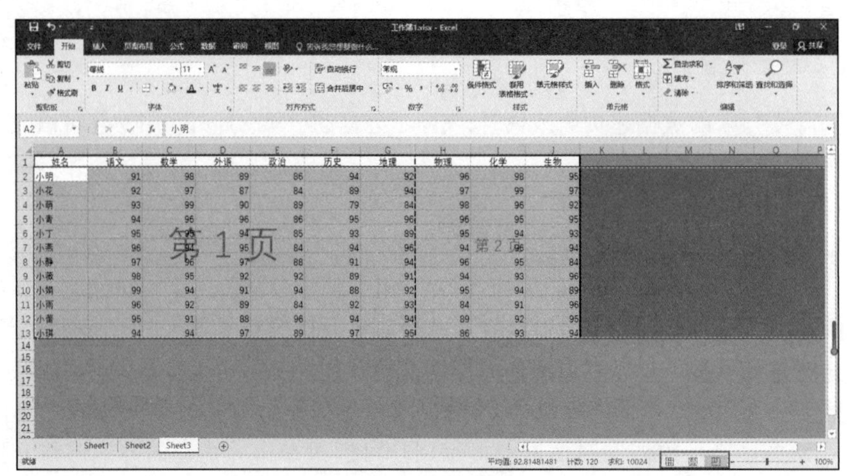

图 4-108　分页预览

4.6.2　页面设置

Excel 2016 中主要通过“页面设置”对话框来进行打印页面的设置操作，打开该对话框的具体操作步骤为：打开功能区的“页面布局”选项卡，单击该选项卡中“页面设置”组右下角对话框启动器按钮即可打开“页面设置”对话框。可以通过对话框中的四个选项卡对页面、页边距、页眉/页脚和工作表进行设置。

1. 设置页面

单击“页面设置”对话框中的“页面”选项卡，如图 4-109 所示。

“方向”选项区域：设置打印方向为纵向或横向。

“缩放”选项区域：选中“缩放比例”单选按钮，可设置打印时的放大或缩小比例，缩放比例的调整值限定在 10~400 之间；选中“调整为”单选按钮，可分别设置页高页宽的比例。

“纸张大小”：选择所需纸张的大小，如 A4、B4、16 开等。

“打印质量”：即每英寸打印的点数。不同的打印机数字会不一样，数字越大，打印质量越好。

“起始页码”：输入起始打印页码，系统默认为 1。

2. 设置页边距

单击“页面设置”对话框中的“页边距”选项卡，如图 4-110 所示。

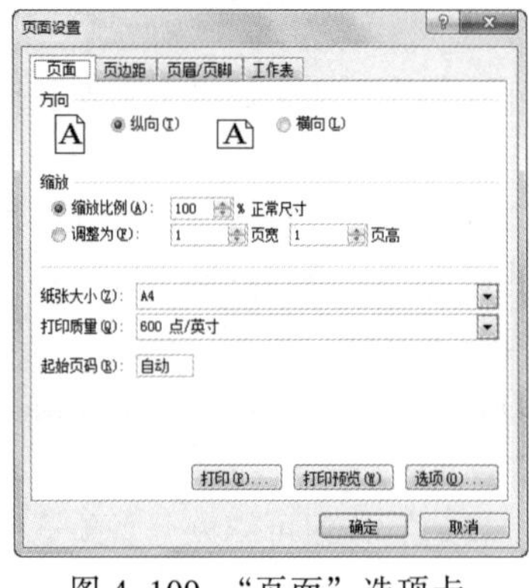

图 4-109　“页面”选项卡

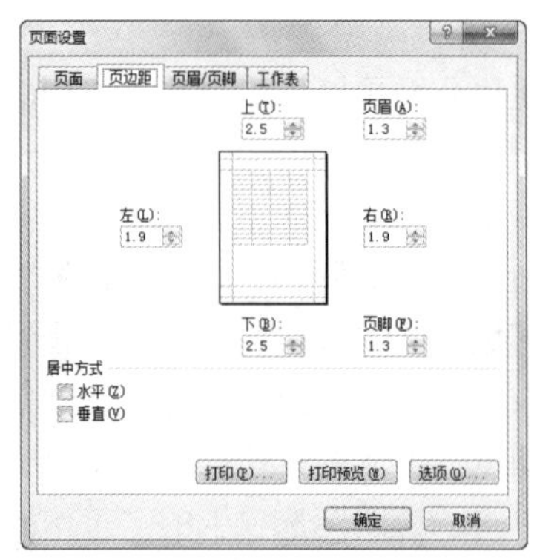

图 4-110　“页边距”选项卡

“上”“下”“左”“右”数值框：设置打印的工作表与页边之间的距离，单位为 cm。

“页眉”“页脚”数值框：设置页眉页脚距页边的距离。

“居中方式”：设置工作表在水平方向和垂直方向是否在页的正中。

3. 设置页眉、页脚

单击“页面设置”对话框中的“页眉/页脚”选项卡，如图 4-111 所示。

在“页眉”和“页脚”下拉列表框中，Excel 有多种预定义的页眉页脚格式可供选择。

页眉或页脚是指在打印后位于打印内容的顶端或底端的内容，用于标明打印内容的标题、当前的页码或总共的页数等信息。页眉和页脚不是实际工作表数据的一部分，设置的页眉和页脚不会显示在工作簿的普通视图中，但可以打印出来。这里主要通过“页面设置”对话框的“页眉/页脚”选项卡设置页边距。

图 4-111 “页眉/页脚”选项卡

（1）设置预置页眉或页脚格式

Excel 中提供了多种预置的页眉或页脚格式方便用户使用，设置时可单击“页眉”或“页脚”下拉按钮，从弹出的下拉列表选项中选择想要的预置格式。

（2）自定义页眉（或页脚）格式

通常用户更希望按照自己的要求设置页眉（或页脚）格式，操作时可单击“自定义页眉”（或“自定义页脚”）按钮，在弹出的图 4-112 所示的“页眉”（或“页脚”）对话框中设计合适的页眉（或页脚）。

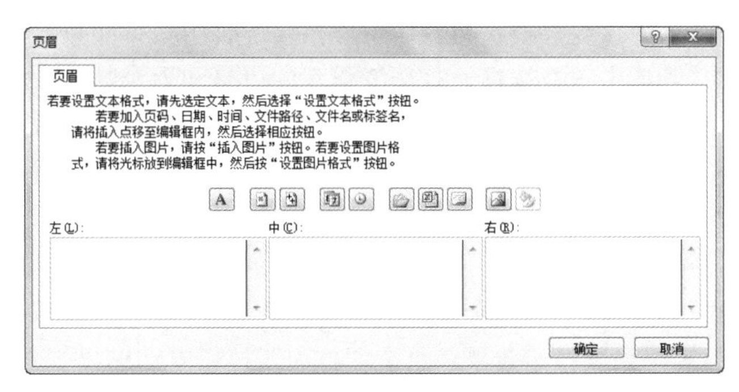

图 4-112 “页眉”对话框

在“页眉”（或“页脚”）对话框中设计页眉（或页脚）可通过手工输入或使用该对话框中间的一排命令按钮两种方式，最终设计好的页眉（或页脚）将显示在“左”“中”或“右”列表框中，分别代表页眉（或页脚）是左对齐、居中对齐还是右对齐。只需在设计之前将鼠标定位到这三个编辑框中的对应编辑框就可以进行后续操作。其中对话框中按钮的功能从左到右依次为：

“格式文本”按钮：单击该按钮将弹出“字体”对话框，用来设置字体效果。

“插入页码”按钮：单击该按钮将在所编辑的页眉（或页脚）中插入当前页码。

“插入页数”按钮：单击该按钮将在所编辑的页眉（或页脚）中插入总页数。

“插入日期”按钮：单击该按钮将在所编辑的页眉（或页脚）中插入当前的系统日期。

“插入时间”按钮：单击该按钮将在所编辑的页眉（或页脚）中插入当前的系统时间。

“插入文件路径”按钮：单击该按钮将在所编辑的页眉（或页脚）中插入当前文件的绝对路径。

“插入文件名”按钮：单击该按钮将在所编辑的页眉（或页脚）中插入当前文件的文件名。

“插入数据表名称”按钮：单击该按钮将在所编辑的页眉或页脚中插入当前的工作表名称。

“插入图片”按钮：单击该按钮将弹出“插入图片”对话框，从中可以选择相应的图片并将该图片插入到所编辑的页眉（或页脚）中。

“设置图片格式”按钮：在所编辑的页眉（或页脚）中插入图片后，此按钮将处于激活状态，单击该按钮可对插入的图片格式进行设置。

4. 设置打印的工作表

选择“页面设置”对话框中的“工作表”选项卡，如图 4–113 所示。

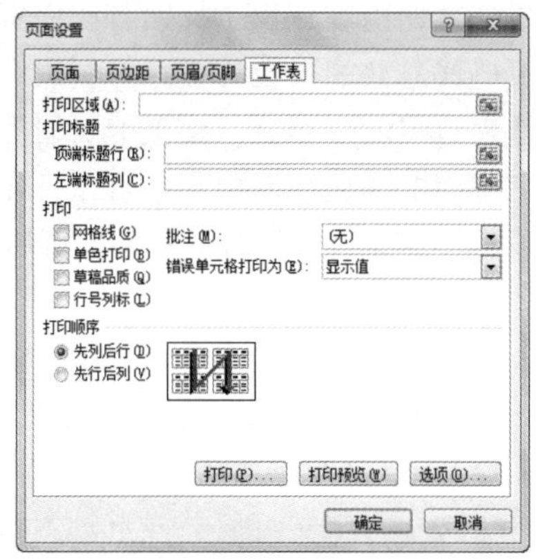

图 4–113 “工作表”选项卡

“打印区域”：选择打印的工作表范围，若不选择，默认为整个工作表。

“打印标题”：当工作表过大而分成多页打印时，往往后面的页打印不上标题列或标题行，为了避免这种情况，可在“顶端标题行”和“左端标题列”中指定行标题和列标题的位置，使得标题行或标题列出现在后续页中。

“网格线”：若选中该复选框，将打印出表格线；否则只打印数据不打印表格线。

“行号列标”：若选中该复选框，打印工作表的行号和列号。

“单色打印”：如果数据有彩色格式，而打印机为黑白打印机，可选择“单色打印”复选框。如果是彩色打印机，选择该复选框可减少打印所需时间，只打印单色。

“草稿品质”：可加快打印速度，但会降低打印质量。

“先行后列”和“先列后行”：可控制超过一页的工作表的打印顺序。

将“页面设置”对话框中的四个选项卡设置完毕后，单击“确定”按钮保存设置；单击“打印预览”按钮观看打印效果；单击“打印”按钮打印输出。

4.6.3 打印

选择“文件”→“打印”命令。这时，窗口出现“打印”窗格，如图 4–114 所示。可以设置副本份数、打印机、页面范围、单面打印/双面打印、纵向、页面大小。

“份数”选项区域：选择打印份数。

“打印机”选项区域：选择系统已安装的打印机。

“打印内容”选项区域：选择“打印选定区域”选项，打印指定内容；选择“打印整个工作簿”选项，打印工作簿中的所有工作表；选择“打印活动工作表”选项，打印选中的多个工作表。

“页数”可以在右侧的文本框内输入或选择要打印的起止页号。

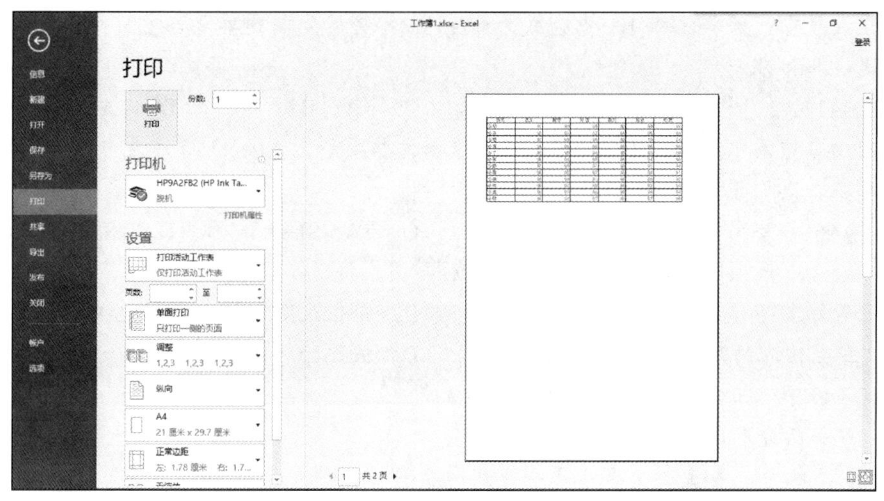

图 4-114 “打印”窗格

“设置”窗格可以设置打印范围、打印顺序、打印方向、纸张大小、边距和缩放设置。

Excel 2016 提供了非常直观的打印效果预览，打印前可以在窗口右侧查看更改设置后工作表打印的效果。

习　　题

一、选择题

1. 在 Excel 中，选定整个工作表的方法是（　　）。
   A. 双击状态栏
   B. 单击左上角的行列坐标的交叉点
   C. 右击任一单元格，在弹出的快捷菜单中选择“选定工作表”命令
   D. 按【Alt】键的同时双击第一个单元格
2. 在 Excel 中，文字数据默认的对齐方式是（　　）。
   A. 左对齐　　B. 右对齐　　C. 居中对齐　　D. 两端对齐
3. 在 Excel 中工作簿名称被放置在（　　）。
   A. 标题栏　　B. 状态栏　　C. 工具栏　　D. 名称框
4. 在 Excel 中，在单元格中输入“=16+6+MAX(16,6)”，将显示（　　）。
   A. 44　　B. 16+6+MAX(16,6)
   C. 38　　D. 22+MAX(16,16)
5. 在 Excel 中将单元格变为活动单元格的操作是（　　）。
   A. 单击该单元格
   B. 将鼠标指向该单元格
   C. 在当前单元格内输入该目标单元格地址
   D. 不用进行任何操作，因为每一个单元格都是活动的

6. 在 Excel 中，若单元格 B1 中公式为=A1+A2，将其复制到单元格 C2，则 C2 中的公式是（　　）。

A. =A1+A2　　B. =B2+B3　　C. =B1+B2　　D. =A2+B2

7. 在同一工作簿中，Sheet1 工作表中的 D3 单元格要引用 Sheet3 工作表中 A6 单元格中的数据，其引用表述为（　　）。

A. =A6　　B. =Sheet3!A6　　C. =A6!Sheet3　　D. =Sheet3$A6

8. 在 Excel 中产生图表的源数据发生变化后，图表将（　　）。

A. 不会改变　　B. 发生改变，但与数据无关

C. 发生相应的改变　　D. 被删除

9. 在 Excel 中，工作表的拆分分为（　　）

A. 水平拆分和垂直拆分

B. 水平拆分、垂直拆分和水平垂直同时拆分

C. 水平、垂直同时拆分

D. 以上均不是

10. 在 Excel 中，工作表窗口冻结包括（　　）

A. 水平冻结　　B. 垂直冻结

C. 水平、垂直同时冻结　　D. 以上全部

二、填空题

1. 在 Excel 默认情况下，一个工作簿中包含______个工作表，最多可以增加到______个工作表。
2. 从 B3 到 E10 组成的单元格区域用_________表示。
3. 要使 Excel 把所输入的数字当成文本，所输入的数字应以_________开头。
4. 在单元格中输入 3 月 8 日用_________方法，输入分数 2/5 用_________方法。
5. 数据分类汇总前应先_________。

三、判断题

1. 工作表是指在 Excel 环境中用来存储和处理工作数据的文件。（　　）
2. Excel 中，单元格地址绝对引用的方法在单元格地址前加符号“$”。（　　）
3. 在 Excel 中，输入当天的日期可按【Ctrl+; 】组合键。（　　）
4. 标识一个单元格的方法是：行号 + 列标。（　　）
5. Excel 2016 具有强大的数据管理功能，能对数据进行排序、筛选，并能生成分类汇总表、数据透视表等统计分析表。（　　）

四、简答题

1. 简述 Excel 2016 的主要功能。
2. 解释“工作簿”“工作表”“单元格”“单元格区域”四个概念。
3. 简述输入函数和公式的方法。
4. 自动填充数据有哪几种方法？如何操作？
5. 图表工作表和嵌入图表有何异同？
6. 什么是数据清单？

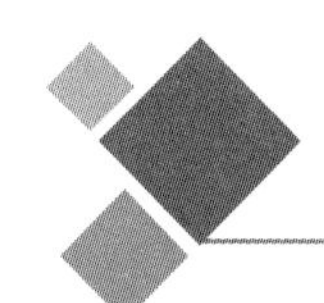

第5章 演示文稿制作软件 PowerPoint 2016

PowerPoint 2016是专门用于制作和演示幻灯片的应用软件，能够制作出集文字、图形、图像、声音以及视频剪辑等多媒体元素于一体的演示文稿，将自己所要表达的信息组织在一系列图文并茂的幻灯片中，用于制作产品介绍、学术演讲、公司简介、教学课件等电子演示文稿。PowerPoint 2016提供比以往更多的方式创建动态演示文稿并与观众共享，还可以在互联网上召开面对面会议、远程会议，或在Web上给观众展示演示文稿，新增的音频和可视化功能还可以帮助用户讲述一个简洁的电影故事。

本章主要介绍PowerPoint 2016软件的基本使用方法，通过本章的学习，应掌握以下几方面的内容。

① 理解PowerPoint的功能。

② 掌握演示文稿的创建、编辑与格式化的基本操作。

③ 掌握在幻灯片中插入图片、表格、图表、声音和视频的方法。

④ 掌握修改幻灯片主题、版式、背景和主题方案的方法。

⑤ 掌握设置幻灯片动画效果以及超链接和动作按钮的使用。

⑥ 掌握设置幻灯片切换、自定义放映和幻灯片放映方式的方法。

5.1 PowerPoint 2016概述

PowerPoint 2016是Office 2016的重要组件之一，其启动方式与Word、Excel的启动方式类似。

5.1.1 PowerPoint 2016的启动

启动PowerPoint 2016有三种方式。

① 通过“开始”菜单方式：单击“开始”按钮，选择PowerPoint 2016命令。

② 利用桌面上的快捷图标启动：双击桌面上的PowerPoint 2016快捷方式图标。

③ 通过已有的PowerPoint 2016文档启动：双击任意的PowerPoint文档，在打开文档前自动启动PowerPoint。

退出PowerPoint 2016的方法有以下几种：

① 选择“文件”→“退出”命令。

② 单击PowerPoint 2016窗口标题栏右侧的“关闭”按钮。

③ 单击PowerPoint 2016窗口左上角的控制菜单按钮，在弹出的菜单中选择“关闭”

命令；或直接双击控制菜单按钮。

④ 右击 PowerPoint 2016 窗口中标题栏任意位置，在弹出的快捷菜单中选择“关闭”命令。

⑤ 按【Alt+F4】组合键。

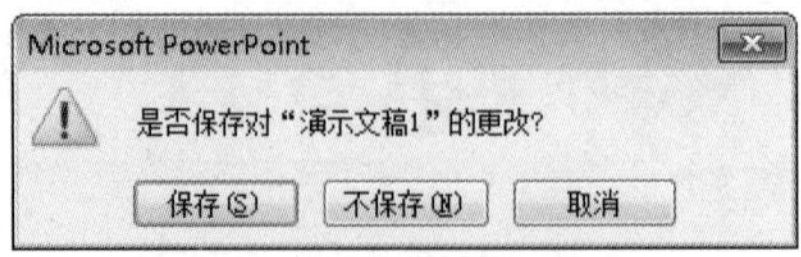

图 5-1　提示保存对话框

如果没有预先保存文件的话，以上五种方法都会弹出询问是否保存的对话框,如图 5-1 所示。单击“保存”按钮则保存退出；单击“不保存”按钮则放弃保存直接退出；单击“取消”按钮则返回 PowerPoint 2016 编辑状态。

5.1.2　PowerPoint 2016 的窗口及视图方式

PowerPoint 2016 的窗口如图 5-2 所示，主要包括：标题栏、快速访问工具栏、“开始”选项卡、选项卡、功能区、视图按钮、大纲窗格、幻灯片窗格、备注窗格和状态栏等。

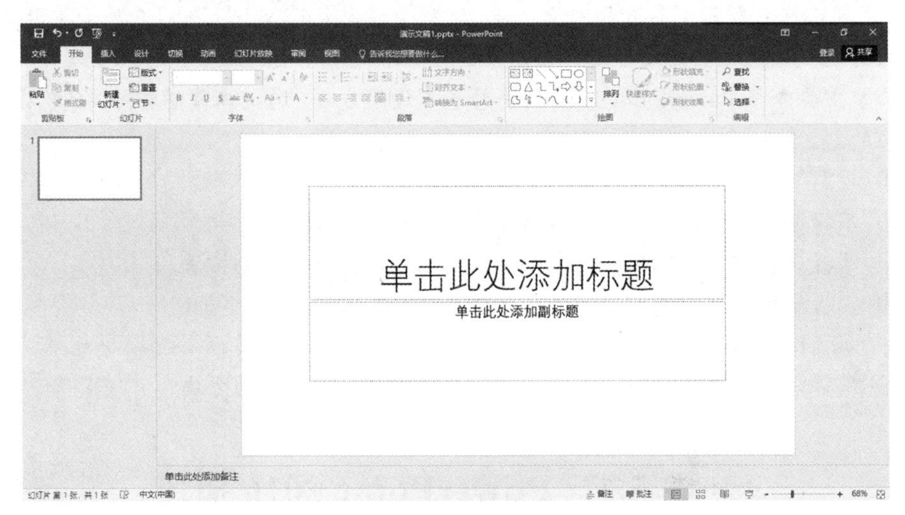

图 5-2　PowerPoint 2016 窗口

1. 标题栏

标题栏位于窗口顶端，主要有控制菜单按钮，当前演示文稿名称、程序名和“最小化”按钮、“最大化/还原”按钮、“关闭”按钮，其中显示当前演示文稿的标题。

2. 快速访问工具栏

快速访问工具栏位于标题栏左侧，在编辑演示文稿的过程中，可能会有一些常见或重复性的操作，可以使用快速访问工具栏。这里主要有保存、撤销、恢复按钮，还可以单击右侧下拉按钮，根据需要自定义功能按钮。

3. “开始”选项卡

“开始”选项卡位于功能区最前端，集成了在 PowerPoint 演示文稿制作中最为常用的命令。

4. 功能区

功能区包含了 PowerPoint 2003 及更早版本中菜单和工具栏上的命令和其他菜单项。用户可以快速找到所需的命令，功能相当于早期版本中的菜单命令。

在功能区中，设置了包含任务的选项卡，在每个选项卡中集成了各种操作命令，而这些命令根据完成任务的不同分布在各个不同的组中，功能区中的每个按钮可以执行一个具体的操作，或是显示下一级菜单命令。

5. 视图按钮

在“视图”选项卡“演示文稿视图”组中有5个视图按钮，从左至右依次是“普通视图”、“大纲视图”、“幻灯片浏览视图”、“备注页”和“阅读视图”，如图5-3所示。在窗口右下角有四个视图切换按钮 。

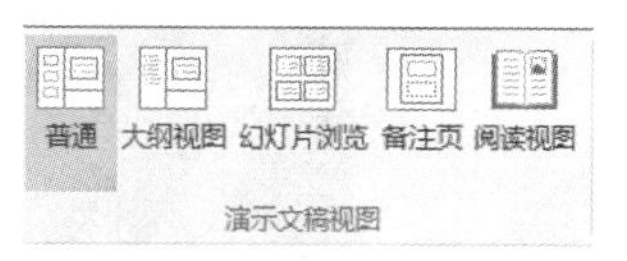

图5-3　选择演示文稿视图

（1）普通视图

这是一种最常用的视图方式，PowerPoint启动后默认为普通视图方式，如图5-2所示。在该视图下窗口被分成三个区域：幻灯片窗格、大纲窗格和备注窗格，拖动窗格的边框可以调整窗格的尺寸。

窗口左侧窗格有一个选项卡。单击“幻灯片”选项卡，左侧窗格将以缩略图的形式显示当前演示文稿中的幻灯片，方便地观看设计更改的效果，也可以重新排列、添加或删除幻灯片；单击“大纲”选项卡，将显示每张幻灯片的主标题、层次小标题和正文内容，用户可以在大纲窗格中添加或编辑幻灯片中的文本信息。

窗口中部为幻灯片窗格，不但能显示当前幻灯片，还可以增加文本、图形、图片、动画、声音、视频、超链接等对象。

窗口下部为备注窗格，用来添加注释或说明。

（2）幻灯片浏览视图

在幻灯片浏览视图中，演示文稿的所有幻灯片将以缩略图的形式显示。该视图适用于检查演示文稿是否流畅，调整排列幻灯片的顺序，也可以加入新的幻灯片，对幻灯片进行移动、复制和删除，设置幻灯片之间的切换效果等，如图5-4所示。

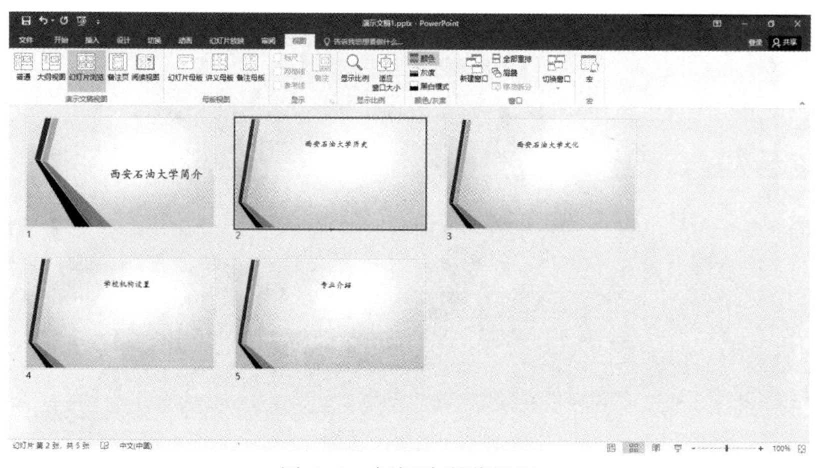

图5-4　幻灯片浏览视图

在幻灯片浏览视图中不能对幻灯片的内容直接进行编辑。

（3）阅读视图

在该视图中，演示文稿中的幻灯片内容可以以全屏方式显示出来。如果用户设置了画面切换效果、动画效果等，在该视图方式下能全部显示出来，如图5-5所示。

在阅读视图中不能对幻灯片的内容直接进行编辑。

图 5-5　幻灯片阅读视图

（4）幻灯片放映视图

在幻灯片放映视图中，幻灯片将按顺序进行全屏幕放映，可以看到幻灯片内设置的各种动画效果及幻灯片间的切换效果。

在幻灯片放映时，单击或按【Enter】键可显示下一张；右击打开快捷菜单，可选择向前或向后翻页、定位幻灯片、标记幻灯片等。按【Esc】键可结束放映并返回 PowerPoint 窗口。

在幻灯片放映视图中不能对幻灯片的内容直接进行编辑。

（5）备注视图

备注视图用于输入和编辑备注信息，也可以在普通视图中输入备注信息，如图 5-6 所示。如果在该视图下无法看清备注信息，可在“视图”选项卡中单击“显示比例”按钮，选择一个合适的显示比例。

在备注视图中不能对幻灯片的内容直接进行编辑。

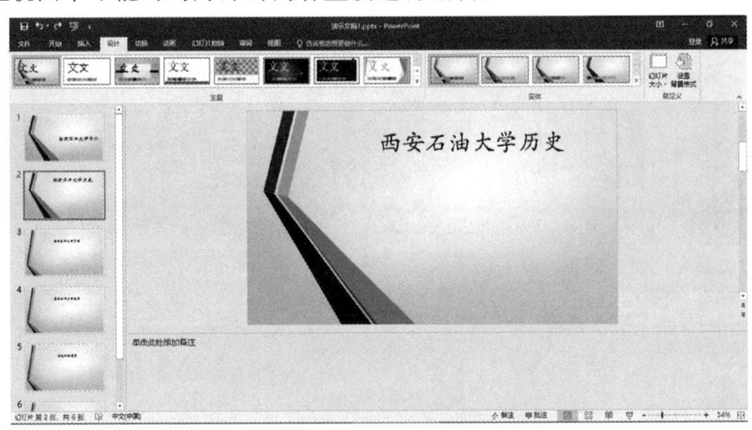

图 5-6　备注视图

5.2　PowerPoint 2016 的基本操作

用 PowerPoint 制作出的各种演示材料通常被称为“演示文稿”。这些材料包括文字、表格、图形、图像和声音，将这些材料以页面的形式组织起来，再进行编排后向人们展示。一份演示文稿由若干张幻灯片组成，以扩展名为.pptx 的文件形式保存。

建立一篇演示文稿的基本过程如下：

① 开始：创建或打开已有的演示文稿。

② 选模板：根据演示文稿的主题，选择合适的模板。

③ 定版式：根据幻灯片的内容，选定所需的布局方案。

④ 内容编辑：输入和编辑文本，插入艺术字、图片、表格、声音和视频等对象。

⑤ 美化演示文稿：添加背景图案、设置动画效果和幻灯片之间的切换方式等。

⑥ 保存演示文稿。

5.2.1 演示文稿的创建、打开和保存

1. 新建演示文稿

PowerPoint 提供多种创建新的演示文稿的方法，常用的方法有以下四种。首先选择“文件”→“新建”命令，如图 5-7 所示。

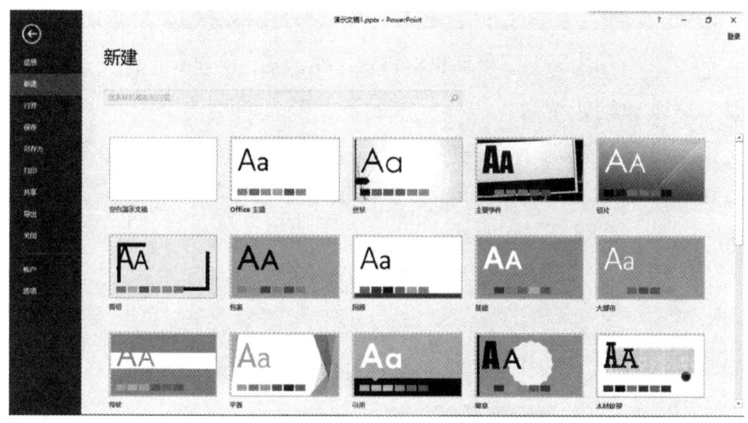

图 5-7 “新建演示文稿”对话框

(1) 空白演示文稿

在图 5-7 所示的窗口中选择“空白演示文稿”选项，PowerPoint 会打开一个没有任何设计方案和示例，只有默认版式（标题幻灯片）的空白幻灯片，如图 5-8 所示。用户可以根据实际需要进一步选择版式、输入内容、设计背景等，并不断添加新的幻灯片。

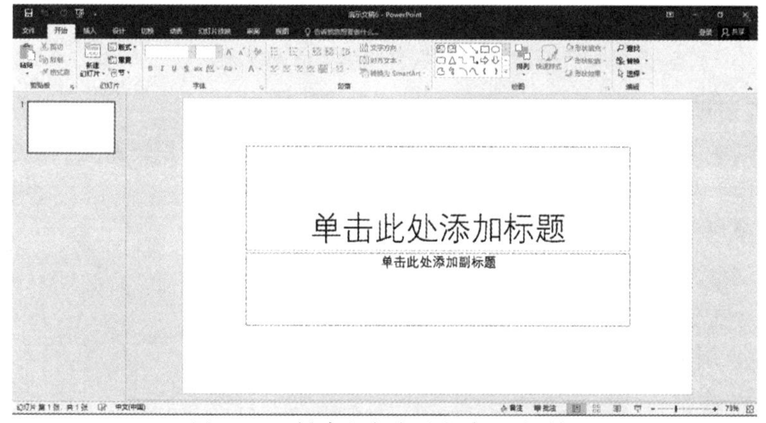

图 5-8 “创建空白演示文稿”对话框

（2）根据模板创建演示文稿

模板是系统提供的已经设计好的演示文稿，PowerPoint 2016 提供多种丰富多彩的内置模板，用户可以在此基础上创建更加出众的演示文稿。在如图 5-7 所示窗口中选择需要的模板，在显示的确认对话框中，选定一种主题，如图 5-9 所示，单击“创建”按钮。

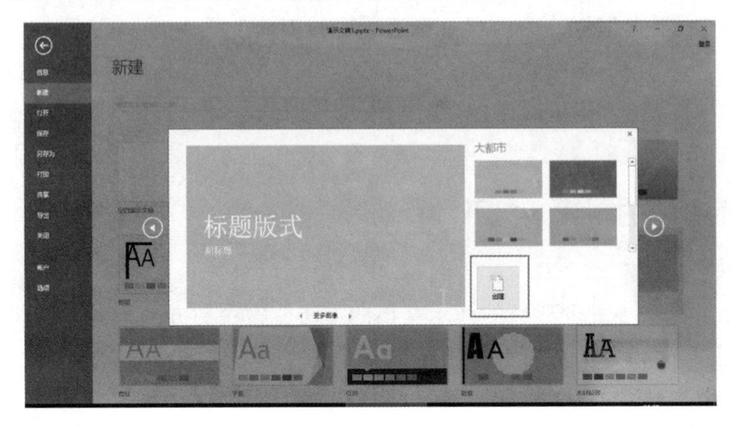

图 5-9 “根据模板创建演示文稿”对话框

（3）根据主题创建演示文稿

主题是指预先定义好的演示文稿样式，其中的背景图案、配色方案、文本格式、标题层次都是已经设计好的。PowerPoint 2016 提供了多种不同风格的主题，方便用户制作美观大方的演示文稿，如图 5-10 所示。

图 5-10 根据主题创建演示文稿

2. 保存演示文稿

创建好演示文稿后，可以将其保存起来，以便以后查找使用，避免因突发故障而造成的丢失错误，保存演示文稿的方法有以下三种。

（1）菜单操作

选择“文件”→“保存”命令。

（2）命令按钮操作

单击快速访问工具栏中的“保存”按钮。

（3）快捷键

按【Ctrl+S】组合键。

执行以上操作后，如果当前文档是第一次保存，将会弹出“另存为”标签，如图 5-11 所示，右侧窗格中的“另存为”标签内容分为两列，左侧显示文件夹，包括“OneDrive”、“这台电脑”等，右侧显示左侧选定的文件夹中的子文件夹。若要将文档保存在其他位置，则单击“浏览”按钮，弹出“另存为”对话框，如图 5-12 所示。在左侧窗格设置保存位置；在“文件名”文本框输入文件名称，在“保存类型”下拉列表框中选择要保存文件的类型。如果文件需要在低版本上运行，保存时需选择“PowerPoint 97-2003 演示文稿（*.ppt）”类型；如果文件需要保存为自定义模板，保存时需选择“PowerPoint 模板（*.pptx）”类型；如果需要将演示文稿存为每次打开时自动放映的类型，保存时需选择“PowerPoint 放映（*.ppsx）”类型，然后单击“保存”按钮即可。

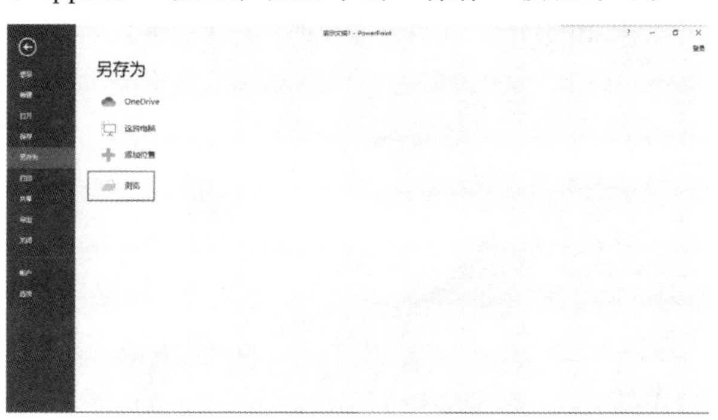

图 5-11 “文件”选项卡的“另存为”标签

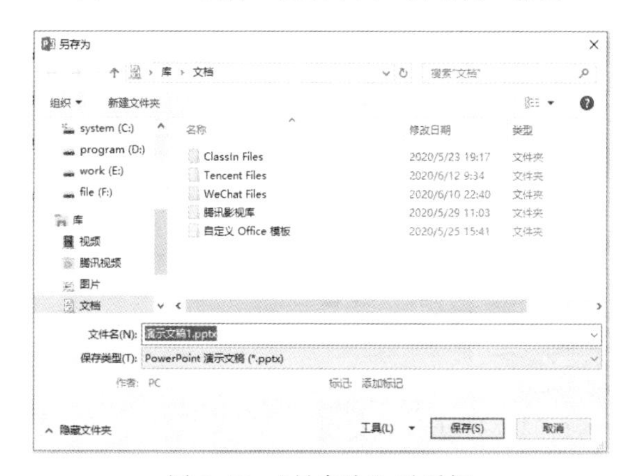

图 5-12 “另存为”对话框

如果当前文档已经保存过，当对其进行了编辑修改而需要重新保存时，执行以上操作后，将在原有的位置以原有的文件名保存。如果需要将修改前和修改后的演示文稿同时保留，则需要选择“文件”→“另存为”标签，选择“浏览”，弹出“另存为”对话框，可以把当前内容以另外的文件名或文件类型保存，而原来的文稿内容不被修改。

3. 打开演示文稿

在 PowerPoint 已经运行时有以下 3 种方法打开演示文稿。

（1）菜单操作

选择“文件”→“打开”标签打开演示文稿，如图 5-13 所示，单击“浏览”按钮，在弹出的“打开”对话框（见图 5-14）内选择演示文稿所在的磁盘、路径和文件后，单击“打开”按钮，或直接双击选中的文件即可。

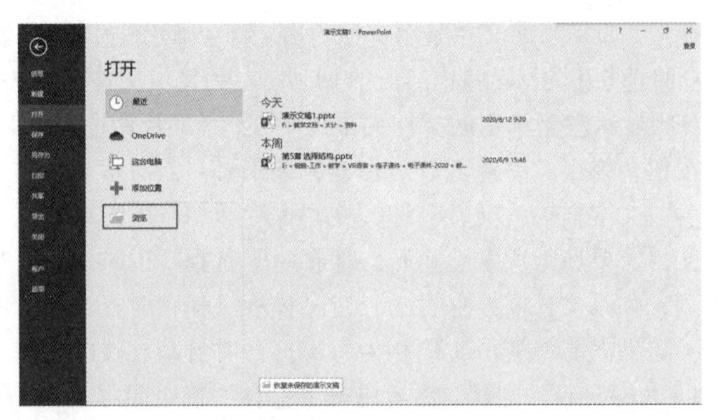

图 5-13 “文件”菜单的“打开”标签

图 5-14 “打开”对话框

（2）命令按钮操作

单击快速访问工具栏中的“打开”按钮。

（3）快捷键

按【Ctrl+O】组合键。

当 PowerPoint 未运行时要打开演示文稿，可以先找到要打开文件所在的位置，然后双击该文件即可。

5.2.2 编辑幻灯片

一个演示文稿由多张幻灯片组成，因此需要了解如何处理演示文稿中的幻灯片。下面主要介绍有关幻灯片的基本操作。

1. 在幻灯片中输入文本

在一般情况下，幻灯片中包含了一个或多个带有虚线边框的区域，称为占位符。在创建空白演示文稿的幻灯片中，只有占位符而没有其他内容，用户可以在占位符中输入文本。

输入完毕后，单击文本占位符以外的地方即可结束输入，占位符的虚线框消失。

如果在占位符以外的任何位置输入文本或者没有文本占位符，可以在幻灯片中插入文本框，单击“插入”选项卡中的“文本框”按钮即可。

2. 幻灯片的选择

对幻灯片进行编辑、修改等所有操作前都必须进行选定，选定幻灯片有以下几种情况。

① 选定单张幻灯片。在幻灯片浏览视图或普通视图的选项卡区域，单击某张幻灯片。

② 选定多张连续的幻灯片。在幻灯片浏览视图或普通视图的选项卡区域，先单击需要选定的第一张幻灯片，然后按住【Shift】键，单击需要选定的最后一张幻灯片。

③ 选定多张不连续的幻灯片。在幻灯片浏览视图或普通视图的选项卡区域，先单击需要选定的第一张幻灯片，然后按住【Ctrl】键，再分别单击需要选定的幻灯片。

3. 幻灯片的插入与删除

在制作演示文稿的过程中，可以随时插入新的幻灯片，方法有以下几种：

① 打开需要添加幻灯片的演示文稿，在左侧大纲窗格幻灯片选项卡下选择幻灯片后右击，在弹出的快捷菜单中选择“新建幻灯片”命令，如图 5-15 所示，则新的幻灯片将插入到该选定幻灯片之后。

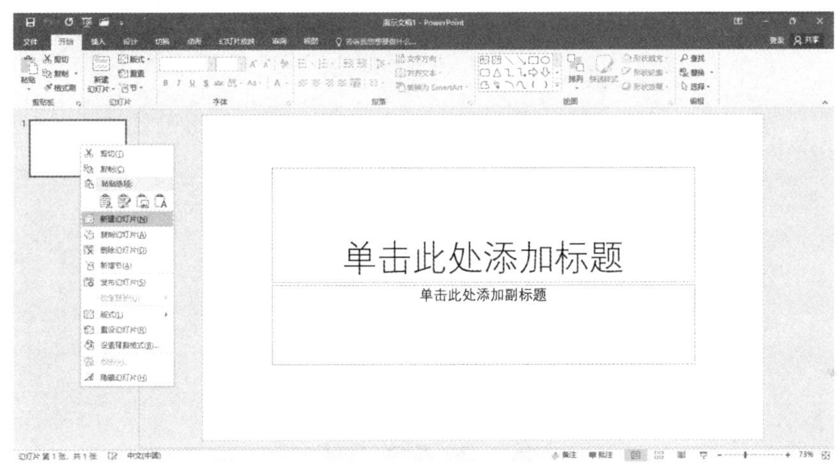

图 5-15　新建幻灯片

② 选择“开始”选项卡中的“幻灯片”组，如果希望新幻灯片具有与对应幻灯片相同的布局，只需单击“新建幻灯片”按钮或按【Ctrl+M】组合键即可；如果新的幻灯片需要不同的布局，则单击“幻灯片”组中的“新建幻灯片”下拉按钮，在弹出的菜单中选择所需的幻灯片版式即可。新的幻灯片也将插入到该选定幻灯片之后。

在制作演示文稿中，幻灯片出现编辑错误或内容不合适时，则需要删除该幻灯片，方法如下：

① 在幻灯片浏览视图或普通视图的选项卡区域，选择要删除的幻灯片，然后右击，在弹出的快捷菜单中选择“删除幻灯片”命令即可。

② 在幻灯片浏览视图或普通视图的选项卡区域，选择要删除的幻灯片，按【Delete】键。

4. 幻灯片的复制和移动

在制作演示文稿的过程中，如果用户当前创建的幻灯片与已存在的幻灯片风格基本一致，只是其中的部分文本不同，则采用复制幻灯片，再在其基础上做相应的修改会更方便。

（1）使用复制幻灯片命令

① 在左侧大纲窗格幻灯片选项卡下，选择要复制的幻灯片。

② 右击，在弹出的快捷菜单中选择“复制幻灯片”命令，将在选定幻灯片之后复制

出新的幻灯片。

③ 将新的幻灯片移动到目标位置，完成幻灯片的复制。

（2）使用鼠标拖动复制幻灯片

① 在幻灯片浏览视图中，选择要复制的幻灯片。

② 按住【Ctrl】键的同时拖动鼠标，到达目标位置后释放鼠标。完成幻灯片的复制。

如果需要移动幻灯片的位置或前后顺序，在幻灯片浏览视图或普通视图的选项卡区域选择某张幻灯片，拖动鼠标将它移动到新的位置即可。

5. 幻灯片的隐藏

用户可以根据需要在放映时将不需要放映的幻灯片隐藏，而不必将这些幻灯片删除，操作步骤如下：

① 选择需要隐藏的幻灯片。

② 单击“幻灯片放映”选项卡“设置”组中的“隐藏幻灯片”按钮，如图 5-16 所示。

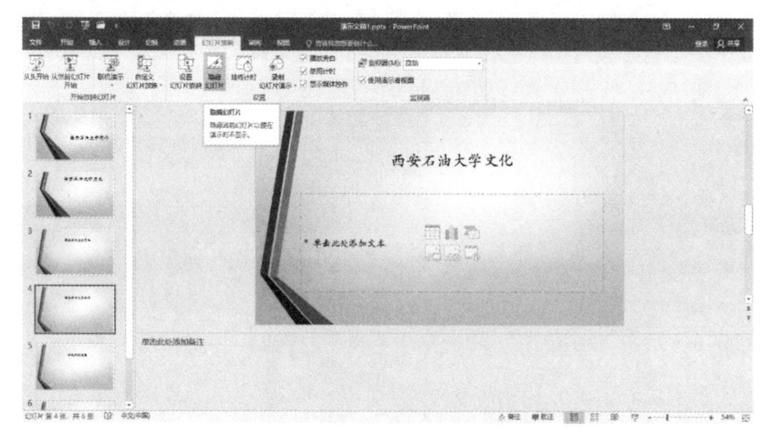

图 5-16　隐藏幻灯片

隐藏了的幻灯片仍然保留在演示文稿文件中。在幻灯片浏览视图中同样可以使用以上方法实现。

5.2.3　使用幻灯片版式

幻灯片版式包含了要在幻灯片上显示的全部内容的格式、位置和占位符，版式设计是幻灯片制作中的一个重要环节，通过在幻灯片中巧妙地安排多个对象的位置，能够更好地达到吸引观众注意力的目的。PowerPoint 2016 提供了图 5-17 所示的内置幻灯片版式，每种版式都显示了需要添加文本或图形的各种占位符的位置，用户也可以创建满足自身需求的自定义版式。

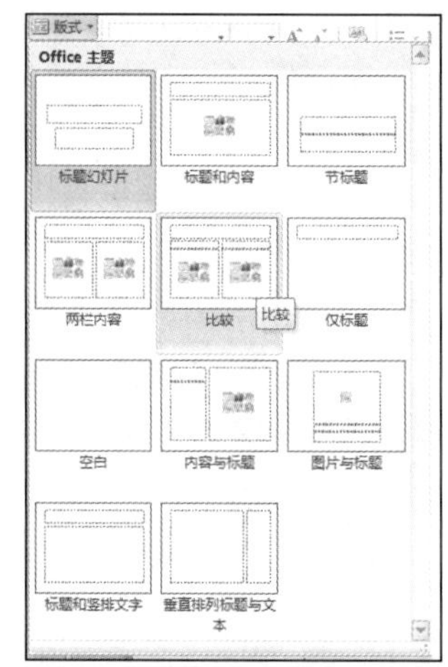

图 5-17　幻灯片版式

使用幻灯片版式有如下几种情况：

① 在创建新幻灯片时，用户根据需要选择相应的幻灯片版式，如图 5-18 所示。

② 在演示文稿制作过程中，需要修改幻灯片版式，具体操作步骤如下：

- 选择需要修改幻灯片版式的幻灯片。
- 单击“开始”选项卡的“幻灯片”组中的“版式”下拉按钮，在出现的下拉列表中选择相应的版式，如图 5-19 所示。

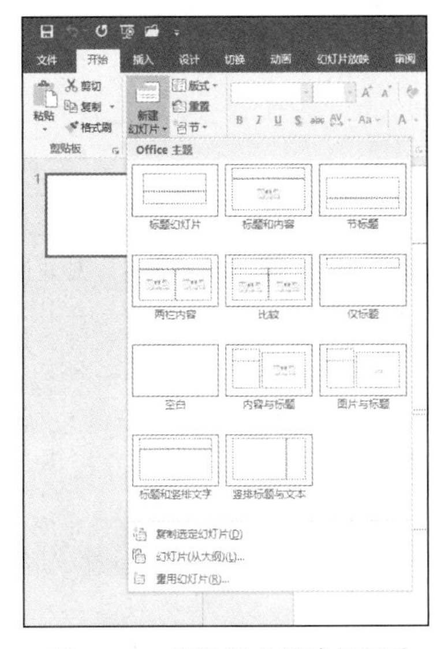

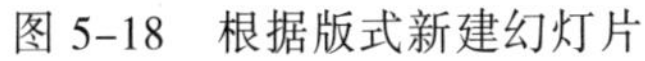
图 5-18　根据版式新建幻灯片

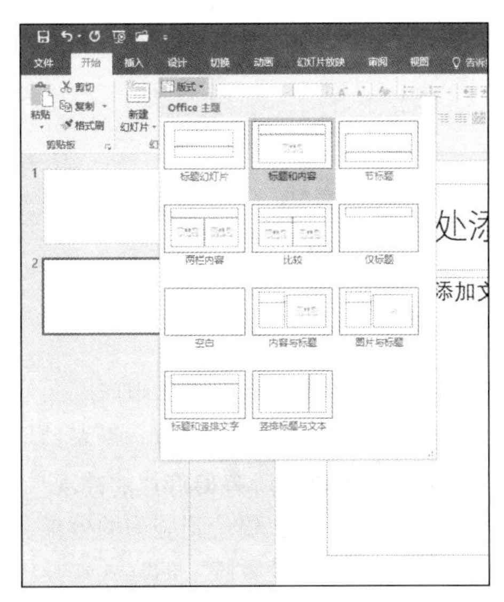

图 5-19　修改幻灯片版式

5.3　演示文稿的格式化及可视化

创建好幻灯片之后，需要进一步设计幻灯片，以使幻灯片达到更美观的效果。

5.3.1　设置幻灯片中的文字格式

文字格式设置包括字体、字号、文字颜色、间距和特殊效果等，具体操作步骤如下：

① 选择要设置格式的文字。

② 右击，在弹出的快捷菜单中选择“字体”命令，弹出“字体”对话框，如图 5-20 所示，根据用户自身需要进行相应的设置。

③ 单击“确定”按钮。

5.3.2　项目符号和编号

在 PowerPoint 2016 中除标题幻灯片中输入的文本没有项目符号和编号，其他带有文本输入版式中的文本都有默认的项目符号和编号，当用户对其不满意时可以更改，具体操作步骤如下：

① 选择要添加项目符号或编号的文本行。

② 单击“开始”选项卡的“段落”组中的“项目符号”或“编号”下拉按钮，在打开的下拉菜单中选择“项目符号和编号”命令，弹出图 5-21 所示对话框。

③ 根据需要进行相应的设置。在此对话框中可进行项目符号或编号的大小、颜色、自定义样式等操作。

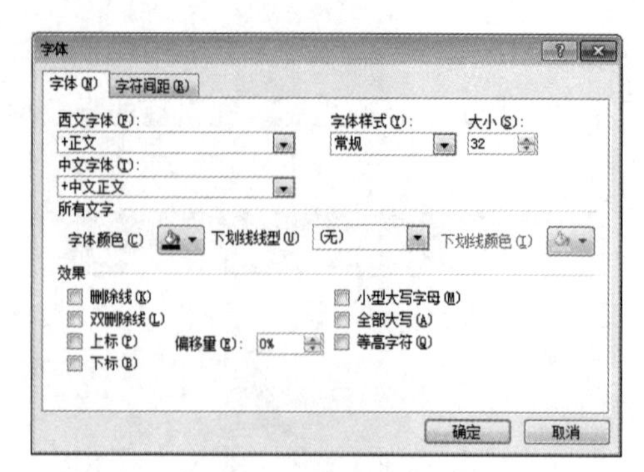

图 5-20 “字体”对话框

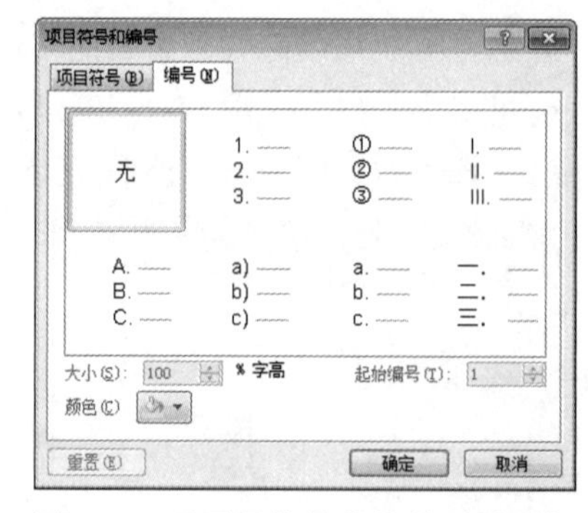

图 5-21 “项目符号和编号”对话框

5.3.3 设计幻灯片的外观

PowerPoint 可以使演示文稿中所有的幻灯片具有一致的外观，修饰幻灯片包括应用主题、使用主题方案、使用母版、设置幻灯片背景等内容。

1. 应用主题改变所有幻灯片的外观

为了使整个演示文稿达到统一的效果，用户可以在演示文稿创建后，通过“应用主题”给整个演示文稿设置统一的样式，具体操作步骤如下：

① 打开要应用文档主题的演示文稿，并切换到幻灯片视图下。

② 在“设计”选项卡的“主题”组中，右击任意一种主题，在弹出的快捷菜单中选择相应命令，可以作为选定幻灯片或所有幻灯片的主题，如图 5-22 所示。

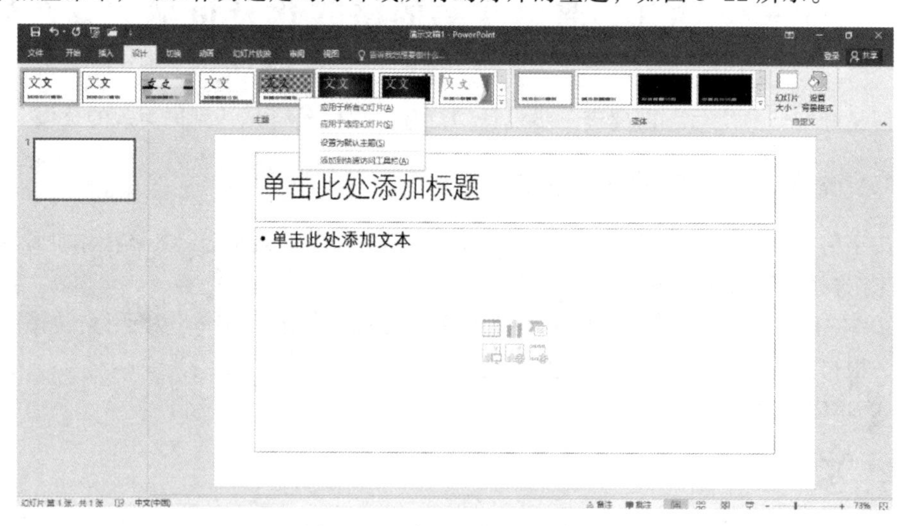

图 5-22 主题右键快捷菜单

2. 设置背景格式

主题方案是一组用于演示文稿的预设颜色，分别针对背景、文本和线条、阴影、标题文本、填充、强调文字和超链接等。方案中的每种颜色都会自动应用于幻灯片上的不同组件，可以选择一种方案应用于当前选定幻灯片或整个演示文稿。

（1）应用主题颜色

主题颜色包括四种文字和背景颜色、六种强调文字颜色和两种超链接演示。应用主题颜色的具体操作步骤如下：

① 选择要应用主题颜色的幻灯片。

② 在“视图”选项卡中选择“幻灯片母版”。

③ 在”背景”组中选择“颜色”，在下拉列表中选择喜欢的颜色。如果只需将主题颜色应用于当前选定的幻灯片，则右击主题颜色，在弹出的快捷菜单中选择“应用于幻灯片母版”命令，如图 5–23 所示。

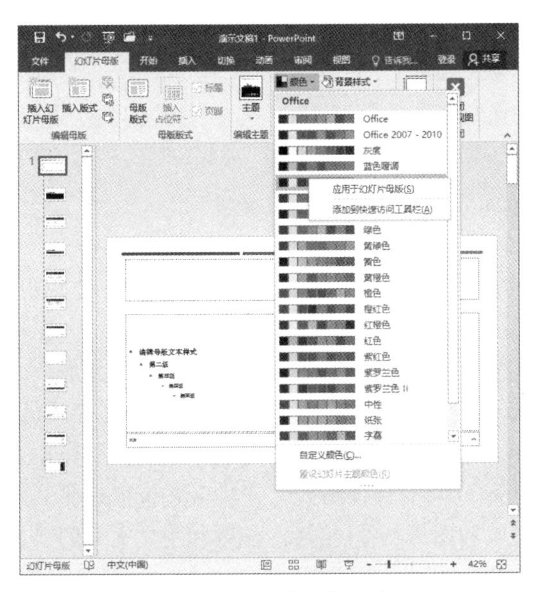

图 5–23 “幻灯片母版”窗口

（2）新建主题颜色

如果对现有的主题颜色不满意，用户可以创建自己的主题颜色，具体操作步骤如下：

① 单击“幻灯片母版”选项卡的“背景”组中的“颜色”按钮，弹出内置颜色列表，选择“自定义颜色”命令，弹出图 5–24 所示的对话框。

② 根据需要设置相对应部分的颜色，然后输入自定义名称，保存即可。

（3）应用主题字体

为演示文稿应用主题字体，具体操作步骤如下：

① 选择要应用主题字体的幻灯片。

② 单击“幻灯片母版”选项卡的“背景”组中的“字体”按钮，弹出内置字体列表。

③ 如果需要将主题字体应用于所有幻灯片，则在右键快捷菜单中选择“应用于幻灯片母版”命令。

（4）新建主题字体

如果对现有的主题字体不满意，可以创建自己的主题字体，具体操作步骤如下：

① 单击“幻灯片母版”选项卡的“背景”组中的“字体”下拉按钮，弹出内置字体列表，选择“新建主题字体”命令，弹出图 5–25 所示的对话框。

② 根据需要设置主题的西文和中文字体，然后输入自定义名称，保存即可。

图 5-24“新建主题颜色”对话框

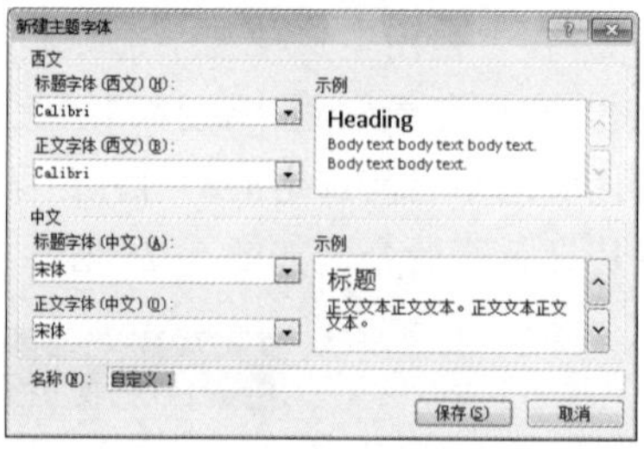

图 5-25 “新建主题字体”对话框

（5）应用主题效果

为演示文稿应用主题效果，具体操作步骤如下：

① 选择要应用主题效果的幻灯片。

② 单击“设计”选项卡的“主题”组中的“效果”下拉按钮，弹出内置效果列表，如图 5-26 所示。

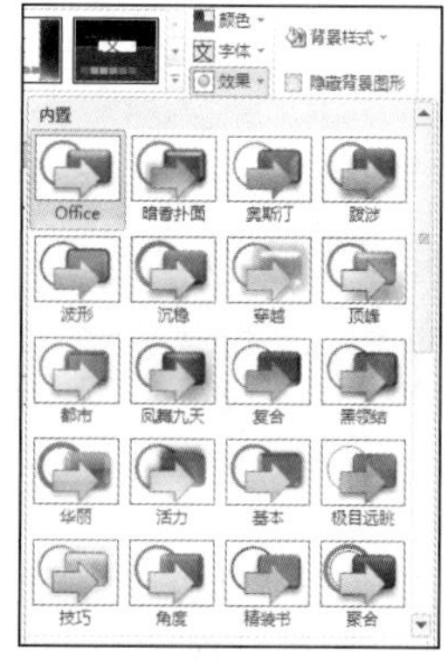

图 5-26 “效果”列表

③ 如果需要将主题效果应用于所有幻灯片，则右击并在弹出的快捷菜单中选择“应用于所有幻灯片”命令。

3. 使用母版

母版用于设置每张幻灯片的预设格式，这些格式包括每张幻灯片中都要出现的文本和图形特征。例如，标题和正文文本的格式和位置，项目符号的样式，以及页脚的内容设置等。另外，母版还可以使所有幻灯片有一致的背景，每张幻灯片上有共同的图形或符号。

使用母版可以使整个演示文稿有统一的外观，不必每次插入新幻灯片时一一设置。PowerPoint 提供了幻灯片母版、标题母版、讲义母版和备注母版四种类型，分别用于规范幻灯片、标题幻灯片、讲义和备注的公共属性设置。本节主要介绍幻灯片母版和讲义母版的设计和应用。

在 PowerPoint 2016 “视图”选项卡的“母版视图”组中有三种母版类型：幻灯片母版、讲义母版和备注母版，如图 5-27 所示。

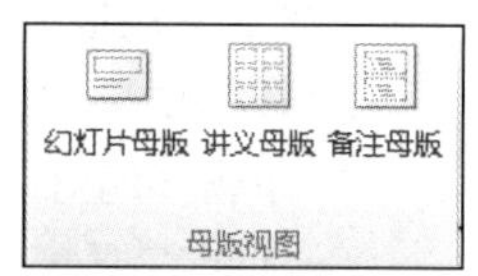

图 5-27 母版视图

（1）幻灯片母版

幻灯片母版包含字形、占位符大小和位置、背景设计等信息，目的是方便用户进行全局更改，并快速应用到演示文稿中的所有幻灯片。其中包含标题母版和幻灯片母版：标题母版用来控制标题幻灯片的格式和位置，通常区别于演示文稿中的其余幻灯片；幻灯片母版可以控制当前演示文稿中除标题幻灯片之外的其他幻灯片，使它们具有相同的外观。

（2）讲义母版

讲义母版用来设置讲义的打印格式，添加或修改幻灯片的讲义视图中每页讲义上出现的页眉或页脚信息，应用讲义母版用户可以将多张幻灯片设置在一页打印。

（3）备注母版

备注母版用来设置备注的格式。

如果需要统一修改多张幻灯片，只需要在幻灯片母版上进行修改即可。如果只是希望个别幻灯片的外观不同，应直接修改该幻灯片。

若要修改幻灯片母版，可单击“视图”选项卡的“母版视图”组中的“幻灯片母版”按钮，切换到“幻灯片母版”视图，如图 5-28 所示。然后根据需要在相应位置进行修改，最后单击“幻灯片母版”选项卡“关闭”组中的“关闭母版视图”按钮，回到幻灯片普通视图。

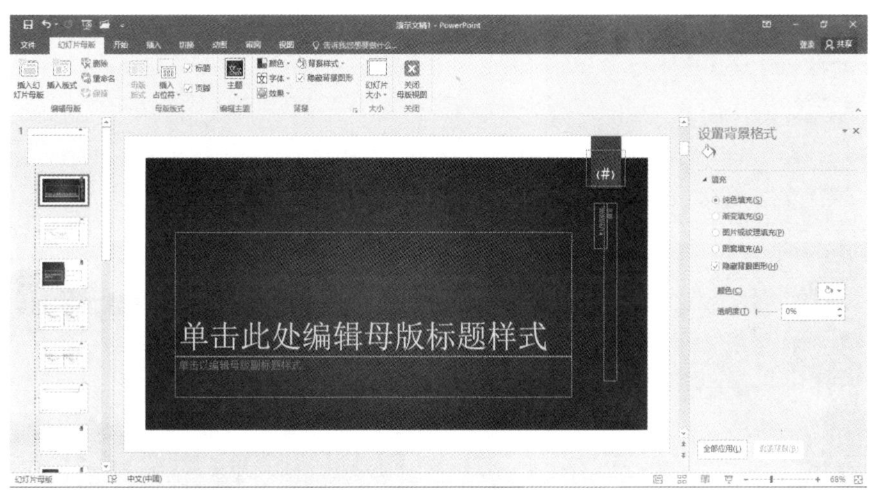

图 5-28 “幻灯片母版”视图

4. 设置幻灯片背景

幻灯片的背景可以通过背景样式实现，用户可以根据自己的设计思想选择，具体操作步骤如下：

① 选定要设置背景的幻灯片。

② 单击“设计”选项卡的“背景”组中的“背景样式”下拉按钮，打开“背景样式”菜单。

③ 选择“背景样式”菜单中的“设置背景格式”命令，在右侧弹出图 5-29 所示的窗格。

④ 根据需要对“设置背景格式”对话框中的相关内容进行设置即可。

5.3.4 插入图表与多媒体信息

向幻灯片中插入各种可视化项目，包括图片、表格、图表、组织结构图、声音和视频等对象，可以大大增强幻灯片的视觉效果。

1. 插入图片

插入图片有两种方法：

① 内容占位符。在内容占位符上单击“插入图片”图标，或在“插入”选项卡的“插图”组中，单击“图片”按钮，弹出图 5-30 所示的对话框，选择某一张或多张图片，单击“插入”按钮，可以将用户选择的来自文件的图片插入到选定的幻灯片中。在“插入”选项卡的“插图”组中单击“剪贴画”按钮，弹出“剪贴画”任务窗格，选择所需单击，或右击在弹出的快捷菜单中选择“插入”命令。如果所需图片不在管理器内，可

单击“导入”按钮，选择所需图片，打开“剪贴画”任务窗格，在“搜索文字”文本框中输入关键字，单击“搜索”按钮对相关内容进行搜索，并在搜索到的剪贴画列表中选择需要的剪贴画。

② 剪贴画占位符。双击剪贴画占位符，弹出“选择图片”对话框，其他操作同步骤①。

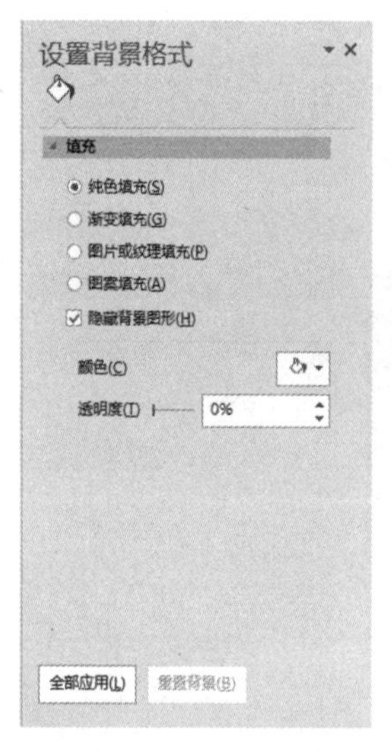

图 5-29 “设置背景格式”窗格

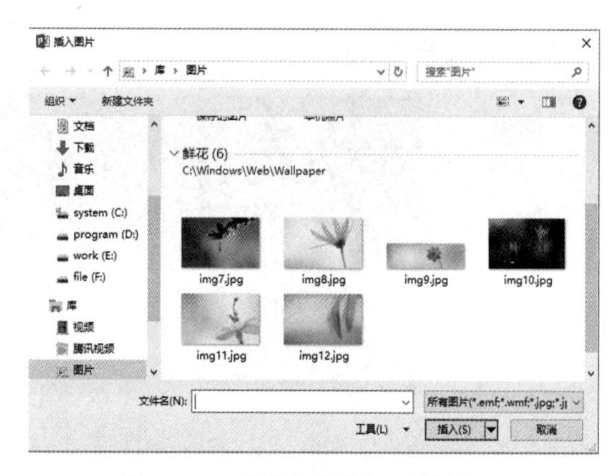

图 5-30 “插入图片”对话框

插入图片以后，可以对插入的图片进行编辑，操作的方法有以下两种。

① 选择图片，出现“图片工具/格式”选项卡，如图 5-31 所示，在“调整”“图片样式”“排列”“大小”组中可对图片进行相应的编辑，方法与 Word 2016 类似。

图 5-31 “图片工具/格式”选项卡

② 选择图片右击，在弹出的快捷菜单中选择“设置图片格式”命令，在右侧弹出“设置图片格式”窗格，如图 5-32 所示，进行相应的格式设置即可。

2. 插入图形

如果需要在幻灯片中绘制一些圆、矩形等简单的图形，可以使用 PowerPoint 2016 提供的绘图功能。在“插入”选项卡的“插图”组中，单击“形状”旁边的下拉按钮，打开图 5-33 所示的下拉菜单，选择需要插入的形状，再在指定的位置拖动鼠标到合适大小即可。

插入图形以后，可以对插入的图形进行编辑，操作的方法有以下两种：

① 选择形状，出现“绘图工具/格式”选项卡，在“插入形状”“形状样式”“排列”“大小”组中可对图形进行相应的编辑。

② 选择形状右击，在弹出的快捷菜单中选择“设置形状格式”命令，弹出“设置形状格式”对话框，进行相应的格式设置即可。

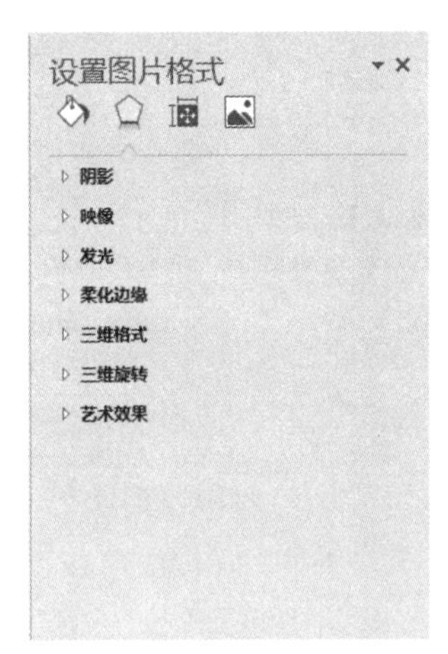

图 5-32 “设置图片格式”窗格

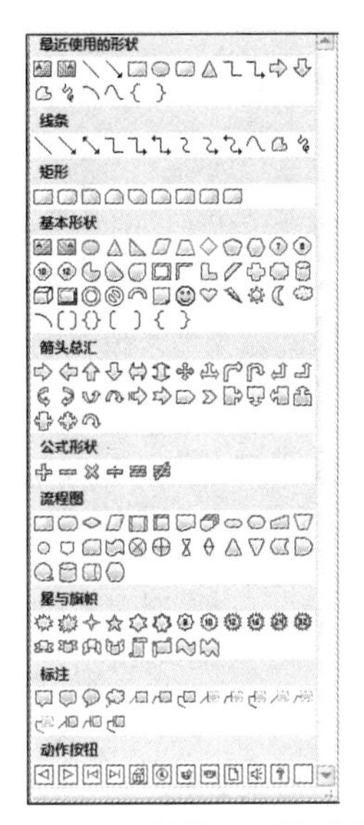

图 5-33 “形状”下拉菜单

3. 插入 SmartArt 图形

SmartArt 图形是信息和观点的视觉表示形式。可以通过多种不同的布局，使版面整洁，更好地表现系统的组织结构形式。SmartArt 图形主要包括图形列表、流程图、关系图以及更为复杂的图形，例如维恩图和组织结构图。SmartArt 图形可以清楚地表示层级关系、附属关系、循环关系等。用户可以从多种不同布局中进行选择，从而快速地创建所需形式，以便有效地传达信息或观点。

在幻灯片中插入 SmartArt 图形的具体操作步骤如下：

① 选定要插入 SmartArt 图形的幻灯片。

② 在“插入”选项卡的“插图”组中，单击 SmartArt 按钮，或者选择幻灯片中占位符内的按钮，弹出图 5-34 所示的对话框。

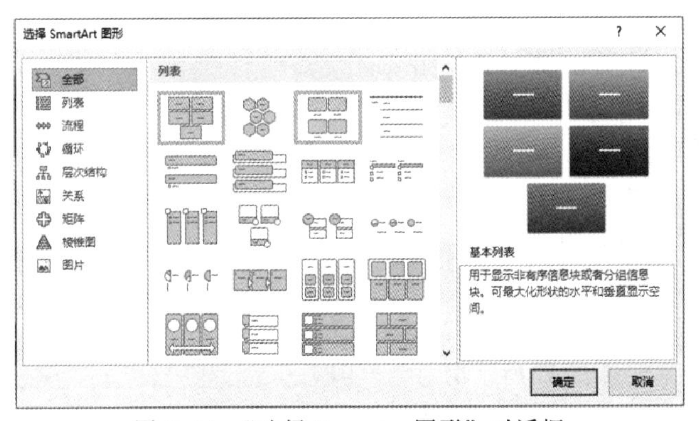

图 5-34 “选择 SmartArt 图形”对话框

③ 选择图形中相关布局，然后单击“确定”按钮，弹出图 5-35 所示的任务窗格。

④ 可以直接在“在此处键入文字”文本框中输入流程图的内容。

⑤ 单击 SmartArt 图形会出现“SmartArt 工具”下的“格式”和“设计”选项卡，在此可以完成 SmartArt 图形的各项设置。

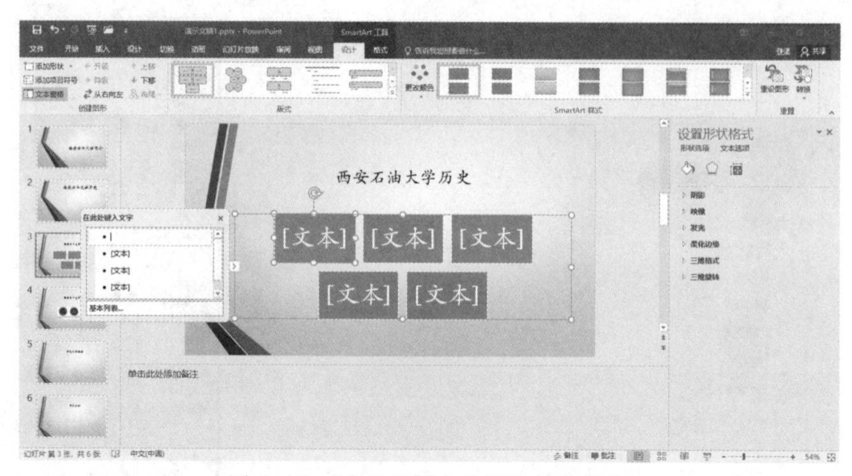

图 5-35 “在此处键入文字”任务窗格

4. 插入表格

PowerPoint 2016 中内置了插入表格的功能，用户可以根据需要插入表格。插入的方法和 Word 中插入表格的方法类似。

在幻灯片中插入表格的具体操作步骤如下：

① 选择要插入表格的幻灯片，在“插入”选项卡的“表格”组中，单击“表格”下拉按钮，在弹出的下拉菜单中选择“插入表格”命令，或者选择幻灯片中占位符内的按钮，弹出图 5-36 所示的对话框。

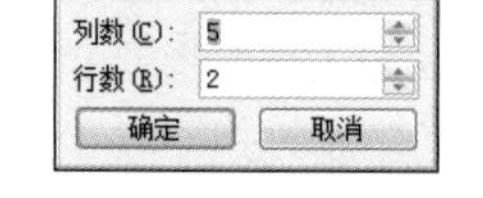

图 5-36 “插入表格”对话框

② 在“插入表格”对话框中，设置表格的列数和行数，然后单击“确定”按钮，在幻灯片中显示插入表格的同时，显示“表格工具”选项卡。

5. 插入图表

在 PowerPoint 2016 中，用户可以直接利用“图表生成器”插入多种数据图表和图形，如柱形图、饼图、条形图、面积图等，增强演示文稿的演示效果。插入表格的具体步骤如下：

① 选择要插入图表的幻灯片，在“插入”选项卡的“插图”组中，单击“图表”按钮，或者双击幻灯片中占位符内的按钮，弹出图 5-37 所示的对话框。

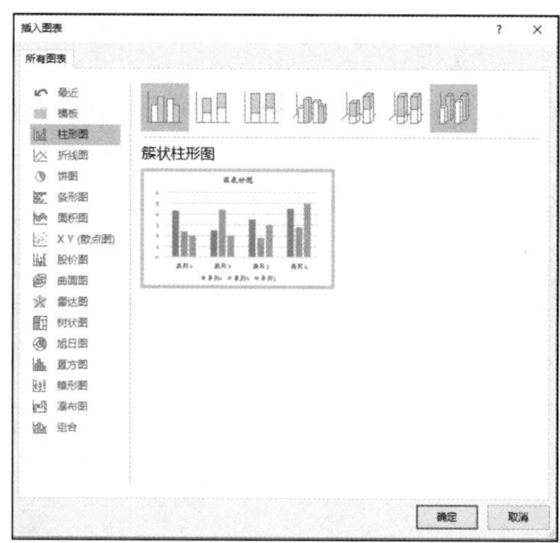

图 5-37 “插入图表”对话框

② 选择所需的图表类型，例如选择列表中的柱形图，系统将弹出 Excel 窗口用以输入相关的数据内容，如图 5-38 所示，用户输入数据即可。

6. 插入声音和视频

PowerPoint 2016 提供在幻灯片放映时播放声音和视频的功能，用户可以向幻灯片中添加声音和视频剪辑，会产生特殊的效果，使演示文稿更加生动。添加的声音和视频既可以从剪辑库中选择，也可以从硬盘中插入多媒体对象。

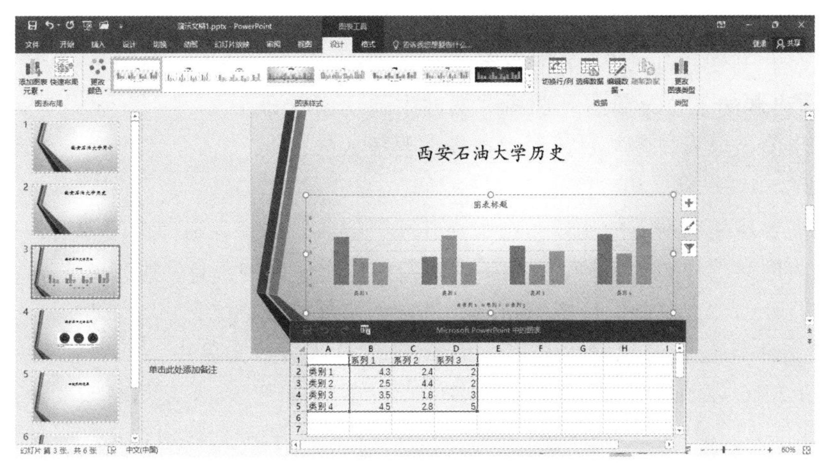

图 5-38　插入图表

（1）在幻灯片中插入声音

在制作幻灯片时，用户可以根据需要在幻灯片中插入声音，以增加向观众传达信息的通道。具体操作步骤如下：

① 选择要添加声音的幻灯片。

② 单击“插入”选项卡的“媒体”组中的“音频”按钮，打开图 5-39 所示的下拉菜单。

③ 在出现的下拉菜单中，选择“文件中的音频”命令，在打开的“插入音频”对话框中选择需要插入的音频文件。

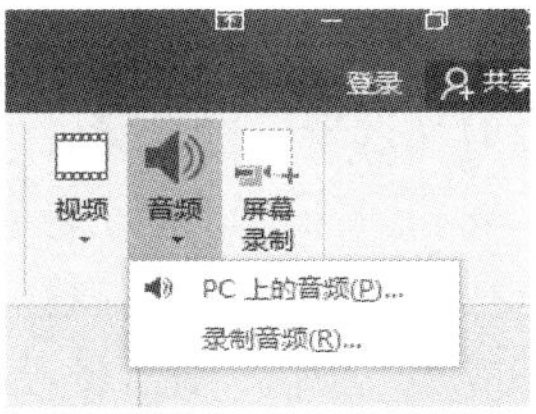

图 5-39　“音频”下拉菜单

如果需要使用剪辑库中的声音，可以选择“剪贴画音频”命令，在打开的“剪贴画”任务窗格中，选取所需要的音频文件；如果需要录制自己的声音，可以选择“录制音频”命令。

④ 插入声音文件后幻灯片中会出现一个喇叭图标，如图 5-40 所示。再通过“音频工具”选项卡（见图 5-41）完成音频设置。在进行播放时，可以将音频剪辑设置为在显示幻灯片时自动开始播放、在单击鼠标时开始播放或播放演示文稿中的所有幻灯片，甚至可以循环连续播放媒体直至停止播放。

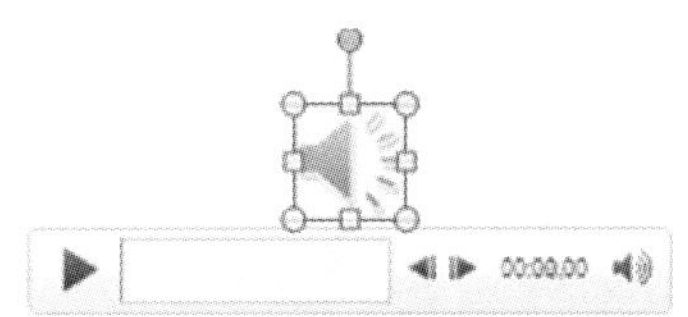

图 5-40　插入“音频”文件

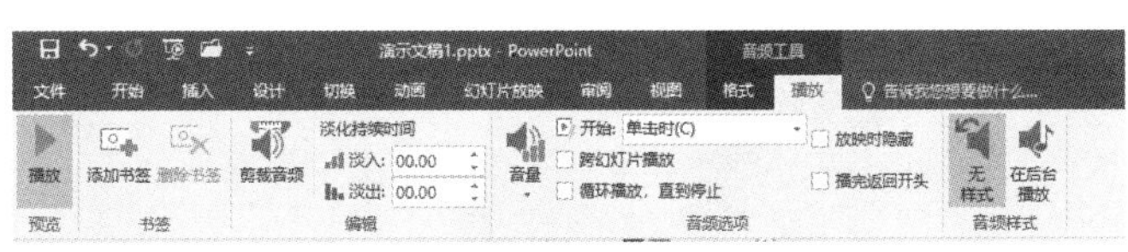

图 5-41　“音频工具”选项卡

在 PowerPoint 2016 中，如果插入的声音文件大于 100 KB，默认自动将声音链接到文件，而不是嵌入文件。演示文稿链接到文件后，为了防止可能出现的链接问题，最后在添加演示文稿之前需将声音文件复制到演示文稿所在的文件夹中。

（2）在幻灯片中插入视频

在 PowerPoint 2016 中插入视频的操作方法和插入声音的方法类似。具体操作步骤如下：

① 选择要添加视频的幻灯片。

② 单击“插入”选项卡的“媒体”组中的“视频”下拉按钮，打开图 5-42 所示的下拉菜单。

③ 在出现的下拉菜单中，选择“文件中的视频”命令，在弹出的“插入视频”对话框中选择需要插入的视频文件。

图 5-42 “视频”下拉菜单

如果需要使用网站上的视频，则选择“联机视频”命令，在弹出的“插入视频”对话框中输入网站的视频链接地址；如果需要使用剪辑库中的声音，则选择“剪贴画视频”命令，在打开的“剪贴画”任务窗格中，选取所需要的视频文件。

视频文件只是链接到演示文稿，而不是嵌入到演示文稿中。插入视频文件时，PowerPoint 2016 会创建一个指向视频文件当前位置的链接。如果之后将改变该视频文件的位置，则在播放时会找不到播放文件，因此应在插入视频前将视频文件复制到演示文稿所在的文件夹中。

5.3.5 插入页眉与页脚

在“插入”选项卡中单击“页眉和页脚”按钮，弹出“页眉和页脚”对话框，单击“幻灯片”选项卡，如图 5-43 所示。通过选择适当的复选框，可以确定是否在幻灯片的下方添加日期和时间、幻灯片编号、页脚等，并可以设置选择项目的格式和内容。设置结束后，若单击“全部应用”按钮，则所做设置将应用于所有幻灯片；若单击“应用”按钮，则所做设置仅应用于当前的幻灯片。此外，若选择“标题幻灯片中不显示”复选框，则所做设置将不应用于第一张幻灯片。

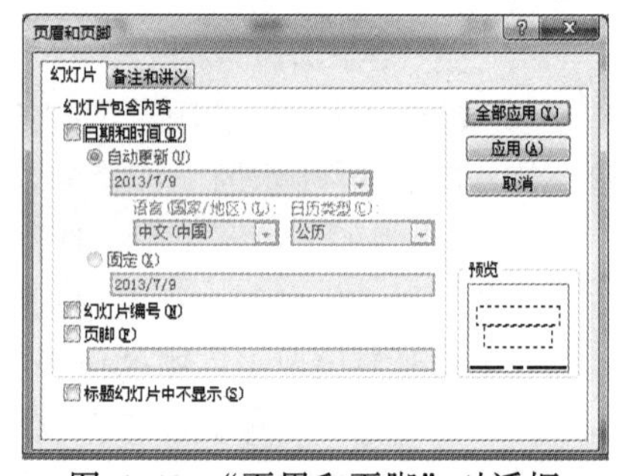

图 5-43 “页眉和页脚”对话框

5.3.6 插入公式

在“插入”选项卡中单击“公式”按钮，选择其中的某一公式项，在幻灯片中即插入已有的公式，再单击此公式，则功能区出现“公式工具/设计”选项卡，如图 5-44 所示，利用该选项卡可以编辑公式。

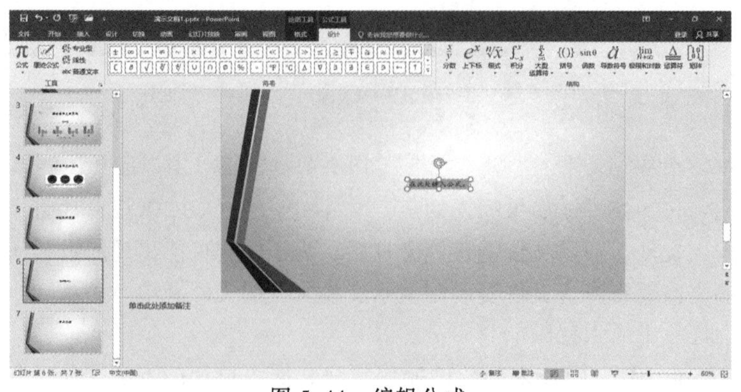

图 5-44 编辑公式

5.3.7 插入批注

利用批注的形式可以对演示文稿提出修改意见。批注就是审阅文稿时在幻灯片上插入的附注。批注会出现在黄色的批注框内，不会影响原演示文稿。

选择幻灯片中需要输入批注的内容处，在“审阅”选项卡中单击“新建批注”按钮，在当前幻灯片上出现批注框，在框内输入批注内容，单击批注框以外的区域即可完成输入。

5.4 演示文稿的放映

制作一个演示文稿的目的是要通过演示文稿的内容来表达观点、传达信息。用户可以直接在计算机上放映幻灯片，也可以通过投影仪演示。所谓演示文稿的放映是指连续播放多张幻灯片的过程，播放时按照预先设计好的顺序对每一张幻灯片进行播放演示。一般情况下，可以直接进行简单的放映，即从演示文稿中某张幻灯片起，顺序放映到最后一张幻灯片为止的放映过程。

为了突出重点，吸引观众的注意力，在放映演示文稿之前，一般要先对幻灯片进行动画效果设置、动作设置、超链接以及幻灯片切换等操作，使放映过程更加形象生动，实现动态演示效果。

在演示文稿的放映过程中使用动画效果，包括两种方式，一是每张幻灯片之间使用幻灯片切换效果，二是为每一张幻灯片中的对象添加动画效果，从而实现动态演示的效果。幻灯片的对象可以包括文字、图表、图像、视频以及音频等。

5.4.1 幻灯片切换

幻灯片的切换方式是指某张幻灯片进入或退出屏幕时的特殊视觉效果，目的是使前后两张幻灯片之间的过渡更加自然。幻灯片切换时，可以控制切换效果的速度，添加声音，甚至可以对切换效果的属性进行自定义。既可以选择为某张幻灯片设置切换方式，也可以为一组幻灯片设置相同的切换方式。用户可以通过鼠标单击切换、定时切换和按排练时间切换三种方式来实现。

1. 鼠标切换和定时切换幻灯片

具体操作步骤如下：

① 在幻灯片浏览视图中，选择一张或多张要添加切换效果的幻灯片。

② 单击“切换”选项卡，打开图 5-45 所示的“切换”功能区。

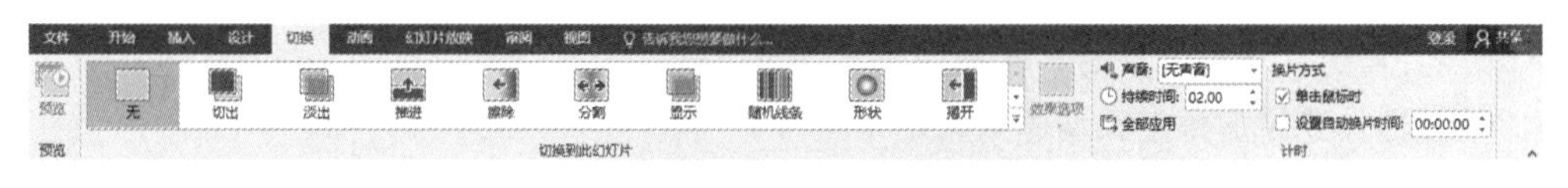

图 5-45 “切换”功能区

③ 根据自身需要进行相应的设置即可。在“换片方式”选项区域中，如果选择“单击鼠标时”复选框，则单击鼠标时切换幻灯片；如果选择“设置自动换片时间”复选框，并输入时间间隔，则按指定间隔时间切换幻灯片。如果同时选中“单击鼠标时”和“设

置自动换片时间”两个复选框，可以使幻灯片按指定的间隔进行切换，在此间隔内单击鼠标则可直接进行切换，从而达到手工切换和自动切换相结合的效果。

④ 单击“计时”组中的“全部应用”按钮，则所有设置将应用到演示文稿中的所有幻灯片上。

2. 按排练时间切换幻灯片

通过排练计时设定幻灯片的切换间隔时间的具体操作步骤如下：

① 选择要设置放映时间的演示文稿。

② 单击“幻灯片放映”选项卡的“设置”组中的“排练计时”按钮。

③ 执行上述操作后，系统开始从第一张幻灯片开始放映，同时弹出“录制”对话框，如图 5-46 所示。随着幻灯片播放，“录制”对话框中的时间会改变。

④ 单击鼠标，切换到下一张幻灯片，当所有的幻灯片全部放映完毕，系统会弹出一个对话框，提示放映整个演示文稿所需时间，询问是否保存，如图 5-47 所示。

图 5-46 “录制”对话框

图 5-47 提示放映时间

⑤ 若按此排练时间放映，则单击“是”按钮，否则单击“否”按钮放弃该排练时间，重新设置。

设置定时放映后，每张幻灯片下面会出现播放时间，提示用户播放幻灯片所需要的时间。

5.4.2 设置动画效果

动画效果是指在幻灯片的放映过程中，幻灯片上的各种对象以一定的次序方式进入画面中产生的效果。PowerPoint 2016 可以将幻灯片中的文本、图形、图表和其他对象设置动画效果，赋予它们进入、退出、大小或颜色变化等动态效果，这样可以突出重点、控制信息流，并增加演示文稿的趣味性。

PowerPoint 2016 中有四种不同类型的动画效果：

① 进入效果：可以使对象逐渐淡入焦点、从边缘飞入或者跳入视图中。

② 退出效果：这些效果包括对象飞出幻灯片、从视图中消失或者旋出等。

③ 强调效果：包括使对象缩小或放大、更改颜色或者沿着其中心旋转。

④ 动作路径：这些效果可以使对象上下移动、左右移动或者沿着某些形状移动。

用户可以单独使用任何一种动画，也可以将多种效果组合使用。

1. 自定义动画

设置自定义动画效果的具体操作步骤如下：

① 选择要添加自定义动画效果的幻灯片。

② 单击“动画”选项卡，如图 5-48 所示。

图 5-48 “动画”选项卡

③ 在幻灯片上选择要制作动画的对象，单击“动画”选项卡的“动画”组中的“添加动画”下拉按钮，打开图 5-49 所示的动画效果列表，选择所需的动画效果，则该预设的动画就应用到所选对象上了。如果在进入的效果列表中没有合适的效果，可以选择“更多进入效果”命令，弹出“添加进入效果”对话框，选择一种合适的动画效果，如图 5-50 所示。

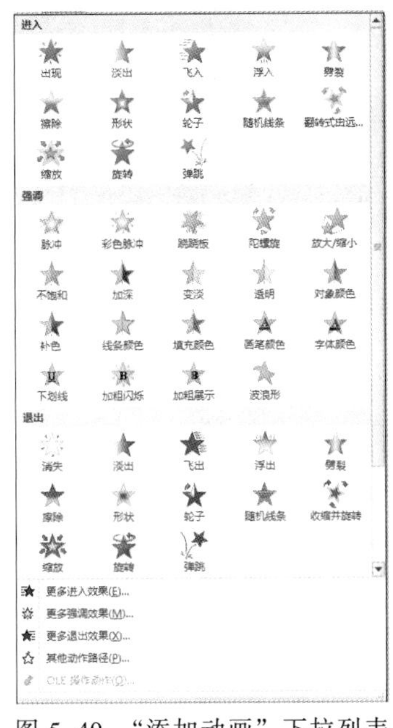

图 5-49 “添加动画”下拉列表

图 5-50 “添加进入效果”对话框

④ 添加完动作效果后还可以对动画效果进行修改，单击选择“动画”选项卡的“高级动画”组中的“动画窗格”按钮，在屏幕右侧会出现动画窗格，如图 5-51 所示。选择动画效果右侧下拉按钮或右击，在弹出的快捷菜单中选择并进行动画效果的各项设置，如图 5-52 所示。

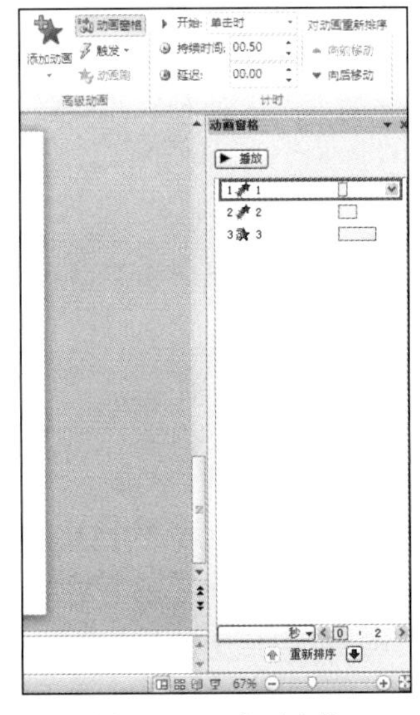

图 5-51 动画窗格

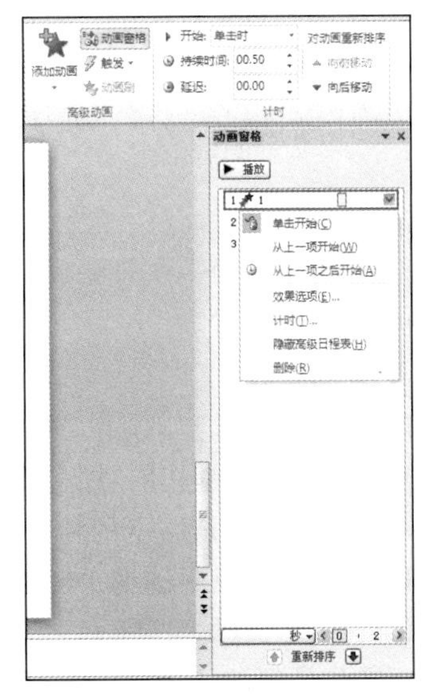

图 5-52 修改动画效果

- “单击开始”：动画效果在单击鼠标时开始。
- “从上一项开始”：该动画和幻灯片动画播放序列中的前一个动画同时发生。
- “从上一项之后开始”：该动画将在幻灯片动画播放序列中的前一个动画播放完时发生。

类似地，可以在“方向”下拉列表中选择动画的执行方向；在“速度”下拉列表中选择动画的播放速度等。

如果选择了多个动画对象，每个设置了动画效果的对象前都有一个自动编号的图标，选中该图标即可进入相应对象的动画设置，通过任务窗格中“重新排序”两侧的上、下按钮可以调整动画显示的先后顺序。

若想取消某个对象的动画效果，选中该对象，单击任务窗格选中的“删除”按钮即可。

2. 添加动作路径

用户可以根据需要添加动作路径，具体操作步骤如下：

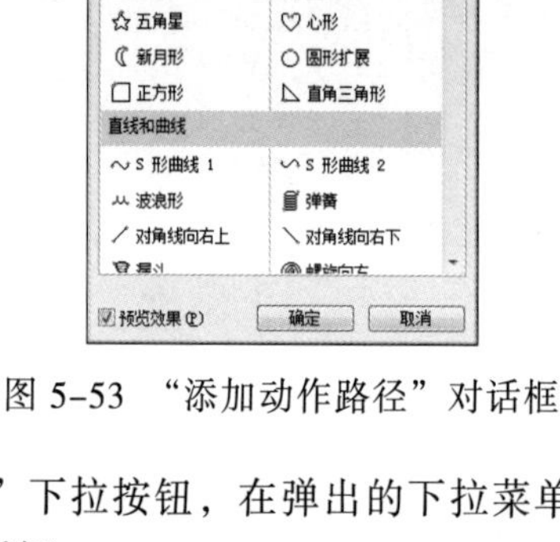

图 5-53 “添加动作路径”对话框

① 选择要添加动作路径的对象。

② 单击“动画”选项卡的“动画”组中的“其他”下拉按钮，在弹出的下拉菜单中选择“其他动作路径”命令，弹出图 5-53 所示的对话框。

③ 单击“确定”按钮后，添加动作路径的对象上会出现动作路径控制点，如图 5-54 所示。对已添加的动作路径进行重新排序或设置的操作和自定义动画类似。

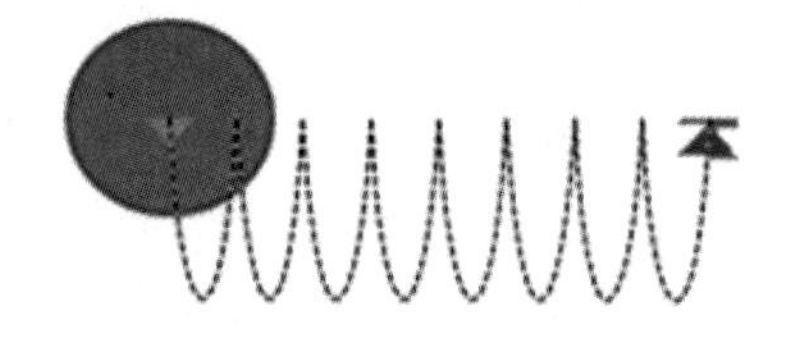

图 5-54 设置动作路径

5.4.3 超链接与动作设置

在演示文稿的放映过程中，用户不仅可以按顺序播放幻灯片，还可以控制幻灯片的放映顺序，实现幻灯片、演示文稿、Word 文档和 Web 页等之间的跳转。

在 PowerPoint 中改变播放顺序或实现文档之间跳转的方式有两种，设置超链接或动作按钮。

1. 超链接的设置

在幻灯片中如果为一个对象建立了超链接，在放映时，单击这个对象就可直接跳转到与之链接的目标位置。

（1）创建超链接

创建超链接的操作步骤是：

① 选择要创建超链接的对象，可以是文字或图片等对象。

② 单击“插入”选项卡的“链接”组中的“超链接”按钮；或者在选定对象上右击，在弹出的快捷菜单中选择“超链接”命令，均会弹出图 5-55 所示的对话框。用户可以在该对话框中选择“链接到”的位置，例如链接到“本文档中的位置”等。

③ 创建好的超链接可以进行编辑修改操作，方法同上一步，只是在这里执行以上

操作步骤后，弹出的是“编辑超链接”对话框，如图 5-56 所示。

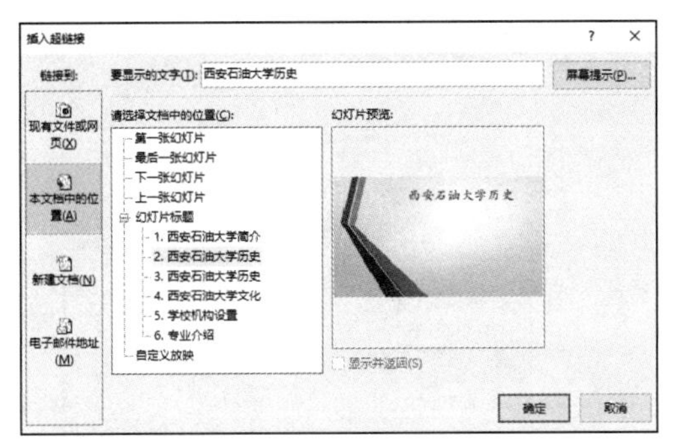

图 5-55 “插入超链接”对话框

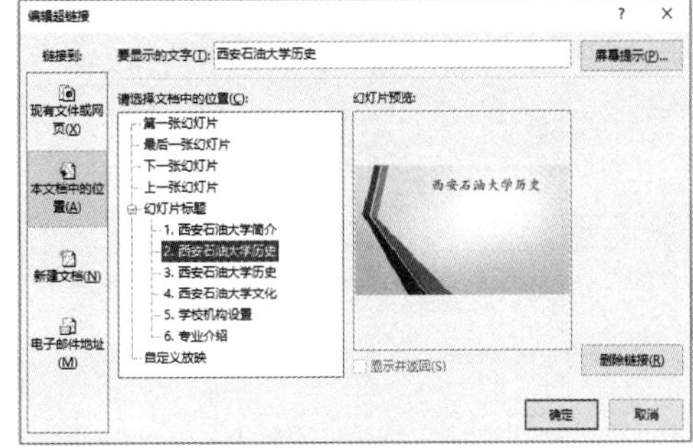

图 5-56 “编辑超链接”对话框

在“要显示的文字”文本框中显示出所设置超链接的文本。

在对话框左侧的“链接到:”选项区域中，有四个目标位置：

- 选择“现有文件或网页”选项，在右侧的“查找范围”中，选择要链接到的目标文件，该文件可以是计算机上存储的任意文件，也可以是 Internet 地址。
- 选择“本文档中的位置”选项，在右侧的“请选择文档中的位置”列表框中，选择要跳转到的当前演示文稿中的任意一张幻灯片。
- 选择“新建文档”选项，链接到一个新建的 PowerPoint 文档。
- 选择“电子邮件地址”选项，链接到指定的电子邮件地址。

（2）删除超链接

若要删除超链接，只须选中设置超链接的对象，右击，在弹出的快捷菜单中选择“删除超链接”命令即可。

（3）取消超链接关系

如果要取消超链接关系，只须选中设置超链接的对象右击，在弹出的快捷菜单中选择“取消超链接”命令即可。

2. 动作按钮的设置

PowerPoint 2016 预先定义了一些动作按钮，在幻灯片中应用这些动作按钮，可以跳转到某一指定位置，如跳转到演示文稿的某张幻灯片、其他演示文稿、Word 文档，或者跳转到 Internet。设置动作按钮的操作步骤如下：

① 选定要插入动作按钮的幻灯片。

② 选择“插入”选项卡的“插图”组中的“形状”下拉按钮，出现图 5-57 所示的下拉菜单，在最下面的“动作按钮”形状中选择所需的动作按钮。

③ 在幻灯片需要放置动作按钮的位置单击，弹出“动作设置”对话框，如图 5-58 所示。

④ 在“动作设置”对话框中，选择鼠标的动作形式；在“超链接到”列表框中设置按钮链接的目标位置；还可以在“运行程序”中选择需要启动的外部程序；或进行声音设置等。

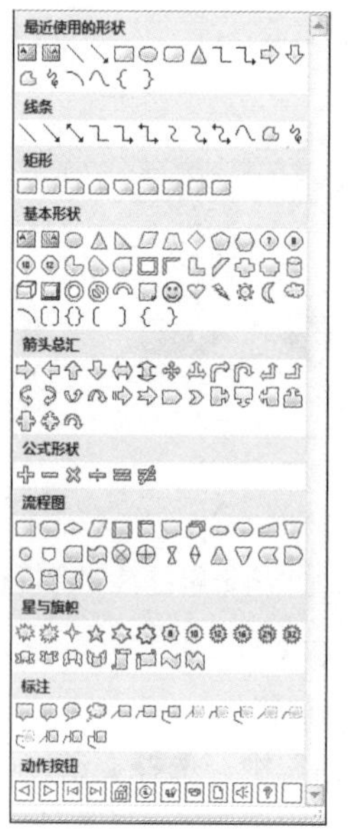

图 5-57 “形状”下拉菜单

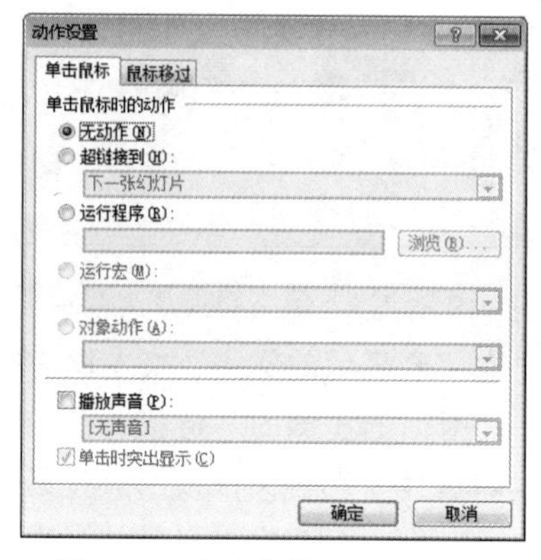

图 5-58 “动作设置”对话框

5.4.4 自定义放映

利用“自定义放映”可以将演示文稿中的部分幻灯片组合起来，并加以命名。播放时就可以根据预先的设置跳转到相应的幻灯片上，而不必针对不同的观众创建多个演示文稿。

创建自定义放映的操作步骤是：

① 单击“幻灯片放映”选项卡的“开始放映幻灯片”组中的“自定义幻灯片放映”按钮，弹出图 5-59 所示“自定义放映”对话框。

② 单击“新建”按钮，弹出图 5-60 所示“定义自定义放映”对话框。

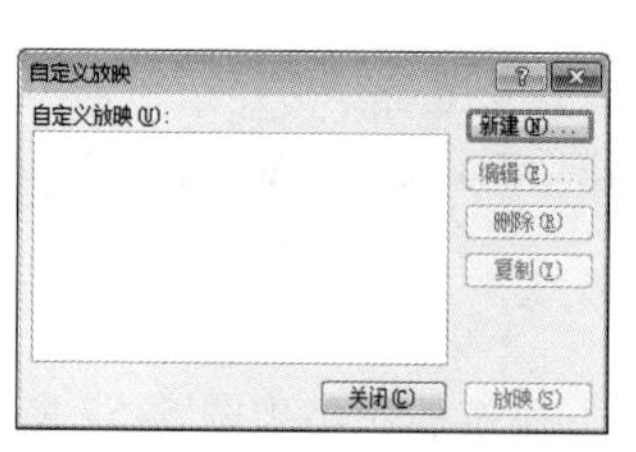

图 5-59 “自定义放映”对话框

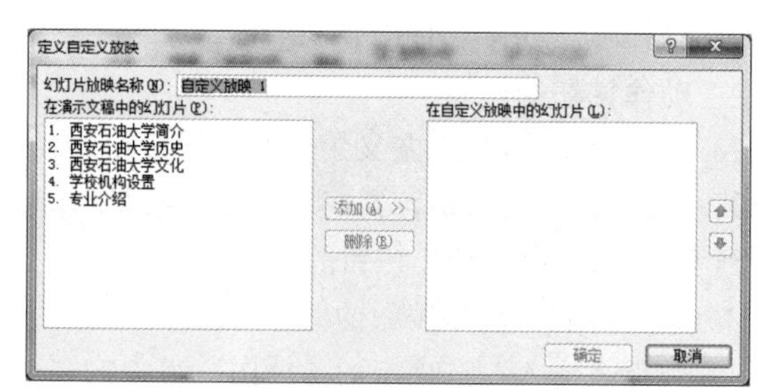

图 5-60 “定义自定义放映”对话框

③ 在“幻灯片放映名称”文本框中系统自动将自定义放映的名称设置为“自定义放映 1”，若想重新命名，可在该文本框中输入一个新的名称。

④ 在“在演示文稿中的幻灯片”列表框中，显示了当前演示文稿中所有幻灯片的编号和标题。选择其中所需的幻灯片，然后单击“添加”按钮，选定的幻灯片被添加到右侧的“在自定义放映中的幻灯片”列表框中。

⑤ 重复步骤④，将需要的幻灯片依次加入到“在演示文稿中的幻灯片”列表框中。

⑥ 选择完毕，单击“确定”按钮即可。

5.4.5　设置放映方式

PowerPoint 2016 为放映演示文稿提供了三种不同的放映方式，即演讲者放映方式、观众自行浏览方式以及在展台浏览放映方式。单击“幻灯片放映”选项卡的“设置”组中的“设置幻灯片放映”按钮，弹出图 5-61 所示的对话框。

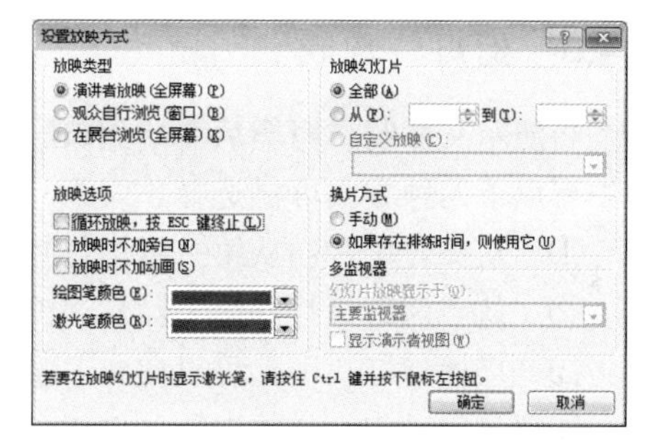

图 5-61　“设置放映方式”对话框

1. 放映类型

① 演讲者放映（全屏幕）：这是最常用的也是系统默认的放映方式。可以通过鼠标或键盘人为地控制幻灯片的放映进度和动画出现的时机。如果希望幻灯片自动放映，可单击“幻灯片放映”选项卡中的“排练计时”按钮预设放映时间，使其自动播放。

② 观众自行浏览（窗口）：这是一种适用于小规模的放映方式。演示文稿显示在一个窗口内，允许用户动手操作，并在放映过程中复制或打印感兴趣的幻灯片段。

③ 在展台浏览（全屏幕）：这是一种适用于大型会议或展台上的自动放映方式。在放映过程中不需要专人控制，大多数菜单和命令都不能使用，以防干扰放映效果。演示文稿可以自动循环放映，直至按【Esc】键终止。该放映类型必须预设放映时间，否则可能会长时间停留在某张幻灯片上。

2. 指定放映范围

在“设置放映方式”对话框中，还可以指定演示文稿中幻灯片的放映范围，有以下几种情况。

① 如果选择“全部”单选按钮，则放映全部演示文稿。

② 如果选择“从”单选按钮，并在“从”数值框中输入起始幻灯片编号，在“到”数值框中输入最后一张幻灯片编号，则只放映设定的起止编号内的幻灯片。

③ 如果演示文稿中设置了自定义放映，则选择“自定义放映”单选按钮，并在下面的下拉列表中选择自定义放映的名称。

3. 设置放映特征

在“放映选项”选项区域中，还包含一些复选框，用户可以在此设置幻灯片的放映特征，有以下几种情况。

① 如果选择“循环放映，按 Esc 键终止”复选框，则循环放映演示文稿，若要退出循环放映，按【Esc】键。如果选中“在展台浏览（全屏幕）”单选按钮，则自动选中该复选框。

② 如果选择“放映时不加旁白”复选框，则在放映幻灯片时，隐藏旁白但不删除旁白。

③ 如果选择“放映时不加动画”复选框，则在放映幻灯片时，隐藏对象设置的动画效果但并不删除动画效果。

4. 指定换片方式

在“换片方式”选项区域中可以指定幻灯片的换片方式，有以下几种情况。

① 如果选择“手动”单选按钮，则可以通过单击鼠标实现人工换片。

② 如果选择“如果存在排练时间，则使用它”单选按钮，则可以按在“切换”选项卡中设定的时间自动换片。

5.4.6 幻灯片放映

当演示文稿制作完毕后需要放映时，在“幻灯片放映”选项卡的“开始放映幻灯片”组中有以下四种方式可供选择。

①“从头开始”：从第一张幻灯片开始放映，快捷键为【F5】。

②“从当前幻灯片开始”：从当前选定的幻灯片位置开始放映。

③“广播幻灯片”：可以向在 Web 浏览器中观看的远程观众播放幻灯片。

④“自定义幻灯片放映”：创建自定义幻灯片播放顺序后，按序播放。

1. 控制幻灯片放映

在放映过程中，除了可以根据排练时间自动播放以外，还可以控制放映某一张幻灯片。在放映过程中，右击屏幕，弹出图 5-62 所示的快捷菜单，可以选择以下操作：

①“下一张”：放映下一张幻灯片，在幻灯片空白处单击，或按【PageDown】键同样可以实现。

②“上一张”：放映上一张幻灯片，按【PageUp】键同样可以实现。

③“定位至幻灯片”：放映指定的幻灯片，在图 5-63 所示的级联菜单中选择需要定位的幻灯片即可。

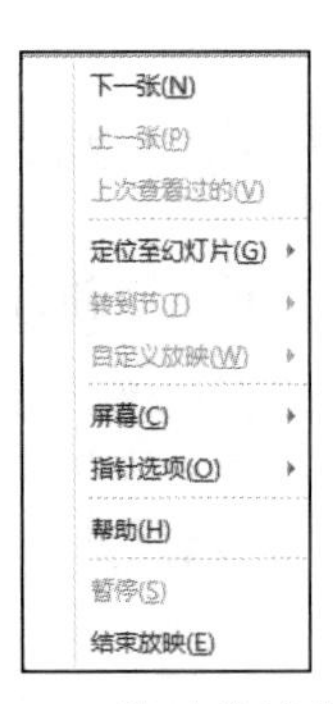

图 5-62 放映快捷菜单

图 5-63 “定位至幻灯片”级联菜单

④“结束放映”：提前结束放映，按【Esc】键同样可以实现。

2. 绘图笔的使用

在幻灯片放映过程中，可以使用 PowerPoint 2016 提供的绘图笔功能，直接在屏幕上进行标注和强调，操作步骤如下：

① 在放映过程中，右击屏幕，弹出图 5-64 所示的快捷菜单，选择其中的“指针选项”命令，在出现的级联菜单中，选择相应的画笔命令即可。

② 如果需要改变绘图笔的颜色，在图 5-64 所示的快捷菜单中选择“指针选项”命令，在出现的级联菜单中选择“墨迹颜色”命令，选择所需的颜色。

③ 按住鼠标左键，在幻灯片上直接标注或绘画即可。

④ 如果要擦除标注的内容，可选中内容右击，在弹出的快捷菜单中选择“屏幕”命令，在出现的级联菜单中选择“擦除笔迹”命令。

⑤ 当不需要绘图笔时，右击，在弹出的快捷菜单中选择“指针选项”命令，在出现的级联菜单中选择“箭头选项”命令。

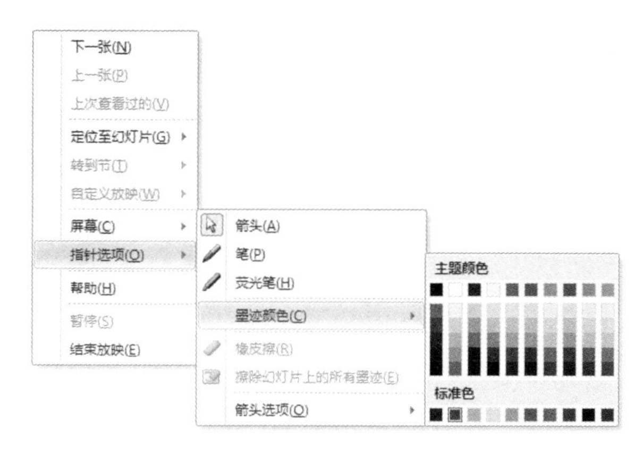

图 5-64 “墨迹颜色”

5.5 演示文稿的打印与打包

5.5.1 演示文稿的打印

在 PowerPoint 中用户可以用彩色、灰度或黑白打印整个演示文稿的幻灯片、大纲、备注和观众讲义，也可打印特定的幻灯片、讲义、备注页或大纲页。在打印之前应先进行页面、打印等有关设置。

1. 页面设置

① 单击“设计”选项卡的“页面设置”组中的“页面设置”按钮，弹出“页面设置”对话框，如图 5-65 所示。在对话框中可以按照需求设置幻灯片的大小、打印的幻灯片编号起始值、打印方向等。

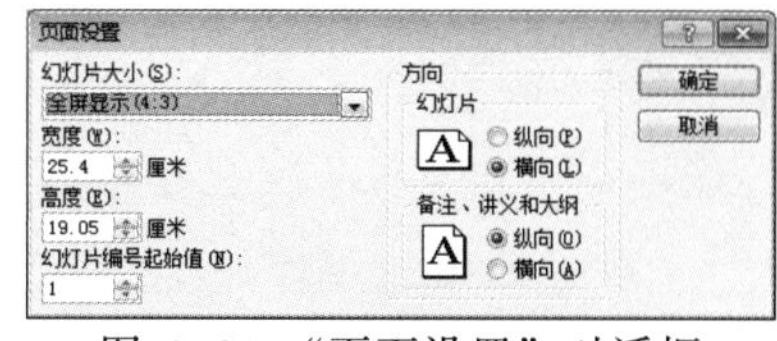

图 5-65 “页面设置”对话框

② 在“幻灯片大小”下拉列表中选择要打印的纸张大小，如果选择“自定义”选项，则要在“宽度”和“高度”文本框中输入所需的尺寸。

③ 在“方向”选项区域中，可设置幻灯片的打印方向，演示文稿中所有的幻灯片将为同一方向，不能为单独的幻灯片设置不同的方向。备注页、讲义和大纲可以和幻灯片的方向不同。

2. 打印演示文稿

在幻灯片视图、大纲视图、备注页视图和幻灯片浏览视图中都可以进行打印工作，具体操作步骤如下：

① 选择“文件”→“打印”命令，打开“打印”窗格，如图 5-66 所示。

② 在“打印机”选项区域中选择所使用的打印机类型。

③ 在“设置”选项区域中选择要打印的范围，可以打印整个演示文稿，打印当前幻灯片，也可以输入幻灯片编号来指定范围；选择打印版式，如图 5-67 所示。整页幻灯片表示在每页打印一张幻灯片，备注页可以打印指定范围中的幻灯片备注信息，大纲可以打印演示文稿的大纲；设置讲义打印版式，可以在每页讲义中打印 1～9 张幻灯片。

④ 设置单面打印或双面打印，设置颜色模式，可以设置颜色、灰度或是纯黑白。

⑤ 完成各项设置之后，在“份数”选项区域中指定打印份数，再单击“打印”按钮即可。

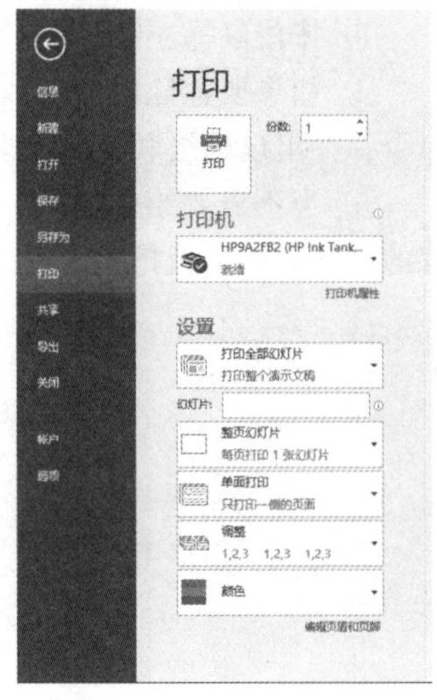

图 5-66 “打印”窗格

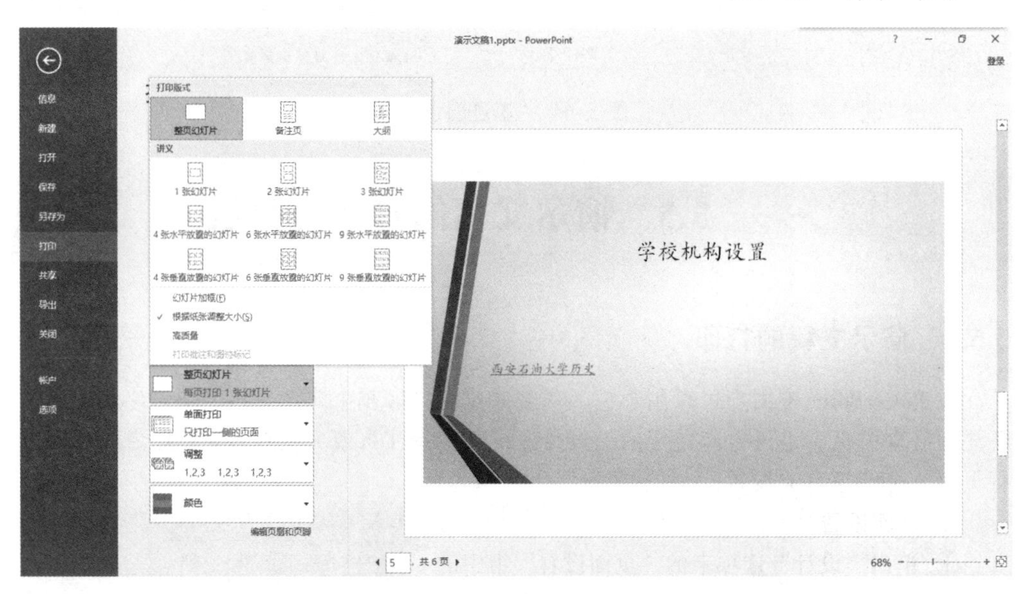

图 5-67 “打印版式”列表

5.5.2 演示文稿的打包

在一台计算机上创建的演示文稿可能需要在另一台计算机上播放，有时会发现有些字体不见了，或是一些特殊效果没有了的情况，这是因为该计算机上没有完全安装 PowerPoint 或是版本较低所致。可以使用 PowerPoint 2016 提供的打包工具将演示文稿及其相关文件打包，这样就可以解决 PowerPoint 兼容性问题。具体操作步骤如下：

① 打开要打包的演示文稿。如果正在处理以前未保存的新的演示文稿，建议先进行保存。

② 选择“文件”→“导出”命令，选择“将演示文稿打包成 CD”选项，如图 5-68 所示。

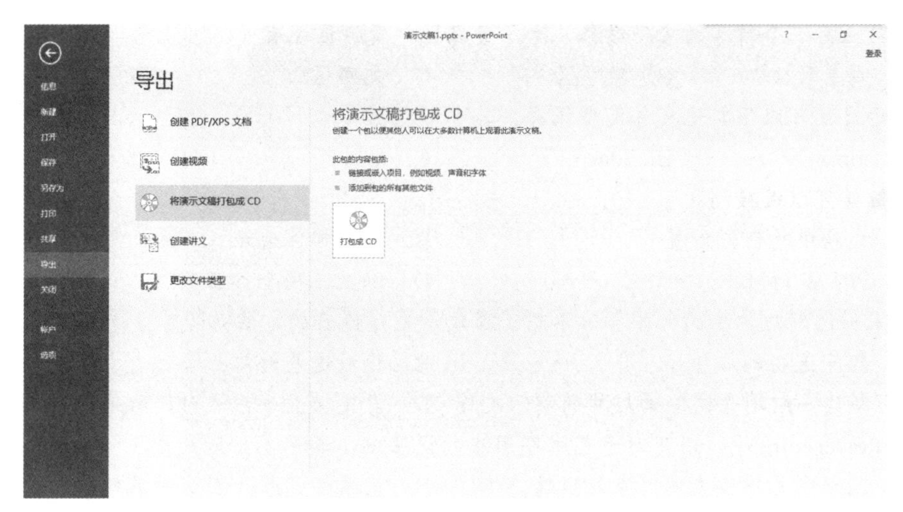

图 5-68 “将演示文稿打包成 CD”选项

③ 单击“打包成 CD”按钮，弹出“打包成 CD”对话框，单击“添加”按钮，选择要进行打包的文件并确认，如图 5-69 所示。单击“选项”按钮，弹出“选项”对话框，如图 5-70 所示，可选择演示文稿中所用到的链接文件，如果使用特殊字体，则需要选择嵌入 TrueType 字体，还可以设置打开或修改文件的密码。再单击“复制到文件夹”按钮，弹出图 5-71 所示的对话框，设置打包后的路径和文件夹的名称，最后单击“确定”按钮即可。

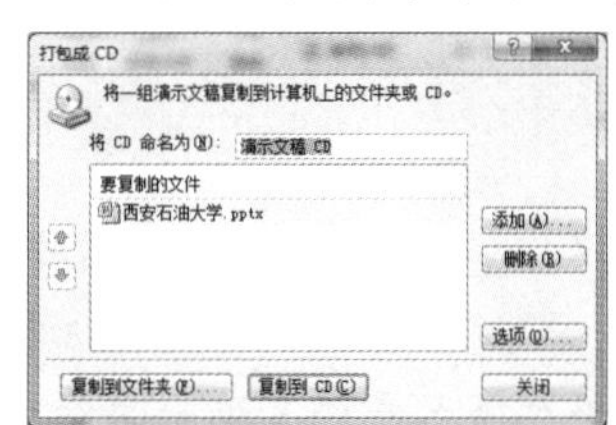

图 5-69 “打包成 CD”对话框

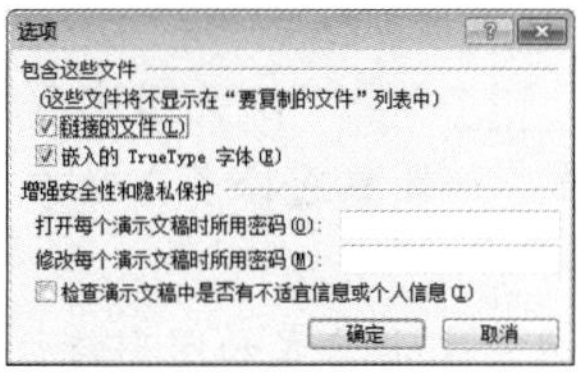

图 5-70 “选项”对话框

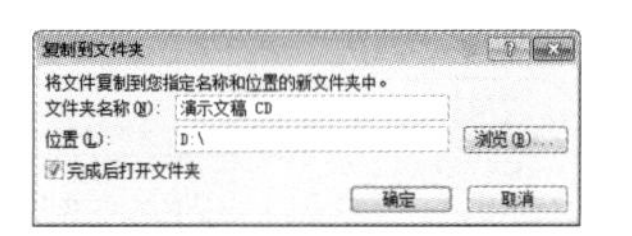

图 5-71 “复制到文件夹”对话框

习　题

一、选择题

1. PowerPoint 中采用（　　）视图模式最适合组织和创建演示文稿。
   A. 普通　　B. 大纲　　C. 幻灯片浏览　　D. 幻灯片放映
2. 以下叙述不正确的是（　　）。
   A. 幻灯片的大小可以改变
   B. 幻灯片的设计模板一旦选定，就不可以改变
   C. 同一演示文稿中允许使用多种模板格式
   D. 同一演示文稿不同幻灯片的配色方案可以不同
3. 如果要在幻灯片浏览视图中选定连续若干张幻灯片，应先按住（　　）键，再分别单击各幻灯片。
   A.【Ctrl】　　B.【Alt】　　C.【Shift】　　D.【Tab】

4. 母版上有三个特殊的文字对象，除了日期区、页脚区还有（　　）。

A. 页眉区　　B. 数字区　　C. 文字区　　D. 图形区

5. 演示文稿可以用其他文件类型保存，其中不包括（　　）。

A. .pptx　　B. .doc　　C. .pps　　D. .htm

6. 超链接可以链接到（　　）。

A. 文档中的任何位置　　B. 电子邮件地址

C. WWW 地址　　D. 以上三项全部正确

7. 如果一组幻灯片中的几张暂时不想让观众看见，最好的方法是（　　）。

A. 删除这些幻灯片　　B. 隐藏这些幻灯片

C. 新建一组不含这些幻灯片的演示文稿　　D. 自定义放映方式时，取消这些幻灯片

8. 在 PowerPoint 中，以下对于艺术字用法的说法中，其中不正确的是（　　）。

A. 艺术字是作为文本对象处理的　　B. 艺术字是作为图形对象处理的

C. 艺术字有多种式样和字体字号　　D. 艺术字可整体缩放

9. 要删除幻灯片上已选定的文本，可按（　　）组合键。

A.【Ctrl+V】　　B.【Ctrl+X】　　C.【Shift+C】　　D.【Delete】

10. 演示文稿中的备注内容在播放演示文稿时（　　）。

A. 会显示　　B. 不会显示　　C. 显示一部分　　D. 显示标题

二、填空题

1. PowerPoint 创建的演示文稿文件的扩展名为________。
2. 选择“文件”选项卡中的________命令可以关闭演示文稿。
3. 在编辑 PowerPoint 幻灯片时，如果要选择多个对象，可以按________键，并使用鼠标逐个单击________。
4. 利用________可以控制幻灯片中文本格式和图形特征，使整个演示文稿有统一的外观。
5. 在 PowerPoint 中，插入幻灯片时总是插在当前幻灯片的________。

三、判断题

1. 演示文稿设计模板文件的扩展名是.pps（.ppsx）。（　　）
2. 可以同时为多个对象设置动画效果。（　　）
3. PowerPoint 中通过“幻灯片切换”对话框可设置幻灯片切换时的声音效果。（　　）
4. 用户可以在大纲窗格中添加或编辑幻灯片中的文本信息。（　　）
5. 幻灯片放映过程的控制方法有人工控制放映、用鼠标控制放映、设置自动循环放映等。（　　）

四、简答题

1. PowerPoint 主要有哪些功能？
2. 母版分为几种？各有什么用途？
3. 什么是自定义放映？如何设置？
4. 要在幻灯片中播放一个视频文件，应该如何操作？
5. 如何设置动作按钮和超链接？

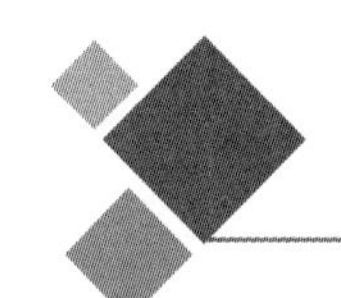

第6章　计算机网络基础

计算机网络是计算机技术和通信技术相结合的产物。时至今日，计算机网络技术得到了迅猛的发展，并已成为社会重要的基础设施，发挥着越来越重要的作用。

本章主要介绍计算机网络的基本知识，通过本章的学习应掌握以下几方面的内容:

① 了解计算机网络的发展、分类及常用的物理介质。

② 了解局域网的概念、介质访问协议和常用的网络互连设备。

③ 了解 Internet 的工作方式和接入方式、IP 地址、MAC 地址和网关等概念。

④ 了解 Internet 的一般应用及原理。

6.1　计算机网络概述

所谓网络，就是把多个具有独立功能的计算机通过通信设备及传输媒体互连起来，在通信软件的支持下，实现计算机间资源共享、信息交换或协同工作的系统，称为计算机网络。连接在网络中的计算机、外围设备、通信控制设备等称为网络结点，这些结点可以分布在不同的地理区域。

6.1.1　计算机网络的发展

1969 年美国高级研究计划署（Advanced Research Project Agency，ARPA）研制成功了世界上第一个远程分组交换网 ARPANet，标志着计算机网络时代的真正开始。计算机网络的发展过程大致可以分为面向终端的计算机通信网络、计算机—计算机网络、网络体系标准化、网络高速化与综合化等四个阶段。

1. 面向终端的计算机通信网络

第一代计算机网络系统是以单个计算机为中心的联机系统，如图 6-1 所示，又称为单处理机联机系统。这种系统是由主机(Host)系统通过通信线路连接若干终端(Terminal，T）构成的，终端不具有自主处理的功能，用户在远程终端输入程序和数据，送到主机进行处理，主机处理后将结果通过通信装置，经由通信线路再返回给用户终端。

这种单处理机联机系统存在两个显著的缺点：一是主机负荷较重，既要进行数据处理，又要承担与多个远程终端间的通信，降低了主机的信息处理能力；二是主机与每台终端都用一条专用通信线路连接，线路利用率低。

为了提高通信线路的利用率，减轻主机的负担，使用了多点通信线路、集中器以及前端处理机，这些技术对以后计算机网络的发展有着深刻的影响。

所谓多点通信线路，就是在一条通信线路上串接多个终端，如图 6-2 所示。多个终端可以共享同一条通信线路与主机进行通信。由于主机与终端间的通信具有突发性和高带宽的特点，所以各个终端与主机间的通信可以分时使用同一高速通信线路。因此，可以大大提高信道的利用率。

2. 计算机—计算机网络

第二代计算机网络是利用通信线路将多个主机连接起来，形成多台计算机互连的网络。连接形式有下面两种。

第一种形式是通过通信线路将主机直接互连起来，主机既承担数据处理任务，又承担通信任务，如图 6-3 所示。

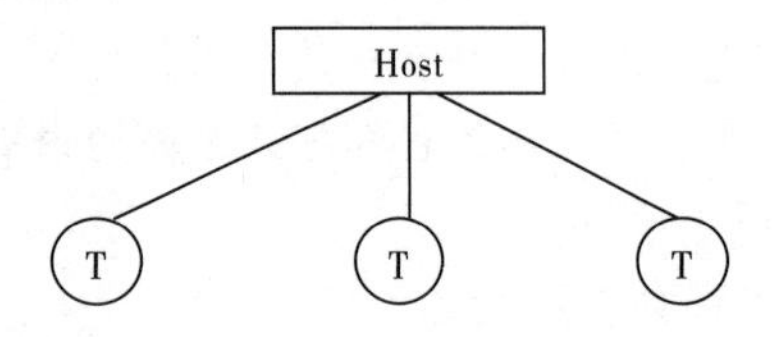

图 6-1 以单机为中心的联机系统

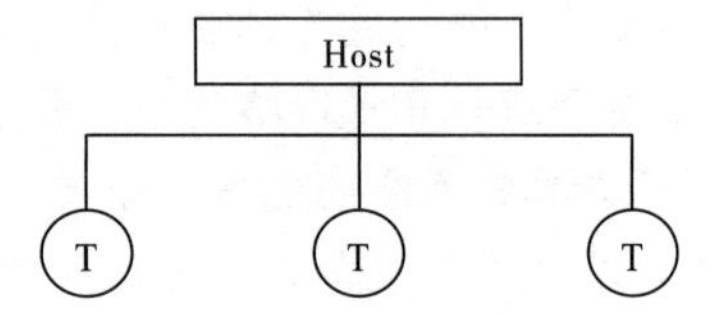

图 6-2 多点通信线路方式

第二种形式是把通信从主机分离出来，设置通信控制处理机（Communication Control Process，CCP），主机间的通信通过 CCP 的中继功能间接进行。由 CCP 组成的传输网络称为通信子网，如图 6-4 所示。

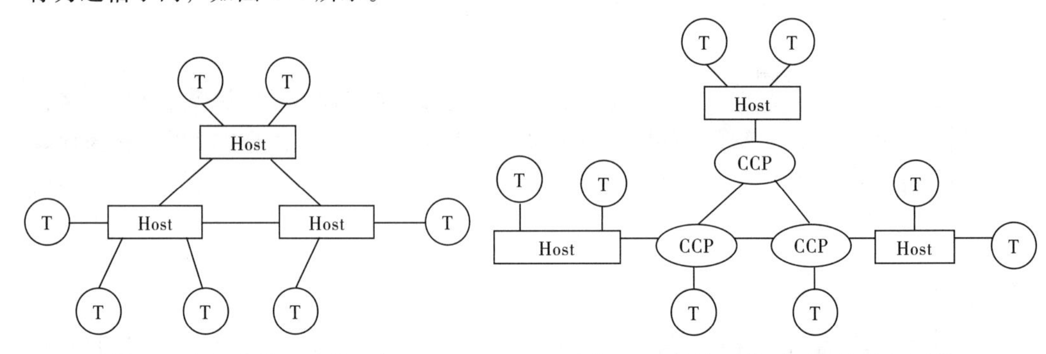

图 6-3 主机直接互连的网络

图 6-4 具有通信子网的计算机网络

CCP 负责网络中各主机间的通信控制和通信处理，由它们组成的通信子网是网络的内层或骨架层，是网络的重要组成部分。网络中主机负责数据处理，是计算机网络资源的拥有者，它们组成了网络的资源。

与第一代计算机网络相比，这一代计算机网络中的通信双方都是具有自主处理能力的计算机，它们之间不存在主从关系，能够完成计算机之间的通信，形成了真正的计算机网络。ARPANet 就是这个时代的典型代表。

3. 网络体系标准化阶段

随着网络技术的发展与计算机网络的广泛应用，不少公司推出了自己的网络体系结构。最著名的就是 IBM 的 SNA（System Network Architecture）和 DEC 公司的 DNA（Digital Network Architecture）。之后，各种网络体系结构相继出现。然而，不同体系结构的网络设备互连十分困难，而社会的发展又迫使不同体系结构的网络都要能互连。因此，国际标准化组织（International Standard Organization，ISO）在 1977 年设立了一个分委员会，专门研究网络通信的体系结构，该分委员会经过多年艰苦的工作；于 1981 年制定了一个著名的“开放系统互连参考模型（Open System Interconnection Reference Model，OSI/RM）”，即著名的 OSI 七层模型。

只要遵循 OSI 标准，一个系统就可以和位于世界上任何地方的也遵循同一标准的任何其他系统进行通信，从此计算机网络走上了标准化的轨道。

4. 网络高速化与综合化阶段

这一阶段计算机网络发展的特点是：采用高速网络技术，出现了综合业务数字网、多媒体网络和智能型网络。

网络的高速化从 20 世纪 90 年代后发展迅速，1994 年 100 Mbit/s 速率的局域网标准推出，标志着网络高速时代的到来。ATM 异步交换模式构建的网络速率达到 622 Mbit/s。1997 年推出了 1 000 Mbit/s 的以太网，各类高速网络产品在相互竞争中加速发展。进入 21 世纪后，10 Gbit/s 以太网标准诞生，且相关产品在实际中开始应用。

网络的综合化是指采用交换技术实现的数据传送方式将多种业务综合到一个网络中完成。如可以将语音、数据、图像、视频等信息以二进制代码的数字形式综合到一个网络中进行传送，这样的网络称为综合业务数字网（Integrated Services Digital Network，ISDN）。ISDN 分为窄带 ISDN（N-ISDN）和宽带 ISDN（B-ISDN）。前者被电信部门用来向一般个人用户提供“一线通”服务；后者用于城域网和互联网中的主干网连接。

不管是局域网还是互联网，大量的文字数据和多媒体数据（如声音、图像、视频等）的实时传送得到了广泛的应用。随着计算机网络的高速化和综合化发展，以及计算机技术、通信技术和互联网技术的有机结合，正在逐步实现全球有线网、无线网、邮电通信网、电视通信网的互连。

6.1.2 计算机网络的功能

计算机网络不仅使计算机的作用范围超越了地理位置的限制，而且也大大加强了计算机本身的能力。计算机网络具有单个计算机所不具备的很多功能。

1. 数据通信

该功能用于实现不同地点的计算机与计算机之间的数据传输。这是计算机网络最基本的功能，也是实现其他功能的基础。

2. 资源共享

资源共享的目的是让网络上的用户无论处于何处都能使用网络中的程序、设备、数据等资源。资源共享主要分为：

① 硬件资源的共享：包括打印机、绘图仪、大容量存储设备和其他专用外围设备的共享。

② 软件资源的共享：指对各种语言处理程序、服务程序、应用程序和网络软件的共享。

③ 数据资源的共享：包括各种数据库、数据文件的共享，如电子图书库、成绩库、档案库、新闻、科技动态信息等均可以网络数据库或文件的形式供大家查阅。

3. 分布式处理

所谓网络分布式处理是指把同一任务分配到网络中地理位置不同的结点机上协同完成，即将网络中的工作负荷均衡地分配给网络中的各计算机系统，由各计算机系统协作处理，完成大型运算和数据处理。

4. 提高系统的可靠性

在计算机网络系统中，各计算机可通过网络互为后备。当网中的某一处理机发生故障时，可由别的路径传送信息或转到别的计算机代为处理，不会因局部故障而导致系统瘫痪，即依靠可替代资源来提高可靠性及可用性。在军事、银行、航空、交通管制安全设备等许多领域中，出现硬件故障后仍能继续运行的能力是极为重要的。

5. 提高系统性能价格比，易于扩充，便于维护

计算机组成网络后，虽然增加了通信费用，但由于资源共享，明显提高了整个系统的性价比，降低了系统的维护费用，且易于扩充，便于维护。

6.1.3 计算机网络系统的组成

网络是一个统一的有机整体，但从功能上它可分为通信子网和资源子网两部分，如图 6-5 所示。

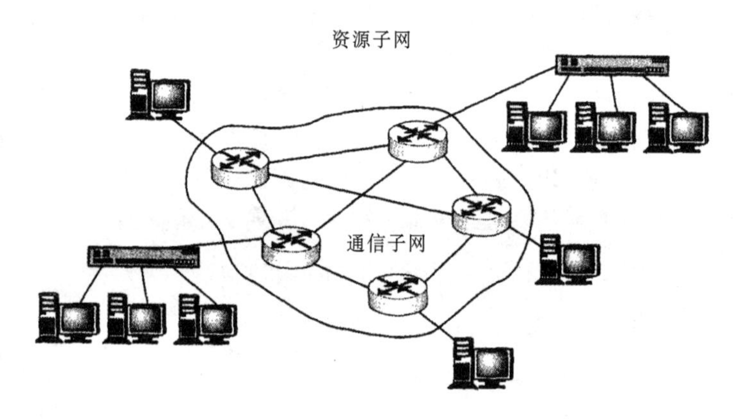

图 6-5 计算机网络系统的组成

通信子网处于网络的内层，由网络中的通信控制处理机、其他通信设备、通信线路和只用做信息交换的计算机组成，负责完成网络数据传输、转发等通信处理任务，一般是指传输介质、网卡、调制解调器、中继器、网桥、路由器、网关等。

资源子网处于网络的外围，由主机系统、终端系统、终端控制器、外设、各种软件资源和信息资源组成，负责全网的数据处理业务，面向网络用户提供各种网络资源和网络服务。

6.2 计算机网络配置与通信协议

6.2.1 计算机网络的类型

计算机网络可按不同标准进行分类，如网络所采用传输技术、网络所覆盖的地理范围、网络的拓扑结构、网络的用途等标准。

1. 按网络所采用的传输技术分类

根据计算机网络所采用的传输技术，可以分为两大类：广播式网络（Broadcasting

Network）和点对点网络（Point to Point Network）。

广播式网络，是指一根通信信道被网上所有计算机所共享，某一台计算机发送的信息能被其他所有计算机接收。而信息中的地址表示谁将接收该信息，当其他计算机接收到该信息时，检查信息中的地址，如果地址与本计算机相同，则处理信息，反之则忽略该信息。这里广播式的含义有两个：一是指网上计算机都能接收到传输的信息；二是指广播式的操作，即当信息中的地址使用特殊编码时，所有计算机都需处理该信息。

与广播式网络不同，点对点网络是由许多对计算机之间的连接组成。为了从信息源发送信息到目的地，这种类型的网络首先不得不访问一个或多个中间结点（通常称为路由器），每个中间结点通过一定的路径（交通）算法和存储—转发技术（Store And Forward）把信息送到目的地。

在点对点网络中，可以认为计算机网络由通信子网和资源子网两部分构成。通信子网负责计算机间的通信，也就是信息的传输。通信子网覆盖的地理范围可能只是很小的局部区域，也可能是远程的，甚至跨越国界，直至洲际或全球。而向网络用户提供可共享的硬件、软件和信息资源，就构成了资源子网。

2. 按网络所覆盖的地理范围分类

按网络所覆盖的地理范围，计算机网络可分为局域网、城域网和广域网。

（1）局域网（Local Area Network，LAN）

局域网是指在有限的地理区域内构成的规模相对较小的计算机网络，其覆盖范围一般不超过 10 km。局域网常被用于连接公司办公室、中小企业、政府机关或一个校园内分散的计算机和工作站，以便共享资源（如打印机、绘图仪）和交换信息。

局域网一般采用广播技术进行信息的传输。

（2）城域网（Metropolitan Area Network，MAN）

城域网是在一个城市范围内建立的计算机通信网。其覆盖范围在几十千米到几百千米。通常使用与局域网相似的技术，传输媒介主要采用光缆，其传输速率在 100 Mbit/s 以上。所有连网设备均通过专用连接装置与媒介相连，但其媒介访问控制在实现方法上与 LAN 不同。

当前，城域网的一个重要用途是用做主干网，通过它将位于同一城市内不同地点的主机、数据库以及 LAN 等互相连接起来。

城域网采用的也是广播技术。

（3）广域网（Wide Area Network，WAN）

WAN 是一种跨越城市、国家乃至全球的网络，可以把众多的城域网、局域网连接起来。其覆盖范围通常为几十千米到几千千米，规模十分庞大且复杂。典型的广域网连接采用点对点连接，其网络拓扑结构采用网状结构，网络传输协议采用 TCP/IP 协议。由于广域网常常借用传统的公共传输网（如电话网）进行通信，使得广域网的数据传输速率比局域网系统慢，传输误码率也较高。随着新的光纤标准和能够提供更宽带宽、更快传输速率的全球光纤通信网的引入，广域网的数据传输速率也将大大提高。

广域网的应用在现代网络应用中非常广泛。一个大型跨地域的企业或公司的企业网、跨地域的校园网、一个城市的电子政务网、住宅小区的宽带网络等都使用了广域网的技术。Internet 就是典型的广域网。

3. 按网络的拓扑结构分类

通信子网中转发结点的互连模式称为子网的拓扑结构。确定网络拓扑结构是建设计算机网络的首要一步，对于网络性能、系统可靠性与通信费用都有很大影响。网络拓扑结构一般分为星状、总线、环状、树状和网状（全连接型、不规则型）五种。

① 星状网络：各结点通过点对点通信线路与中心结点连接，中心结点控制全网的通信，任何两个结点之间的通信都要通过中心结点，如图 6-6（a）所示。星状结构建网容易，控制相对简单，但因属于集中控制方式，过于依赖中心结点，可靠性不易保证。

② 总线状网络：所有结点都与用做公共信息传输主干的总线相连接，如图 6-6（b）所示。总线结构属于分散形控制结构，没有中央控制结点。由于多个结点都通过一条公用总线进行数据传输。因此，必须采取某种介质访问协议来对信道的带宽进行合理的分配，使得在一段时间内只有一个结点传送信息以避免冲突。总线网络结构简单灵活，可扩充性好，成本低，安装使用方便，但实时性较差，不适宜大规模的网络。

③ 环状网络：由通信线路将各结点连接成一个闭合的环，如图 6-6（c）所示，信息在通信链路上单向传输。信息报文从一个结点发出后，在环上按一定方向一个结点接一个结点沿环路传输。为了决定环上哪个结点可以发送信息，平时在环上流通着一个称为令牌的特殊信息包，只有得到令牌的站才能发送信息。当一个站发送完信息后即将令牌向下传送，以便下游的站得到发送的机会。当没有信息传送时，环网上只有令牌流通。这种访问方式没有竞争现象，故在负载较重时仍能传送信息，但网络上的响应时间会随着环上结点的增加而变慢，且当环上某一结点有故障时，整个网络都会受影响。

④ 树状网络：结点按层次进行连接，如图 6-6（d）所示，信息交换主要在上下结点间进行。其形状像一棵倒置的树，顶端为根，从根向下分支，每个分支又可延伸出多个子分支，一直到树叶（终端结点）。这种结构易于扩展，但当一个非叶子结点发生故障时很容易导致网络分割。

⑤ 网状网络：分为全连接型网络和不规则型网络。

全连接型网络：每个结点与网上其他所有结点都有通信线路连接，如图 6-6（e）所示。这种网的复杂性随处理机数目增加而迅速地增长。例如，对于 6 个结点的全连接型网络来说，每个结点要连 5 条线路，必须有 5 个通信端口，共需要 15 条线路（如果有 n 个结点，采用全连接，共需 $n(n-1)/2$ 条线路）。这类网络的控制功能分散在各个结点上，每个结点都有多条路径与其他结点相连。如果一条线路有故障，通过迂回线路网络仍能正常工作（须进行路由选择），因而可靠性高，但网络控制和路由选择比较复杂，一般用在广域网中。

不规则型网络：在广域网中，互连的计算机一般都安装在各个城市，各结点间距离很长，某些结点间是否用点到点的专线连接，要依据信息流量及地理位置而定。如果一个结点间的通信可由其他中继结点转发且对网络性能影响不大，就不必直接互连。故当地域范围较大且结点数较多时，采用部分结点连接的不规则型拓扑结构，如图 6-6（f）所示。部分结点连接的网络必然带来经由中继结点转发而相互通信的现象，称为交换。

上述几种拓扑结构中，总线、星状和环状在局域网中应用较多，网状（全连接型、不规则型）和树状结构在广域网中应用较多。

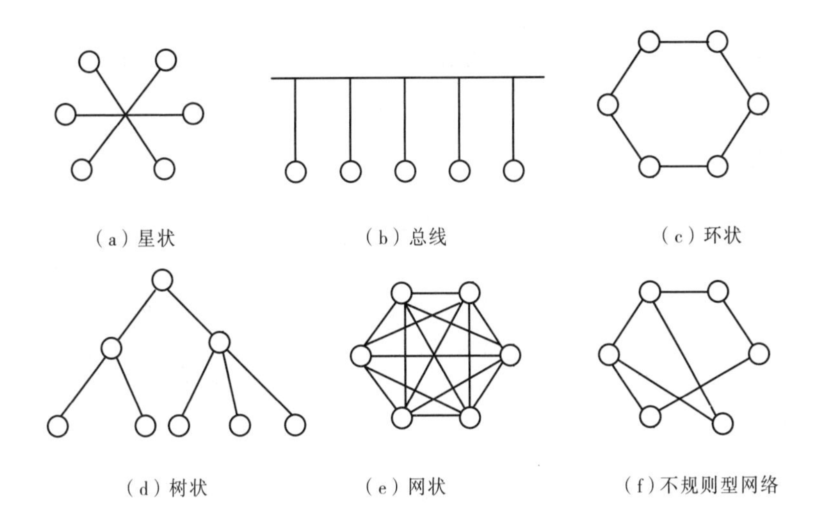

图 6-6　网络的拓扑结构

6.2.2　局域网络的硬件配置

要构建一个网络，首先要将硬件连接起来。硬件包括主机、连接设备和传输介质三大部分。

1. 主机

按照 ARPANet 沿用下来的习惯，网络上连接的所有计算机，不论是巨型机、大型机，还是小型机、微型机，都被称为主机。主机可按其在网络中的地位和作用分为两类：服务器（又称中心站）和工作站（客户机）。

服务器是为网络提供共享资源的基本设备，在其上运行网络操作系统，是网络控制的核心。它可以是专用的，也可以是非专用的，一般采用较高档次的计算机。根据在网络中所起的作用不同，可以将服务器分为文件服务器、域名服务器、打印服务器、通信服务器和数据库服务器等。其中，文件服务器是最为重要的服务器，一个计算机网络中至少要有一个文件服务器，如它发生故障会使整个网络瘫痪。

工作站是网络用户入网操作的结点，用一般档次的计算机即可。它可以有自己的操作系统。用户既可通过运行工作站上的网络软件共享网络上的公共资源，也可以不进入网络而作为一台独立的计算机来使用。

2. 网络连接设备

（1）网络适配器

网络适配器（Network Interface Card，NIC）简称网卡或网络接口卡，它是使计算机连网的设备。网卡插在每台工作站和服务器主机板的扩展槽里，它是计算机网络中数据通信的接口。常用的网卡接口有 BNC 接口和 RJ-45 接口。BNC 接口通过同轴电缆直接与其他计算机连接，RJ-45 接口使用双绞线连接集线器，再通过集线器与其他计算机连接。

目前，PC 中主要使用 PCI 总线结构的网卡。PCI 网卡以 32 位传送数据，数据传输速率达到 100 Mbit/s。笔记本式计算机上需要使用 PCMCIA 标准的网卡。

（2）集线器

集线器（Hub）是网络传输中的连接设备，具有信号再生转发功能，传输速率可达 100 Mbit/s，有 8、16、24 个或更多的端口，可使多个用户机通过双绞线电缆与网络设备相连，Hub 还可级联，其上的端口彼此相互独立，不会因某一端口的故障影响其他用户。

（3）交换机

交换机（Switch）与 Hub 的外形相似，传输速率可达到 1 000 Mbit/s。不同之处在于交换机是一个独享的通道，它能确保每个端口都可获得同样的带宽。而 Hub 的内部是共享式的数据传输，当一个端口占用大部分带宽后，另外的端口就会显得很慢。因此，特别是在多个端口同时向某个端口传送数据时，交换机的速度要比 Hub 快很多。另一方面就是从 OSI 体系结构来看，集线器属于 OSI 第一层（物理层）的设备，而交换机属于 OSI 第二层（数据链路层）的设备。

（4）中继器

中继器（Repeater）工作在 OSI 的物理层，用于局域网的互连，常用来将总线形的几个网段连接起来，起信号放大续传的作用。

（5）网桥

网桥（Bridge）又称桥接器，是一种在数据链路层实现网络互连的存储转发设备。一般用于局域网，连接同构网络（网络操作系统相同）且具有隔离网段的功能，在网络上适当地使用网桥可以起到调整网络的负载、提高整个网络传输性能的作用。

（6）路由器

路由器（Router）的主要作用是路径选择，是实现异种网络互连的设备，它与网桥的最大区别在于网桥实现网络互连是发生在数据链路层，而路由器实现网络互连是发生在网络层。路由器一般用于与广域网的连接。一般来说，路由器大都支持多种协议、提供多种不同电子线路接口，从而使不同厂家、不同规格的网络产品之间以及不同协议的网络之间可以进行非常有效的网络互连。

（7）网关

网关（Gateway）是不同类型的网络系统互相连接时所用的设备或结点，它是建立在高层之上的网络互连系统，是网络层以上的互连设备的总称，可以实现不同网络协议之间的转换。

（8）调制解调器

调制解调器（Modem）是一种通过公用电话网（PSTN）连接计算机的设备。电话线路上传输的是模拟信号，计算机内使用的是数字信号，因此，需要通过调制解调器来进行模拟信号和数字信号的转换。计算机内的数字信号转换成音频的模拟信号称为调制，反之称为解调。从远程通过电话拨号连入局域网需要使用调制解调器。

3. 传输介质

连接计算机网络的传输介质有有线和无线两种方式。

（1）有线介质

常见的有线介质有双绞线、同轴电缆、光纤。

① 双绞线（Twisted Pair）：双绞线在局域网中用得非常广泛，因为它具有成本低、速度快、可靠性高、抗干扰能力强等优点。双绞线有两种基本类型：屏蔽双绞线（Shielded

Twisted Pair，STP）和非屏蔽双绞线（Unshielded Twisted Pair，UTP），它是采用绝缘的金属导线互相绞合的方式来抵御一部分外界电磁波干扰。把两根绝缘的铜导线按一定密度互相绞在一起，可以降低信号干扰的程度，每根导线在传输中辐射的电波会被另一根导线上发出的电波抵消。双绞线是由多对双绞线一起包在一个绝缘电缆套管里的，如图 6-7 所示。

双绞线内所传输的信号在几千米内都不需要放大，更远一些时则需要使用中继设备。它可分为 5 类（100 Mbit/s）、超 5 类（155 Mbit/s）、6 类（200 Mbit/s）。双绞线通过 RJ-45 接头（俗称水晶头）与网络连接设备（Hub、交换机、路由器等）和资源设备（工作站、服务器）相连接。

② 同轴电缆（Coaxial Cable）：同轴电缆以硬铜线为芯，外包一层绝缘材料。这层绝缘材料用密织的网状导体环绕，其外又覆盖一层保护性材料，如图 6-8 所示。

图 6-7 双绞线

图 6-8 同轴电缆

同轴电缆在一个网段的两端都必须接上 50 Ω 的端口适配器，以防止信号反射产生近端串扰。一个网段的细缆实际上要截成若干小段，由 T 形头将若干小段连接起来，通过 T 形头与工作站、服务器的网卡（BNC 接口的网卡）相连。

③ 光纤：光纤是用极细的玻璃纤维或极细的石英玻璃作为传输介质。光纤和同轴电缆相似，只是没有网状屏蔽层，中心是玻璃纤芯。

根据性能的不同，光纤有单模光纤和多模光纤之分。在多模光纤上，由发光二极管产生用于传输的光脉冲，通过内部的多次反射沿纤芯传播。因此，可以存在多条不同入射角的光线在一条光纤中传输。单模光纤使用激光，光线与芯轴平行，损耗小，传输距离远，具有很高的带宽，但价格更高。在 26 Gbit/s 的高速率下，单模光纤不采用中继器便可传输数十千米。光纤对外界的电磁干扰十分迟钝，传输容量大，传输特性好。

双绞线、同轴电缆、光纤之间的性能比较如表 6-1 所示。

表 6-1 双绞线、同轴电缆、光纤的性能比较

传输介质	价格	电磁干扰	频带宽度	理论上单段最大长度
UTP	最便宜	高	低	100 m
STP	一般	低	中等	100 m
同轴电缆	一般	低	高	185 m/500 m
光纤	最高	没有	较高	几十千米

（2）无线通信介质

无线传输指在空间中采用无线频段、微波、红外线等进行传输。无线传输不受固定位置的限制，可以全方位实现三维立体通信和移动通信。

① 无线电波：无线电波可以穿过建筑物的阻挡，到达普通网络线缆无法到达的地方，因此被广泛用于各种通信。

② 微波通信：微波有地面微波接力通信和卫星通信两种主要方式。由于微波是直线传播，而地球表面是个曲面，因此其传播距离受到限制，一般只有 50 km 左右。为实现远距离通信，需要建立微波中继站进行接力通信。

③ 红外线：红外线已经广泛应用于短距离通信，其特点是有较强的方向性，不能穿透坚实的物体，但便宜且易制造。日常生活中使用的遥控装置都利用了红外线装置，许多笔记本式计算机和手持设备（如手机）也都配有红外线适配器，可以进行红外异步串行数据传输。

6.2.3 网络通信协议

计算机网络中实现通信必须依靠网络通信协议。20 世纪 70 年代，各大计算机生产厂家的产品都有自己的网络通信协议，而不同厂家的计算机系统就难以连网。为了解决这一问题，国际标准化组织（ISO）对当时的各类计算机网络体系结构进行了研究，并于 1981 年正式公布了一个网络体系结构模型作为国际标准，称为开放系统互连参考模型（Open System Interconnection Reference Model，OSI/RM）。

1. 网络协议

网络上的计算机之间是怎样交换信息的呢？就像人们用某种语言说话一样，在网络上的各台计算机之间也有一种语言，这就是网络协议。不同的计算机之间必须使用相同的网络协议才能进行通信。

网络协议是网络上所有设备（网络服务器、计算机及交换机、路由器、防火墙等）之间通信规则的集合，它定义了通信时信息必须采用的格式和这些格式的意义。大多数网络都采用分层的体系结构，每一层都建立在它的下层之上，向它的上一层提供一定的服务，而把如何实现这一服务的细节对上一层加以屏蔽。一台设备上的第 n 层与另一台设备上的第 n 层进行通信的规则就是第 n 层协议。在网络的各层中存在着许多协议，接收方和发送方同层，则协议必须一致，否则一方将无法识别另一方发出的信息。网络协议使网络上各种设备能够相互交换信息。

常见的协议有 TCP/IP（Transmission Control Protocol/Internet Protocol，传输控制协议/网际协议）、IPX/SPX（Internet Packet Exchange/Sequenced Packet Exchange Protocol，互联网包交换协议/顺序包交换协议）、NetBEUI（NetBIOS Extend User Interface，网络基本输入/输出系统扩展用户接口协议）等。在局域网中用得的比较多的是 IPX/SPX，而在不同局域网之间的通信必须使用 TCP/IP 协议。用户如果访问 Internet，也必须在网络协议中添加 TCP/IP 协议。

TCP/IP 协议是一种网络通信协议，TCP 用于保证被传送信息的完整性，IP 负责将消息从一个地方传送到另一个地方。TCP/IP 协议规范了网络上的所有通信设备，尤其是一台主机与另一台主机之间的数据往来格式以及传送方式。它是 Internet 的基础协议，也是一种计算机数据打包和寻址的标准方法，是目前最完整并被普遍接受的 Internet 通信协议标准。

2. 网络体系结构

网络体系结构规定了计算机网络应设置哪几层，每层应提供哪些功能的精确定义。在这种分层的结构中，每层都是建筑在它的低一层的基础上，每层各有相应的通信协议，相邻层之间的通信约束为接口。在分层处理后，相似的功能出现在同一层内，每一层仅与其相邻上、下层通过接口通信，使用下层提供的服务，并向上层提供服务。上、下层之间的关系是下层对上层服务，上层是下层的用户。

计算机网络的各层进程间通信的协议以及相邻层接口统称为网络系统的体系结构。体系结构是比较抽象的概念，可以用不同的硬件和软件来实现。

现代计算机都采用了分层结构。

（1）OSI/RM

OSI/RM 只给出了一些原则性的说明，并不是一个具体的网络。OSI 参考模型采用了层次化结构的构造技术，它将整个网络通信的功能划分为七个层次，如图 6-9 所示。每层完成一定的功能，且都直接为其上层提供服务。模型中低三层归于通信子网范畴，高三层归于资源子网范畴，传输层起着衔接上三层和下三层的作用。

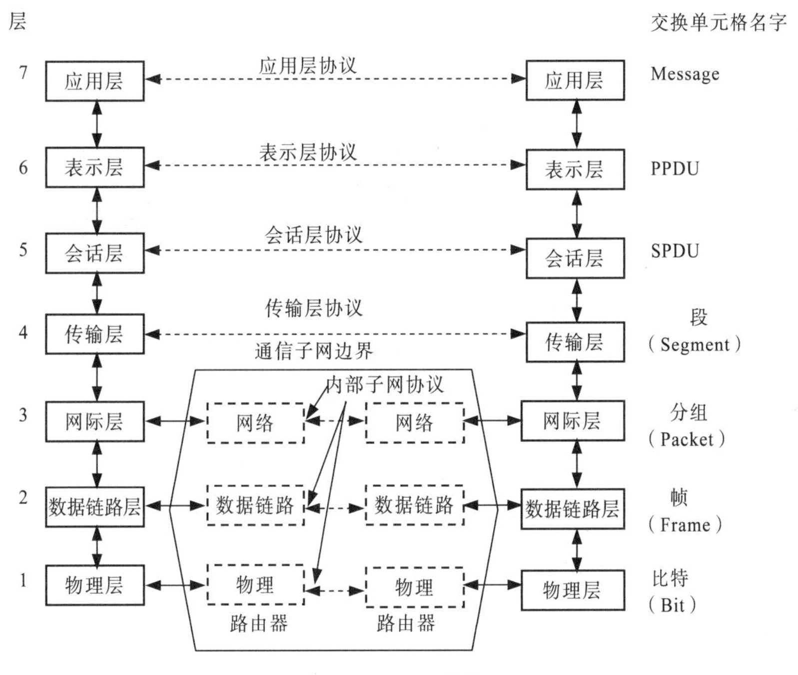

图 6-9　OSI/RM 结构

如果主机 A 上的进程 P1 向主机 B 上的进程 P2 传送数据，P1 先将数据交给应用层，应用层在数据上加上必要的控制信息变成下一层的数据。表示层收到应用层提交的数据后，加上本层的控制信息，再交给会话层，依此类推。达到物理层后由于是比特流的传送，所以不再加控制信息。当这一串比特流经过网络的物理媒体传送到目的站时，就从物理层开始依次上升到应用层。第一层根据对应的控制信息进行必要的操作，在剥去控制信息后，将该层剩余的数据提交给上一层。最后，把 P1 进程发送的数据交给 P2 进程。

虽然进程 P1 的数据要经过复杂的过程才能传送到进程 P2，但这些复杂的过程对用户来说是透明的，好像是 P1 进程直接把数据交给了 P2 进程。同理，任何两个同样层次之间的通信也好像直接进行对话。这就是开放系统在网络通信过程中最本质的作用。

（2）TCP/IP 参考模型

由于某种原因 OSI 参考模型在实现时比较复杂，TCP/IP 参考模型对此进行了简化和改进，分为四个层次：网络接口层、网际层、传输层和应用层，如图 6-10 所示。图 6-11 所示为 OSI/RM 模型和 TCP/IP 模型的对照图。

图 6-10　TCP/IP 参考模型

图 6-11　OSI/RM 和 TCP/IP 模型的对应关系

① 网络接口层：位于整个模型的底层，面向通信子网，负责与物理网络的连接。它包含所有现行网络访问标准，如 LAN、ATM、X.25 等。

② 网际层：负责不同网络或同一网络中计算机之间的通信，主要处理数据报和路由。运行的协议是 IP 协议。IP 是无连接的协议，不保证数据报传输的可靠性。

③ 传输层：又称主机或主机层，提供端到端的通信。主要功能是信息格式化、数据确认和丢失重传等。传输层提供 TCP 协议与用户数据协议（User Datagram Protocol，UDP）。TCP 是面向连接的协议，并保证发送数据的可靠性；UDP 是一个非连接、高效服务的协议，用于简单交互场合。

④ 应用层：面向用户提供各种服务。例如，远程登录（Telnet）、简单邮件传输协议（SMTP）、文件传输协议（FTP）、域名系统（DNS）、超文本传输协议（HTTP）等。应用层包含的协议随着技术的发展在不断扩大。

6.2.4　网络操作系统

1. 局域网操作系统的定义

局域网操作系统是在局域网低层所提供的数据传输能力基础上，为高层网络用户提供共享资源管理和其他网络服务功能的局域网系统软件。

2. 局域网操作系统的基本服务动能

（1）文件服务

文件服务（File Service）是局域网操作系统中最重要、最基本的网络服务。文件服务器以集中方式管理共享文件，为网络提供完整的数据、文件、目录服务。用户可以根据所规定的权限对文件进行建立、打开、删除、读/写等操作。

（2）打印服务

打印服务（Print Service）也是局域网操作系统提供的基本网络服务功能。共享打印服务可以通过设置专门的打印服务器来实现。局域网中可以设置一台或多台共享打印机，向网络用户提供远程共享打印服务。

（3）数据库服务

随着局域网应用的深入，用户对网络数据库服务（Database Service）的需求也日益增加。Client/Server 工作模式以数据库管理系统为后援，将数据库操作与应用程序分离开来，分别由服务器端数据库和客户端工作站来执行。用户可以使用结构化查询语言（SQL）向数据库服务器发出查询请求，由数据库服务器完成查询后，再将结果传送给用户。

（4）通信服务

局域网操作系统提供的通信服务（Communication Service）主要有工作站与工作站之间的对等通信、工作站与主机之间的通信服务等功能。

（5）信息服务

信息服务（Message Service）是指局域网可用存储—转发方式或对等的点对点通信方式向用户提供电子邮件服务，也可提供文本文件、二进制数据文件的传输服务以及图像、视频、语音等数据的同步传输服务。

（6）分布式服务

分布式服务（Distributed Service）将不同地理位置的互连局域网中的资源组织在一个全局性的、可复制的分布式数据库中，网络中的多个服务器均有该数据库的副本。用户在一个工作站上注册，便可与多个服务器连接。服务器资源的存放位置对于用户来说是透明的，用户可以通过简单的操作访问大型互连局域网中的所有资源。

3. 局域网工作模式

局域网操作系统按其功能可分为四种模式，即对等网（Peer to Peer）模式、文件服务模式、客户端/服务器（Client/Server，C/S）模式和浏览器/服务器（Browse/Server，B/S）模式。

（1）对等网模式

该模式是指网络中的所有计算机都具有同等地位，没有主次之分，登录网络不需要其他站点的认证（采取自我认证方法）。网络中不需要专门的服务器管理网络。

（2）文件服务器模式

该模式中应用程序和数据都存放在一台指定的计算机中，这台计算机称为文件服务器，一般由专业服务器或高性能的计算机担任。网络中其他站点计算机称为工作站（或客户机）。网络中的硬、软件资源都由文件服务器集中管理，工作站使用这些资源需登录文件服务器。

（3）客户端/服务器模式

C/S 网络模式中的数据集中存放在应用服务器（或数据库服务器）上，应用程序分为服务器端软件和客户端软件，分别安装在服务器和客户端上。其工作过程为客户端运行客户端软件向服务器提出请求，服务器根据请求执行所要求的操作，并将结果返回客户端，由客户端程序收到结果后通过用户接口将其显示给用户。

（4）浏览器/服务器模式

B/S 模式是 Web 兴起后的一种网络结构模式。Web 浏览器是客户端最主要的应用软件。它不需像 C/S 模式那样在客户机上安装客户端应用程序，只需安装通用的浏览器软件。这样不但可以节省客户机的硬盘空间与内存，而且使网络结构更加灵活。这种模式统一了客户端，将系统功能实现的核心部分集中到服务器上，简化了系统的开发、维护和使用。系统的开发者只需把所有的功能都实现在Web服务器上，并就不同的功能为各个组别的用户设置权限就可以了。用于C/S模式的网络操作系统都可以用于B/S模式。

4. 常用局域网操作系统

网络操作系统的主要功能是控制和管理网络的运行、资源管理、文件管理、通信管理、用户管理和系统管理等。目前，常用的局域网操作系统主要有Novell公司的NetWare系列、微软公司的Windows Server系列、Linux和UNIX系统等。

6.3 局 域 网

局域网是在一个较小的范围内，如一个办公室、一幢楼、一个校园、一个公司等，利用通信线路将众多计算机（多为微机）及外围设备连接起来，进行数据通信、实现资源共享的网络。局域网通常跨越一个较短的距离，但其数据传输速度比广域网（如电话网、X.25网、帧中继网等）高得多。现在，世界上每天都有不计其数的局域网在运行，其数量远远超过广域网。局域网是因特网的重要组成部分。

局域网的研究始于20世纪70年代，以太网（Ethernet）是其典型代表。

6.3.1 局域网的特点与关键技术

局域网跨越的地域范围一般在5 km以内。局域网的数据传输速度较高，一般在10～100 Mbit/s之间，也有1 000 Mbit/s带宽的千兆位局域网。局域网的误码率一般在10^{-11}～10^{-8}之间，几乎可以忽略不计。

局域网一般由一个单位自行建立，由单位或部门内部进行控制管理和使用，而广域网往往是面向一个行业或全社会提供服务。局域网一般采用同轴电缆、双绞线、光纤等传输介质建立单位内部的专用线路，而广域网则较多租用公用线路或专用线路，如公用电话网、公用数据网、卫星等。

决定局域网特征有四种主要技术：连接网络的拓扑结构、传输介质、传输形式及介质访问控制方法。这四种技术在很大程度上决定了传输数据的类型、网络的响应时间、吞吐量和利用率以及网络的应用环境。

1. 局域网的拓扑结构

局域网具有几种典型的拓扑结构：星状、环状、总线或树状。交换技术的发展使星状结构广泛使用。环状拓扑结构采用分布式控制，它控制简便、结构对称性好、负载特性好、实时性强，IBM令牌环网（Token Ring）和光纤分布式数据接口（FDDI）网均为环状拓扑结构；总线拓扑结构的重要特征是可采用共享介质的广播式多路访问方法，其典型代表是著名的以太网。

2. 局域网的传输介质

局域网常用的传输介质包括双绞线、同轴电缆、光纤、无线介质等。双绞线由于价格低廉、带宽较大，得到广泛应用。光纤主要用于架设企业或者校园的主干网。在某些特殊的应用场合中若不便采用有线介质，也可以利用微波、卫星等无线通信媒体来传输信号。

3. 局域网的传输形式

局域网的传输形式有两种：基带传输与宽带传输。基带传输是将数字脉冲信号直接在传输介质上传输；而宽带传输是将数字脉冲信号经调制后再在传输介质上传输。基带传输所使用的典型传输介质有双绞线、基带同轴电线和光导纤维，宽带传输所使用的典型传输介质有宽带同轴电缆和无线电波等。局域网中主要的传输形式为基带传输，宽带传输主要使用在无线局域网中。

4. 介质访问控制协议

局域网大多为广播型网络，其中的信道（如总线型网中的总线）是各站点的共享资源，所有站点都可以访问这个资源。为了防止多个站点同时访问造成的冲突或信道被某一站点长期占用，必须有一种所有站点都要遵守的规则（或称访问控制方法），以便使它们安全、公平地使用信道。

CSMA/CD（Carrier Sensor Multi Access/Collision Detect，载波监听多路访问带冲突检测）就是一种在局域网中使用最广泛的介质访问控制协议。

CSMA/CD 主要解决两个问题：一是各站点如何访问共享介质，二是如何解决同时访问造成的冲突。CSMA/CD 的主要思想是减少冲突，提高信道利用率。假定要发送一个数据帧，可按以下步骤工作：

① 在发送帧之前，首先监听信道是否忙，如果发现信道上有载波信号，则推迟发送，直到信道恢复到空闲为止。

② 在刚开始发送的一段时间内（假设为 T），边发送边监听。一旦听到干扰信号，就表示检测到冲突，则执行以下步骤：

a. 立即停止发送。

b. 发出一个阻塞信号（强化冲突），以便冲突的其他站点能够检测到冲突。

c. 经过一段时间后，重新开始第一步，尝试重发受到冲突影响的帧。

③ 如果在开始的“T 时间段”未检测到冲突，则获得了对信道的控制权，停止监听，继续传送数据，直到帧结束。

可将上述工作方式概括为：先听后说，边说边听。

6.3.2 以太网及 MAC 地址

以太网是一种由美国 Xerox（施乐）公司、DEC 公司和 Intel 公司开发的局域网。建立该网的目的是把它视为分布式处理和办公室自动化应用方面的工业标准。它最初使用同轴电缆作为无源通信介质连接设置在本地业务现场的不同类型计算机、信息处理设备和办公设备上，不需要交换逻辑电路或由中心计算机来控制。

以太网是应用最广泛、发展最成熟的一种局域网。以太网的标准化程度高、价格低廉，得到了业界几乎所有厂商的支持。以太网标准是由 IEEE（Institute of Electrical & Electronic Engineers，电气电子工程师学会）802.3 工作组制定的（已被 ISO 接纳，成为国际标准），故又称 802.3 局域网。以太网使用的是 CSMA/CD 介质访问控制协议。

1. 传统以太网的类型

传统以太网是指那些运行在 10 Mbit/s 速率的以太网。虽然今天的以太网早已进化到快速以太网（Fast Ethernet，FE）、千兆以太网（Gigabit Ethernet，GE），乃至万兆以太网等，但它们基本的工作原理都是从传统以太网演化而来的。

传统的以太网有三种类型：10Base5、10Base2 和 10Base-T。

① 10Base5：10Base5 称为粗缆以太网。其中，“10”表示信号在电缆上的传输速率为 10 Mbit/s；“Base”表示电缆上的信号是基带信号；“5”表示每段电缆的最大长度为 500 m。

② 10Base2：10Base2 称为细缆以太网。其中，“2”表示每段电缆的最大长度为 200 m。10Base2 和 10Base5 的主要问题是：如果传输介质的插入式分接头损坏或者松动，会导致全网络故障。

③ 10Base-T：10Base-T 称为双绞线以太网。其中，“T”表示双绞线，所有站点均通过双绞线连接到一个中心集线器（Hub），构成一个星形结构。这种结构使增加或者移去站点变得十分简单并且很容易检测到电缆故障。其缺点是每段电缆的最大长度限制为 100 m，而且需要增加集线器，成本较高。但因易于维护，10Base-T 的应用仍十分广泛。

以上这些连接方式都有一个区间最大电缆段长度，为了使网络范围更大一些，可使用中继器将多根电缆段连接在一起。中继器是一个物理层设备，它双向接收、放大并重发信号。一个系统中可以有多个电缆段和不超过四个的中继器。

2. MAC 地址

网络上每个主机都有一个物理地址，称为 MAC 地址，它是网络上用于识别一个网络硬件设备的标识符。IEEE 802.3 标准规定 MAC 地址的长度可以是 6 B（48 bit），也可以是 2 B（16 bit），但一般都采用 6 B（48 bit）。6 B 可表示的地址数为 2^{46}（约 70 万亿）个，这足以使全世界所有局域网上的站点都具有不相同的地址。

注意：6B 中有两位作为特殊用途，故真正用于标识地址的是 46 位。

局域网中每个主机的网卡上的地址就是 MAC 地址。网卡的 MAC 地址固化在它的只读存储器（ROM）中，并且都是全球唯一的。MAC 地址前 24 位是网卡生产厂商的唯一标识符，是生产厂商向 IEEE 的注册管理委员会 RAC 购买的。例如，3Com 公司的标识符是 02-60-8C（十六进制）。MAC 地址后 24 位代表生产厂商分配给网卡的唯一编码。在 Windows 系统中，可通过输入“ipconfig/all”命令查看本机的 MAC 地址信息。

网卡用检查 MAC 地址的方法来确定网络上的帧是否是发给本站的。网卡从网络上每收到一个帧，就检查帧中的目标 MAC 地址，如果是发往本站点的则接收它，否则丢弃这一帧。

6.4 因 特 网

因特网是由不计其数的不同类型、不同规模的计算机网络及计算机主机组成的覆盖全世界的计算机网络，又称国际互联网。因特网使用 TCP/IP 协议。

因特网已成为一个无处不在的万网之网，它的成功在于它能集成和利用多种网络技术。因特网的核心是由几个主干网络组成的因特网的骨架，它们主要属于美国的 ISP（Internet Service Provider，因特网服务提供商），如 GTE、MCI、Sprint、UUNET 和 AOL 的 ANS 等。通过相互连接，主干网络之间建立起了非常快速的通信线路。由于因特网最

早是从美国发展起来的，因此这些线路主要在美国交织，并扩展到欧洲、亚洲和世界其他地方。每个主干网络间有许多交汇的结点，这些结点将下一级较小的网络和主机连接到主干网络上，较小的网络则为该服务区域的公司或个人用户提供连接服务。

在我国，具有骨干作用的大型互联网有 CHINANET（中国公用计算机互联网）、CHINAGBNET（中国金桥互联网）、CERNET（教育科研网）、CSTNET（中国科学技术互联网）等。广大用户通过接入 ISP 申请加入因特网，或获得因特网的服务。

6.4.1 TCP/IP 协议

组成因特网的计算机网络包括局域网、城域网以及大规模广域网，其中的计算机主机包括 PC、工作站、小型机、大中型机或巨型机。接入因特网的传输介质可以是电话线、高速专用线、卫星、微波和光缆等。利用 TCP/IP 协议，可以很方便地实现多个网络的无缝连接，通常所谓“某台计算机在因特网上”，就是指该主机具有一个因特网地址（又称为 IP 地址），运行 TCP/IP 协议，并可向因特网上所有其他主机发送数据。

TCP/IP 是两个协议簇，它本身是一组通信协议的代名词，常用的协议如图 6-12 所示。

TCP/IP 这个名字来自于这组通信协议中最重要的两个协议：TCP（Transfer Control Protocol，传输控制协议）和 IP（Internet Protocol，网际协议）。TCP/IP 组成了因特网世界的通用语言，接入因特网的每一台计算机都能理解这个协议，并且依据它来与因特网中的其他计算机进行通信。

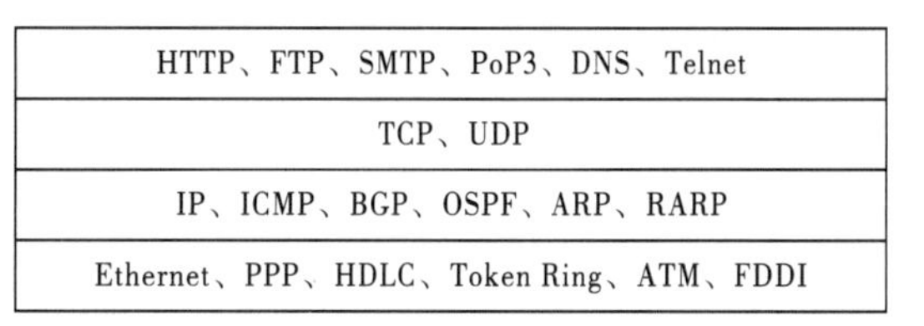

图 6-12 TCP/IP 协议簇

IP 是网络层的协议。因特网的灵活性在于 IP 只要求物理网络提供最基本的功能，即要求物理网络可以传输包，这种包称为数据报（Datagram）。在传送数据时，例如，传送一个电子邮件或一个共享软件时，TCP 先将要传输的信息分解为包，每个包由一个电子信封封装起来，附上发送者和接收者的地址，就像我们日常生活中收发邮件一样。然后由 IP 协议将包通过因特网中连接各个子网的一系列的路由器，从一个结点传送到另一个结点，最终送达目的结点。这有点类似于日常生活中的邮件邮递过程，一个邮件需要通过几个邮局才能到达邮件目的地。

由于使用统一的数据报作为物理网络上传输的基本单位，才使得各种各样的物理网络有可能集成为因特网，实现全球互连。数据报传输服务提供了基本的积木块，端结点可以用它实现多种类型的应用。

主机通过各种网络接口卡（如以太网卡、令牌网卡、FDDI 网卡、ATM 网卡）连接各种网络，它们虽然千差万别，但对于主机来说差别只在于网卡的驱动程序，而从 IP 以上都是同样的协议栈。正是 IP 层将各种网络放在一起，也正是 IP 层给予每个主机唯一的地址，即 IP 地址，故 IP 是因特网协议栈最基本的一层，对应 OSI 模型的第三层，如图 6-13 所示。

IP 地址是因特网地址，它独立于物理网络中的物理地址，是协议软件设置的逻辑地址。当 IP 数据报在因特网中穿越物理网络而传递时，在各个物理网络中必须使用该网的物理地址（如以太网物理地址）。ARP 协议（Address Resolution Protocol，地址解析协议）

实现 IP 地址向物理地址的转换。IP 数据报不要求完全可靠的传递，但网络结点可以检测错误，而 ICMP（Internet Control Message Protocol）是报告错误用的协议。IP 数据报的报头有目标主机的 IP 地址，源主机的 IP 层和路由器为 IP 数据报确定一条从源主机到目标主机的路径。

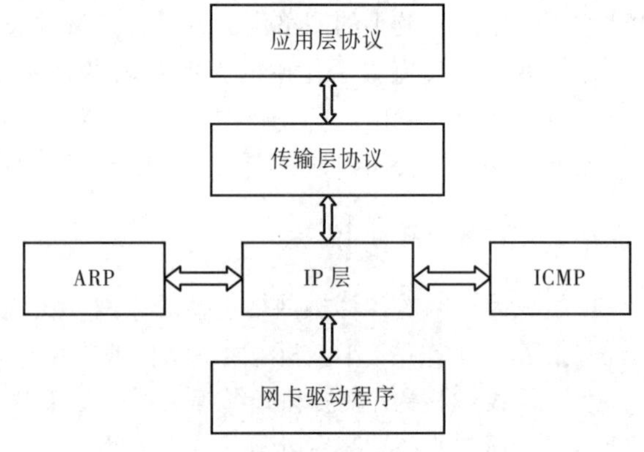

图 6-13　IP 层在 TCP/IP 协议中的地位

路由器是互联网的主要结点设备，通过路由表决定数据的转发路径。转发策略称为路由选择，这也是路由器名称的由来。作为不同网络之间互相连接的枢纽，路由器系统构成了基于 TCP/IP 的因特网的主体脉络。

每个路由器都会检查它所接收到的分组的目的地址，然后根据目的地址传送到另一个路由器。如果一个电子邮件被分成 10 个包，每个包可能会有完全不同的路由。包到达目的地以后，IP 协议鉴别每个包并且检查其是否完整，一旦接收到了所有的包，IP 就会把它们组装成原来的形式，然后把数据交给 TCP 层进行处理。

6.4.2　IP 地址

在因特网中，每台主机都要和其他主机通信，必须有一个地址，这个地址称为 IP 地址，它在 IP 数据报的报头中出现。就像由门牌号码来确定家庭位置一样，IP 地址确定主机在因特网上的位置。门牌号码必须能唯一识别一个家庭，IP 地址也必须是唯一的。IP 地址有统一的格式，它是由协议规定的。

现在使用的 IP 地址按版本不同分为 IPv4 和 IPv6 两大类，其中 IPv4 使用 32 位地址，IPv6 使用 128 位地址。IPv4 地址已经分配完毕，IPv6 被称为未来标准化的地址系统，IPv4 正在向 IPv6 过渡，IPv4 仍是目前主流版本，下面介绍的是 IPv4。

IP 地址赋予每个连接在因特网上的主机一个世界范围内唯一的 32 位标识符，相当于计算机通信时的名字。IP 地址有 32 个二进制位（4 个字节），为了表示方便，通常将每个字节用其等效的十进制数字表示，字节间用圆点“.”分隔。例如，IP 地址 10000000,00001011,00000011,00011111 可写成 128.11.3.31。

一个 IP 地址分为网络地址和主机地址两部分。同一网络内各个主机的 IP 地址中的网络地址部分是相同的，主机地址部分则标识了该网络中的某个具体结点，如工作站、服务器、路由器等。

1. IP 地址的分类

IPv4 地址可分为五类：A 类、B 类、C 类、D 类和 E 类。其中 A、B、C 类地址是主机地址，D 类地址为多播地址，E 类地址保留给将来使用，结构如图 6-14 所示。

A 类地址最高位为“0”，7 位用做网络号，可使用的网络号是 126 个（2^7-2）。减 2 是因为网络地址全 0 的 IP 地址是保留地址，解释为“本网络”，而网络号 127（二进制的 01111111）保留作为本机软件回路测试之用。A 类地址中 24 位用做主机地址，可提供的主机地址为 16 777 214（2^{24}-2）个。这里减 2 是因为主机地址全 0 表示“本主机”，而全

1 表示“所有”，即该网络上的所有主机。A 类地址适用于拥有大量主机的大型网络。

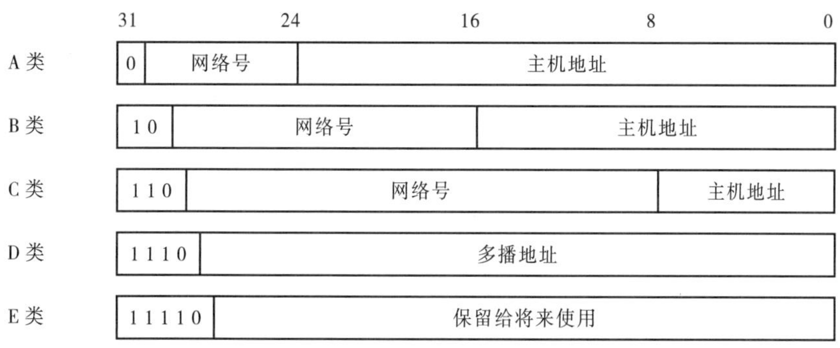

图 6-14　IP 地址分类

B 类地址最高位为“10”，连同后面的 14 位用做网络号，允许 2^{14}（16 384）个不同的 B 类网络。B 类地址中 16 位用做主机地址，每个网络的最大主机数是 65 534（$2^{16}-2$），一般用于中等规模的网络。

C 类地址最高位为“110”，连同后面的 21 位用做网络号，允许 2^{21}（2 097 152）个不同的 C 类网络。C 类地址中 8 位用做主机地址。其中每个网络的最大主机数是 254（$2^{8}-2$），用于规模较小的局域网。

D 类地址为多播地址，即用一个地址代表网络上多个主机。E 类为实验性地址，保留给将来使用。D 类和 E 类地址的最高位分别为“1110”和“1111”，故 D 类地址的范围为二进制的 11100…0~11101…1，即 224.0.0.0~239.255.255.255。

2. 子网

一个网络上的所有主机都必须有相同的网络地址，而该地址的 32 个二进制位所表示的网络数是有限的，因为每个网络都需要唯一的网络标识符。随着局域网数目的增加和计算机台数的增加，经常会碰到网络地址不够的问题。解决的办法是采用子网寻址技术，即将主机地址空间划出一定的位数分配给本网的各个子网，剩余的主机地址空间作为相应子网的主机地址空间。这样，一个网络就分成了多个子网，但这些子网对外则呈现为一个统一的单独网络。划分子网后，IP 地址就分成了“网络”“子网”“主机”三部分。

在组建计算机网络时，通过子网技术将单个大网划分为多个小的网络，并由路由器等网络互连设备连接，可以减轻网络拥挤，提高网络性能。

3. 子网掩码

在 TCP/IP 中，通过子网掩码来表示本网是如何划分子网的。子网掩码也是 32 位二进制数，用圆点分隔成四段。标识方法是：IP 地址中网络和子网部分用二进制数 1 表示；主机部分用二进制数 0 表示。A、B、C 三类 IP 地址的默认子网掩码如下：

A 类：255.0.0.0。

B 类：255.255.0.0。

C 类：255.255.255.0。

对划分了子网的网络不能采用默认子网掩码，必须根据子网划分的情况来确定。例如，某公司申请了一个 C 类网络地址 202.117.8.0，该公司下属四个部门，每个部门都需要设置为独立的子网。为此将这个 C 类网络地址的主机地址空间的前两位划出作为子网地址空间，因而有 2^2 个子网，每个子网可容纳 2^6-2 个主机，相应的子网掩码为 255.255.255.192（11111111,11111111, 11111111,11000000）。

将子网掩码和 IP 地址进行“与”运算，就可以知道一台计算机是在本地网络还是远程网络上。如果两台计算机的 IP 地址和子网掩码“与”运算结果相同，则表示这两台计算机在一个网络中。

4. MAC 地址和 IP 地址

从网络体系结构的角度看，MAC 地址是数据链路层使用的地址，而 IP 地址是网络层使用的地址。MAC 地址和 IP 地址之间并没有必然联系。MAC 地址就如同一个人的身份证号，无论人走到哪里，他的身份证号永远不变；IP 地址则如同邮政编码，人换个地方，他的邮政编码就随之改变。

IP 地址是不能直接用来通信的，如果要将网络层中传送的数据报交给目的主机，还要传到链路层封装到 MAC 帧中才能发送到实际的网络中。而 MAC 帧的寻址使用的是源主机和目的主机的 MAC 地址，因此，必须将 IP 地址转换为主机的 MAC 地址，才能进行实际的传输。根据 IP 地址确定对应的 MAC 地址需要使用 ARP 协议。ARP 协议通过广播方式查询目的主机的 MAC 地址，即把目的主机的 IP 地址广播到网络上，则具有该 IP 地址的主机便会将自己的 MAC 地址用 ARP 响应包发送给发出查询请求的主机。如果发出查询请求的主机未收到 ARP 响应包，则说明目的主机不在本地子网中，它就会将数据报发送到默认网关，以转发给其他网络。

5. 默认网关地址

网关是网络层以上的互连设备的总称。网关通常由运行在一台计算机上的专用软件来实现。常见的网关有两种：协议网关和安全网关。

协议网关通常用于实现不同体系结构网络之间的互连，或在两个使用不同协议的网络之间进行协议转换，故又称协议转换器。对于网络体系结构差异比较大的两个子网，从原理上来讲，在网络层以上实现它们的互连是比较方便的。网络互连的层次越高，就能互连差别越大的异构网，当然互连的代价就会越大，效率也会越低。

安全网关通常又称防火墙，主要用于网络的安全防护。

默认网关地址指定了本地子网中路由器的 IP 地址，当发送数据的计算机发现目的地址不在本地子网内时，就将数据发送给默认网关，而不是直接向目的计算机发送。

6.4.3 因特网的接入方式

所谓因特网接入，就是将各种端接系统，包括计算机及有网络接入能力的 PDA、智能家电等，连接到因特网的接入点，准确地说是连接到因特网的边缘路由器。一般因特网的接入可分为以下三类：

① 住宅接入：居民家中的端接系统连接入网。

② 机构接入：学校、公司和政府机构的端接系统连接入网。

③ 移动接入：移动中的端接系统连接入网。

以上几种方式的界限并不明显，例如，有些企业也会使用住宅接入的方式入网。

1. 住宅接入因特网

目前，住宅的因特网接入可以使用的物理网络主要是公用电话交换网和闭路电视网。基于公用电话交换网的接入技术包括电话拨号、ISDN 和 ADSL。这三种接入技术都使用普通电话线作为物理传输介质。基于闭路电视网的接入技术主要是 Cable Modem，使用的介质是光纤和同轴电缆。

① 家庭用户上网最常用的接入方式就是通过使用调制解调器（Modem）经过电话线和因特网服务提供商（ISP）相连接。这种接入方式由于需要拨号过程，因此也被称为拨号接入。Modem 将计算机输出的数字信号转换为模拟信号，然后通过电话线发送给 ISP。ISP 的 Modem 将接收的模拟信号又还原为数字信号，发送给路由器进行传输，如图 6-15 所示。Modem 的最大传输速率为 56 kbit/s，但受线路的影响，实际速率通常在 40 kbit/s 左右。

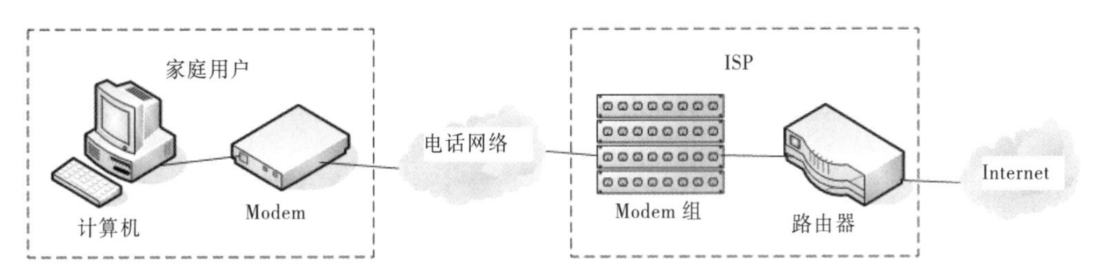

图 6-15　家庭用户使用调制解调器入网

② ISDN（Integrated Service Digital Network，综合业务数字网）是通过对电话网进行数字化改造，可将电话、传真、数字通信等业务全部通过数字化的方式传输的网络。ISDN 具有连接速率高、通信费用低（与电话通信类似）、上网和打电话可以同时进行等优点，国外采用这种方式接入因特网非常广泛。通过 ISDN 接入因特网的速率可达 128 kbit/s。

③ 随着 Internet 的迅猛发展，用户对接入速率的要求越来越高，ADSL 技术投入实际使用。ADSL（Asymmetric Digital Subscriber Line，非对称数字用户环路）是 20 世纪末出现的宽带接入技术，已获得广泛应用。ADSL 在概念上类似于拨号接入，也是运行在现存的双绞线电话线上，但采用了一种新的调制解调技术，使得下行传输速率可以达到 8 Mbit/s（从 ISP 到用户），上行传输速率接近 1 Mbit/s。此外和 ISDN 一样，它允许用户一边打电话一边上网。

④ 现代的闭路电视网络属于一种光纤同轴混合网络。各住宅小区通过光纤与电信网连接，在小区内部则使用同轴电缆接到各住户。这种网络需要一种特殊的称为线缆调制解调器（Cable Modem）的设备来支持网络接入。典型的 Cable Modem 是一种外置设备，通过 10BaseT 以太网端口接到家用 PC 上，有时也做到机顶盒内部。线缆调制解调器将网络划分成两个通道，一般下载通道的传输速率为 10 Mbit/s，上传通道的传输速率为 786 kbit/s。

ADSL 和 Cable Modem 都是宽带接入技术。闭路电视网络的上下行通道都是共享的，因此同时上网的用户太多会大大降低网络实际传输速率。ADSL 的连接是点对点的，每个用户独享接入带宽，故当使用闭路电视网络时，必须限制小区结点接入住户的规模。

2. 机构接入因特网

在机构接入网络中，局域网用于将用户端系统接入因特网的边缘路由器。尽管局域网种类很多，但绝大多数的机构接入网络都是以太网。以太网不能直接与因特网的边缘路由器相连接，必须在其出口处也配置一台路由器，然后通过某种广域网技术与因特网的边缘路由器彼此相连。以太网接入也可以用于住宅小区，当然也要与其他技术相结合。

这种连接网络的本地传输速率可达 10～100 Mbit/s，但访问因特网的传输速率要受到局域网出口（路由器）的传输速率和同时访问因特网的用户数量的影响。

3. 移动接入因特网

移动接入指的是使用无线电波将移动端系统（如笔记本式计算机、PDA、手机等）和 ISP 的基站连接起来。基站又通过有线方式接入因特网，如图 6-16 所示。

无线网络的主要标准是 CDPD（Cellular Digital Packet Data，蜂窝数字式分组数据交换网络），它是分组数据通信技术与蜂窝数字移动通信网相结合的无线移动数据通信技术，被称为真正的无线互联网。这项技术提供的传输速率为 19.2 kbit/s，与借助调制解调器使用模拟蜂窝频道相比，接通所需时间更短，纠错能力更强，但 CDPD 还不是全数字化传输，而是模拟传输与数字传输间的过渡。与全数字化传输相比，其优势是可以利用现有的模拟传输的基础设施，投资较小。

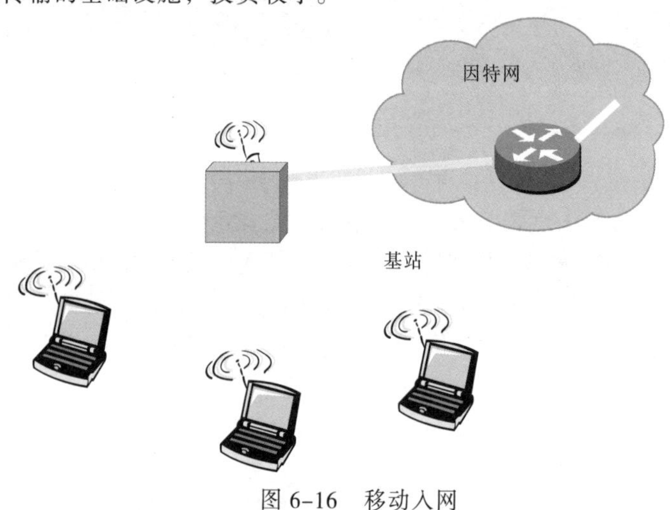

图 6-16　移动入网

6.4.4　Internet 应用

1. WWW 服务

WWW（World Wide Web）是环球信息网的缩写，中文译名为万维网，也可简称为 Web。WWW 是一种交互式图形界面的 Internet 服务，它使得成千上万的用户通过简单的图形界面就可以访问各个大学、组织、公司等的最新信息和各种服务。

WWW 是基于客户机/服务器方式的信息发现技术和超文本技术的综合。WWW 服务器通过 HTML 超文本标记语言把信息组织成为图文并茂的超文本；WWW 浏览器则为用户提供基于 HTTP 超文本传输协议的用户界面。用户使用 WWW 浏览器通过 Internet 访问远端 WWW 服务器上的 HTML 超文本。WWW 浏览器以 URL（Uniform Resource Locator，统一资源定位器）作为统一的定位格式，其格式是：

协议名：//<主机>:<端口>/<文件>服务器地址:端口/资源路径/文件名

协议：表示访问方式或资源的类型。

服务器地址：指出资源页所在的服务器域名。

端口：对某些资源的访问，需给出相应的服务器端口号。

路径：指明服务器上某资源的位置（通常是含有目录或子目录的文件名）。

例如，西安石油大学主页的 URL 是 http://www.xsyu.edu.cn/index.html。FTP 的 URL 是 ftp://ftp.xsyu.edu.cn。

其中，协议又称为信息服务类型，通过不同的协议可以访问不同类型的资源，常用的协议有以下 3 种：

HTTP（超文本传输协议）：通过该协议访问 Web 服务器上的网页文档。

FTP（文件传输协议）：通过该协议可以访问 FTP 服务器上的文件。

File：使用 File 协议访问本地文件。

必须注意的是，WWW 上的服务器都是区分大小写字母的，所以千万要注意正确的 URL 大小写表达形式。

2. 电子邮件

电子邮件的工作过程遵循客户机/服务器模式。每份电子邮件的发送都要涉及发送方与接收方。发送方构成客户端，而接收方构成服务器。服务器含有众多用户的电子邮箱。发送方通过邮件客户程序，将编辑好的电子邮件向邮局服务器（SMTP 服务器）发送。邮局服务器识别接收者的地址，并向管理该地址的邮件服务器（POP3 服务器）发送消息。邮件服务器将消息存放在接收者的电子邮箱内，并告知接收者有新邮件到来。接收者通过邮件客户程序连接到服务器后，就会看到服务器的通知，进而打开自己的电子邮箱来查收邮件。

通常 Internet 上的个人用户不能直接接收电子邮件，而是通过申请 ISP 主机的一个电子邮箱，由 ISP 主机负责电子邮件的接收。一旦有用户的电子邮件到来，ISP 主机就将邮件移到用户的电子邮箱内，并通知用户有新邮件。因此，当发送一条电子邮件给另一个客户时，电子邮件首先从用户计算机发送到 ISP 主机，再到 Internet，再到收件人的 ISP 主机，最后到收件人的个人计算机。

ISP 主机起着“邮局”的作用，管理着众多用户的电子邮箱。每个用户的电子邮箱实际上就是用户所申请的账户名。每个用户的电子邮箱都要占用 ISP 主机一定容量的硬盘空间。由于这一空间是有限的，因此用户要定期查收和阅读电子邮箱中的邮件，以便腾出空间来接收新的邮件。

电子邮件在发送与接收过程中都要遵循 SMTP、POP3 等协议。这些协议确保了电子邮件在各种不同系统之间的传输。其中，SMTP 负责电子邮件的发送，而 POP3 则用于接收 Internet 上的电子邮件。

3. 即时通信

即时通信（Instant Messaging，IM）是一个终端服务，允许两人或多人使用网络即时传递文字信息、档案、语音与视频交流。

即时通信是一个终端连往一个即时通信网路的服务。即时通信不同于 E-mail 之处在于它的交谈是即时的，显示联络人名单、联络人是否在线上以及能否与联络人交谈。

使用即时通信软件可以快速建立好友名单。一旦设定好友名单，就可以看到此刻有哪些好友正在线上。假如欲交谈的好友正在线上，就能够通过网络文字、语音或视频，简单而快速地与好友进行即时交谈。假如对方目前不在线，仍然可以送出文字信息，对方将会在下次上线时看到离线留言。

在互联网上受欢迎的即时通信服务有 QQ、Wechat（微信）、Windows Live Messenger 等。

4. FTP

FTP 是 TCP/IP 协议组中的协议之一。该协议是 Internet 文件传送的基础，它由一系列规格说明文档组成，目标是提高文件的共享性，实现透明、可靠、高效地传送数据。简单地说，FTP 就是完成两台计算机之间的复制，从远程计算机复制文件至自己的计算机上，称为"下载（Download）"文件。若将文件从自己计算机中复制至远程计算机上，则称为"上传（Upload）"文件。在 TCP/IP 协议中，FTP 标准命令 TCP 端口号为 21。FTP 协议的任务是从一台计算机将文件传送到另一台计算机，它与这两台计算机所处的位置、连接方式甚至与是否使用相同的操作系统无关。假设两台计算机通过 IP 协议对话，并且能访问 Internet，就可以用 FTP 命令来传输文件。

5. BBS

电子公告板系统（Bulletin Board System，BBS）是 Internet 上著名的信息服务系统之一，发展非常迅速，几乎遍及整个 Internet。

BBS 之所以发展如此迅速，是因为它以其独特的方式带给广大用户包罗万象的服务题材。它提供的信息服务领域包括科学、教育、政治、经济、股市、法律、图书、社区服务、校园信息、文化、体育、艺术、娱乐等。

提供 BBS 服务的系统称为 BBS 站。不同的 BBS 服务由不同的站提供，它们各具不同的风格和特色。Internet 用户通过连接可以访问分布在世界任何地方的 BBS 站。

BBS 站为用户开辟一块展示"公告"信息的公用存储空间作为"公告板"。这就像实际生活中的公告板一样，用户们在这里可以围绕某一主题展开持续不断的讨论。人人可以把自己参加讨论的文字"粘贴"在公告板上，或者从中读取其他参与者"粘贴"的信息。BBS 涉及的题材不仅广泛，讨论的深度也不尽相同，对大多数主题的讨论是容易为人们理解的，但也有一些高深的或特别专门的讨论，要求参加者具备特定的知识背景。一个电子公告板的用户，有的限于某些个人、地区或组织，有的则遍及世界各处。电子公告板的信息可以由用户"订阅"。每条信息也能像电子邮件一样被复制和转发。

6. 博客

"博客"（Blog）一词是"Web Log（网络日志）"的缩写，是一种十分简易的个人信息发布方式，让任何人都可以像免费电子邮件的注册、写作和发送一样，完成个人网页的创建、发布和更新。如果把论坛（BBS）比喻为开放的广场，那么博客就是个人的开放空间，可以充分利用超文本链接、网络互动、动态更新的特点，在"不停息的网上航行"中，精选并链接全球互联网中最有价值的信息、知识与资源；也可以将个人工作过程、生活故事、思想历程、闪现的灵感等及时记录和发布出去，发挥个人无限的表达力；更可以以文会友，结识和汇聚朋友，进行深度交流沟通。

在外在形式上，Blog 是个独立的站点，相当于是一种个人主页，无须学习技术，任何人都可以方便地使用，就像每个人拥有自己的笔记本开始书写一样简单。Blog 是继 E-mail、BBS、IM 之后出现的第四种网络交流方式。实际上个人博客网站就是网民们通过互联网发表各种思想的虚拟场所。盛行的“博客”网站内容通常五花八门，从新闻内幕到个人思想诗歌、散文甚至科幻小说，应有尽有。

7. 微博

微博（Weibo），是一种通过关注机制分享简短实时信息的广播式的社交网络平台。微博是一个基于用户关系信息分享、传播以及获取的平台。用户可以通过 Web、WAP 等各种客户端组建个人社区，以文字更新信息，并实现即时分享。微博的关注机制分为可单向、可双向两种。

6.5 Windows 10 网络功能

Windows 操作系统具有很强的网络功能，特别是网络的资源共享、“网上邻居”及“映射”网络驱动器等都是典型的 Windows 网络功能。

6.5.1 网卡驱动程序与 TCP/IP 协议的配置

网卡驱动程序是 Windows 10 操作系统与网卡之间的接口（Interface），它是操作系统和应用程序访问网络时的设备驱动程序。现在一般都将网卡固化在了主板上。主板的驱动程序包中都包含了网卡的驱动程序。安装网卡驱动程序是计算机能够上网的第一步。

计算机安装了网卡和相应的驱动程序后，还需要进行 TCP/IP 协议的配置，计算机才能正常使用局域网。配置网络协议的操作步骤如下：

① 单击桌面左下角的“开始”→“设置”按钮，打开“设置”窗口，单击“网络和 Internet”，在打开窗口的左窗格中单击“以太网”，在右窗格中单击“更改适配器选项”，打开“网络连接”窗口。

② 在“网络连接”窗口中，右击“以太网”图标，在弹出的快捷菜单中选择“属性”命令，打开“以太网属性”对话框，如图 6-17 所示。

③ 单击“安装”按钮，弹出“选择网络功能类型”对话框。

④ 选择列表框中的“客户端”选项，单击“添加”按钮，弹出“选择网络客户端”对话框。

⑤ 在对话框中选择“Microsoft 网络客户端”选项，单击“确定”按钮。

⑥ 在“以太网属性”对话框的“此连接使用下列项目”列表框中，勾选“Internet 协议版本 4（TCP/IPv4）”复选框并单击该项，单击“属性”按钮，打开“Internet 协议版本 4（TCP/IPv4）属性”对话框，如图 6-18 所示。

⑦ 如果局域网中使用了 DHCP 服务器，DHCP 服务器能够对局域网的 IP 地址进行自动分配和配置。这里可以选择“自动获得 IP 地址”单选按钮。否则，选择“使用下面的 IP 地址”单选按钮，在“IP 地址”“子网掩码”“默认网关”等文本框中输入相关地址。

⑧ 如果局域网中有 DNS 服务器，则需要设置 DNS 服务器。在图 6-18 中选择“使用下面的 DNS 服务器地址”单选按钮，在其下面的文本框中分别输入首选和备用的 DNS 服务器的 IP 地址。

⑨ 单击“确定”按钮，完成网络基本组件配置。

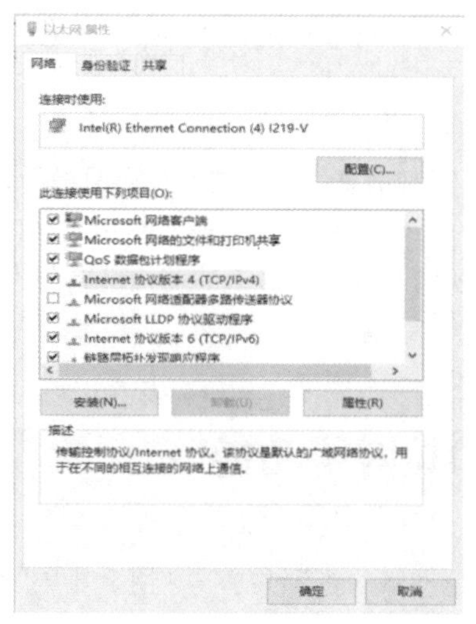

图 6-17 “以太网属性”对话框

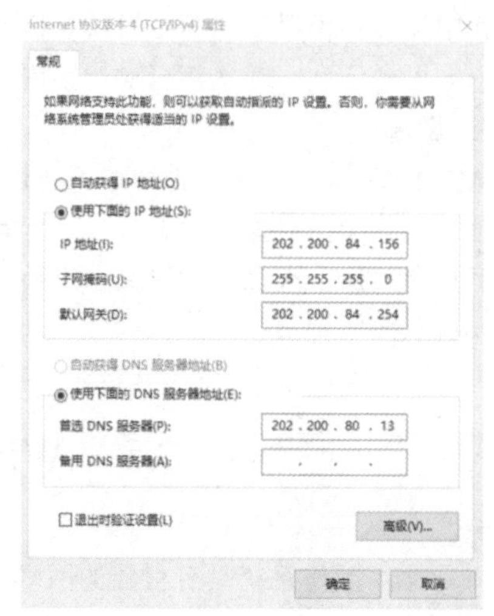

图 6-18 “Internet 协议版本 4（TCP/IPv4）属性”对话框

6.5.2 网络

“网络”是局域网用户访问其他工作站的一种途径，可利用“网络”功能来移动、复制共享计算机中的信息。

在 Windows 10 中，对应的“网络”图标默认不在桌面显示，但用户可以设置，让其在桌面显示。具体操作步骤为：单击桌面左下角的“开始”→“设置”按钮，打开“设置”窗口，单击“个性化”，在打开窗口的左窗格中单击“主题”，在右窗格中单击“桌面图标设置”，打开“桌面图标设置”窗口，勾选“网络”选项，单击“确定”按钮退出，“网络”图标就出现在桌面上了。

如果启用了“网络发现”和“文件和打印机共享”，用户可以发现并进一步访问网络上的软硬件资源，具体操作步骤为：鼠标右击“网络”图标，在弹出的快捷菜单中选择“属性”菜单项，打开“网络和共享中心”窗口，单击左窗格中的“更改高级共享设置”，打开“高级共享设置”窗口，选择“启用网络发现”和“启用文件和打印机共享”。

1. 利用“网络”图标查询网络资源

要访问网络中的软/硬件资源，只需双击桌面上的“网络”图标，打开“网络”窗口，在“计算机”列表下，将显示局域网中所有的计算机，每台计算机以计算机名进行标识。双击要访问的计算机图标，会出现该计算机的软/硬件资源；在“网络设施”列表下，将显示局域网中的其他设备，如打印机、路由器等。在 Windows 中，当进入他人计算机以前需要输入密码。

2. 用“搜索”查询网络资源

如不能在“网络”窗口中找到自己需要寻找的计算机名，而要寻找的计算机又的确连接在局域网中，此时可以尝试使用搜索计算机的方法来找到需要访问的网络上其他计算机，具体操作步骤为：在“网络”窗口的“搜索网络”框中，输入要寻找的共享计算机名字，注意计算机名字前加“\\”，再单击“确定”按钮，指定的计算机就会出现在搜索结果中。

3. 用 IP 快速访问网络资源

当不知道网络中的共享计算机名时，可用 IP 地址来快速访问网络资源，其步骤为：在“网络”窗口的“搜索网络”框中，输入要查找的 IP 地址，注意 IP 地址前加“\\”，并单击“确定”按钮就能看到自己需要访问的共享计算机。

4. 映射网络驱动器

“映射网络驱动器”功能可将网络上其他计算机的共享文件夹映射为本地驱动器号，从而提高访问时效。具体操作步骤为：在桌面右击“此电脑”图标，在弹出的快捷菜单中选择“映射网络驱动器”命令，打开“映射网络驱动器”窗口，在“驱动器”对应的下拉列表框中选择一个驱动器号，在“文件夹”对应的下拉列表框中按示例格式直接输入“\\计算机名\共享路径”映射网络驱动器，也可以点击“浏览”定位局域网中存在的共享内容，最后单击“完成”按钮结束设置。

6.5.3 Windows 10 局域网共享

1. 共享文件夹

在 Windows 中，驱动器、文件夹和文件资源都可以共享。共享有三种形式：同一计算机上多个用户共享文件或文件夹，在局域网上共享驱动器或文件夹和在 Internet 上共享。每个用户可以使用资源管理器将计算机上的文档和资源指定为可被网络上其他用户访问的共享资源。其方法是：在资源管理器中右击要共享的逻辑盘或文件夹，在弹出的快捷菜单中选择“属性”命令，在打开的对话框中选择“共享”选项卡，在“共享”选项卡中单击“高级共享”按钮（见图 6-19）。然后在弹出的对话框中选择“共享此文件夹”复选框即可。

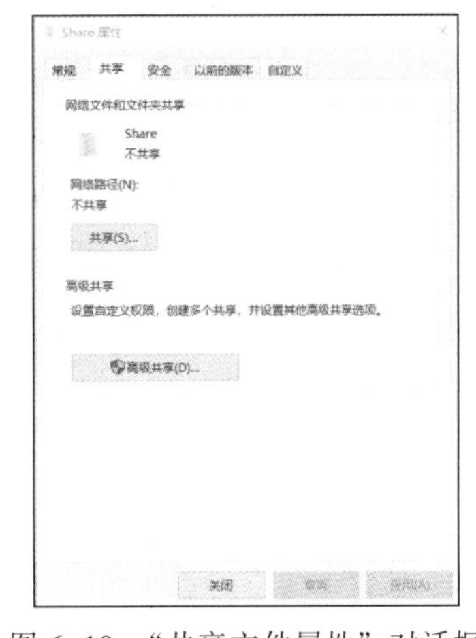

图 6-19 “共享文件属性”对话框

如果给特定用户授予访问权限，在 Windows 10 中操作步骤如下：在资源管理器中右击要共享的逻辑盘或文件夹，在弹出的快捷菜单中选择“授予访问权限”→“特定用户”命令，在“网络访问”窗口的下拉列表中选择要共享的网络上的用户。

2. 共享打印机

网络内打印机共享可以使用专门的网络打印机。网络打印机自身带有网卡，只要用网线连接到网络打印机的网卡上就可实现网络打印。也可以通过对普通打印机的共享实现网络打印。

共享普通打印机主要步骤如下：

① 在网络内某结点机上安装好打印机，选中此打印机，选择共享并设置打印机共享名，允许其他计算机使用该打印机。

② 在其他结点机上，选择控制面板中“设置和打印机”图标，打开窗口选择“添加打印机”，进入打印机安装向导，选择网络打印机，按系统要求输入共享打印机的网络路径名称（网络路径名称的格式是：\\计算机名\打印机名），并按系统提示安装打印机驱动程序。

6.5.4 WWW服务

WWW服务就是网页浏览，是通过浏览器（Web browser）完成的。浏览器为用户提供基于 HTTP 超文本传输协议的用户界面，用户通过 WWW 浏览器这一载体访问 Internet 实现网络通信、资源共享等功能。

Microsoft Edge 是微软公司捆绑在 Windows 10 上的默认浏览器，相比于早期 Windows 版本捆绑的 Internet Explorer（IE）浏览器，Microsoft Edge 提供了更加卓越的性能、更多的隐私保护、更高的工作效率。

Microsoft Edge 浏览器的交互界面简洁，注重实用性，在保持 IE 原有的浏览器主功能之外，还扩展了一些现代浏览器功能，内置了个人语言助理 Cortana，支持用户在网页上撰写或输入注释并且与他人分享，此外，众多超级好用的 Edge 插件，也可以为用户提供良好的上网体验。

旧版的 Microsoft Edge 依赖于 Windows 10 系统，无法单独运行。2020 年 1 月发布的全新版 Microsoft Edge 除了支持 Windows 10、Windows 8.1 以及 Windows 7，还支持 MacOS。

因为 Edge 将逐渐取代 IE 浏览器，所以目前 Edge 上的标签页也可以通过“使用 Internet Explorer 打开” 这一菜单命令来打开 IE 浏览器进行浏览。

Microsoft Edge 的使用非常简单，在与 Internet 连接后，用户就可启动 Edge 浏览网页了。在“地址”文本框输入想访问的网站地址并按【Enter】键即可。

1. 获取热门的 Web 内容

可以通过以下方法获取热门 Web 的内容。

（1）浏览 Web 页

只要在地址栏中输入 Web 地址，并按【Enter】键即可；也可在输入地址时，在其下面出现的地址列表中进行选择。如果输入的地址有误，Edge 会自动进行近似搜索，找出匹配的地址。

点击地址栏右侧的阅读视图按钮之后，浏览器便会隐藏掉网页当中所有不相关的内容，只留下文章的正文和图片，提供适合阅读的页面布局。

（2）脱机浏览 Web 页

选择脱机查看 Web 页后，用户可以在计算机不与 Internet 连接的情况下，阅读 Web 页的内容。但此时不能更新内容。

（3）保存 Web 页的内容

上网时有些浏览过的网页内容精彩或文字较多，为节约上网时间，可将其保存，待下网后再慢慢浏览。Edge 的阅读列表基本上就是一个“稍后阅读”文件夹，用户可以将感兴趣的文章保存其中，在随后的空闲时间再进行阅读。该功能可将网页中的所有内容都保存在本地，因此即便在离线状态下也可以进行阅读。

用户也可以通过 Edge 在网页或文章当中直接记笔记。点击窗口右上角的“添加笔记”按钮，Edge 就会立刻对网页内容进行截图，用户可使用光标或手写笔编辑页面并保存为 OneNote 文档，添加至收藏夹→阅读列表，或进行分享。

（4）Web 页的收藏

当用户浏览到感兴趣、希望以后再次进入的网页时，单击“添加到收藏夹或阅读列表”按钮，输入名称，选择保存位置，添加即可。

对于感兴趣的 Web 页，可以单击窗口右上角的“设置及其他”按钮，选择“打印”命令将其打印在纸上。

2. Microsoft Edge 浏览器设置主页

① 在 Microsoft Edge 浏览器主界面的右上角单击“...”图标→“设置”选项，找到“查看高级设置”选项，将“显示主页按钮”打开；

② 返回“设置”页，将“Microsoft Edge 打开方式”设置为“特定页”，并输入想要设置的主页链接，点击保存；

③ 返回到 Microsoft Edge 浏览器主界面，单击“主页”按钮⌂，即可进入到设置的主页。

3. 设置 Internet 选项

在 Edge 逐渐取代 IE 浏览器的过程中，为了满足用户的个性化要求，需要对 Internet 选项进行设置，可通过如下步骤从 Edge 浏览器界面打开 Internet 选项设置：在 Microsoft Edge 浏览器主界面的右上角单击“...”图标→“使用 Internet explorer 打开”菜单项→打开 IE 浏览器，单击浏览器右上角“设置”按钮，选择“Internet 选项”命令，打开图 6-20 所示的对话框，在其中可进行常规、安全、隐私、内容、连接、程序和高级设置。

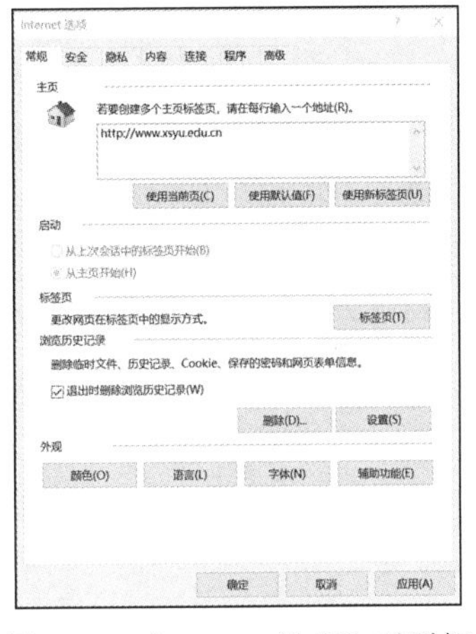

图 6-20 “Internet 选项”对话框

①“常规”选项卡。可对主页、启动、标签页、浏览历史记录、外观等进行设置。

②“安全”选项卡。许多 Internet 站点均禁止未授权者查看发送到该站点或由该站点发出的信息，这类站点称为“安全”站点。通过“安全”选项卡可为 Web 的不同区域设置不同的安全级别以保护用户的计算机。

③“隐私”选项卡。可以进行选择阻止第三方 Cookie 和弹出窗口的设置。

④“内容”选项卡。内容设置包括分级审查、证书、个人信息等三项，对网页内容进行分类控制，有助于老师、家长限制学生浏览一些不适宜的网站。

⑤“连接”选项卡。可以进行 Internet 连接、代理服务器以及局域网连接等设置。

⑥“程序”选项卡。可以进行默认浏览器的设置，加载项管理的设置以及 HTML 的编辑。

⑦“高级”选项卡。高级设置的内容较多，用户使用最多的是多媒体的设置。例如，如果用户要加快浏览 Web 速度，则在“设置”框中取消选择“多媒体”中的“显示图片”“播放动画”“播放视频”“播放声音”等的复选框。

6.5.5 收发电子邮件

电子邮件（E-mail）特指表示通过计算机和网络进行信件的书写、发送和接收。使用电子邮件系统，用户可以用非常低廉的价格快速发送电子信件给国内外的亲人或朋友。这些电子邮件可以是文字、图像、声音等各种信息。此外，使用电子邮件还可以免费订阅电子期刊、专题邮件，实现轻松的信息获取，这是任何传统的方式也无法相比的。

正是由于电子邮件的使用简易、投递迅速、收费低廉、易于保存、全球畅通无阻，使得电子邮件被广泛地应用，它使人们的交流方式得到了极大的改变。

1. 电子邮件地址

我们日常用到的电子邮件采用 C/S（客户机/服务器）方式，它就像一个 24 小时营业的邮局一样，全天候开机运行着电子邮件服务程序进行收取、转发全球用户的电子邮件传送业务。

要发电子邮件时，必须知道收件人的 E-mail 地址，同时也必须有自己的电子邮箱地址。如今互联网上有许多网站如网易（www.163.com 或 www.126.com）、新浪（www.sina.com.cn）、搜狐（www.sohu.com）等都提供免费的和收费的电子信箱服务。

E-mail 地址的格式均为：用户名@电子邮件服务器域名。

例如：someone@126.com，即表示在域名为 126.com 服务器上的邮箱 someone。其整个 E-mail 地址的含义是“在 126 电子邮箱服务器上的某人”。用户名通常由英文字符组成，由用户在申请时自己确定。

2. 工作原理

目前 Internet 上使用的电子邮件系统有很多，其格式也不尽相同，但都由两个部分组成：第一部分是控制信息，其作用类似于传统邮件的信封，包括发件人地址、收件人地址和题目；第二部分是报文内容，是真正的要发送的信件内容。邮件发送和接收都要通过双方的电子邮件服务器。图 6-21 所示为电子邮件传输过程示意图。

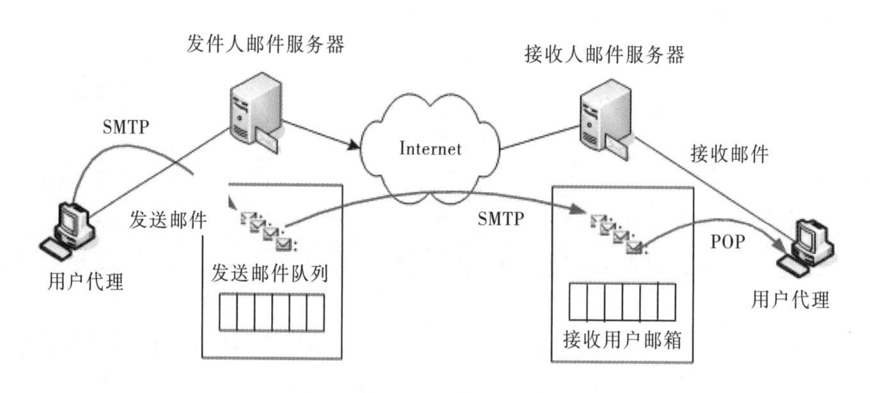

图 6-21　电子邮件传输过程

3. 申请免费电子邮箱

收发电子邮件必须要有一个电子邮箱。很多的 ISP 或站点都为用户提供电子邮件服务，这些服务有的是收费的，有些是免费的。申请免费的电子邮箱的步骤如下：

① 在浏览器地址栏输入提供免费电子邮件服务的 ISP 的网址（如 www.126.com），按【Enter】键，打开其主页。

② 在主页中，找到“免费电子邮箱”字样的超链接信息，单击打开注册免费电子邮箱的有关界面，按照屏幕提示依次填写用户名、密码等相关信息，填写完毕，单击页面中的“提交”或“完成”按钮。

③ 提供免费电子邮件服务的服务器检查输入信息无误，申请完成。此时用户就可以在邮箱登录界面中输入用户名密码，打开邮箱，收发邮件。刚申请的邮箱收件夹中通常都有关于邮件系统使用介绍的邮件。

4. 发送电子邮件

用户可以直接在浏览器的页面中收发电子邮件，也可以使用专门的客户端的电子邮件软件收发电子邮件。常用的收发电子邮件的客户端软件有 Outlook Express、Eudora、Foxmail 等。

使用专用的电子邮件客户端软件时需要知道 ISP 的 SMTP 和 POP3 服务器的名称，设置比较烦琐。随着电子邮件服务器系统功能的不断扩展，如今大多数的电子邮件服务器系统允许用户通过浏览器浏览 Web 页面的方式进行邮件的管理。

在此主要介绍 Web 方式发送邮件的过程。以网易的 126 信箱为例，要发送邮件，首先启动浏览器打开 www.126.com 网站的主页面，在页面中相应的文本框中依次输入用户名和密码后按【Enter】键进入邮箱管理页面。

单击页面中的“写信”按钮，启动书写新邮件页面，在对应文本框中依次输入收件人的电子邮件地址、邮件主题，然后在下方的邮件内容文本框中输入邮件的文本信息。需要的话还可以在邮件中加入照片、声音等附件文件。邮件创建完成，单击“发送”按钮就可以将邮件发送出去。

如果需要将邮件同时发送给多个联系人，可以输入多个邮件地址，地址间用分号隔开。

5. 接收和查看电子邮件

所有接收的邮件都存放在邮件服务器中，如果要查看收到的邮件，可以通过浏览器访问对应的网站，登录进入个人邮箱管理页面后，单击页面中的“收件箱”超链接文本，打开“收件箱”。页面中列出当前邮箱中的邮件列表，单击邮件主题即可打开邮件查看邮件的具体内容。

6.5.6 FTP 文件传送

Internet 是一个非常复杂的计算机环境，有个人计算机、工作站、服务器以及大型机等。而这些连接在 Internet 上的计算机也在运行着不同的操作系统，有运行 DOS、Windows 的个人计算机；有运行 Mac OS 的苹果机，也有运行 UNIX 的服务器等，而各种操作系统的文件结构也各不相同。要解决这种异种机、异种操作系统之间的文件传输问题，需要建立一个统一的文件传输协议，这就是 FTP。

FTP 协议是 Internet 文件传输的基础。FTP 是在不同的计算机主机之间传送文件的最古老的方法。FTP 最早的说明书出现在 1971 年 4 月。现在它仍然是 Internet 的主要工作软件并且仍会保持很长时间。FTP 的两个决定性的因素使它广为人们使用：一是在两个完全不同的计算机主机之间传送文件的能力，二是以匿名服务器方式提供公用文件共享的能力。

1. 工作方式

FTP 服务器分为独立的 FTP 服务器（如 ftp://ftp.xsyu.edu.cn/，西安石油大学 FTP 服务器）和内嵌的 FTP 服务的 WWW 服务器（如 http://www.download.com/）。用户可

以通过 Internet 提供的文件传输协议即 FTP 将文件资料从远程文件服务器传输到本地计算机上，这个过程称为“下载”。相反，将本地计算机上的文件资料由 FTP 协议通过 Internet 传输到远程主机上，前提是该主机允许用户存放文件，这个过程即为“上传”。

2. 登录方式

FTP 服务也有两种方式：匿名 FTP 登录和非匿名 FTP 登录。在 Internet 上要连接 FTP 服务器传输文件，首先要求用户输入正确的账号和密码。为了方便用户，大部分主机都提供了一种称为“匿名（Anonymous）FTP”的服务，用户不需要输入账号和密码，只以 Anonymous 或 Guest 作为登录的账号、以用户的电子邮件作为密码即可连接 FTP 服务器，浏览和下载文件。使用匿名 FTP 进入服务器时，通常只能浏览及下载文件，不能提供上传文件或修改服务器上的文件。Internet 上大部分免费软件和共享软件都是通过匿名 FTP 服务器向广大用户提供的。非匿名 FTP 服务器一般只供内部使用，用户必须拥有授权的账号及密码才能使用。

几乎所有的操作系统包括 UNIX、Windows XP、Windows 7 都内置了 FTP 客户端软件。在 Windows XP 中可以启动 Windows 附件程序组中的“命令提示符”程序，在命令行方式下直接输入 FTP 命令。例如，如想使用 FTP 命令登录西安石油大学的 FTP 服务器，可以在命令提示符下输入以下命令行：ftp ftp.xsyu.edu.cn，输入完毕按【Enter】键就可以连接到该服务器。为终止 FTP 连接，只需输入 quit 即可。

实际上 IE、Netscape 等浏览器和 FTP 客户机软件已经完全替代了这种命令行 FTP 方式。用户可以直接在浏览器的地址栏中输入要访问的 FTP 服务器的 URL，若连接成功，在浏览器窗口中可以看到 FTP 服务器中的文件列表，用户就可以像管理自己计算机上的文件一样对 FTP 服务器中的文件进行管理。图 6-22 所示为使用 IE 浏览器访问西安石油大学 FTP 服务器的情况。此时，可以通过右击选定的文件和文件夹，然后在弹出的快捷菜单中选择“复制到文件夹”命令将选中的 FTP 服务器上的文件复制到本地磁盘上的指定文件夹下。如果有足够的权限，用户可以删除或更名 FTP 服务器的文件和文件夹；同时还可以将本地磁盘的文件和文件夹通过“复制”和“粘贴”上传到 FTP 服务器的指定位置。

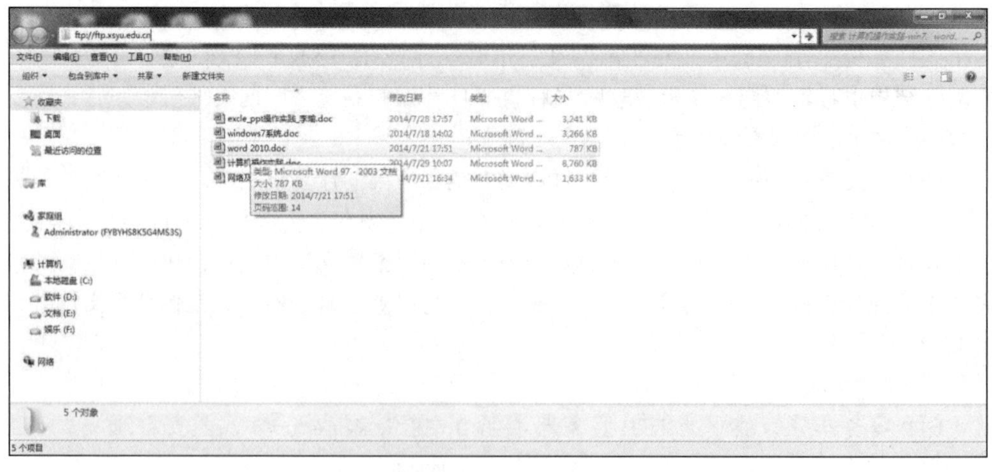

图 6-22　用 IE 浏览器访问西安石油大学 FTP 服务器

此外，还有许多方便高效的FTP客户端软件，如Cut FTP和Smart FTP等。要提高文件下载的速度，可以使用网络蚂蚁NetAnts、网际快车FlashGet等软件进行多线程快速下载。这些快速下载软件的特点是断点续传（一次下载不完，下次上网接着下载）、多点传输（通过把一个文件分成几个部分同时下载可以成倍的提高速度）。

习　题

一、选择题

1. 网络类型按照通信范围分为（　　）。

   A. 局域网、城域网、广域网　　B. 局域网、以太网、广域网

   C. 电缆网、光纤网、城域网　　D. 中继网、以太网、局域网

2. （　　）是信息传输的基本单位。

   A. hits/s　　B. words/s　　C. bit/s　　D. t/s

3. 在开放系统互连参考模型中，网络层的上层是（　　）。

   A. 物理层　　B. 数据链路层　　C. 应用层　　D. 传输层

4. 在TCP/IP模型中，与OSI/RM模型中传输层对应的是（　　）。

   A. 物理层　　B. 数据链路层　　C. 应用层　　D. 传输层

5. （　　）属于传输介质。

   A. 电话线、电源线、接地线　　B. 电源线、光纤、接地线

   C. 双绞线、同轴电缆、光纤　　D. 电话线、光纤、电源线

6. LAN是（　　）的英文缩写。

   A. 城域网　　B. 局域网　　C. 广域网　　D. 传输介质

7. 计算机网络与一般计算机互连系统的区别是（　　）。

   A. 高性能计算机　　B. 网卡　　C. 网络协议　　D. 光缆相连

8. 一个学校组织的计算机网络属于（　　）。

   A. 城域网　　B. 局域网　　C. 广域网　　D. 内部管理网

9. 从网站www.xsyu.edu.cn可以看出它是中国的一个（　　）。

   A. 商业网站　　B. 政府部门　　C. 教育部门　　D. 非政府组织

10. 子网掩码是一个（　　）位的模式，它的作用是识别子网和识别主机属于哪一个网络。

    A. 16　　B. 32　　C. 48　　D. 64

11. 上网的网址应该在浏览器的（　　）中输入。

    A. 标题栏　　B. 地址栏　　C. 连接栏　　D. 频道栏

12. 当从Internet获取邮件时，用户的电子邮箱是设在（　　）。

    A. 用户的计算机上　　B. 发信给用户的计算机上

    C. 根本不存在　　D. 用户的ISP服务器上

13. WWW的作用是（　　）

    A. 信息浏览　　B. 文件传输　　C. 收电子邮件　　D. 发电子邮件

14. 对网络组成概念最完整的描述是（　　）

A. 计算机系统、通信介质、网卡

B. 用线路连接起来的计算机系统

C. 终端、计算机系统、外围设备、通信设备

D. 客户机、服务器转换频率

二、填空题

1. 网络的连接方式称为________。
2. TCP/IP 网络模型中从下到上依次是________、________、________、________。
3. 计算机网络按照采用的传输方式可分为________、________。
4. 按网络的作用范围划分网络，可分为________、________、________。
5. 从计算机域名到 IP 地址的翻译过程称为________。
6. 计算机网络中常用的传输介质有________、________、________。
7. IP 地址长度为________。IP 地址分为________和________两部分。

三、简答题

1. 什么是计算机网络？计算机网络由什么组成？
2. 常用的网络存储介质有哪些？网络的主要连接设备有哪些？
3. 阐述局域网、城域网、广域网有哪些。
4. 拓扑结构有哪些？各有什么特点？
5. Internet 是什么？它有哪些应用？
6. 简述 IP 地址结构。IP 地址可分为哪几类？

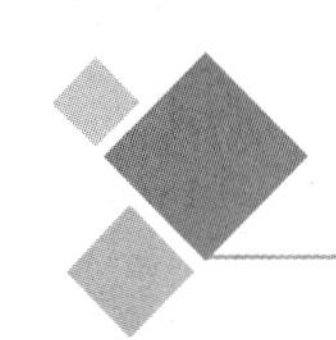

第 7 章　上机操作实践

7.1　Windows 10 操作系统综合应用

【上机练习 1】 Windows 10 基本操作与使用

一、练习目的

1. 掌握 Windows 10 的启动与退出。
2. 掌握 Windows 10 桌面的基本操作。
3. 掌握 Windows 10 窗口的基本操作。
4. 掌握截屏的基本操作。

二、练习内容

1. Windows 10 的启动

依次打开计算机外围设备的电源开关和主机电源开关，等待系统自检和引导程序加载完毕后，Windows 10 系统将进入登录界面。如果设置了密码，则在“密码”文本框中输入密码后登录到 Windows 10 系统。

成功登录后，进入 Windows 10 操作系统，计算机显示的桌面如图 7-1 所示，认真观察 Windows 10 系统桌面的组成。

图 7-1　Windows 10 桌面

（1）桌面背景

桌面背景是指 Windows 10 桌面的背景图案，又称桌布或墙纸、壁纸。用户可根据自己的爱好更换背景图案。

（2）桌面图标

桌面上的小图片称为图标，由一个形象的图形和说明文字组成，代表一个程序、文件、文件夹或其他项目。双击这些图标即可快速打开其对应的文件、文件夹或者应用程序。Windows 10 的桌面上通常有“回收站”等图标。

（3）任务栏

任务栏是位于屏幕底部的水平长条区域，如图 7-2 所示。与桌面不同的是，桌面可以被打开的窗口覆盖，而任务栏几乎始终可见。

图 7-2 任务栏

2. Windows 10 的退出

单击屏幕左下角的“开始”按钮，或是按键盘上的 Windows 徽标键，在弹出的菜单中单击“电源”按钮，如图 7-3 所示，选择“关闭”选项即可关闭 Windows 10 系统。

3. Windows 10 桌面的基本操作

（1）选择桌面图标

操作要求：

① 选择单个图标。

② 选择多个连续的图标。

③ 选择多个不连续的图标。

操作提示：

① 选择单个图标：只需单击某个图标，被选择后的图标呈浅蓝色状态。

② 选择多个连续的图标：单击所要选择的第一个图标，按住【Shift】键不放，然后单击所要选择的多个连续图标的最后一个图标即可。

③ 选择多个不连续的图标：单击所要选择的一个图标，然后按住【Ctrl】键不放，再依次单击所需选中的其他图标。

（2）排列桌面图标

操作要求：按“名称”“大小”“项目类型”“修改日期”等方式排列桌面图标。

操作提示：在桌面空白处右击，弹出桌面快捷菜单，如图 7-4 所示，选择“排序方式”→“名称”/“大小”/“项目类型”/“修改日期”，观察桌面图标排列顺序的变化。

（3）添加应用程序的快捷方式

操作要求：在桌面上添加启动应用程序的快捷方式，能够通过双击该快捷方式图标，打开应用程序的窗口，如画图。

操作提示：

在桌面上添加应用程序的快捷方式的方法如下：

① 在应用程序图标上右击，在弹出的快捷菜单中选择“发送到”→“桌面快捷方式”命令。

② 在要创建快捷方式的对象上右击，在弹出的快捷菜单中选择“创建快捷方式”命令，然后将已创建的快捷方式图标移动至桌面即可。

图 7-3 “开始”菜单

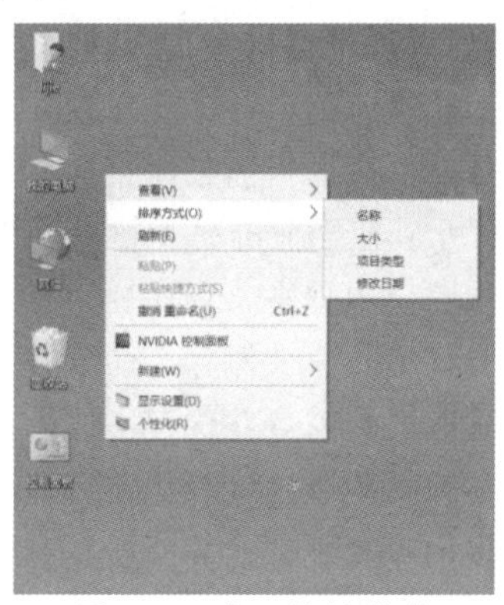

图 7-4 桌面快捷菜单

（4）设置桌面壁纸

操作要求：使用“背景”窗口设置壁纸。

操作提示：

① 在桌面空白区域右击，在弹出的快捷菜单中选择“个性化”命令。

② 打开“个性化”窗口，在“背景”窗口选择“图片”命令。

③ 单击“浏览”按钮，弹出“打开”对话框，选择相应的文件夹，在文件夹中选择其中一张合适的图片双击即可，然后在“选择契合度”列表框中选择合适的选项，单击“确定”按钮。返回桌面后即可看到桌面背景已经应用了选择的图片。

4. Windows 10 窗口的基本操作

（1）打开、最大化、最小化、还原和关闭窗口

操作要求：先打开“计算机”窗口；将窗口最大化显示，然后还原；再将窗口进行隐藏（最小化）显示，然后还原；最后关闭。

操作提示：通过单击窗口标题栏右侧的窗口控制按钮，完成对窗口的相应操作。

① 最大化窗口：单击窗口右上角的“最大化”按钮，或是双击窗口标题栏。

② 最小化窗口：单击窗口右上角的“最小化”按钮。

③ 还原窗口：单击窗口右上角的“还原”按钮。

④ 关闭窗口：单击窗口右上角的“关闭”按钮X，或按【Alt+F4】组合键。

（2）排列窗口

操作要求：首先打开“计算机”“回收站”和“网络”三个窗口，按并排显示显示方式对打开的窗口进行排列。

操作提示：右击任务栏的空白处，从弹出的快捷菜单中选择一种窗口的排列方式，选择“并排显示窗口”命令，三个窗口将以“并排显示”顺序显示在桌面上。

（3）多窗口预览与切换

操作要求：将“计算机”、“回收站”和“网络”三个窗口反复切换为活动窗口。

操作提示：通过以下四种方式对窗口进行预览和相互切换。

① 通过单击窗口可见区域切换窗口。

② 通过按【Alt+Tab】组合键预览切换窗口。

③ 通过按【Win+Tab】组合键预览切换窗口。

④ 使用任务栏切换窗口。

5. 截取屏幕及当前窗口

（1）截取当前整个屏幕并保存

操作要求：截取当前整个桌面并保存在画图板中。

操作提示：在当前屏幕下按抓屏键【Print Screen】，然后选择“开始”→“画图 3D”命令打开画图应用程序，程序窗口空白区域右击，弹出快捷菜单，选择“粘贴”命令，然后选择“菜单”→“保存”命令将其保存为 desk.png 图片。

（2）截取当前窗口并保存

操作要求：截取“计算机”窗口并保存在画图板中。

操作提示：打开“计算机”窗口，按【Alt+Print Screen】组合键，再打开画图软件进行粘贴，保存为“computer.png”图片。

三、附加练习题

1. 如何隐藏 Windows 10 的任务栏？
2. 如何设置 Windows 10 桌面壁纸连续切换？
3. 如何设置 Windows 10 屏幕保护程序？
4. 如何将整个屏幕复制到“剪贴板”？
5. 如何将多个窗口用层叠方式显示？

【上机练习 2】Windows 10 资源管理器

一、练习目的

1. 掌握资源管理器的使用。
2. 掌握文件和文件夹的建立、复制和删除。
3. 掌握文件和文件夹的查找方法。

二、练习内容

1. 资源管理器的启动

操作要求：打开资源管理器。

操作提示：启动资源管理器可使用以种方式：

① 右击“开始”按钮，在弹出的快捷菜单中选择“文件资源管理器”命令。

② 选择“开始”→“Windows 系统”→“文件资源管理器”命令。

2. 资源管理器窗口的基本操作

（1）浏览本地机资源

操作要求：浏览 C 盘下 Windows 文件夹中的所有内容。

操作提示：选择左侧窗格“此电脑”，依次按路径“ Windows（C:）”→Windows 单击选中，便可在右窗格浏览其文件夹中的所有内容。

（2）设置资源管理器窗口

操作要求：显示资源管理器窗口的状态栏。

操作提示：在资源管理器窗口中，选择“查看”，在显示的窗格中选择相应的选项。菜单前带有“√”标记，表示该菜单处于显示状态，再单击可取消标记。

（3）排序右窗格的显示内容

操作要求：将右窗格中的内容，分别按“名称”“修改日期”“类型”“大小”“递增”“递减”方式排序。

操作提示：右击资源管理器的右窗格空白处，在弹出的快捷菜单中选择“排序方式”级联菜单中的相应命令，进行排序操作。

（4）设置右窗格的显示方式

操作要求：在资源管理器的右窗格中，分别以“超大图标”“大图标”“中等图标”“小图标”“列表”“详细信息”“平铺”等方式显示 Windows 文件夹中的内容。

操作提示：右击资源管理器的右窗格空白处，在弹出的快捷菜单中选择“查看”级联菜单，单击进行相应命令的设置。

3. 文件和文件夹的基本操作

用户可以对文件及文件夹进行选择、创建、移动、复制、删除等各种操作。

（1）选择文件和文件夹

操作要求：在“资源管理器”左窗格中单击磁盘 C，右窗格中双击 Windows 文件夹，进行全部选择 Windows 文件夹所有内容；同时选择 explorer.exe 文件和 Web 文件夹。

操作提示：要选择窗口中所有的文件或文件夹，可以选择资源管理器中的“主页”→“全部选择”命令，或按【Ctrl+A】组合键；要选择多个不连续的文件或文件夹，须按住【Ctrl】键，再单击所选中的每一个文件或文件夹；要选择多个连续的文件或文件夹，先单击第一个文件或文件夹，按住【Shift】键，然后单击最后一个文件或文件夹。

（2）新建文件和文件夹

① 新建文件夹。

操作要求：在 E 盘上创建新文件夹，文件夹的结构如图 7-5 所示。

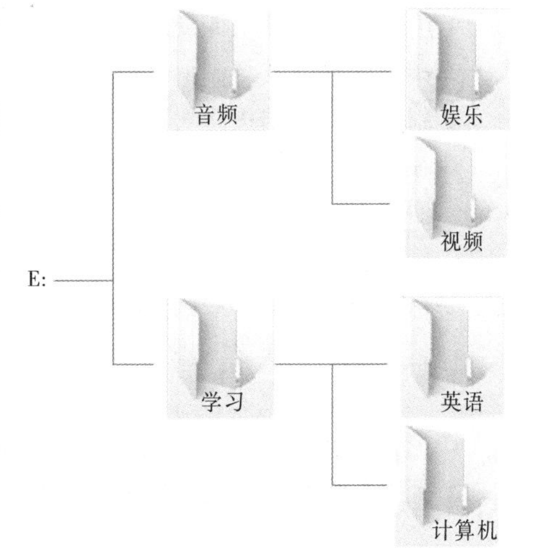

图 7-5　新建文件夹结构图

操作提示：在“资源管理器”的左窗格中，单击“计算机”→“本地磁盘（E:）”，右窗格显示 E 盘所有内容。选择资源管理器中的“文件”→“新建”→“文件夹”命令；或在右窗格空白处右击，在弹出的快捷菜单中选择“新建”→“文件夹”命令。

② 新建文件。

操作要求：在“E:”→“学习”→“计算机”文件夹下，新建一个空白文本文档，文件名为 program.txt。

操作提示：在空白处右击，在弹出的快捷菜单中选择“新建”→“文本文档”命令，新建一个文本文档，输入文件名 program。

（3）重命名文件或文件夹

操作要求：将上一个新建的文本文档 program.txt 重命名为“程序.txt”。

操作提示：可采用以下几种方式对文件或文件夹重命名。

① 右击选择的文件或文件夹，在弹出的快捷菜单中选择“重命名”命令。

② 单击两次文件或文件夹的名称。

③ 选择文件或文件夹，按【F2】键。

（4）设置文件和文件夹的属性

操作要求：

① 将上一个重命名文本文档“程序.txt”的属性设置为隐藏。

② 将文件夹“学习”的属性设置为只读。

操作提示：首先选择该文件或文件夹，右击该文件或文件夹，在弹出的快捷菜单中选择“属性”命令，打开“属性”对话框即可进行属性的设置。

（5）复制、移动文件或文件夹

操作要求：

① 将文件“程序.txt”复制到 D 盘下。

② 将文件“程序.txt”移动至“英语”文件夹下。

操作提示：移动或复制文件或文件夹有两种方法，一种是用命令的方法，另一种是用鼠标直接拖动的方法。

①用命令方式移动或复制文件或文件夹的操作方法如下：

选择需要移动或复制的文件或文件夹。将选定的文件或文件夹剪切（移动时）或复制（复制时）到剪贴板，可按下面方法操作：

- 在选定文件或文件夹图标上右击，在弹出的快捷菜单中选择“剪切”或“复制”命令。
- 使用快捷键，按【Ctrl+X】（移动时）或【Ctrl+C】（复制时）组合键。

② 用拖动鼠标的方法移动或复制文件或文件夹的操作方法如下：

- 选择要移动或复制的文件或文件夹。将鼠标指向所选择的文件或文件夹，按住鼠标左键将选定的文件或文件夹拖动到目标文件夹中。
- 选择要移动或复制的文件或文件夹。用鼠标右键将选定的源文件或源文件夹拖动到目标文件夹后，释放鼠标，则弹出快捷菜单。根据需要选择“复制到当前位置”或“移动到当前位置”操作。

（6）删除文件或文件夹

操作要求：将“计算机”文件夹下的文件“程序.txt”删除。

操作提示：删除文件或文件夹一般是将文件或文件夹放入回收站，也可以直接删除。放入回收站的文件或文件夹根据需要还可以恢复。删除文件或文件夹的方法有以下几种：

- 右击所选文件或文件夹，在弹出的快捷菜单中选择“删除”命令。
- 按【Delete】键。

• 直接将选定的文件或文件夹拖动到回收站。

如果按住【Shift】键的同时进行删除，文件或文件夹将从计算机中直接删除，而不存放到回收站。这样删除后的文件或文件夹就不能恢复了。

4. 文件和文件夹的搜索方法

操作要求：搜索“本地磁盘 C”中所有以.txt 为扩展名的文件。

操作提示：在 Windows 10 每个文件夹中，右上角都会出现搜索框。在搜索框中输入查找对象时，Windows 10 会根据输入的内容进行筛选。

三、附加练习题

1. 如何显示“本地磁盘 C”中所有隐藏的文件及文件夹？
2. 如何选择多个不连续的文件或文件夹？
3. 怎样还原“回收站”的文件或文件夹？
4. 在目标位置与原位置为不同驱动器时，如何移动文件和文件夹？
5. 如何查找 C 盘上所有的视频文件和音乐文件？

【上机练习 3】 Windows 10 系统设置

一、练习目的

1. 掌握磁盘格式化操作。
2. 掌握日期、时间、语言和区域设置。
3. 了解磁盘清理系统工具的使用。
4. 掌握删除、添加程序。

二、练习内容

1. 磁盘格式化操作

操作要求：格式化 U 盘。

操作提示：将 U 盘插入 USB 接口中。在资源管理器中选择“可移动磁盘”选项，右击，在弹出的快捷菜单中选择“格式化”命令，打开“格式化”对话框。

2. 设置日期、时间、语言和区域

操作提示：选择“开始”→“Windows 系统”→“控制面板”命令，打开“控制面板”窗口。单击“时钟和区域”，打开“时钟和区域”窗口，按照相关设置进行操作。

3. 磁盘清理系统工具的使用

操作要求：清理本地磁盘（D:）。

操作提示：

① 选择“开始”→“Windows 管理工具”→“磁盘清理”命令，打开“选择驱动器”对话框。

② 选择相应的驱动器，右击，在弹出的快捷菜单中选择“属性”，在弹出的对话框

中，选择“磁盘清理”。

4. 磁盘碎片整理系统工具的使用

操作要求：整理本地磁盘 E 的碎片。

操作提示：

磁盘碎片整理程序的操作步骤如下：

① 选择“开始”→“Windows 管理工具”→“碎片整理和优化驱动器”命令。

② 在“磁盘碎片整理程序”窗口中选择要进行碎片整理的磁盘，单击“全部优化”按钮，显示碎片整理信息，如图 7-6 所示。

图 7-6 磁盘碎片整理程序

5. 卸载、更改或修复程序

Windows 10 操作系统提供对已安装应用程序的卸载或更改。在“控制面板”中依次双击“程序”和“程序和功能”，即可打开“程序和功能”窗口，如图 7-7 所示。

操作提示：在“程序和功能”窗口中，单击选择要卸载或更改的应用程序，右击“卸载/更改”命令。

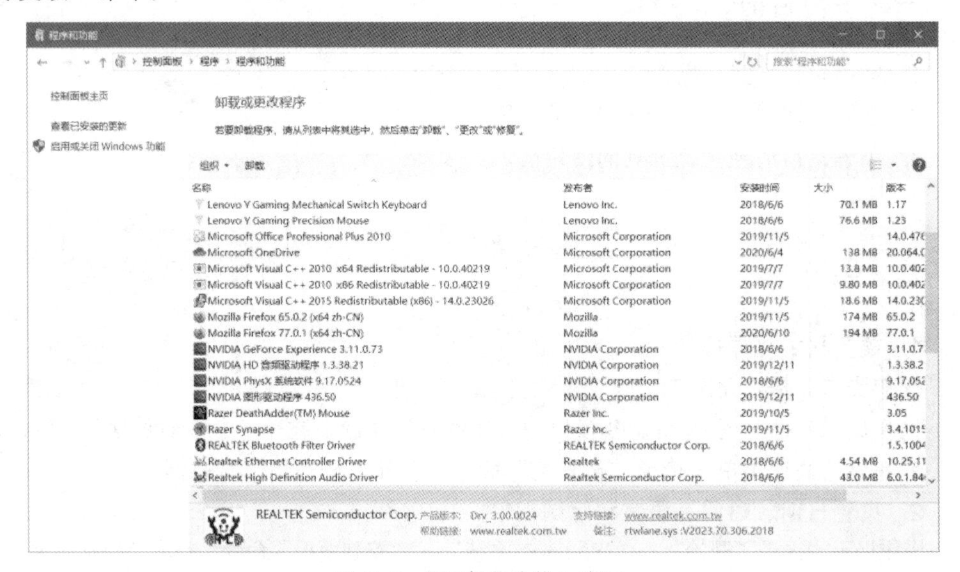

图 7-7 “程序和功能”窗口

6. 管理用户账户

Windows 10 操作系统可以进行新用户创建，创建用户密码等操作。

操作要求：创建一个用户名为 student 的新账户。

操作提示：打开“控制面板”，依次选择“用户账户”→“更改账户类型”→“在电脑设置中添加新用户”，然后按照提示添加新用户即可如图 7-8 ~ 图 7-10 所示。

图 7-8 “控制面板”窗口

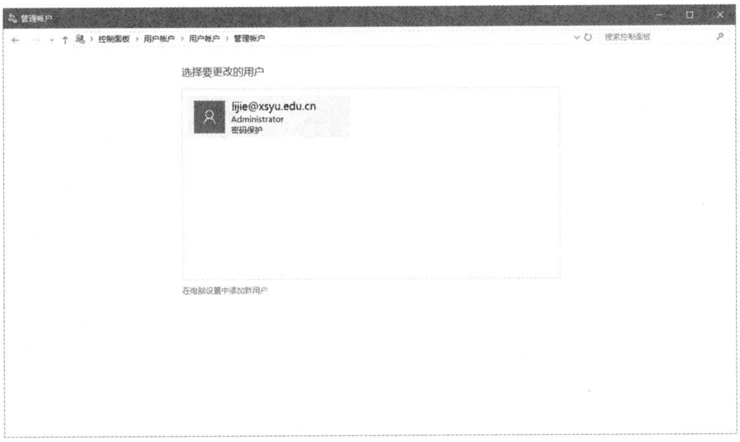

图 7-9 “管理账户”窗口

图 7-10 添加用户窗口

三、附加练习题

1. 如何使用控制面板？
2. 如何使用磁盘清理？
3. 如何使用任务管理器？

7.2 Word 2016 综合应用

【上机练习 4】Word 2016 基本操作

一、练习目的

1. 熟悉 Word 的窗口界面。
2. 掌握 Word 文档的基本操作。

二、练习内容

1. 熟悉 Word 2016 的窗口界面

Word 2016 窗口主要由标题栏、快速访问工具栏、八大选项卡、选项组、文档编辑区、状态栏等组成，如图 7-11 所示。

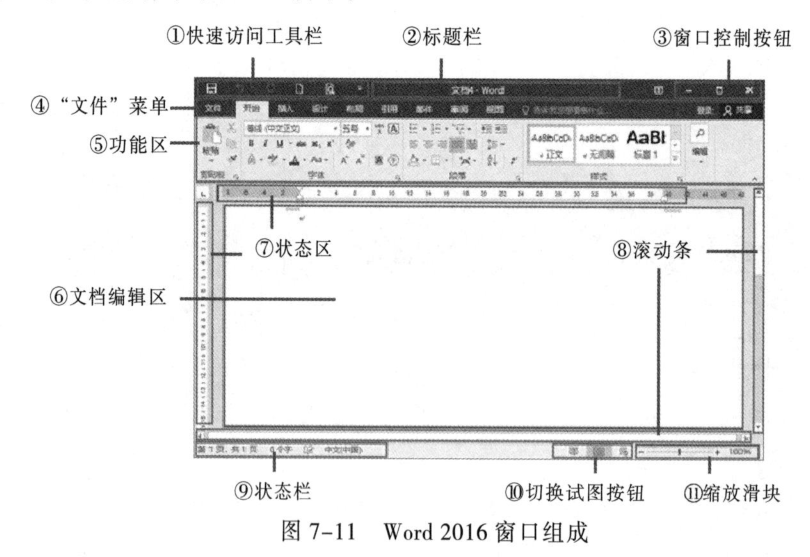

图 7-11　Word 2016 窗口组成

（1）标题栏

位于窗口的顶端，显示了应用程序的名称和文档的名称。标题栏的左侧是控制菜单图标，右侧是最小化、最大化和关闭按钮。

（2）“文件”选项卡

基本命令，如“新建”、“打开”、“关闭”、“另存为”和“打印”位于此处。

（3）快速访问工具栏

常用命令位于此处，如“保存”和“撤销”。也可以添加个人常用命令。

（4）功能区

工作时需要用到的命令位于此处。功能区位于标题栏的下方，提供了“开始”“插入”“页面布局”“引用”“邮件”“审阅”“视图”“加载项”八个功能区选项，包括了Word 2016的全部功能。

（5）编辑区

Word 2016窗口中最大的区域，可以进行文档的录入和编辑。

（6）视图方式切换

Word 2016提供五种不同的文档显示方式。

① 普通视图：一种简化的文档显示方式，不能显示和编辑页眉页脚、图形、文本框和分栏等效果。

② Web版式视图：与在Web上发布时的效果一致。可以看到给文档添加的背景，并且自动适应窗口的大小，而不是以实际打印的形式显示。

③ 页面视图：最常用的一种显示方式，具有“所见即所得”的显示效果，与打印效果完全相同。

④ 大纲视图：可以按照文档的标题分级显示，可以方便地在文档中进行大块文本的移动、复制、重组以及查看整个文档的结构。

⑤ 阅读版式：适合对文档的阅读和浏览。

（7）滚动条

可用于更改正在编辑的文档的显示位置。

（8）缩放滑块

可用于更改正在编辑的文档的显示比例设置。

（9）状态栏

窗口的最下一栏是状态栏，显示正在编辑的文档的相关信息，包括文档的页号、字数等。

2. 新建Word文档

操作要求：在本地磁盘（E:）新建一个Word空白文档，重命名为example.docx。

操作提示：

新建Word文档有以下几种方式：

① 选择“开始”→Word 2016应用程序，命名为example。

② 右击本地磁盘（E:）右窗格中空白处，在弹出的快捷菜单中选择“新建”→“Microsoft Word文档”命令。

③ 通过已建立的Word文档启动：双击任意的Word文档，选择“文件”→“新建”命令，此时在窗口将打开“可用模板”任务窗格，选择“空白文档”，如图7-12所示。

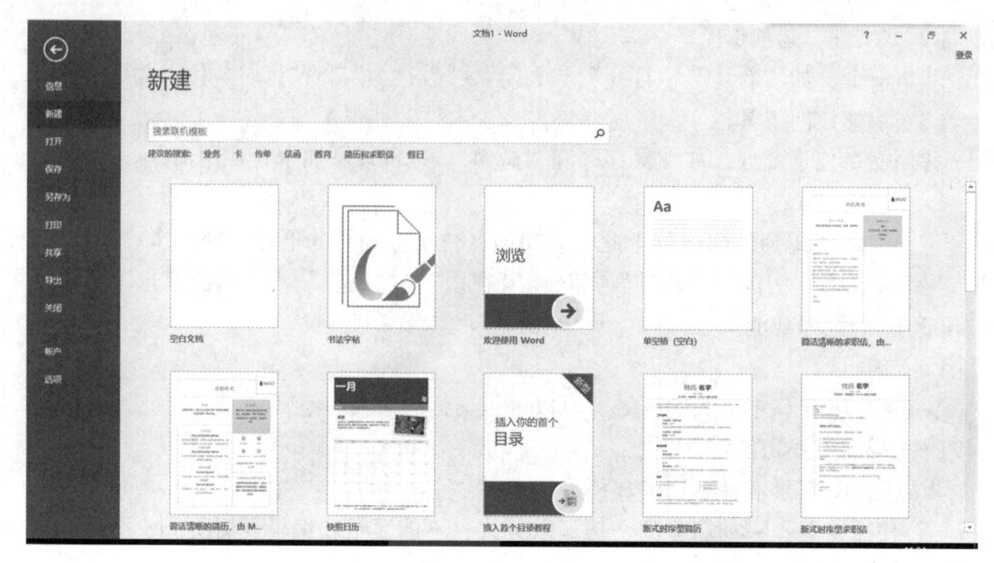

图 7-12 “可用模板”任务窗格

3. 保存 Word 文档

操作要求：将新建文档 example.docx 打开、保存；并在本地磁盘（D:）另存一个副本，命名为“例文.docx”。

操作提示：

保存 Word 文档有以下几种方式：

① 选择“文件”→“保存”命令，计算机按原来的文件名保存。

② 单击快速访问工具栏中的“保存”按钮 。

③ 按【Ctrl+S】组合键。

④ 对于已保存的文档，若选择“文件”→“另存为”命令，则打开“另存为”对话框，可以把当前内容保存为一个副本文档，而原来的文档内容不被修改。

4. 关闭 Word 文档

操作要求：关闭 Word 文档“例文.docx”。

操作提示：

关闭 Word 有以下几种方式：

① 选择“文件”→“退出”命令。

② 单击 Word 2016 窗口标题栏右侧的“关闭”按钮 。

③ 将要关闭的窗口作为当前窗口，按【Alt+F4】组合键。

三、附加练习题

1. 怎样对 Word 文档进行加密？
2. 如何设置文档的自动保存时间间隔？
3. 如何对文档视图进行切换？
4. 如何使用 Word 2016 提供的模板创建文件？
5. 如何设置 Word 文档的属性？

【上机练习 5】Word 2016 文本编辑与排版

一、练习目的

1. 掌握文本的格式化。
2. 掌握文本排版。

二、练习内容

1. 输入 Word 文稿

操作要求：通过任意一种汉字输入法，输入文字。样文如下：

盼望着，盼望着，东风来了，春天的脚步近了。

一切都象刚睡醒的样子，欣欣然张开了眼。山朗润起来了，水涨起来了，太阳的脸红起来了。

小草偷偷地从土里钻出来，嫩嫩的，绿绿的。园子里，田野里，瞧去，一大片一大片满是的。坐着，趟着，打两个滚，踢几脚球，赛几趟跑，捉几回迷藏。风轻悄悄的，草软绵绵的。

桃树、杏树、梨树，你不让我，我不让你，都开满了花赶趟儿。红的像火，粉的像霞，白的像雪。花里带着甜味儿，闭了眼，树上仿佛已经满是桃儿、杏儿、梨儿！花下成千成百的蜜蜂嗡嗡地闹着，大小的蝴蝶飞来飞去。野花遍地是：杂样儿，有名字的，没名字的，散在草丛里像眼睛，像星星，还眨呀眨的。

操作提示：通过键盘切换输入法，输入样文里所有文字。

2. 字符格式化

操作要求：

① 设置字体：第一段楷体；第二段隶书；第三、四段仿宋；

② 设置字号：全文小四；

③ 设置字形：第二段下画线（单线）。

操作提示：

首先用鼠标拖动并选中将要设置的文本，采用以下方式设置文本格式：

① 选择“开始”选项卡中“字体”选项组，单击右下角“字体”按钮 ，打开“字体”对话框，选择“字体”选项卡，如图 7-13 所示，进行字体、字号及字形的相应设置。

② 选择“开始”选项卡中“字体”选项组中的按钮设置字体、字号及给文本添加下画线。

③ 选定要设置文本后，右击打开快捷菜单，选择“字体”命令，即可打开“字体”对话框，选择“字体”选项卡具体设置同上。

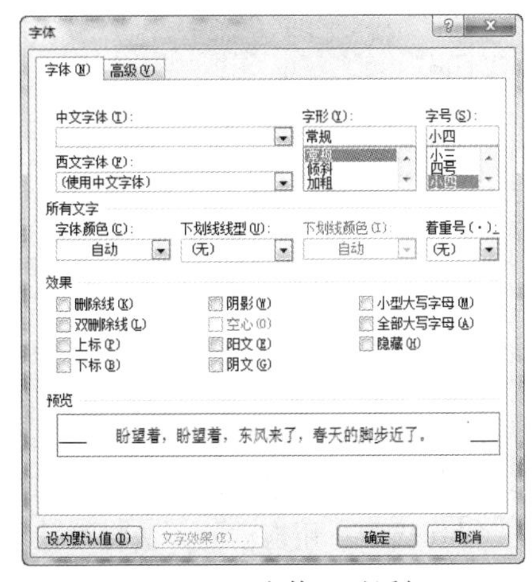

图 7-13 “字体”对话框

3. 段落格式化

操作要求：

① 设置段落缩进：全文首行缩进 2 字符。

② 第 2 段左右各缩进 4 字符。

③ 设置行（段）间距：全文行距为固定值 20 磅。

④ 将样文最后一段文字四周加上蓝色边框，其背景变成浅黄色。

操作提示：

首先用鼠标拖动并选中将要设置的文本，采用以下方式设置段落格式：

① 选择“开始”选项卡中“段落”选项组，单击右下角对话框启动器按钮，打开“段落”对话框；或是选定要设置文本后，右击打开快捷菜单，选择“段落”命令，即可打开“段落”对话框，选择“段落和间距”选项卡，如图 7-14 所示。

②“首行缩进”设置：单击“特殊格式”下拉按钮，选择“首行缩进”选项，在“磅值”文本框中输入“2 字符”。

③ 段落左右缩进设置：在“缩进”选项区域中，分别在“左侧”和“右侧”选择或输入需要设置的缩进值。

④ 行距设置：在“间距”选项区域中，单击“行距”下拉按钮，选择“固定值”选项，在“设置值”文本框中输入“20 磅”。

⑤ 文字加上边框：选择第四段的文本，单击“开始”选项卡，在“段落”组中单击“下框线”右侧下拉按钮，接着单击下拉列表中的“边框和底纹”选项。这时，出现“边框和底纹”对话框，如图 7-15 所示。选择“边框”选项卡，单击“方框”样式，在“颜色”下拉列表框中选择蓝色，在“应用于”下拉列表框中选择“文字”选项。再选择对话框中的“底纹”选项卡，在“填充”选项区域中选择浅黄色，在“应用于”下拉列表框中选择“文字”选项。

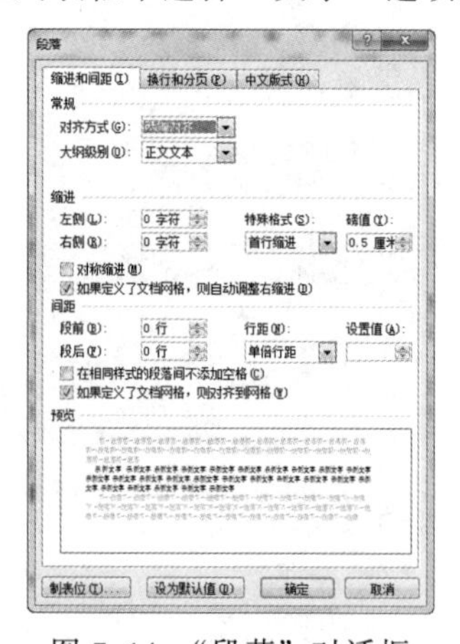

图 7-14 “段落”对话框

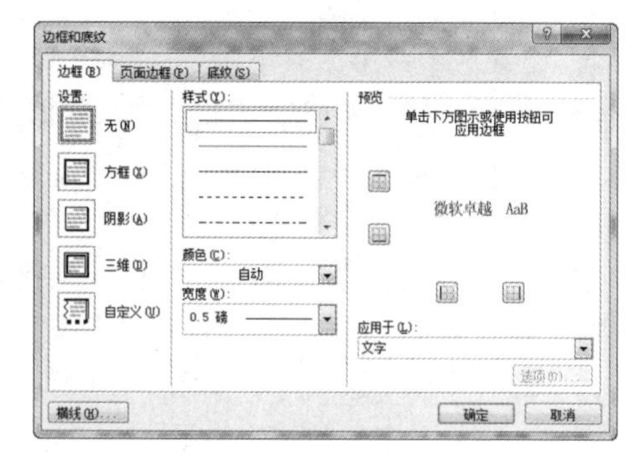

图 7-15 “边框和底纹”对话框

4. 文档的分栏

操作要求：将第三段分两栏，并显示分栏线。

操作提示：用拖动的方法将第三段的文本选中，单击进入“页面布局”选项卡，然后单击“页面设置”组中的“分栏”按钮，在分栏下拉列表中选择“更多分栏”选项，打开“分栏”对话框，如图 7-16 所示，再选中“分隔线”复选框。

5. 首字下沉

操作要求：将第一段“盼”字设置为首字下沉，下沉三行。

操作提示：先选中“盼”字，再选择“插入”选项卡，在“文本”组中单击“首字下沉”按钮右侧下拉按钮 首字下沉▾，打开“首字下沉”对话框，选择“下沉”选项，设置下沉行数，如图 7-17 所示。

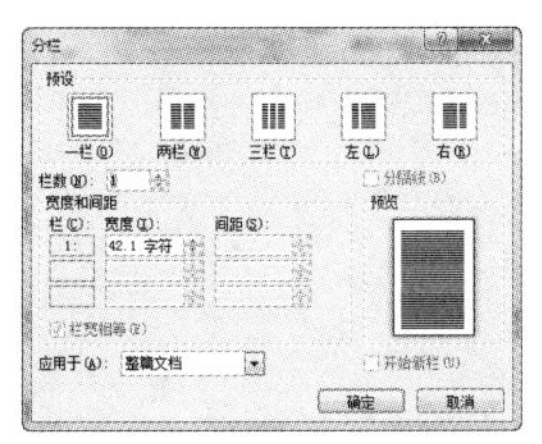

图 7-16 “分栏”对话框

图 7-17 “首字下沉”对话框

6. 页眉页脚的设置

操作要求：设置页眉，插入页码。

操作提示：单击“插入”选项卡，在“页眉和页脚”选项卡中的“页码”下拉列表中选择“页面顶端”。

7. 文档的排版

操作要求：

① 设置纸张大小：A4。

② 页边距：上、下页边距为 2.5 厘米，左、右页边距为 3 厘米。

③ 纸张方向：纵向。

④ 文字方向：水平。

操作提示：选择“页面布局”选项卡，单击“页面设置”组右下角 按钮，打开“页面设置”对话框，如图 7-18 所示。

①“页边距”选项卡：设置上、下、左、右页边距，纸张方向。

②“纸张”选项卡：设置打印纸张的大小、纸张的来源。

③“版式”选项卡：设置节的开始位置、页眉和页脚的位置、页面的对齐方式。

④“文档网格”选项卡：调节页面网格线的格距，设置文字横向或纵向排列，指定每页中的行数及每行中的字符数等。

8. 示例

格式编辑后的样文如图 7-19 所示。

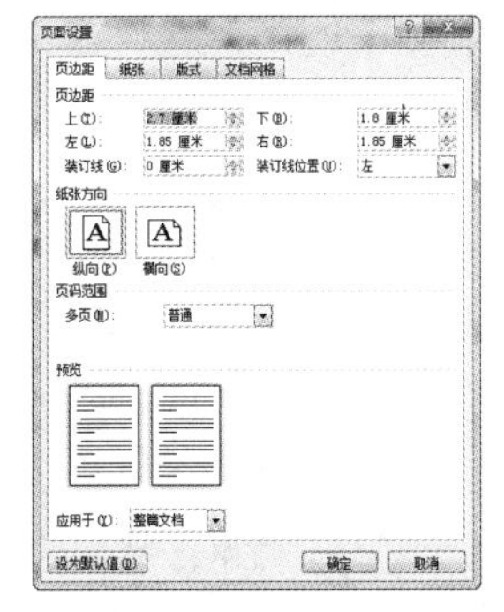

图 7-18 “页面设置”对话框

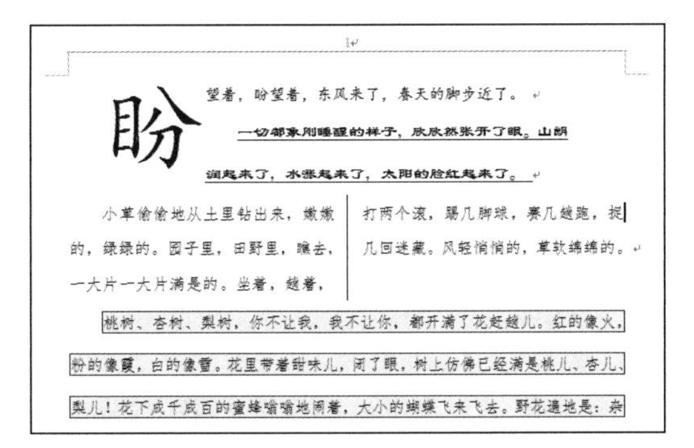

盼望着，盼望着，东风来了，春天的脚步近了。

一切都像刚睡醒的样子，欣欣然张开了眼。山朗润起来了，水涨起来了，太阳的脸红起来了。

小草偷偷地从土里钻出来，嫩嫩的，绿绿的。园子里，田野里，瞧去，一大片一大片满是的。坐着，躺着，打两个滚，踢几脚球，赛几趟跑，捉几回迷藏。风轻悄悄的，草软绵绵的。

桃树、杏树、梨树，你不让我，我不让你，都开满了花赶趟儿。红的像火，粉的像霞，白的像雪。花里带着甜味儿，闭了眼，树上仿佛已经满是桃儿、杏儿、梨儿！花下成千成百的蜜蜂嗡嗡地闹着，大小的蝴蝶飞来飞去。野花遍地是：杂

图 7-19 格式编辑后的样文

三、附加练习题

1. 如何使用格式刷？
2. 如何对文档添加页面边框？
3. 在 Word 文档中如何输入特殊符号？
4. 怎样在文档中插入分页符？
5. 如何给文本添加项目编号和符号？

【上机练习 6】Word 2016 表格制作

一、练习目的

1. 掌握表格的基本制作方法。
2. 掌握如何对表格进行各种修饰。

二、练习内容

1. 表格的制作

操作要求：在本地磁盘(E:)中创建一个空白 Word 文档，文件名为“人力资源表.docx”，随即完成以下操作：

① 在文档中插入一个 6 行 8 列的表格。

② 将行高设置为 0.9 cm，列宽设置为 1.8 cm。

③ 按样表（见图 7-22）合并单元格。

④ 在第一个单元格内绘制斜线。

操作提示：

① 单击“插入”选项卡的“表格”下拉按钮，拖动鼠标在打开的网格区域上选择表格的行数为 6，列数为 8，即可创建一个表格。

② 选定要调整行高或列宽的行或列，切换到“表格工具/布局”选项卡，在“单元格大小”组中调整“表格行高”数值或“表格列宽”数值，以设置表格行的高度或列的宽度。

③ 选中要合并的单元格，在“表格工具/布局”选项卡中，在“合并”组中单击“合并单元格”按钮；或选中要合并的单元格，右击，在弹出的快捷菜单中选择“合并单元格”命令。

④ 将光标定位在第一个单元格内，在“表格工具/设计”选项卡中，单击“边框”按钮，在下拉列表中选择“边框和底纹”命令，打开“边框和底纹”对话框。在“边框和底纹”对话框中单击按钮，并选择应用于“单元格”，通过换行输入相应表头文字。

2. 表格的修饰

操作要求：

① 输入数据，设置所有文字的字体为“宋体”、字号为“五号”，并将第一个单元格外的其他数据在单元格内的对齐方式设为“居中”。

② 第一、二行及第一列填充浅绿色底纹，其他单元格填充金色底纹。

③ 样表（见图 7-20）中的粗框线设置为 3 磅、黑色。

④ 添加标题“人力资源基本情况统计”，且将标题设置成黑体三号字，段前段后各 0.5 行。

操作提示：

① 选中除第一个单元格之外的所有单元格，右击，在弹出的快捷菜单中选择“单元格对齐方式”→“水平居中”命令。

② 选中要设置底纹的行或列，在“表格工具/设计”选项卡中，单击“边框”按钮，在下拉列表中选择“边框和底纹”命令，打开“边框和底纹”对话框，填充底纹。

③ 选中表格，在“表格工具/设计”选项卡中，单击“边框”按钮，在下拉列表中选择“边框和底纹”命令，打开“边框和底纹”对话框，选择“边框”选项卡，在对话框中选择“虚框”样式，在“宽度”下拉列表中选择 3 磅值。

④ 将鼠标指针移动到表格的左上角，当鼠标指针变为⊞时，按下左键向下拖动表格，将光标定位在要插入标题的位置，输入标题“人力资源基本情况统计”，然后选择“开始”选项卡的“字体”组，打开“字体”对话框并进行设置。

3. 示例

表格编辑后如图 7-20 所示。

人力资源基本情况统计

项目 / 分类	职称结构			文化结构			合计
	高级	中级	初级	博士	硕士	本科	
管理	5	8	2	3	7	5	30
数学	8	12	5	10	12	3	50
合计	13	20	7	13	19	8	80
	40			40			

图 7-20　制作后的 Word 表格示例

三、附加练习题

1. 如何在表格中插入或删除行、列、单元格？
2. 如何调整表格的行高与列宽？
3. 如何拆分一个单元格？
4. 如何套用 Word 2016 提供的表格样式？
5. 如何将表格转换为文字？

【上机练习 7】Word 2016 图文编排

一、练习目的

1. 掌握图文混排的基本方法。
2. 学习复杂版面的设计。

二、练习内容

1. 插入艺术字

操作要求：

① 在本地磁盘（E:）中创建一个空白 Word 文档，文件名为“人力资源.docx”。

② 插入艺术字“高校人力资源管理研究”。

操作提示：

① 创建新的 Word 文档具体步骤可参见上机练习 5。

② 选择“插入”选项卡的“文本”组，单击“艺术字”按钮选择艺术字样式。在艺术字文字编辑框输入“高校人力资源管理研究”。

2. 输入样文

样文如下：

顺应 21 世纪人力资源管理发展新趋势，有利于应用型高校合理配置人力资源，促进教学科研服务社会等工作的开展。而高校的人力资源管理有条件有理由走在时代的前沿。

人力资源成本在高等教育中所占的比例非常大，基本占教育培养成本的 30%以上。因此，高校的管理者必须明白和强化人力资源成本核算的概念，要从人力资源开发的战略高度全面规划落实应用型高校教师的在职培训。

要重视现有人才的培养，用大的投入促进现有师资向应用型转变。培养自己的应用型学者和大师，是应用型高校管理者应有的眼光和气魄。要体现“以人为本”的理念，确立以教师为中心的管理思想，改变科研教学行政化的倾向，这样才能不断提高应用型高校的人力资源管理水平。

3. 插入图片

操作要求：插入“联机图片”，制作“冲蚀”效果，将其衬于文字下方，并将其边框设置为 3 磅的红色双实线。

操作提示：

① 选择“插入”选项卡的“插图”选项组，单击“联机图片”按钮，打开“插入图片”对话框，输入“计算机”为搜索文字，在搜索出的相关图片中选择并插入一幅图画。调整图片的大小和位置，在“图片工具/格式”选项卡中单击“颜色”下拉按钮选择“重新着色“组中“冲蚀”，设置图片为“冲蚀”效果。

② 选中该剪贴画，选择打开的“图片工具/格式”选项卡，在 “排列”组中单击“环绕文字”下方的下拉按钮。这时，出现“环绕文字”下拉列表，在“环绕文字”下拉列表中选择图片的格式为“衬于文字下方”。

③ 选择打开的“图片工具/格式”选项卡，在“图片样式”组选择“图片边框“下拉按钮，粗细为“3 磅”，主题颜色为“红色”，在“虚线”级联菜单中选择“其他线条”，编辑区右侧打开“设置图片格式“窗格，选择“填充与线条”选项卡中的“线条”组中“实线”，单击“复合类型”下拉菜单选择“双线”。

4. 示例

编辑后的样文如图 7-21 所示。

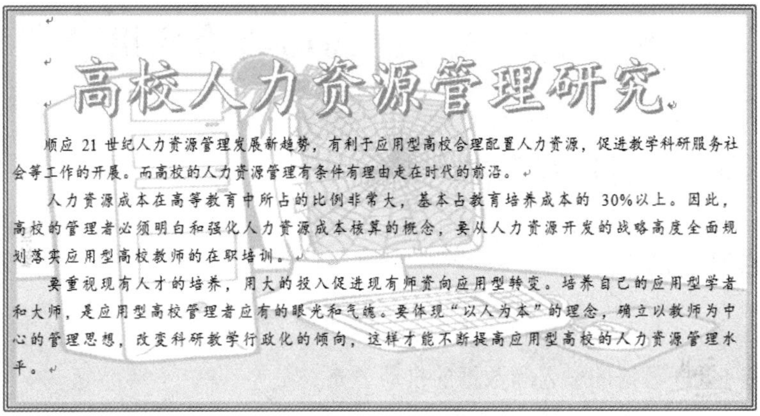

顺应21世纪人力资源管理发展新趋势，有利于应用型高校合理配置人力资源，促进教学科研服务社会等工作的开展。而高校的人力资源管理有条件有理由走在时代的前沿。

人力资源成本在高等教育中所占的比例非常大，基本占教育培养成本的30%以上。因此，高校的管理者必须明白和强化人力资源成本核算的概念，要从人力资源开发的战略高度全面规划落实应用型高校教师的在职培训。

要重视现有人才的培养，用大的投入促进现有师资向应用型转变。培养自己的应用型学者和大师，是应用型高校管理者应有的眼光和气魄。要体现“以人为本”的理念，确立以教师为中心的管理思想，改变科研教学行政化的倾向，这样才能不断提高应用型高校的人力资源管理水平。

图 7-21　编辑后的样文

三、附加练习题

1. 如何利用剪贴板实现“移动”和“复制”操作？
2. 怎样在 Word 文档中插入“批注”？
3. 如何操作替换全文中需修改的文字？
4. 怎样插入本地磁盘的图片？
5. 如何制作一份个人简历？

【上机练习 8】Word 2016 综合上机练习

一、练习目的

1. 熟练掌握 Word 2016 文档格式化。
2. 熟练掌握 Word 2016 图文混排。
3. 熟练掌握 Word 2016 表格制作。
4. 掌握 Word 2016 文档的排版。

二、练习内容

1. 新建 Word 空白文档，写出关于大学学习生活的规划方面的短文，500 字左右，标题为“大学学习生活的规划”。

2. 标题设置为艺术字样式（任意样式），“字体”为黑体，“字号”为 35。

3. 设置正文中文字符：字体为宋体，字号为小四；西文字符：字体为 Times New Roman，字号为小四；段落格式为首行缩进 2 字符；对齐方式为左对齐；行间距为固定值 20 磅。

4. 在文档中插入一张任意图片。该图片设置为“文字四周环绕型”。

5. 制作一个本学期的课表。

6. 设置页眉为所在的学院名称、班级、学号和姓名（如计算机学院　软件 1301 班 15 号　王 × ×）。

7. 页面设置：纸张大小为 A4 纸，纵向，上下左右页边距均为 2.5 cm。

7.3 Excel 2016 综合应用

【上机练习 9】Excel 2016 基本操作

一、练习目的

1. 了解 Excel 的工作环境和功能。
2. 掌握 Excel 数据的输入和数据的自动填充。
3. 掌握工作表的编辑和格式设置。
4. 掌握公式与函数的使用。

二、练习内容

1. 工作表的建立

操作要求：

① 新建一个工作表，将它保存在本地磁盘（E:）上，文件名为 Excel1.xlsx。将 Sheet1 表格命名为“学生成绩单”。

② 在“学生成绩单”工作表中输入图 7-22 所示的数据。使用自动填充序列数的方法填充学号，学号范围为 110001 ~ 110010。

③ 利用公式和函数求总分、平均分（平均分保留小数 1 位）、最高分和最低分。

	A	B	C	D	E	F	G	H
1	成绩单							
2	学号	姓名	高数	英语	计算机	政治	总分	平均分
3	110001	刘英	77	86	92	70		
4	110002	王宇	90	95	93	89		
5	110003	赵王阁	88	82	90	85		
6	110004	王晓伟	86	84	80	90		
7	110005	张新苗	92	90	98	88		
8	110006	刘曦	65	68	70	72		
9	110007	朱玉珍	50	62	53	60		
10	110008	李薇	80	78	86	83		
11	110009	朱文	74	80	88	76		
12	110010	童子瑶	96	90	92	90		
13	各科平均							
14	最高分							
15	最低分							

图 7-22　原始成绩单表原始数据

操作提示：

① 启动 Excel，启动后的窗口如图 7-23 所示，系统自动建立一个名为“工作簿 1”的工作簿。在新的工作簿中默认有一个工作表：Sheet1。右击工作表标签 Sheet1，在弹出的快捷菜单中选择“重命名”命令，将表格命名为“学生成绩单”。

② 在“学生成绩单”工作表中输入相应数据。在输入学号时，输入“110001”和“110002”，选中单元格，单击右下角的填充柄并向下拖动进行序列的填充，如图 7-24 所示。

③ 利用“公式”选项卡的“函数库”组中的“自动求和”按钮Σ ▾先计算“刘英”的总分。然后利用填充柄，将“刘英”的总分单元格中的公式复制到其下面的单元格中，即完成计算其他学生成绩的总分。相邻单元格的公式复制也可以通过“填充柄”填充实现。计算平均分、最高分和最低分的操作与计算总分的操作类似。单击“自动求和”按钮Σ ▾中的下拉按钮，选择相应的公式即可。在计算平均分、最高分和最低分时，需要注意数据计算范围的选取。选定平均分所在的一列单元格，右击，在弹出的快捷菜单中选择“设置单元格格式”命令，打开“单元格格式”对话框。在“数字”选项卡中选择“数值”，并将小数位数设为 1。

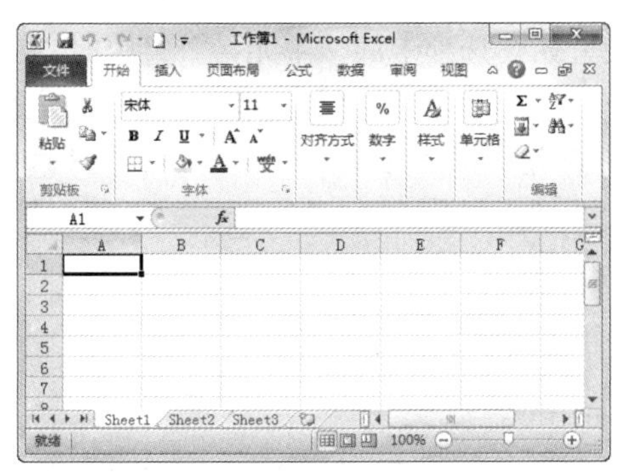

图 7-23　Excel 2016 窗口界面

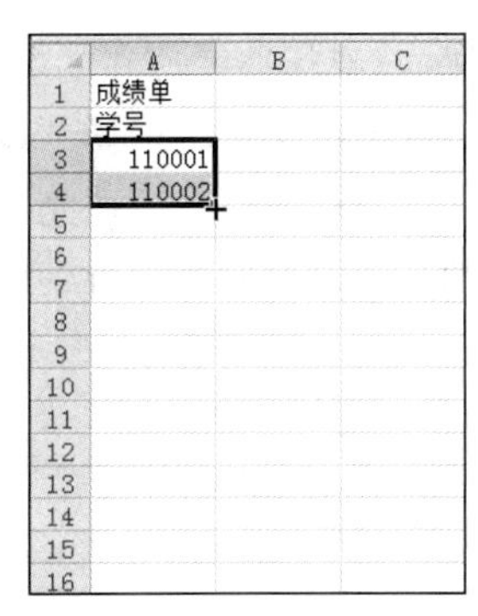

图 7-24　填充柄示意图

2. 工作表格式化

操作要求：

① 设置表 A ~ H 列，宽度为 8，表 2 ~ 15 行，高度为 16。

② 在表格标题与表格之间插入一空行，然后将表格标题设置为蓝色、加粗、16 磅、加双下画线，并采用合并及居中对齐方式。

③ 将表格各栏标题设置成粗体、居中；再将表格中的其他内容居中。

④ 设置单元格底纹填充色：将标题栏设置为灰色，将倒数三行设置为浅蓝色。

⑤ 对学生的平均分设置条件格式：平均分≥90 分，采用蓝色加粗；平均分 < 60 分，采用红色、加粗倾斜。

操作提示：

① 单击列标并左右拖动鼠标选中 A ~ H 列，右击，在弹出的快捷菜单中选择“列宽”命令，设为 8，如图 7-25 所示；单击行号并上下拖动鼠标选中 2 ~ 15 行，右击，在弹出的快捷菜单中选择“行高”命令，设为 16，如图 7-26 所示。

② 选中第二行单元格，单击“开始”选项卡的“单元格”组中的“插入”按钮，在下拉菜单中选择“插入工作表行”命令。选中 A1:H2 单元格后右击，在弹出的快捷菜单中选择“设置单元格格式”命令，打开“设置单元格格式”对话框，在“对齐”选项卡中设置合并单元格及标题对齐方式，如图 7-27 所示。在“字体”选项卡中设置标题格式。

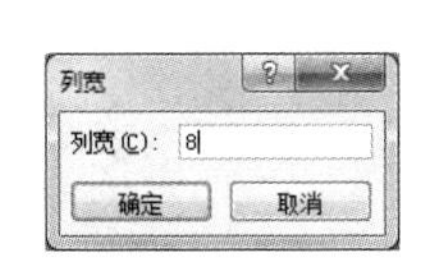

图 7-25　“列宽”设置

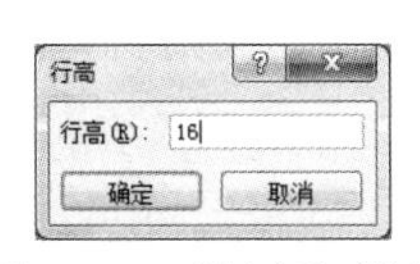

图 7-26　“行高”设置

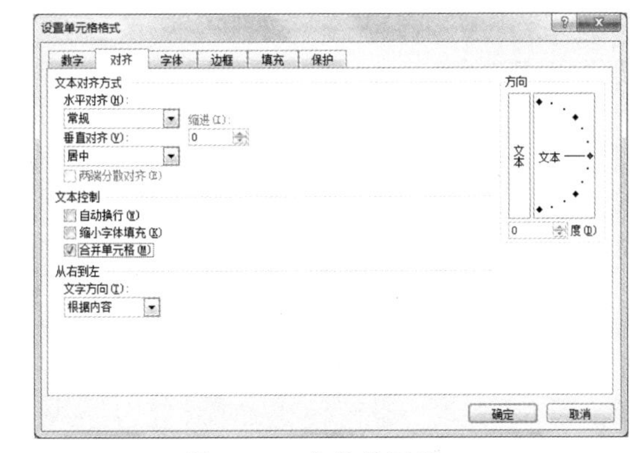

图 7-27　合并单元格

③ 选择表格各栏标题所在的单元格，分别单击“开始”选项卡的“单元格”组中的“加粗”“居中”按钮。

④ 选择标题栏所在的单元格，选择“开始”选项卡的“单元格”组中的“格式”按钮，在下拉菜单中选择“设置单元格格式”命令，如图 7–28 所示，打开“设置单元格格式”对话框，在“填充”选项卡中可以设置单元格的底纹，如图 7–29 所示；使用同样的方法设置倒数三行的底纹。

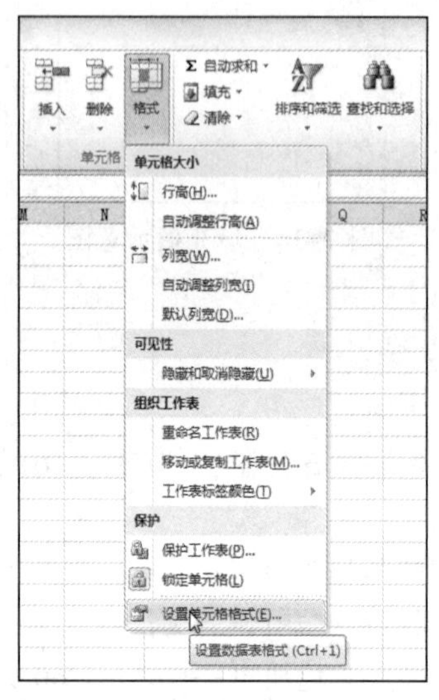

图 7–28 “设置单元格格式”命令

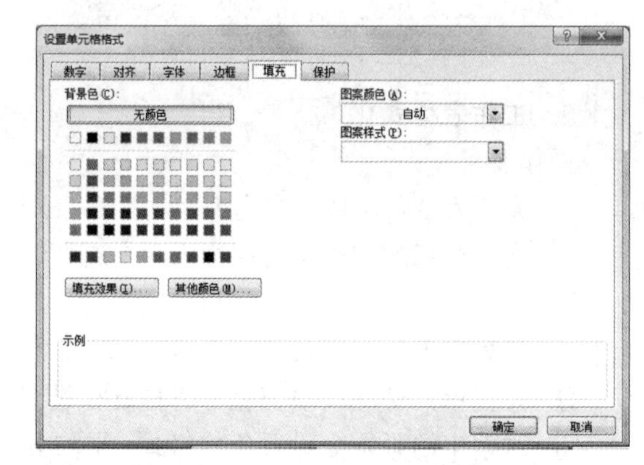

图 7–29 设置单元格的底纹

⑤ 选取“平均分”一列的单元格，单击“开始”选项卡的“样式”组中的“条件格式”按钮，在弹出的菜单中选择“新建规则”命令。在“新建规则”对话框中，选择“只为包含以下内容的单元格设置格式”，对平均分大于或等于 90 和小于 60 的数据设置不同的显示格式，如图 7–30 所示。

3. 示例

编辑后的样表如图 7–31 所示。

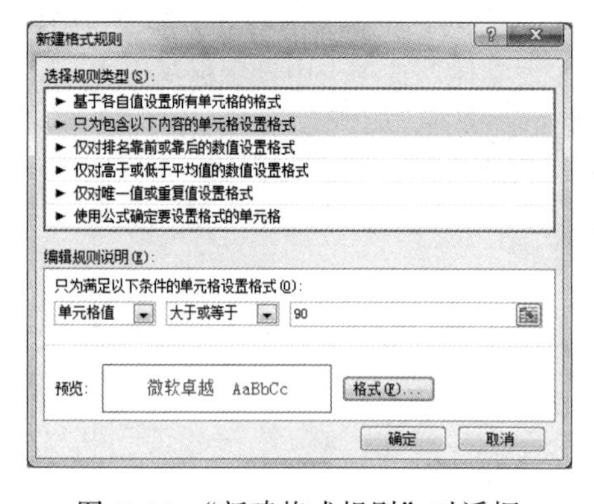

图 7–30 “新建格式规则”对话框

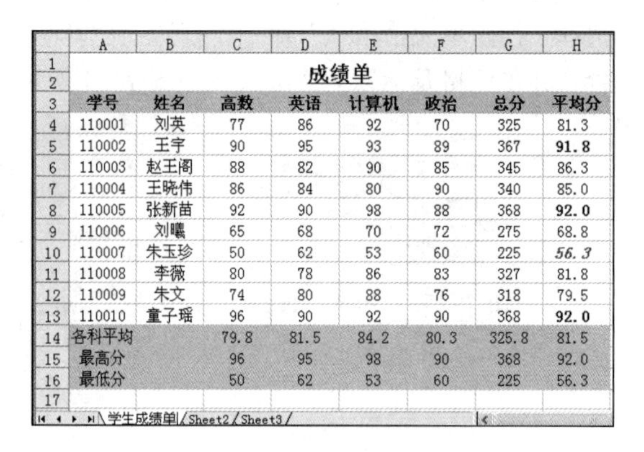

成绩单

学号	姓名	高数	英语	计算机	政治	总分	平均分
110001	刘英	77	86	92	70	325	81.3
110002	王宇	90	95	93	89	367	**91.8**
110003	赵王阁	88	82	90	85	345	86.3
110004	王晓伟	86	84	80	90	340	85.0
110005	张新苗	92	90	98	88	368	**92.0**
110006	刘曦	65	68	70	72	275	68.8
110007	朱玉珍	50	62	53	60	225	*56.3*
110008	李薇	80	78	86	83	327	81.8
110009	朱文	74	80	88	76	318	79.5
110010	童子瑶	96	90	92	90	368	**92.0**
各科平均		79.8	81.5	84.2	80.3	325.8	81.5
最高分		96	95	98	90	368	92.0
最低分		50	62	53	60	225	56.3

学生成绩单 / Sheet2 / Sheet3

图 7–31 编辑后的成绩单

三、附加练习题

1. 如何实现自动填充数据？
2. 怎样插入或删除单元格、行、列？

3. 如何对单元格进行定位?
4. 如何对工作表重命名?
5. 如何对窗口进行拆分?

【上机练习 10】Excel 2016 数据统计和分析

一、练习目的

1. 掌握 Excel 数据处理中数据清单、记录、字段等常用术语的含义。
2. 掌握记录排序、筛选和分类汇总的方法。
3. 掌握数据透视表的创建和数据透视图的编辑方法。

二、练习内容

Excel 将数据清单用做数据库，所谓数据清单是包含相关数据的一系列工作表数据行，在数据清单中，第一行相当于数据库中的字段名；其他的每一行就像是数据库中的一条记录。

1. 输入数据

操作要求：

① 在本地磁盘（E:）上建立工作簿 Excel2.xlsx

② 将工作表 Sheet1、Sheet2 和 Sheet3 分别更名为“排序和筛选”“汇总”和“透视表”。在这三张工作表中输入图 7-32 所示的数据。

③ 在“排序和筛选”工作表中进行以下的排序、筛选操作，在“汇总”工作表中进行以下的分类汇总操作；在“透视表”工作表中进行以下的数据透视表操作。

操作提示：单击默认 Sheet1 右边 ⊕ 按钮新建 Excel 工作簿、工作表重命名的操作步骤可参见上机练习 9。

2. 排序

操作要求：按“基本工资”降序排序，如果基本工资相同，则按“奖金”降序排序。

操作提示：定位在数据清单中任一单元格，将功能区切换到“数据”选项卡，单击“排序和筛选”组中的“排序”按钮，出现“排序”对话框，如图 7-33 所示。在“主要关键字”下拉列表框中选中“基本工资”，并选择“降序”选项；在“次要关键字”下拉列表框中选中“奖金”，并选择“降序”选项；选中“数据包含标题”复选框，单击“确定”按钮。

职工工资表

姓名	职称	职工号	性别	基本工资	奖金	补贴	工资总额
刘宝	教授	408001	男	5200	500	300	6000
王宽	副教授	408002	男	4800	400	200	5400
蒋蓉蓉	讲师	408003	女	3900	200	100	4200
于小雪	讲师	408004	女	3880	200	100	4180
陈欣	副教授	408005	女	3995	400	200	4595
王大鹏	教授	408006	男	6400	500	300	7200
叶子豪	副教授	408007	男	4600	400	200	5200
刘宇曦	讲师	408008	女	3880	200	100	4180
吴晓敏	讲师	408009	男	3990	200	100	4290
徐峥	讲师	408010	男	3770	200	100	4070
吴云平	教授	408011	女	5800	500	300	6600
龚子海	副教授	408012	男	4900	400	200	5500

图 7-32　原始职工工资表样文

图 7-33　“排序”对话框

第7章　上机操作实践

3. 筛选数据

（1）自动筛选

操作要求：

① 选出所有讲师的记录，将结果显示在原来的数据清单区域。

② 选出工资总额低于 4 000 元的讲师的记录。

操作提示：

① 选择数据清单区域中的任一单元格，将功能区切换到“数据”选项卡，单击“排序和筛选”组中的“筛选”按钮进入自动筛选状态。在数据清单中各字段右下方出现下拉箭头，单击“职称”字段名右侧的下拉按钮，选择“讲师”项即可。若要恢复所有记录，可再次单击“职称”字段名右侧的下拉按钮，选择“全部”项即可。

② 单击“工资总额”右侧的下拉按钮，选择“数字筛选”中的“小于”命令，如图 7–34 所示，出现“自定义自动筛选方式”对话框，如图 7–35 所示，在“工资总额”下拉列表框中选择“小于”，在其右侧的列表框中输入“4000”，单击“确定”按钮，得到图 7–36 所示的筛选结果。

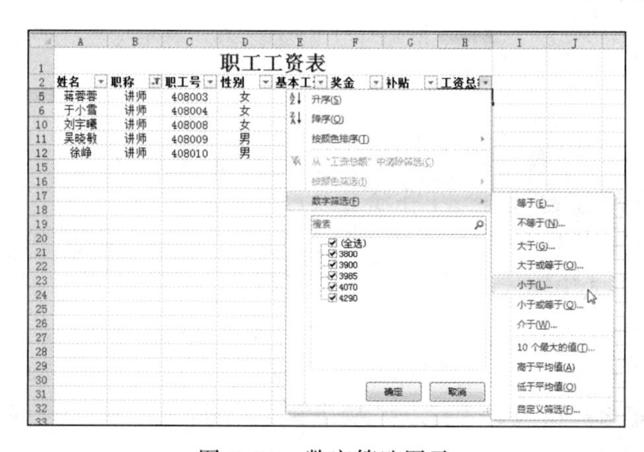

图 7–34　数字筛选图示

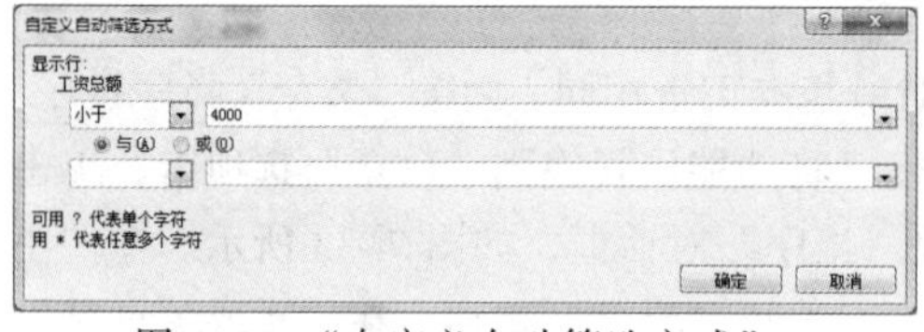

图 7–35　“自定义自动筛选方式”对话框

职工工资表

姓名	职称	职工号	性别	基本工	奖金	补贴	工资总
蒋蓉蓉	讲师	408003	女	3500	200	100	3800
于小雪	讲师	408004	女	3685	200	100	3985
刘宇曦	讲师	408008	女	3600	200	100	3900

图 7–36　“工资总额低于 4000 元的讲师”筛选结果

（2）高级筛选

操作要求：筛选出所有基本工资低于 4 000 元的女老师或低于 4 500 元的男老师的记录，并在原有区域显示筛选结果。

操作提示：

① 条件区域和数据区域之间至少要空一行或一列。

② 条件区域的第一行应该与数据区域的第一行（通常是标题行）保持一致，最好用复制的方法完成。

③ 在条件区域同一行中出现的条件，相互之间一般是“而且”的关系（即通常所

说的“同时成立”），而在不同行出现的条件，通常是“或者”的关系（即通常所说的“其中之一”成立即可）。

④ 首先按照上面说明，建立好一个条件区域，如图 7-37 所示。

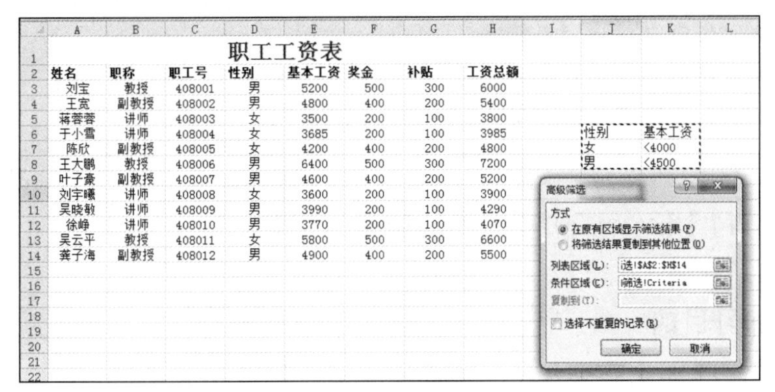

职工工资表

姓名	职称	职工号	性别	基本工资	奖金	补贴	工资总额
刘宝	教授	408001	男	5200	500	300	6000
王宽	副教授	408002	男	4800	400	200	5400
蒋蓉蓉	讲师	408003	女	3500	200	100	3800
于小雪	讲师	408004	女	3685	200	100	3985
陈欣	副教授	408005	女	4200	400	200	4800
王大鹏	教授	408006	男	6400	500	300	7200
叶子豪	副教授	408007	男	4600	400	200	5200
刘宇曦	讲师	408008	女	3600	200	100	3900
吴晓敏	讲师	408009	男	3990	200	100	4290
徐峥	讲师	408010	男	3770	200	100	4070
吴云平	教授	408011	女	5800	500	300	6600
龚子海	副教授	408012	男	4900	400	200	5500

性别	基本工资
女	<4000
男	<4500

图 7-37 “高级筛选”示意图

⑤ 定位活动单元格在数据区域，将功能区切换到“数据”选项卡，单击“排序和筛选”组中的“高级”按钮打开“高级筛选”对话框。在“高级筛选”对话框中，列表区域自动设置为整个数据区域。单击“条件区域”后的“拾取”按钮，选中刚才设置的条件区域，再单击拾取框中的按钮返回“高级筛选”对话框；选中“在原有区域显示筛选结果”单选按钮，单击“确定”按钮。

4. 分类汇总

操作要求：统计各种职称教师的平均工资。

操作提示：

① 在“汇总”工作表中，将数据清单按“职称”进行排序（升序降序皆可）。

② 在排序后的数据清单中选择任一单元格，单击“数据”选项卡的“分级显示”组中的“分类汇总”按钮，进入“分类汇总”对话框，如图 7-38 所示。

③ 在“分类汇总”对话框中，在“分类字段”中选择“职称”，在“汇总方式”中选择“平均值”，在“选定汇总项”中选择“工资总额”，选中“替换当前分类汇总”和“汇总结果显示在数据下方”复选框，单击“确定”按钮。汇总结果如图 7-39 所示。

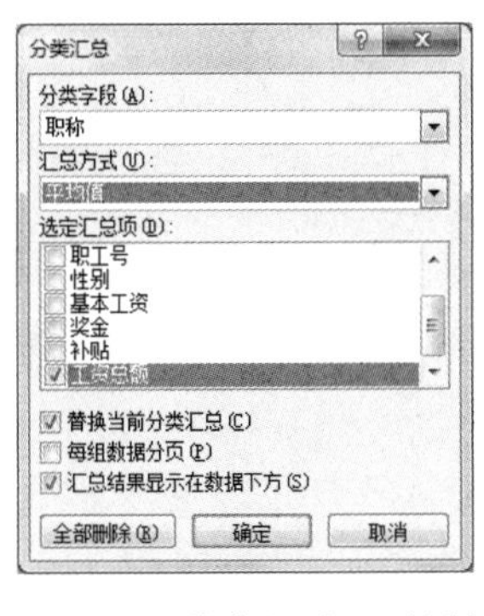

图 7-38 “分类汇总”对话框

职工工资表

姓名	职称	职工号	性别	基本工资	奖金	补贴	工资总额
王宽	副教授	408002	男	4800	400	200	5400
陈欣	副教授	408005	女	4200	400	200	4800
叶子豪	副教授	408007	男	4600	400	200	5200
龚子海	副教授	408012	男	4900	400	200	5500
	副教授 平均值						5225
蒋蓉蓉	讲师	408003	女	3500	200	100	3800
于小雪	讲师	408004	女	3685	200	100	3985
刘宇曦	讲师	408008	女	3600	200	100	3900
吴晓敏	讲师	408009	男	3990	200	100	4290
徐峥	讲师	408010	男	3770	200	100	4070
	讲师 平均值						4009
刘宝	教授	408001	男	5200	500	300	6000
王大鹏	教授	408006	男	6400	500	300	7200
吴云平	教授	408011	女	5800	500	300	6600
	教授 平均值						6600
	总计平均值						5062.083

图 7-39 分类汇总效果图

若要删除分类汇总，恢复清单原样，在“分类汇总”对话框中单击“全部删除”按钮即可。

三、附加练习题

1. 如何复制单元格中的公式？
2. 如何对数据进行自定义排序？
3. 如何进行复杂数据排序？
4. 如何对数据进行条件筛选？
5. 如何制作一个班级成绩统计表？

【上机练习 11】Excel 2016 图表的创建与编辑

一、练习目的

1. 学习图表的制作方法。
2. 掌握图表的创建、编辑、修饰等基本操作。

二、练习内容

1. 插入图表

操作要求：

① 在本地磁盘（E:）上建立工作簿 Excel3.xlsx。

② 选定含有需要绘制数据的区域，在该工作表中创建嵌入式柱形图。

③ 为柱形图加入标题“西安德华公司 2019 年销售统计图表”。

操作提示：

① 选取绘制图表的数据区 A1:F5，单击“插入”选项卡的“图表”组中的“柱状图”按钮，根据提示创建嵌入式柱形图，如图 7-40 所示。

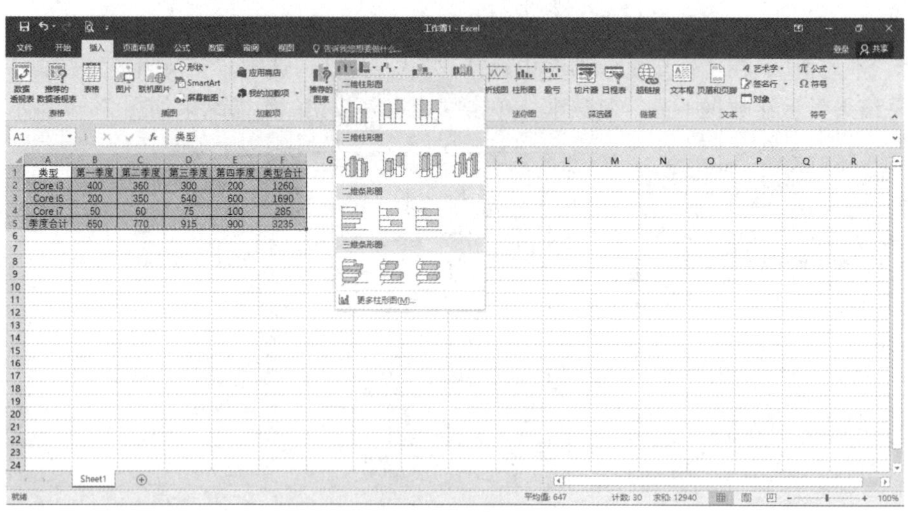

图 7-40　插入图表

② 选中所创建的柱形图，然后单击“图表工具/设计”选项卡的“图标布局”组中

的“添加图标元素”下拉按钮 ，选择“图表标题”如图 7-41 所示，加入图表标题，如图 7-42 所示。

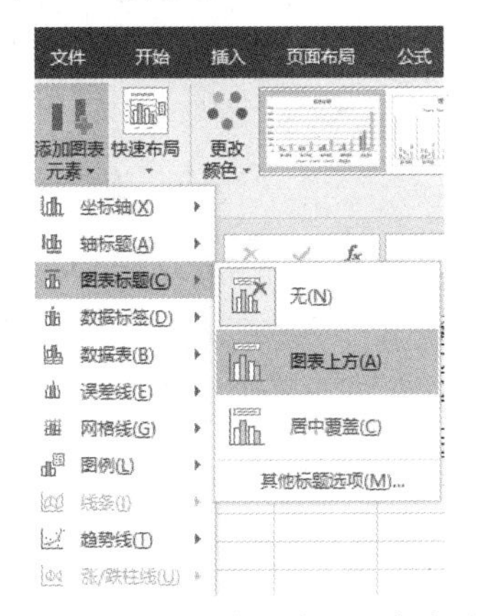

图 7-41　在“图表上方”添加标题

图 7-42　添加图表标题

2. 图表的编辑

操作要求：

① 放大该图表。

② 将图表中“类型合计”的数据系列删除。

③ 为图表中“季度合计”的数据系列增加以值显示的数据标记。

④ 将图表标题设置为方正姚体、18 磅，选用圆角边框。

操作提示：

① 放大图表：选择图表，图表周围出现具有八个控制手柄的边框。将指针移到某一手柄上，指针将变为指向不同方向的双箭头，按住鼠标左键并拖动可调整图表的大小。

② 将图表中的部分数据删除：单击“图表工具/设计”选项卡的“数据”组中的“选择数据”按钮，重新定义图表所使用的数据区域，如图 7-43 所示。

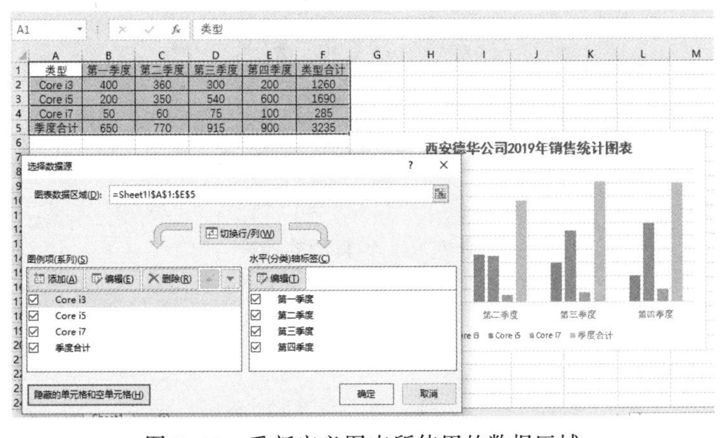

图 7-43　重新定义图表所使用的数据区域

③ 为图表中“季度合计”的数据系列增加以值显示的数据标记：选中“季度合计”的数据系列，右击，在弹出的快捷菜单中选择“添加数据标签”命令，如图 7-44 所示。

④ 选择图表标题，设置为方正姚体、18 磅；选定图表，右击，在弹出的快捷菜单

中选择“设置图表区域格式”命令，在“图表选项”选项卡中选择“圆角”边框，如图 7-45 所示。

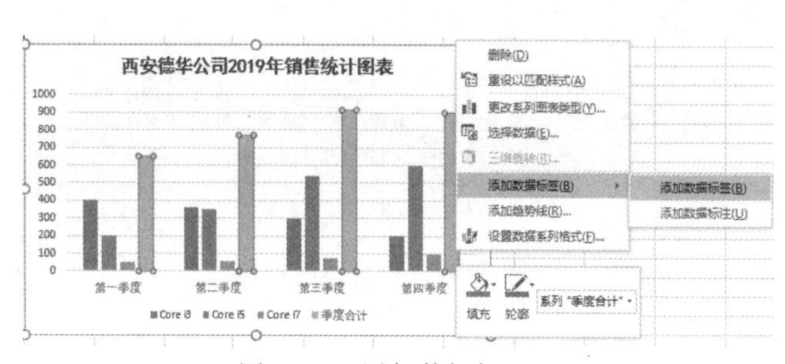

图 7-44　添加数据标签

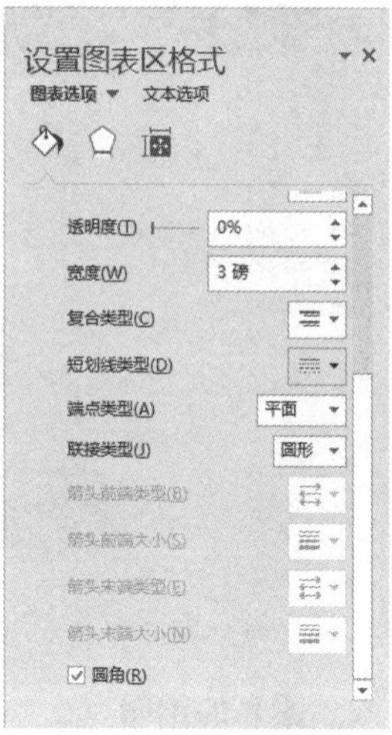

图 7-45　设置圆角边框

3. 示例

编辑后的样表如图 7-46 所示。

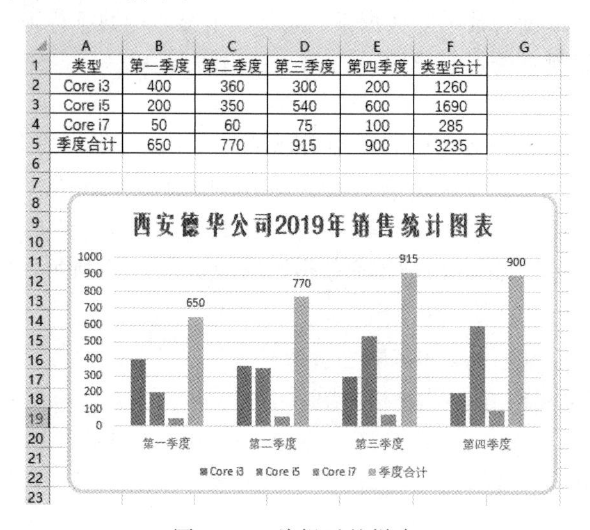

类型	第一季度	第二季度	第三季度	第四季度	类型合计
Core i3	400	360	300	200	1260
Core i5	200	350	540	600	1690
Core i7	50	60	75	100	285
季度合计	650	770	915	900	3235

图 7-46　编辑后的样表

三、附加练习题

1. 如何套用 Excel 2016 的图表样式？
2. 如何将上机练习中的柱形图转换为折线图？
3. 怎样改变图表的坐标轴刻度？
4. 如何制作迷你图？
5. 怎样生成一个独立图表？

【上机练习 12】Excel 2016 综合上机练习

一、练习目的

1. 熟练掌握数据的输入、编辑。
2. 熟练掌握工作表的基本操作。
3. 掌握插入 Excel 2016 图表。

二、练习内容

1. 新建 Excel 文件，在其中一个工作簿中建立表格，按照图 7-47 所示表格输入相应数据。

世博会周参观人数统计表

日　期	星期一	星期二	星期三	星期四	星期五	平均
中国馆	15000	20000	31000	8500	19000	
希腊馆	18000	24000	18000	38000	17000	
法国馆	18521	36000	9600	15000	17350	
英国馆	17000	27000	8900	18354	15678	
意大利馆	15000	76000	14000	35281	19302	
合计						

图 7-47　表格内容

2. 表格标题为“世博会周参观人数统计表”。
3. 标题字体为黑体，颜色为红色，字号为 14 号字，加粗，同时采用合并与居中对齐方式。
4. 表格文字字体为仿宋，字号为 12 号，文字内容为居中方式。
5. 表格外边框线设置为粗实线，内边框线设置为细实线。
6. 用公式计算星期一至星期五的日平均参观人数。
7. 用公式计算每天这五个馆参观人数的总和。
8. 对“平均”列和“合计”行的底纹设置为白色-35%。
9. 根据表格插入一个柱形图，图表标题为“人数统计图”。

7.4　PowerPoint 2016 综合应用

【上机练习 13】PowerPoint 2016 演示文稿的基本操作

一、练习目的

1. 掌握 PowerPoint 的基本编辑技术。
2. 熟悉向幻灯片中添加对象的方法。

3. 掌握给幻灯片添加动画、设置动作按钮的方法。

4. 掌握幻灯片放映效果的设置。

二、练习内容

1. 新建演示文稿

操作要求：在本地磁盘（E:）新建一个空白演示文稿，重命名为 life.pptx。

操作提示：

可以通过以下三种方式新建演示文稿 PowerPoint 2016。

① 通过“开始”菜单方式：选择“开始”→PowerPoint 2016 命令，命名为 life。

② 右击本地磁盘（E:）右窗格中空白处，在弹出的快捷菜单中选择“新建”→“Microsoft PowerPoint 演示文稿”命令。

③ 通过已有的 PowerPoint 2016 文档启动：双击任意的 PowerPoint 演示文稿，在打开文稿前自动启动 PowerPoint。选择“文件”→“新建”命令。在图 7-48 所示的窗口中选择“空白演示文稿”选项，再单击窗口右侧的“创建”按钮，PowerPoint 会打开一个没有任何设计方案和示例，只有默认版式（标题幻灯片）的空白幻灯片，如图 7-49 所示。

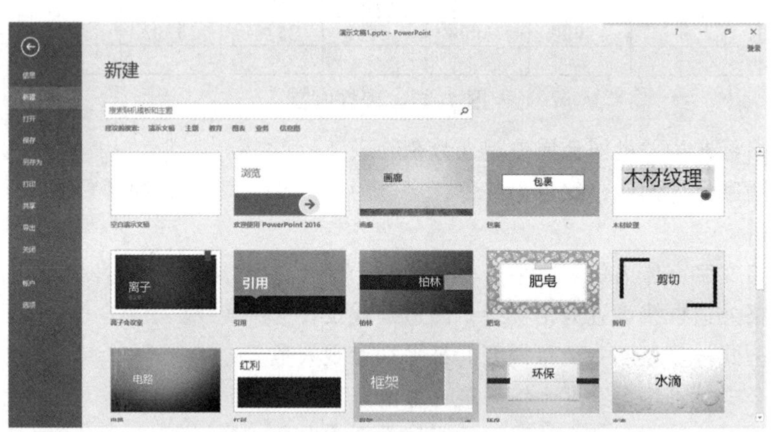

图 7-48 “新建演示文稿”对话框

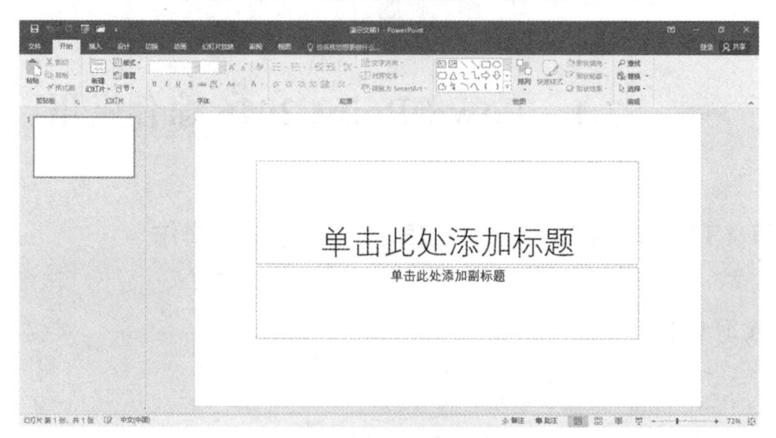

图 7-49 空白演示文稿

2. 幻灯片编辑

（1）第一张幻灯片编辑

操作要求：插入艺术字、页脚、幻灯片编号。

操作提示：

① 切换至“插入”选项卡，在“文本”组中单击“艺术字”按钮，在弹出的列表中选择相应艺术字样式，如图 7-50 所示。幻灯片中将显示提示信息“请在此放置您的文字”，将鼠标指针移至艺术字文本框的边框上，单击鼠标左键并拖动，至合适位置后释放鼠标，调整文本框位置，在文本框中选择提示文字，按【Delete】键将其删除，然后输入相应文字“我的大学生活”。在编辑区中的空白位置单击，完成艺术字的创建。

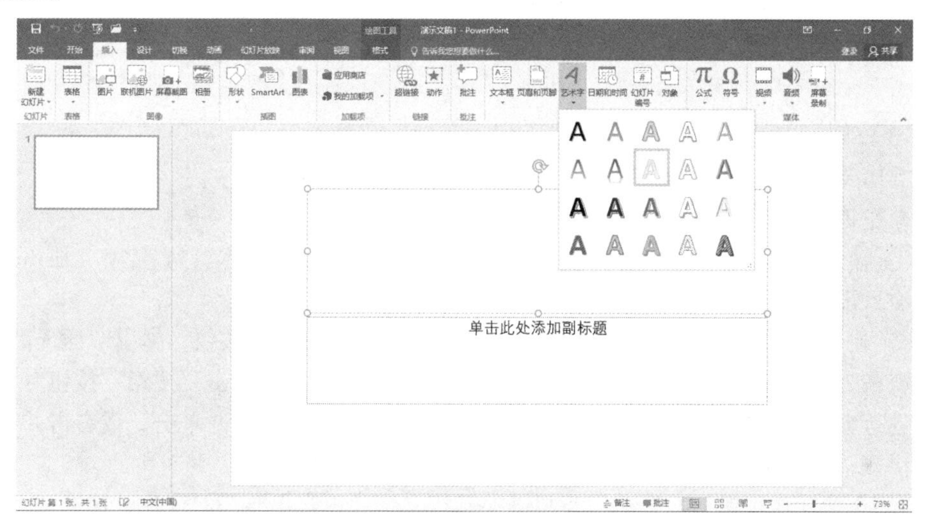

图 7-50　插入艺术字

② 在副标题占位符中输入姓名“王辉”。

③ 在“插入”选项卡中单击“页眉和页脚”按钮，弹出“页眉和页脚”对话框，选择“幻灯片”选项卡，如图 7-51 所示。选择“幻灯片编号”复选框，在“页脚”中输入“我的大学生活”。单击“全部应用”按钮，则所做设置将应用于所用幻灯片；若单击“应用”按钮，则所做设置仅应用所选幻灯片。

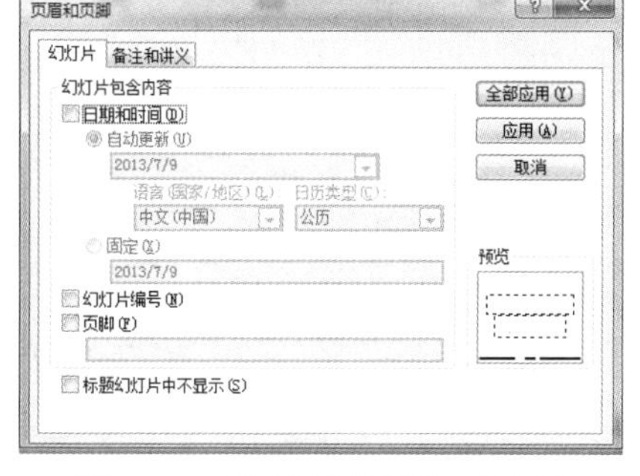

图 7-51　“页眉和页脚”对话框

（2）第二张幻灯片编辑

操作要求：输入标题和项目内容，设置格式；设置项目符号、超链接操作提示等。

操作提示：

① 输入标题“内容提要”，字体设置为宋体、54 号字、加粗、红色。在下方占位符中选定项目符号，右击，在弹出的快捷菜单中选择“项目符号和编号”命令，在对话框中可以设置项目符号的颜色等。

② 输入项目内容，四项分别为“个人简介”“在校成绩表”“成绩图表”和“在校期间参加的活动”。字体设置为楷体、40 号。

③ 选定第一个项目内容，右击，在弹出的快捷菜单中选择“超链接”命令，弹出对话框如图 7-52 所示。单击“书签”按钮，弹出对话框如图 7-53 所示，选择“幻灯片 3”，即创建了一个由“个人简介”到第三张幻灯片的超链接。参照上述步骤，依次创建第二张幻灯片中其余几个项目到第四、五、六张幻灯片的超链接。

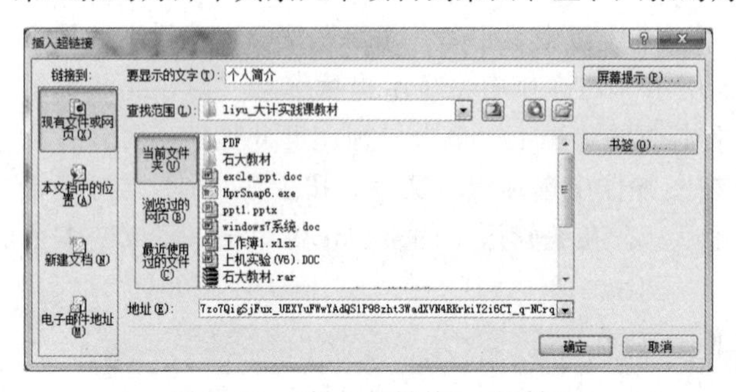

图 7-52 “插入超链接”对话框

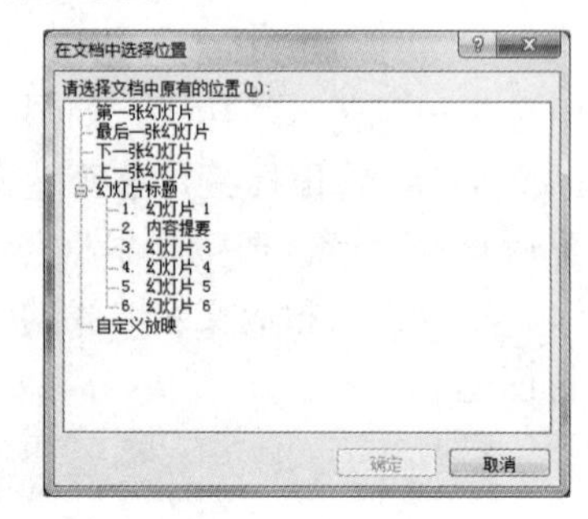

图 7-53 选择链接位置

（3）第三张幻灯片编辑

操作要求：添加包括标题、项目符号、剪贴画、动作按钮。

操作提示：

① 输入标题和项目内容，并设置字体格式。标题设置为宋体、54 号字、加粗、红色；项目设置为楷体、40 号。

② 在“插入”选项卡的“插图”组中，单击“联机图片”按钮，弹出“插入图片”任务窗格。在“搜索必应”文本框中输入关键字“剪贴画”，单击“搜索”按钮对相关内容进行搜索，并在搜索到的剪贴画列表中，选择需要的剪贴画并单击，或右击并在弹出的快捷菜单中选择“插入”命令实现插入，如图 7-54 所示。

③ 添加动作按钮，设置动作为超链接到第二张“内容提要”幻灯片。选择“插入”选项卡中的“插图”组中的“形状”，出现图 7-55 所示的下拉列表，在最下面的“动作按钮”形状中选择所需的动作按钮。在幻灯片需要的放置绘出动作按钮，自动弹出“动作设置”对话框，如图 7-56 所示。在“超链接到”列表框中选择“幻灯片”选项，将按钮链接的目标位置为“内容提要”幻灯片。

图 7-54 “联机图片”窗口

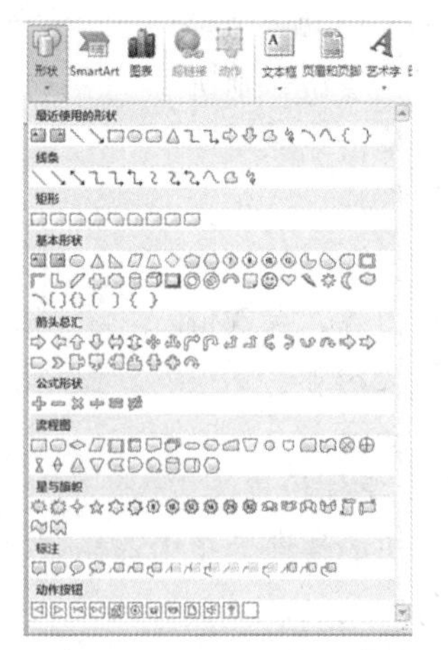

图 7-55 “形状”下拉列表

图 7-56 “动作设置”对话框

④ 双击动作按钮，在“格式”选项卡中设置动作按钮的颜色等。

（4）第四张幻灯片编辑

操作要求：绘制表格、设置动画。

操作提示：

① 输入标题“在校成绩表”，并设置字体格式。标题设置为宋体、54 号字、加粗、红色；项目设置为楷体、40 号。

② 在“插入”选项卡的“表格”组中，单击“表格”下拉按钮，在弹出的下拉菜单中选择“插入表格”命令，或者选择幻灯片中占位符内的按钮，弹出图 7-57 所示的对话框。在“插入表格”对话框中，设置表格的列数为 4、行数为 5，然后单击“确定”按钮，在幻灯片中显示插入表格的同时，显示“表格工具”选项卡。

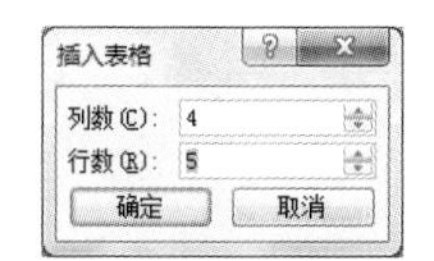

图 7-57 “插入表格”对话框

③ 输入单元格的内容。选定整个表格，在“表格工具/布局”选项卡中单击按钮，设置表格的对齐方式为“居中”。

④ 分别选定表格的第一行和第一列，单击“表格工具/设计”选项卡中的“填充颜色”按钮，为单元格选定一种背景色。

⑤ 选择表格占位符，选择“动画”选项卡。在幻灯片上选择要制作动画的对象，选择“动画”选项卡的“动画”组中的下拉按钮，打开图 7-58 所示的动画效果列表，选择动画效果为“轮子”。

图 7-58 “自定义动画”窗格

⑥ 参照第三张幻灯片中动作按钮的操作方法，为此张幻灯片添加一个同样的按钮。也可以直接将第三张幻灯片中的动作按钮复制过来。

（5）第五张幻灯片编辑

操作要求：插入图表、添加动作按钮。

操作提示：

① 输入标题“成绩图表”，并设置字体格式。标题设置为宋体、54 号字、加粗、红色。

② 在“插入”选项卡的“插图”组中，单击“图表”按钮，或者双击幻灯片中占位符内的按钮，弹出图 7-59 所示的对话框。选择所需的图表类型为柱形图，系统弹出 Excel 窗口用以输入相关的数据内容，如图 7-60 所示，用户输入数据即可。

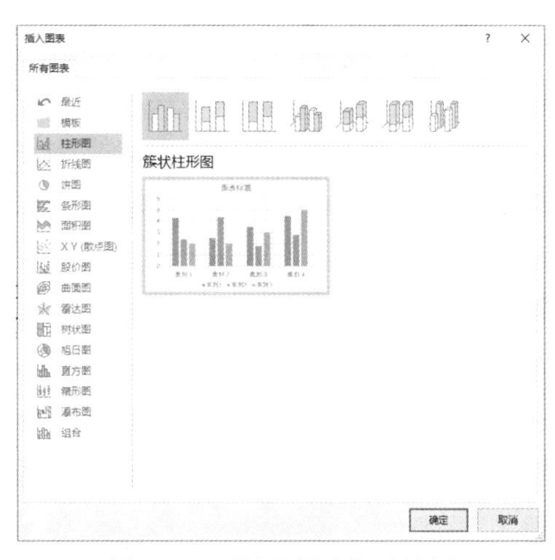

图 7-59 “插入图表”对话框

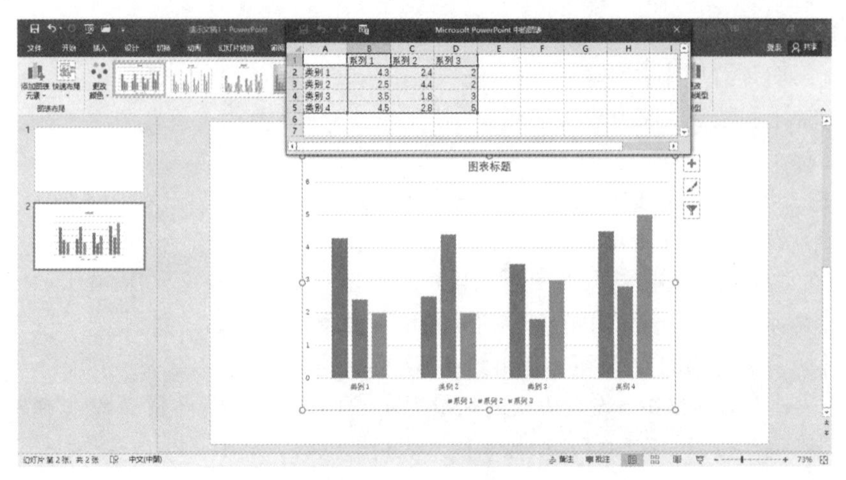

图 7–60　插入图表

③ 参照以前的方法为此张幻灯片添加动作按钮。

（6）第六张幻灯片编辑

操作要求：添加标题、项目清单、动画、动作按钮。

操作提示：

① 输入标题和项目内容，并设置字体的格式。标题设置为宋体、54 号字、加粗、红色；项目设置为楷体、40 号。

② 选定第一项内容，选择“动画”选项卡，选择“飞入”作为该对象的动画，如图 7–61 所示。用同样的方法为下面各项内容设置“飞入”的动画效果。

图 7–61　设置“飞入”动画

③ 在幻灯片右下角添加动作按钮，使其能链接返回到第二张幻灯片。

3. 幻灯片的切换

操作要求：将六张幻灯片的切换方式为“水平百叶窗”，切换声音为“打字机”

操作提示：选择“切换”选项卡，如图 7–62 所示。在“换片方式”选项区域中，选择“单击鼠标时”复选框，使得单击鼠标时切换幻灯片。选择“切换”选项卡中选择“水平百叶窗”效果，“效果选项”为“垂直”，声音为“打字机”效果，持续时间为“01.60”，单击“全部应用”按钮。

图 7–62　“切换”选项卡

4. 保存演示文稿

操作要求：将新建文档 life.pptx 打开、保存；并在本地磁盘（D:）另存一个副本，命名为“生活.pptx”。

操作提示：

保存演示文稿有以下几种方式：

① 选择“文件”→“保存”命令，计算机按原来的文件名保存。

② 单击快速访问工具栏中的“保存”按钮。

③ 按【Ctrl+S】组合键。

④ 对于已保存的文档，若选择“文件”→“另存为”命令，则打开“另存为”对话框，可以把当前内容保存为一个副本文档，而原来的文档内容不被修改。

5. 示例

制作的演示文稿如图 7-63 所示。

内容提要

●个人简介
●在校成绩表
●成绩图表
●在校期间参加的活动

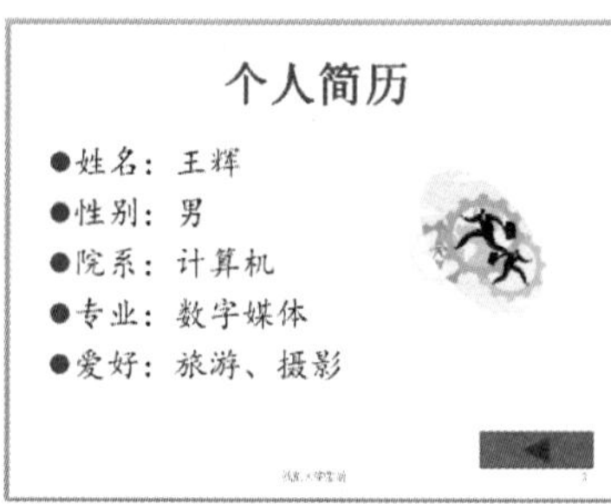

在校成绩表

学期	高等数学	英语	计算机
第一学年	85	90	92
第二学年	80	85	88
第三学年	85	90	85
第四学年	90	90	90

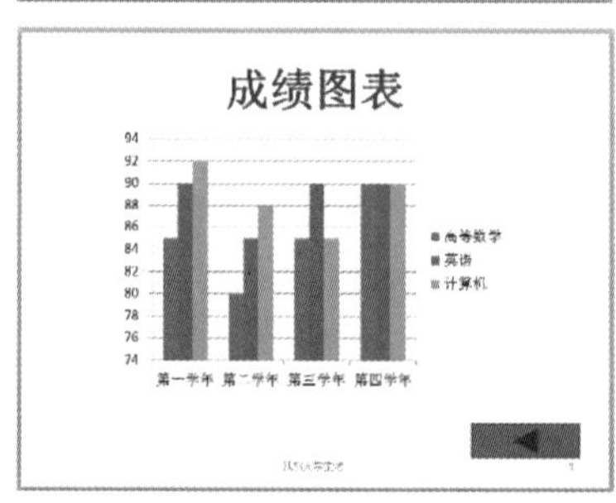

在校参加的活动

●第一学期：参加新生英语演讲比赛
●第二学期：参加全校排球比赛
●第三学期：参加机器人足球比赛
●第四学期：到公司做实习

图 7-63　演示文稿样例

三、附加练习题

1. 如何选中全部幻灯片？
2. 怎样对幻灯片进行移动与复制？
3. 如何控制幻灯片的切换速度？
4. 怎样给幻灯片添加日期和时间？
5. 如何给幻灯片插入本地磁盘的图片？

【上机练习 14】 PowerPoint 2016 演示文稿的美化

一、练习目的

1. 掌握幻灯片的配色方案。
2. 掌握幻灯片的模板应用。
3. 掌握幻灯片背景的设置。

二、练习内容

1. 应用主题改变所有幻灯片的外观

为了使整个演示文稿达到统一的效果，用户可以在演示文稿创建后，通过“应用主题”给整个演示文稿设置统一的样式。

操作要求：改变演示文稿 1.pptx 的主题。

操作提示：

① 双击演示文稿 1.pptx 文件，打开演示文稿。

② 在“设计”选项卡的“主题”组中，单击“主要事件”主题，作为所有幻灯片的主题，如图 7-64 所示。

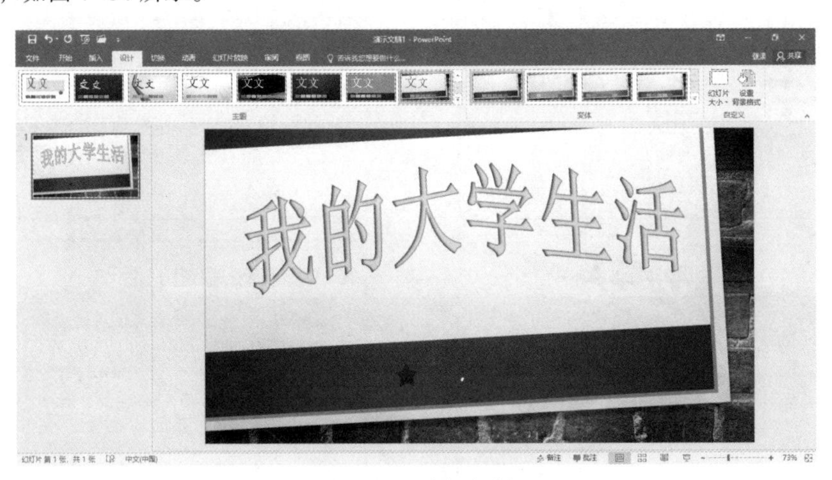

图 7-64　选择主题

2. 编辑主题方案

主题方案是一组用于演示文稿中的预设颜色，分别针对背景、文本和线条、阴影、标题文本、填充、强调文字和超链接等，方案中的每种颜色都会自动应用于幻灯片上的不同组件，可以选择一种方案应用于当前选定幻灯片或整个演示文稿。

（1）应用和新建主题颜色

操作要求：应用和修改幻灯片的主题颜色。

操作提示：

① 选择要应用主题颜色的幻灯片。

② 单击“设计”选项卡的“自定义”组中右侧的“设置背景格式”按钮，弹出内

置颜色列表。

③ 选择所需的主题颜色，右击，如果只需将主题颜色应用于当前选定的幻灯片，则在弹出的快捷菜单中选择“应用于所选幻灯片”命令；如果需要应用于所有的幻灯片，则选择“应用于所有幻灯片”命令。此外，也可自创主题颜色。单击“幻灯片母版”选项卡的“背景”组中的“颜色 ”按钮，弹出内置颜色列表，选择“自定义颜色”命令，弹出图 7-65 所示的对话框。根据需要设置相对应部分的颜色，然后输入自定义名称，保存即可。

（2）应用和修改主题字体

操作要求：应用和修改幻灯片的主题字体。

操作提示：

① 选择要应用主题字体的幻灯片。

② 单击“幻灯片母版”选项卡的“背景”组中的“字体”按钮，弹出内置字体列表。

③ 如果需要将主题字体应用于所有幻灯片，则选择“应用于幻灯片母版”命令，弹出图 7-66 所示的对话框。根据需要设置主题的西文和中文字体，然后输入自定义名称，保存即可。

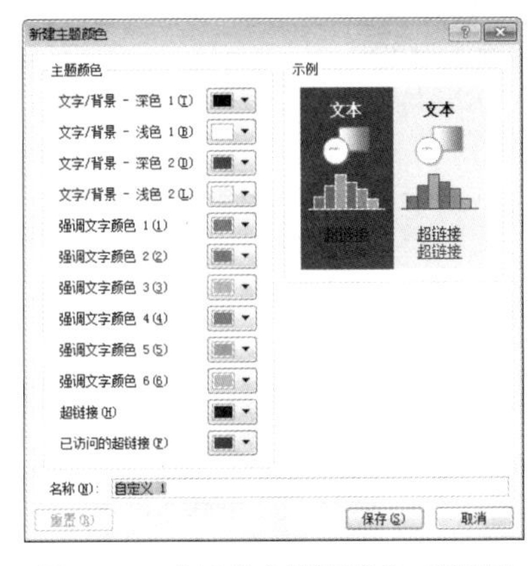

图 7-65 “新建主题颜色”对话框

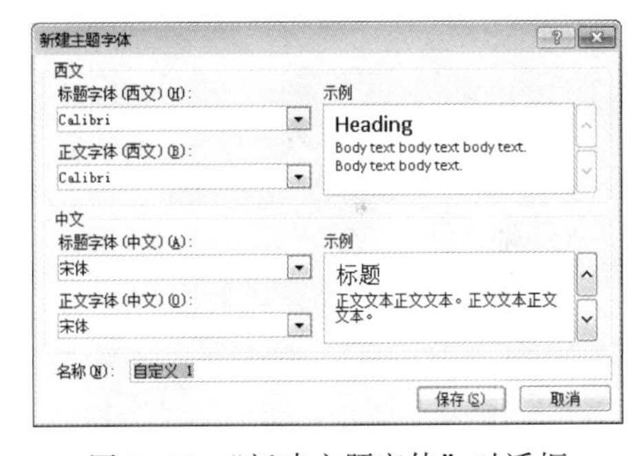

图 7-66 “新建主题字体”对话框

（3）应用主题效果

操作要求：应用主题效果。

操作提示：

① 选择要应用主题效果的幻灯片。

② 单击“设计”选项卡的“主题”组中右侧的“效果”按钮，弹出内置效果列表，如图 7-67 所示。

③ 如果需要将主题效果应用于所有幻灯片，则右击并在弹出的快捷菜单中选择“应用于所有幻灯片”命令。

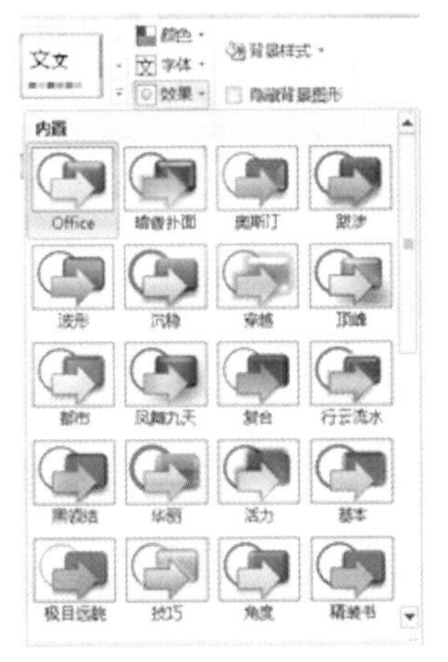

图 7-67 “效果”下拉列表

3. 使用母版

母版用于设置每张幻灯片的预设格式，这些格式包括每张幻灯片中都要出现的文本和图形特征。如标题和正文文本的格式和位置，项目符号的样式，以及页脚的内容设置等。另外，母版还可以使所有幻灯片有一致的背景，每张幻灯片上有共同的图形或符号。使用母版可以使整个演示文稿有统一的外观，不必每次插入新幻灯片时一一设置。

操作要求：修改幻灯片母版。

操作提示：选择“视图”选项卡的“母版视图”组中的“幻灯片母版”按钮，切换到幻灯片母版视图中，如图 7–68 所示。然后根据用户需要在相应位置做修改，最后单击“幻灯片母版”选项卡中的“关闭母版视图”按钮，回到幻灯片普通视图。

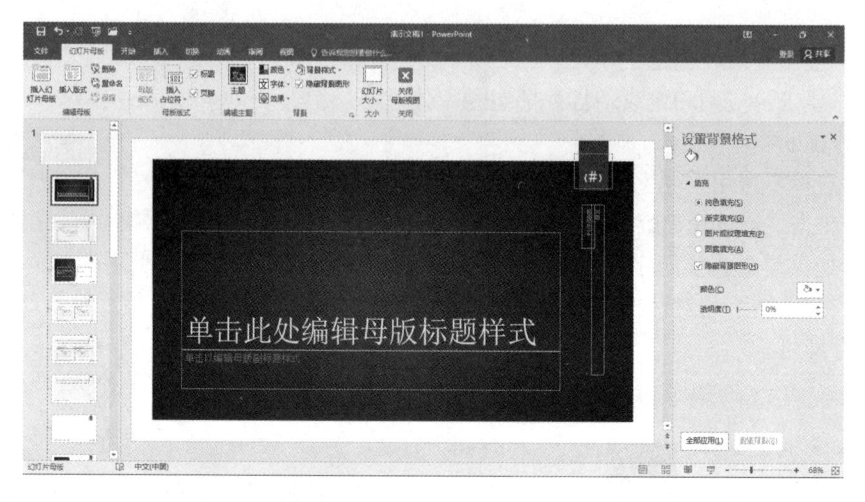

图 7–68　“幻灯片母版”视图

4. 设置幻灯片背景

操作要求：设置幻灯片背景。

操作提示：

① 选定要设置背景的幻灯片。

② 单击“设计”选项卡的“背景”组中的“背景样式”按钮，打开“背景样式”库。

③ 选择“背景样式”列表中的“设置背景格式”命令，打开图 7–69 所示的对话框。

④ 根据需要对“设置背景格式”对话框中的相关内容进行设置即可。

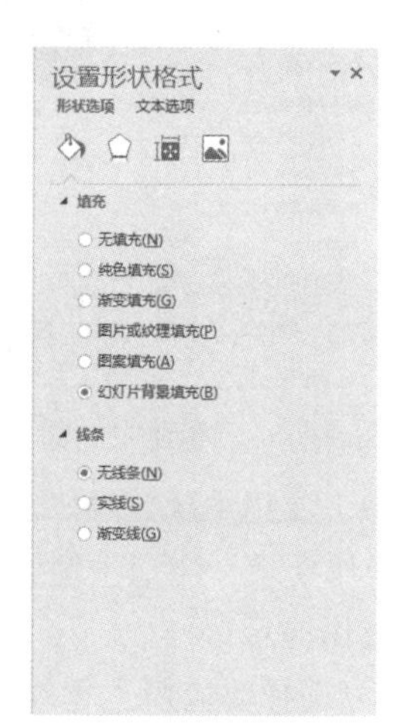

图 7–69　“设置背景格式”对话框

三、附加练习题

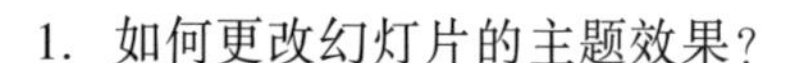

1. 如何更改幻灯片的主题效果？
2. 怎样自定义幻灯片背景？
3. 如何在演示文稿中设置超链接？
4. 演示文稿怎样进行放映？
5. 如何关闭幻灯片母版视图？

7.5 计算机网络综合应用

【上机练习 15】建立 Windows 网络连接与共享资源

一、练习目的

1. 掌握 Windows 10 系统中网络协议的基本设置。
2. 掌握 ping 命令的使用。
3. 掌握 ipconfig 命令的使用。

二、练习内容

1. Windows 10 的网络设置

计算机安装了网络适配器（或称网卡）和相应的驱动程序后，还需要进行网络协议的设置，计算机才能正常使用局域网。

操作要求：

① 安装 Microsoft 网络客户端。

② 设置 Internet 协议版本 4（TCP/IPv4）属性。

③ 配置 IP 地址：219.244.76.1；子网掩码：255.255.255.128；默认网关：219.244.239.126；首选 DNS 服务器：202.200.80.13；备选 DNS 服务器：61.134.1.9。

操作提示：

配置网络协议的操作步骤如下：

① 单击桌面左下角的“开始”→“设置”按钮，打开“设置”窗口，单击“网络和 Internet”，在打开窗口的左窗格中单击“以太网”，在右窗格中单击“更改适配器选项”，打开“网络连接”窗口。

② 在“网络连接”窗口中，右击“以太网”图标，在弹出的快捷菜单中选择“属性”命令，打开“以太网属性”对话框，如图 7-70 所示。

③ 单击“安装”按钮，弹出“选择网络功能类型”对话框。

④ 选择列表框中的“客户端”选项，单击“添加”按钮，弹出“选择网络客户端”对话框。

⑤ 在对话框中选择“Microsoft 网络客户端”选项，单击“确定”按钮。

⑥ 在“以太网属性”对话框的“此连接使用下列项目”列表框中选择“Internet 协议版本 4（TCP/IPv4）”复选框，单击“属性”按钮，即打开“Internet 协议版本 4（TCP/IPv4）属性”对话框，如图 7-71 所示。

⑦ 如果局域网中使用了 DHCP 服务器，DHCP 服务器能够对局域网的 IP 地址进行自动分配和配置。若是随机分配 IP 地址，可以选择“自动获得 IP 地址”单选按钮。若是指定 IP 地址，选择“使用下面的 IP 地址”单选按钮，在“IP 地址”“子网掩码”“默认网关”等文本框中输入相关地址。

⑧ 设置 DNS 服务器，在图 7-71 中选择“使用下面的 DNS 服务器地址”单选按钮，在其下面的文本框中分别输入首选和备用的 DNS 服务器的 IP 地址。

⑨ 单击“确定”按钮，完成网络基本组件配置。

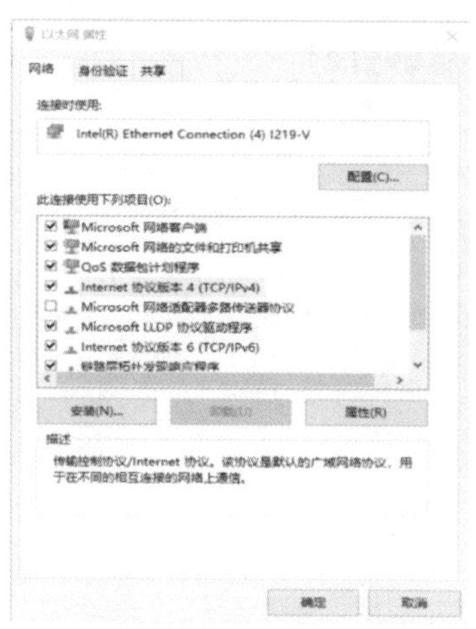

图 7-70 “以太网属性”对话框

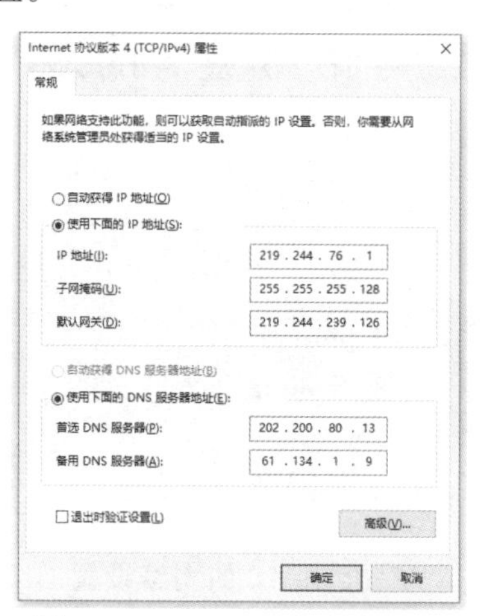

图 7-71 “Internet 协议版本 4（TCP/IPv4）属性”对话框

2. ping 命令的使用

ping 是一个 DOS 命令，主要用来检测网络是否连通。该命令通过发送一些小的数据包，并接收应答信息来确定两台计算机之间的网络是否连通。当网络运行中出现故障时，采用这个实用程序来预判和确定故障源是非常有效的。如果执行 ping 不成功，则可以预测故障出现在以下方面：网线是否连通，网络适配器配置是否正确，IP 地址是否可用等；如果执行 ping 命令成功而网络仍无法使用，那么问题很可能出现在网络系统的软件配置方面，ping 命令执行成功只能保证当前主机与目的主机间存在一条连通的物理路径。

ping 命令还提供了许多参数，如“ – t”使当前主机不断地向目的主机发送数据，直到使用“Ctrl – C”中断；“ – n”可以自己确定向目的主机发送的次数等。

操作要求：输入测试命令“ping 127.0.0.1”。

操作提示：

① 使用【Win+R】快捷键打开“运行”对话框，输入 cmd 命令，按【Enter】键。

② 在 DOS 命令行中输入连通性测试命令“ping 127.0.0.1”。

③ 按【Enter】键，将显示本机与其他计算机连通性测试结果，图 7-72 所示表示网络连接正常。

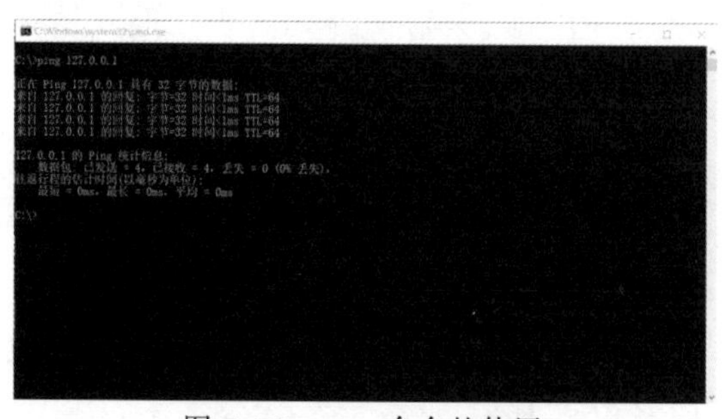

图 7-72 ping 命令的使用

3. ipconfig 命令的使用

ipconfig 也是一个 DOS 命令，主要功能是用来显示主机内 IP 协议的配置信息。使用不带参数的 ipconfig 命令可以得到以下信息：IP 地址、子网掩码、默认网关。而使用 ipconfig /all，则可以得到更多的信息：主机名、DNS 服务器、结点类型、网络适配器的物理地址、主机的 IP 地址、子网掩码以及默认网关等。图 7-73 所示为使用 ipconfig 命令显示的信息。

```
选择C:\Windows\system32\cmd.exe

C:\>ipconfig

Windows IP 配置

以太网适配器 以太网:

   媒体状态  . . . . . . . . . . . . : 媒体已断开连接
   连接特定的 DNS 后缀 . . . . . . . :

以太网适配器 SV-Connection:

   媒体状态  . . . . . . . . . . . . : 媒体已断开连接
   连接特定的 DNS 后缀 . . . . . . . :

以太网适配器 以太网 2:

   媒体状态  . . . . . . . . . . . . : 媒体已断开连接
   连接特定的 DNS 后缀 . . . . . . . :

无线局域网适配器 WLAN:

   连接特定的 DNS 后缀 . . . . . . . :
   IPv6 地址 . . . . . . . . . . . . : 240e:bf:d200:18e1:a0c7:b150:f39e:fac0
   临时 IPv6 地址. . . . . . . . . . : 240e:bf:d200:18e1:6ced:c41f:726b:af3c
   本地链接 IPv6 地址. . . . . . . . : fe80::a0c7:b150:f39e:fac0%14
   IPv4 地址 . . . . . . . . . . . . : 192.168.43.78
   子网掩码  . . . . . . . . . . . . : 255.255.255.0
   默认网关. . . . . . . . . . . . . : fe80::4c29:83ff:fe01:7be4%14
                                       192.168.43.1

以太网适配器 蓝牙网络连接:

   媒体状态  . . . . . . . . . . . . : 媒体已断开连接
   连接特定的 DNS 后缀 . . . . . . . :

C:\>
```

图 7-73 ipconfig 命令的使用

三、附加练习题

1. 如何设置映射网络驱动器？
2. 怎样设置文件夹共享？
3. 如何设置新的网络连接？
4. 如何添加 Microsoft 网络客户端？
5. 怎样查看本机的 IP 地址？

【上机练习 16】信息检索与邮件使用

一、练习目的

1. 掌握利用 Internet 查找信息并保存信息的方法。
2. 掌握申请电子邮箱和收发电子邮件的方法。

二、练习内容

1. 浏览器的使用

操作要求：设置西安石油大学网站为 Microsoft Edge 浏览器主页；使用“阅读列表”命令，保存及浏览相关信息；使用“添加笔记”命令在网页中直接添加笔记并分享。

操作提示：

① 启动 Microsoft Edge 浏览器，了解浏览器的界面。

在地址栏右侧，🕮表示“阅读视图”，阅读模式是 Edge 浏览器当中最重要的新功能之一，在阅读模式下会隐藏掉网页当中所有不相关的内容，比如过滤广告，只留下文章的正文和图片；☆表示“添加到收藏夹或阅读列表”。此外，本行的⌂表示“主页”；☆≡表示“中心”，这里包含着收藏夹、阅读列表、历史记录和下载记录；✎表示“添加笔记”，支持在网页或文章当中直接记笔记，Edge 会对网页内容进行截图，用户可以选择使用光标或手写笔做标记，编辑好的页面会被保存为 OneNote 文档，添加至收藏夹/阅读列表，或者进行分享；⇪表示“分享”，单击“分享”按钮可以将网页通过电子邮件、OneNote 或使用蓝牙、WLAN 共享给附近的设备；⋯表示“设置及其他”，这里提供了多种个性化选项，包括主题选择和显示收藏夹栏的开关，而在高级设置当中，包含更多更细致的功能开关，比如是否使用 Adobe Flash Player 和阻止弹出窗口等。

如果没有为 Edge 设定主页，便会在浏览器窗口当中看到“热门站点”和“我的资讯源”区域。“热门站点”显示用户最常访问的页面和热门网站的推荐；“我的资讯源”显示热门新闻和文章，并提供个性化的选项，支持用户制定自己感兴趣的话题类型，比如体育、娱乐或新闻等。

② Microsoft Edge 浏览器设置主页。

在 Edge 浏览器主界面的右上角单击⋯图标→“设置”选项，找到“查看高级设置”选项，将“显示主页按钮”打开；返回“设置”页，将“Microsoft Edge 打开方式”设置为“特定页”，并在下行文本框中输入网址：http://www.xsyu.edu.cn，单击“保存”按钮，如图 7-74 所示；返回到浏览器主界面，单击“主页”按钮 ，即可进入到设置的主页。

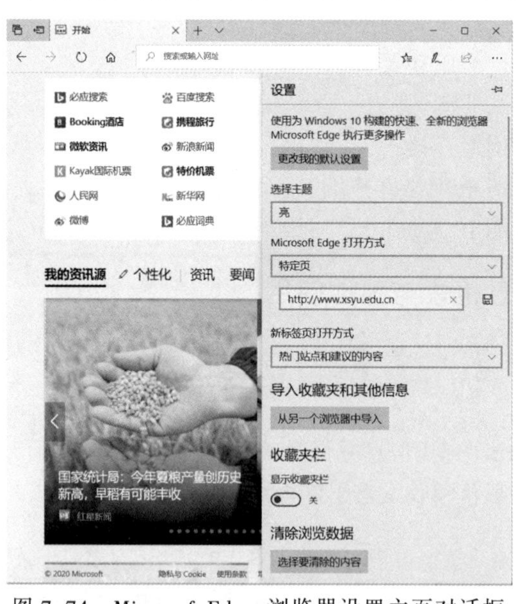

图 7-74　Microsoft Edge 浏览器设置主页对话框

③ 浏览著名的门户网站，如新浪 www.sina.com.cn、腾讯 www.qq.com、网易 www.163.com 等。单击☆“添加到收藏夹或阅读列表”按钮，将网页添加到“阅读列表”；单击☆≡“中心”按钮→“阅读列表”，浏览刚刚保存的网页信息。单击✎“添加笔记”

按钮，在生成的截图中编辑、保存笔记，并单击窗口右上角的“分享”按钮→以“邮件”或“复制链接”的方式进行分享。

2. 利用搜索引擎查找信息的方法

操作要求：利用搜索引擎查找信息，自己选定一个主题，比如“世园会”，并为该主题搜索相关内容。

操作提示：

① 常用的中文搜索引擎有：

- Google：http://www.google.com.hk。
- 百度：http://www.baidu.com。

② 常用的英文搜索引擎有：

- Google：http://www.google.com。
- Lycos：http://www.lycos.com。

3. 申请免费邮箱

操作要求：申请一个免费的电子邮箱账号。

操作提示：以网易邮箱为例，进行注册、登录等操作。

（1）登录网易邮箱服务网站

登录网易邮箱服务网站（http://mail.163.com），如图 7-75 所示。

图 7-75　网易邮箱服务网站主界面

（2）注册账号

在主页面单击“注册网易邮箱”按钮，进入“注册网易免费邮箱”的网页，如图 7-76 所示，按照相关要求提示，完成注册。注册成功后，便可在 www.163.com 网站上直接登录邮箱，可以收发电子邮件。

（3）登录邮箱

注册成功后，便能登录网易邮箱服务网站，输入用户名以及密码，单击“登录”按钮进入自己的电子邮箱首页，如图 7-77 所示。

4. 电子邮件的常规操作

登录邮箱后，可以对邮件进行简单撰写、发送、接收、浏览和删除等操作。

(1) 编写邮件

在电子邮箱首页上单击“写信”按钮，进入编写邮件页面，如图 7-78 所示。在“收件人”文本框中输入收件人的邮箱；在“主题”文本框中输入对邮件正文的简述；在正文处单击，通过键盘输入内容，即可完成邮件的编写操作。

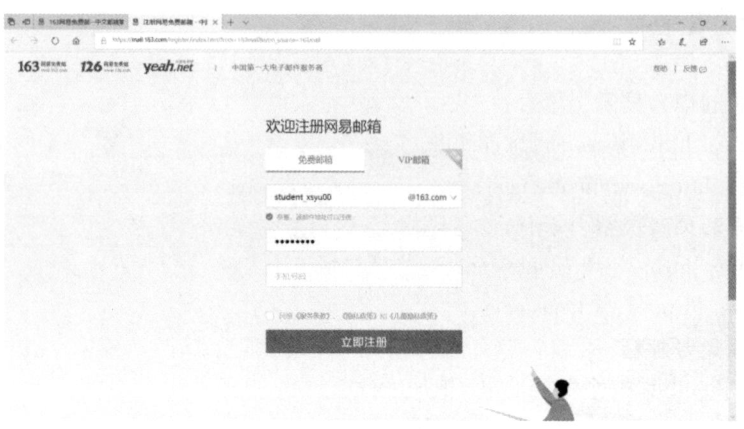

图 7-76 “注册免费邮箱”页面

图 7-77 网易电子邮箱首页

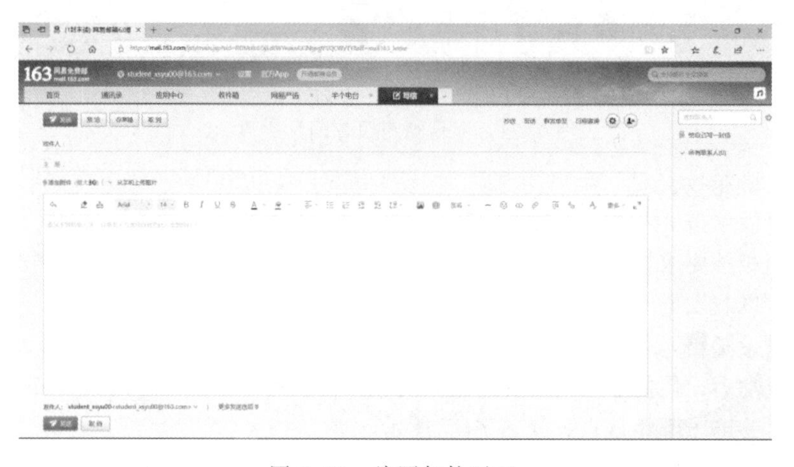

图 7-78 编写邮件页面

（2）发送邮件

发送一般邮件：完成编写邮件，单击“发送”按钮便可将邮件发送到“收件人”邮箱。

发送带附件邮件：完成以上操作后，单击“添加附件”按钮，弹出“选择要加载的文件”对话框，浏览并选择要上传的文件，如图 7-79 所示，单击“打开”按钮后页面返回到写信，要发送的文件名便出现在“附件”按钮之后。若要删除添加过的附件，可单击“删除”命令。要继续上传附件，重复以上操作即可。

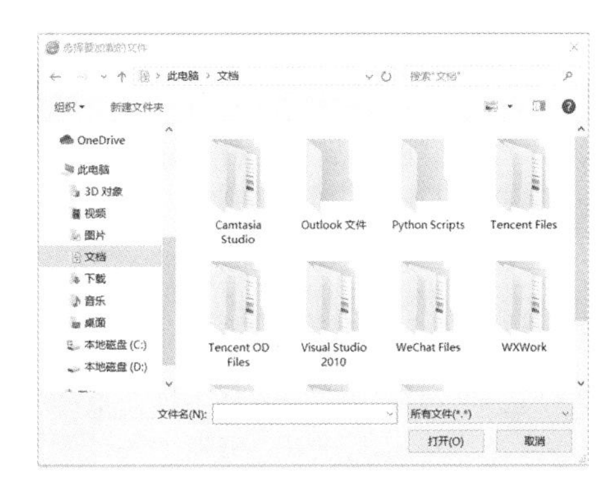

图 7-79 “选择要上载的文件”对话框

（3）接收邮件

在电子邮箱首页上单击“收信”按钮，进入收件箱，可以查看已收到的邮件，如图 7-80 所示。

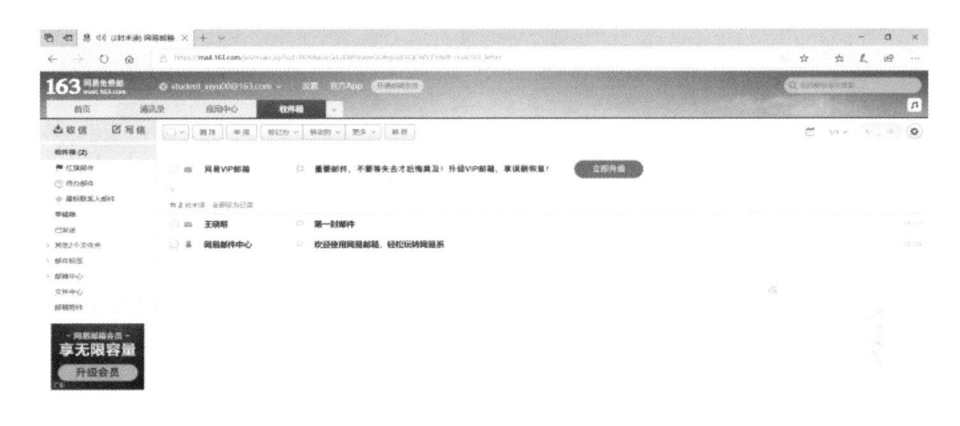

图 7-80 收件箱页面

（4）浏览邮件

在收件箱的邮件列表中，单击邮件发件人或者邮件主题，即可打开邮件进行浏览邮件。如果收到带附件的邮件：在邮件主题旁，有个曲别针图形 。单击打开邮件，查看附件，选择附件文件名，按需求进行“下载”“打开”“预览”等操作。

（5）回复与转发邮件

用户浏览完邮件，可单击“回复”按钮，进入写邮件窗口，但不用填写收件人，只需编写主题和邮件正文便可。若回复所有收件人和抄送人，则单击“回复全部”按钮。

转发邮件是把收到的邮件内容全部转发给其他人，即内容和主题不变，只需输入收件人地址。

（6）删除邮件

在“收件箱”页面中，选中要删除邮件的复选框，单击页面上方“删除”按钮，便将邮件删除到“已删除”文件夹中。

操作要求：

① 给自己的邮箱写一封邮件，邮件内容为“大学一天的生活”。

② 从本地机查找一张图片，添加到邮件的附件里。

③ 单击“收件箱”，查收是否收到刚发送的邮件。

④ 打开邮件后，下载附件，将图片保存在本地磁盘（E:）中。

操作提示：按照以上邮件的常规操作完成以上要求。

三、附加练习题

1. 如何从网站上下载文件？
2. 在发送邮件中，如何上传一个文件夹？
3. 如何抄送邮件？
4. 发送邮件。将以上 Word 文档和 Excel 文件发送到指定的邮箱。

要求：

（1）邮件主题设置为“综合上机练习测试”。

（2）Word 文档和 Excel 文件作为邮件的附件。

（3）邮件正文为自己所在的学院名称、班级、学号和姓名（如计算机学院 软件 1908 班 15 号 王晓明）。

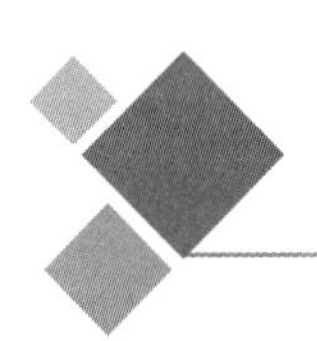

附录　常用字符与ASCII码对照表

ASCII值	字符	控制字符	ASCII值	字符	ASCII值	字符	ASCII值	字符
0	(null)	NUL	32	(space)	64	@	96	′
1	^A (☺)	SOH	33	!	65	A	97	a
2	^B (☻)	STX	34	″	66	B	98	b
3	^C (♥)	ETX	35	#	67	C	99	c
4	^D (♦)	EOT	36	$	68	D	100	d
5	^E (♣)	ENQ	37	%	69	E	101	e
6	^F (♠)	ACK	38	&	70	F	102	f
7	^G(beep)	DEL	39	'	71	G	103	g
8	^H (◘)	BS	40	(	72	H	104	h
9	^I(tab)	HT	41	)	73	I	105	i
10	^J(line feed)	LF	42	*	74	J	106	j
11	^K(home)	VT	43	+	75	K	107	k
12	^L(form feed)	FF	44	,	76	L	108	l
13	^M(carriage return)	CR	45	–	77	M	109	m
14	^N(♬)	SO	46	.	78	N	110	n
15	^O(☼)	SI	47	/	79	O	111	o
16	^P(►)	DLE	48	0	80	P	112	p
17	^Q(◄)	DC1	49	1	81	Q	113	q
18	^R(↕)	DC2	50	2	82	R	114	r
19	^S(‼)	DC3	51	3	83	S	115	s
20	^T (¶)	DC4	52	4	84	T	116	t
21	^U(§)	NAK	53	5	85	U	117	u
22	^V(▬)	SYN	54	6	86	V	118	v
23	^W(↨)	ETB	55	7	87	W	119	w
24	^X(↑)	CAN	56	8	88	X	120	x
25	^Y(↓)	EM	57	9	89	Y	121	y
26	^Z(→)	SUB	58	:	90	Z	122	z
27	ESC(←)	ESC	59	;	91	[	123	{
28	FS(　)	FS	60	<	92	\	124	|
29	GS(□)	GS	61	=	93	]	125	}
30	RS(▲)	RS	62	>	94	^	126	~
31	US(▼)	US	63	?	95	–	127	DEL

参 考 文 献

[1] 谢希仁. 计算机网络[M]. 北京：电子工业出版社，2017.

[2] 刘瑞新，等. Windows 10+Office 2016 新手办公从入门到精通 [M]. 北京：机械工业出版社，2017.

[3] 魏赟. 物联网技术概论 [M]. 北京：中国铁道出版社，2019.

[4] 甘勇，陶红伟. 大数据导论 [M]. 北京：中国铁道出版社，2019.

[5] 卢江，刘海英，等. 大学计算机 [M]. 北京：电子工业出版社，2018.

[6] 张豫华，等. 计算机文化基础[M]. 西安：西北大学出版社，2003.

[7] 冯博琴，等. 大学计算机基础[M]. 北京：高等教育出版社，2004.

[8] 王爱民，徐久成. 大学计算机基础[M]. 北京：高等教育出版社，2007.

[9] 冯博琴，顾刚，等. 大学计算机基础[M]. 北京：中国水利水电出版社，2005.

[10] 黄国兴，陶树平，等. 计算机导论[M]. 北京：清华大学出版社，2004.

[11] 雷国华，李军. 大学计算机基础教程[M]. 北京：高等教育出版社，2004.

[12] 王玲，宋斌. 计算机科学导论[M]. 北京：清华大学出版社，2008.